HEIMENDAHL · LICHT UND FARBE

ECKART HEIMENDAHL

LICHT UND FARBE

ORDNUNG UND FUNKTION DER FARBWELT

MIT EINEM GELEITWORT VON

CARL FRIEDRICH VON WEIZSÄCKER

MIT 20 ABBILDUNGEN

UND 9 FARBTAFELN

WALTER DE GRUYTER & CO. / BERLIN

VORMALS G. J. GÖSCHEN'SCHE VERLAGSHANDLUNG · J. GUTTENTAG, VERLAGSBUCHHANDLUNG · GEORG REIMER · KARL J. TRÜBNER · VEIT & COMP.

1961

Unveränderter photomechanischer Nachdruck 1974

Archiv-Nr. 36 04 61

Satz u. Druck: Thormann & Goetsch, Berlin - Reproduktionen und Druck der Farbtafeln: Roehr & Co. und G. Brendes, Hamburg

Alle Dinge sind eins.
Das Auge der Sinne ist das Auge des Geistes

Tschuangtse

GELEITWORT

Das Auge lehrt uns zweierlei von der Welt um uns kennen: Form und Farbe. Eine eigentümliche Gedankenentwicklung hat die Naturwissenschaft und Philosophie der Neuzeit dazu geführt, diesen beiden Elementen des Sichtbaren einen ganz verschiedenen Wirklichkeitsgehalt zuzuschreiben. Mit einem ebenfalls neuzeitlichen Begriffspaar bezeichnet die durchschnittliche Popularphilosophie der heutigen Wissenschaft die Form der gesehenen Gegenstände als etwas Objektives, die Farbe aber als etwas Subjektives.

Natürlich weiß man beide Bezeichnungen zu differenzieren. Der Umriß eines Würfels, den ich gerade sehe, hängt auch von der Stellung meines Auges zu dem Würfel ab; insofern ist der Umriß etwas Subjektives. Aber die Würfelgestalt kommt doch dem Objekt selbst zu, und der gesehene Umriß ist eine direkte, durch geometrische Konstruktion herleitbare Folge dieser objektiven Gestalt. Umgekehrt hat auch die grüne Farbe des Laubs einen Grund im gesehenen Objekt; die chemische Substanz Chlorophyll sendet Licht einer Wellenlänge aus, die wir als „grün" empfinden. Aber das Objektive ist hier wieder etwas geometrisch bzw. kinematisch beschreibbares: eine Schwingung. Die Qualität „grün" aber, die wir erleben, wenn diese Schwingung unser Auge trifft, hat – so sagt diese Denkweise – außerhalb des Auges gar nicht existiert; sie ist erst im wahrnehmenden Subjekt entstanden, sie ist subjektiv. Seit dem 17. Jahrhundert unterscheidet man primäre und sekundäre Qualitäten der Dinge, d. h. solche, die ihnen an sich und solche, die ihnen nur in der Wahrnehmung zukommen; und die Form ist das Paradebeispiel für primäre, die Farbe für sekundäre Qualitäten.

Diese Lehre ist uns heute unglaubwürdig geworden. Einerseits hat sie die Frage, warum der Reiz gerade dieser Schwingung gerade diese Empfindung auslöst, in der nichts von Schwingung empfunden wird, zur Unbeantwortbarkeit verdammt; und jede Auffassung muß Verdacht erregen, in deren Rahmen Fragen scheinbar sinnvoll gestellt werden können, deren prinzipielle Unbeantwortbarkeit gleichwohl evident scheint. Diese Schwierigkeit ist zwar so alt wie die Lehre von den primären und sekundären Qualitäten selbst, aber das methodische Bewußtsein der heutigen Wissenschaft reagiert empfindlicher auf durch vielleicht verfehlte Begriffsbildung entstehende Scheinprobleme. Andererseits verzichtet die heutige Atomphysik auch auf die Beschreibung der Atome durch ein räumliches Modell; sie schreibt also, wie schon Kant, nur dem wahrgenommenen oder wahrnehmbaren Ding und nicht einem hypothetischen Ding an sich die räumliche Form als Eigenschaft zu.

Während das erste dieser beiden Argumente uns zweifeln läßt, ob es sinnvoll ist, die Farbe sekundär oder subjektiv zu nennen, erweckt das zweite den Eindruck, daß die Form nicht primär oder objektiv genannt werden sollte. Natürlich wäre es keine Lösung des Problems, nun auch die Farbe primär oder auch die Form sekundär zu nennen; vielmehr muß an dieser Unterscheidung des Primären und Sekundären, des Objektiven und Subjektiven in der Wahrnehmung wohl selbst etwas falsch sein.

Eine Besinnung auf den Ursprung dieser Unterscheidung im 17. Jahrhundert wird unseren Verdacht bestärken. Wohl am schärfsten wurden ihre Gründe von Descartes durchdacht. Seine Begründung der Naturwissenschaft in den „Meditationen" geht aus von dem alten Zweifel an der Verläßlichkeit der Sinne. Radikalisierung des Zweifels führt zum festen Punkt des „Cogito sum" und von dort über einen komplizierten Gottesbeweis zu der auf die Wahrhaftigkeit Gottes gestützten Überzeugung, daß alles wahr sei, was wir clare et distincte erkennen. Clare et distincte aber erkennen wir nur das Mathematische in der Natur, dies aber ist das der Geometrie Unterworfene, also die Form. Die Farbe hingegen ist nach Descartes nicht clare et distincte erkannt und somit nicht „wahr", d. h. nicht „an sich" so wie sie uns erscheint. Es ist wichtig, sich klarzumachen, daß niemals eine strengere Begründung für den genannten Unterschied gegeben worden ist als diese. In ihr wird – von allen anderen Schwächen abgesehen – das Resultat erzielt durch die Gleichsetzung der die Natur beschreibenden Mathematik mit der Geometrie. Die heutige Mathematik ist über diese Auffassung weit hinausgeschritten. Auch unanschauliche Tatsachen wie die der Atomphysik können wir – durch abstrakte Algebra – mathematisch beschreiben; und jeder Versuch, das Kontinuum der Farbqualitäten strukturell zu gliedern, fällt unter den modernen Begriff von Mathematik als Strukturforschung. Die Wurzel der Unterscheidung des Subjektiven und Objektiven im vorhin verwendeten Sinne aber liegt in der Gegenüberstellung der res cogitans, des durch sein Denken definierten Subjekts und der res externa, des durch seine mathematische Denkbarkeit definierten Objekts als zweier getrennter Substanzen.

Die Fragwürdigkeit dieser „Cartesischen Spaltung" ist in der Philosophie unseres Jahrhunderts zur Genüge betont worden, und hier ist nicht der Ort, die Einwände zu wiederholen, die man gegen sie erheben muß. Sie lebt aber weiter in Dualismen, die meist nicht bis zum Ende durchreflektiert sind, wie eben dem des Subjektiven und Objektiven, oder von Bewußtsein und Materie, von Idealismus und Realismus, von Geistes- und Naturwissenschaften, von Existenz und Natur. Und in der Tat ist es sehr viel leichter, eine solche Einteilung zu kritisieren als sie durch einen einheitlichen Neubau zu überwinden.

Beim Versuch eines solchen Neubaus könnte man versuchen, an zwei entgegengesetzten Punkten anzusetzen: bei dem, was der von der Cartesischen Spaltung ausgehenden Wissenschaft am besten geglückt ist oder bei dem, was ihr am wenigsten glücken konnte. Im ersten Fall kann man sich auf die umfassendsten Vorarbeiten stützen, im zweiten wird das Unzureichende der Denkweise, die man überwinden will, am sichtbarsten sein. Diese Unterscheidung wäre nun geeignet, uns zu Form und Farbe zurückzuführen.

Am besten geglückt ist der neuzeitlichen Wissenschaft doch wohl die Physik. Diese aber ist in drei Jahrhunderten vom Versuch, alle Wirkungen in der Natur durch Druck und Stoß, d. h. durch die Ausgedehntheit der Körper, zu erklären, zur Theorie der quantenmechanischen ψ-Funktion als Inbegriff der Wahrscheinlichkeitsaussagen über jeden möglichen Ausfall jedes möglichen Experiments fortgeschritten; das Experiment aber ist der reale Vorgang, in dem Subjekt und Objekt von vornherein als miteinander verbunden verstanden sind. Vielleicht darf man daher in der Tat hoffen, daß ein systematisches Durchdenken der in der modernen Physik verwendeten Begriffe eine konsistente Sprechweise jenseits der Cartesischen Spaltung ermöglichen wird. Dies ist aber schwer, und es ist noch nicht geleistet.

Umgekehrt mußte die Farbe in der durch diese Spaltung bestimmten Denkweise eigentlich heimatlos bleiben. Aus der Physik wurde die gesehene Farbe durch Rückführung auf Wellenlängen eliminiert. So führt jeder Versuch, der Wirklichkeit der Farbe gerecht zu werden, in Regionen, in denen eine „nicht-cartesische" Denkweise sich geradezu aufdrängt. Goethe geriet gerade am Problem der Farbe in den offenen Konflikt mit der neuzeitlichen Naturwissenschaft. Er ist aber in diesem Konflikt historisch unterlegen. Selbst jede Kompetenzabgrenzung, wie etwa die, Newton behandle den physikalischen, Goethe den erlebnismäßigen „Aspekt" der Farben, ist eine Niederlage Goethes, dem es um die Einheit des Wirklichen ging; diese Kompetenzabgrenzung wird ja gerade mit den begrifflichen Hilfsmitteln der Cartesischen Spaltung vorgenommen. Es ist charakteristisch, daß es an der heutigen Universität kein Fach gibt, das für eine Arbeit wie die hier vorgelegte zuständig ist. Sie bewegt sich in der „Vierländerecke" zwischen Kunstgeschichte, Psychologie, Physik und Philosophie. Dies aber kommt meiner Überzeugung nach nicht daher, daß sie sich ihr Problem falsch oder unklar gestellt hätte, sondern gerade daher, daß sie es sich richtig stellt. Der Verfasser hält in allen Gebieten, die er betritt, die Frage nach dem Phänomen der Farbe selbst durch, nach dem, was sich uns zeigt, wenn wir sehen. Dieses Phänomen ist in sich vielfach gegliedert, aber es ist e i n Phänomen, von der Physik bis zur sinnlich-sittlichen Wirkung.

Ich versuche hier nicht, dem Verfasser auf seinem weiten Weg zu folgen, sondern hebe einen einzigen charakteristischen Punkt heraus. Im ersten Teil erörtert er das Verhältnis der physikalischen Farbenlehre zu der Goethes. In der Tat stehen in der noch unüberwundenen Spaltung Newton und Goethe als Repräsentanten der nicht vereinigten Pole da. Im einzelnen scheint jeder von beiden einer der wichtigsten Farben nicht voll gerecht zu werden. Im beiderseits offenen linearen Newtonschen Spektrum kommt die gesehene Farbe Purpur nicht vor; sie muß als Vereinigung der Extreme Violett und Rot gedacht werden, und das Rätsel der Zuordnung der beobachteten Spektralzerlegung zur Farbempfindung tritt hier vielleicht am deutlichsten hervor. Goethe ordnet die Farben auf einem Kreis, der getragen wird von dem Dreieck Blau-Gelb-Purpur. Nicht nur die Beziehung zur Physik bleibt hier dunkel; ich gestehe, daß ich von meinem naiven Farberleben aus nie ganz verstehen konnte, warum Grün hier nur als Mischfarbe von Blau und Gelb erscheint, gleich als sei die dem Maler geläufige Möglichkeit, materiell Grün durch Mischung ihrer spektralen Nachbarfarben, zu erzeugen, ein Grund, dieser Farbe die phänomenale Ursprünglichkeit abzusprechen. In Heimendahls Anordnung der Farben treten gerade Purpur und Grün an einen gemeinsamen Mittelpunkt, in dem sich die beiden Umläufe seines Doppelkreises durchdringen. Ich gestehe, daß ich vor aller theoretischen Beurteilung der

Argumente eine emotionale Befriedigung dabei empfinde, daß diese Arbeit gerade diese von den beiden entgegengesetzten Denkweisen aus „verdrängten" Farben so in den Mittelpunkt rückt.

Eine Bemerkung möchte ich hier noch hinzufügen. So evident die Nähe der Fragestellung Heimendahls zu der Goethes ist, steht er doch in einem wichtigen Punkt Newton und damit auch der heutigen Physik näher. Newton läßt die Farben im Licht enthalten sein, während Goethe sie erst aus der Polarität von Licht und Dunkel hervorgehen läßt. Das Trübe, wie es in der Farbenlehre heißt, gehört der Materie an, und in dem Gedicht „Wiederfinden" vermittelt das „erklingende Farbenspiel" zwischen Licht und Finsternis. Es wäre der Mühe wert, die Entscheidung gegen diese Reduktion der Farbe auf eine letzte Polarität, die sich in ihrer faktischen Zuweisung zum Licht allein ausspricht, in ihren Konsequenzen für die Beurteilung des Denkens Goethes weiter zu verfolgen, doch muß ich mir das hier versagen.

Es ist zu hoffen, daß diese Arbeit in den vielen Einzelfragen, die sie berührt, Anregung geben und Kritik herausfordern wird. Erst wenn beides verarbeitet ist, wird es wohl möglich sein, das Ganze, das der Verfasser vor unseren Blick stellt, auch gedanklich in Hinblick auf die Frage der Einheit unserer Bilder vom Wirklichen und die vielleicht notwendigen Gründe des Entgleitens dieser Einheit angemessen zu beurteilen.

Carl Friedrich von Weizsäcker

VORWORT DES VERFASSERS

Dieses Buch ist aus der weiteren Arbeit an meiner 1957 verfaßten Dissertation „Über das Licht und die Farben" hervorgegangen, mit der ich bei der Philosophischen Fakultät der Universität Hamburg promovierte. Der Text wurde gekürzt, an vielen Stellen verändert und durch einige neue Abschnitte ergänzt. Die sechs Teile folgen thematisch so aufeinander, daß sie auch den mit Fachkenntnissen nicht vertrauten Leser in das vielschichtige Gebiet einführen. Sie sind jedoch in sich so abgegrenzt, daß die Lektüre nach besonderen Interessen aufgegliedert werden kann.

Für ihren vielfachen Rat, die Kritik und Anregungen, für alle ihre Mühen der persönlichen Anteilnahme und Förderung auf dem weiten Weg, habe ich vor allem meinem Lehrer Professor *Wolfgang Schöne* und Professor *Carl Friedrich v. Weizsäcker*, der als Mitgutachter der Dissertation sich um den weiteren Fortgang meiner Arbeit kümmerte, zu danken. Neben Dr. *Martin Gosebruch*, der mir von Anfang an als Freund und Kritiker hilfreich zur Seite stand, haben mir die Professoren *Christian Adolf Isermeyer* und *Walter Merck*, dessen Nachfolger als Direktor des Unesco-Instituts für Pädagogik in Hamburg, *A. St. Langeland* (Norwegen) und Dr. *Günter Howe* ihr Vertrauen entgegengebracht und mich bei der Überwindung mancher äußeren Schwierigkeiten tatkräftig unterstützt. Ihnen allen schulde ich meinen Dank.

Der „Hamburgischen Wissenschaftlichen Stiftung" bin ich für die finanzielle Unterstützung dankbar. Sie verhalf mir dazu, die Farbtafeln herstellen und drucken zu lassen.

Hamburg, im April 1961

Eckart Heimendahl

INHALTSVERZEICHNIS

Erster Teil

GRUNDLAGEN ZUM PROBLEM DER FARBENLEHRE

Zweiter Teil

ÜBERBLICK UND BEURTEILUNG DER BISHERIGEN FARBENORDNUNG

Dritter Teil

ENTWURF EINER ALLGEMEINEN PSYCHOLOGISCHEN FARBENORDNUNG

Vierter Teil
SPEZIELLE FARBENPSYCHOLOGIE
Materialien und Studien

Fünfter Teil
ENTWURF EINER ELEMENTAR-ONTOLOGISCHEN FARBENORDNUNG ALS FUNKTIONSORDNUNG DES LICHTS

Sechster Teil

GRUNDLAGEN FÜR EINE PSYCHOPHYSIKALISCHE LICHT-FARBEN-FUNKTIONSORDNUNG

ERSTER TEIL

GRUNDLAGEN ZUM PROBLEM DER FARBENLEHRE

A. AUSGANGSPOSITION

Licht und Farbe im wissenschaftsgeschichtlichen Konflikt

I

Welche Ausgangsposition ist möglich und erforderlich, um ein so zentrales Phänomen wie Licht und Farbe unseren gegenwärtigen Ansprüchen gemäß wissenschaftlich zu behandeln? Es bieten sich zunächst die fachwissenschaftlichen Positionen an. Wir können Farben und Licht als Sinnesempfindungen begreifen, physiologisch als Nervenreize, psychologisch als Gefühlswerte. Wir können die Farben physikalisch als anschauliche Daten für elektromagnetische Schwingungen bestimmter Wellenlängen und Frequenzen bezeichnen, können Farbe als Farbstoff und chemische Eigenschaft der Materie meinen, als Ausdruck biophysischer Funktionen, als gegenständliche Körperfarbe oder als Lichtfarbe, meinen sie als künstlerisches Ausdruckselement der Malerei oder auch als optisches Sinnbild, als Symbol.

Erst angesichts dieser verwirrenden Vielfalt der Daseinsweisen der Farben tut sich der universale Horizont unserer Frage auf. Wählen wir ein spezielles Gebiet, so fassen wir damit nur einen der vielen Ausschnitte von dem, was Licht und Farbe ist und sein kann. Erforderlich wäre eine Ausgangsposition, die uns den Zusammenhang, das Ganze dieses Horizonts vor Augen stellt. In diese Spannung zwischen dem Möglichen und Erforderlichen müssen wir uns notwendig hineinstellen. Einerseits können wir ohne fachwissenschaftliche Grundlagenkenntnisse keine zeitgemäße Ausgangslage gewinnen. Andererseits wird niemand von einer Gesamtkenntnis des aufgesplitterten Fachwissens ausgehen können. Gravierender Ausdruck dieser allgemeinen Schwierigkeit ist das Verhältnis zwischen der naturwissenschaftlichen und der psychophysischen, genauer, der psychosomatisch-anthropologischen Orientierung über das Licht und die Farben. Hier, im grundsätzlichen Problem der Farbenlehre, wollen wir unsere Ausgangsposition wählen und sie begründen.

Die Geschichte der Farbenlehre seit Goethe spiegelt das Mißverhältnis zwischen der augenscheinlich gegebenen Naturerscheinung und der wissenschaftlichen Beurteilung wider. Der Konflikt zwischen subjektiven und objektiven Maßstäben, wie er sich im Kampf Goethes gegen Newtons Farbenlehre zeigt, ist symptomatisch für das ganze Verhängnis des im Dualismus von Subjektivität und Objektivität aufgespaltenen neuzeitlichen Bewußtseins. Die bisherigen Ausgangspositionen waren daher notwendig durch diesen Konflikt selbst bestimmt, d. h. durch die – philosophisch von Descartes ermöglichte – Spaltung zwischen Natur- und Geisteswissenschaft.

Die neuzeitliche Naturwissenschaft fragt nach den allgemeinen Ursachen, welche den augenscheinlichen Tatsachen zugrunde liegen. Die quantitativ messende, zahlenmäßig rechnende Analyse bestimmt den objektiven Gehalt, der dann als wissenschaftlich wahr, gültig ist. Seit Newton die spektrale Brechung des Lichts nachgewiesen hat, vollzog sich im Bewußtsein die Aufspaltung des Phänomens Farbe. War Farbe bis dahin ein ungeklärter, elementarer Bestandteil der gesehenen, greifbar wirklichen Natur, so wurde sie nun mit der seit Galilei siegreichen Macht des experimentellen Beweises als „bloßer Schein", als „Meinung" – im Sinne der naturphilosophischen Lehre Demokrits – ‚entlarvt'. Farbe gilt seitdem als ein subjektives Phänomen. Durch Huygens Wellentheorie und Maxwells, von Hertz bewiesene Theorie der Lichtstrahlung als elektromagnetischer Querwellen, wurde zwischen der objektiven physikalischen Ursache und den Farben als Sinneserscheinungen Schritt für Schritt strenger, exakter geschieden: Hier Strahlung und Außenwelt, dort Farbe und Mensch.

Gilt die unmittelbare Sinneserfahrung nur als Scheinwirklichkeit – als scheinbare – so sind Schein und Sein getrennt, voneinander wie durch eine Kluft in der Lebenswirklichkeit geschieden. Das ins anschauliche Erscheinen tretende Sein wird infolge des rationalen, im Grunde metaphysisch ausgerichteten Wahrheitsanspruchs einseitig abgewertet. Es gilt, obwohl (oder gerade weil) wir selbst daran beteiligt sind, sichtbaren Anteil haben, dann nicht als *eigentlich* wahr. Das Scheinbare wird als ‚Sinnentrug', als Illusion und Täuschung erklärt. Es gibt sich den Anschein, *als ob* es wahr ist. Noch in Handbüchern unserer Epoche werden die Farben nach der Weise klassisch exakter Auftrennung beurteilt:

„Sprechen wir von Licht, Farben, Tönen, Gerüchen usw., so müssen wir uns bewußt sein, daß dies alles nur in uns als Empfindung existiert.... Wie schwer es fällt, die Trennung der Innen- und Außenwelt richtig durchzuführen, zeigt besonders deutlich die Geschichte der Farbenlehre." (1947)[1]

Nachdem die Physik so erfolgreich ihren Anspruch auf die Objektivität der „Sache an sich" durch experimentelle Messungen erfüllt hatte, richtete sich die physiologische und dann auch die psychologische Forschung danach aus. Man versuchte, ebenso die physiologisch-genetischen und die psychologisch-phänomenalen Sachverhalte exakt zu objektivieren. Mit der ‚Subjektivierung' des Farbphänomens hatte man sich abgefunden und legte mehr oder weniger selbständige Ordnungssysteme im Empfindungs- und Wahrnehmungsbereich fest, welche ihre eigene objektive Gültigkeit beanspruchten. Dabei wurden zahlreiche physiologische Theorien und Farbenordnungen entwickelt und durch geometrische Modelle (Farbenkörper) veranschaulicht. Die Farbenlehre steht seitdem in den divergierenden Spannungen der fachwissenschaftlichen Konkurrenz.

Gegen die Vorherrschaft physikalischer Orientierung durch die Farbenlehre von Young und Helmholtz („Dreikomponentenlehre") wandte sich Ewald Hering mit

---

[1] E. Boller, „Physik der Farben", „Einführung in die Farbenlehre", Slg. Dalp, Bd. 10, 1947, S. 10.

seiner 1878 veröffentlichten physiologischen Gegenfarbentheorie, der eine nach der Wahrnehmung beschriebene Farbenordnung gleichgeschaltet ist.

Wilhelm Ostwald hat Ende der zwanziger Jahre in umfangreichen Arbeiten die gesamte Farbenlehre systematisiert und katalogisiert (Ostwaldsche Farbenkreise und Farbenatlas).

Wilhelm Wundt begründete im Anschluß an Gustav Theodor Fechner in den siebziger Jahren des vorigen Jahrhunderts die „Psychophysik" (Physiologische Psychologie), während Georg Elias Müller zur selben Zeit eine Psychophysik auf empirisch-experimenteller Grundlage aufbaute und 1930 eine spezielle Psychophysik der Farbenempfindungen. Aber alle diese Versuche, die gefühlsmäßige Farbenwahrnehmung (die sogenannte Farbenästhetik) durch physiologische Theorien naturwissenschaftlich zu objektivieren, haben sich als unhaltbar erwiesen.

Die einseitige Bindung der Farbenpsychologie an physiologische Bedingungen führte, ebenso wie die ständige Vermischung genetischer und phänomenaler Faktoren, zu gesteigerten Komplikationen. In den letzten Jahrzehnten hat man sich vorwiegend Einzelproblemen zugewandt. Andererseits entwarf David Katz für die Psychologie durch seine Begriffsordnung von den „Erscheinungsweisen" der Farben (Oberflächenfarben, Flächenfarben oder Freie Farben und Raumfarben) 1911 und 1930 neue phänomenologische Grundlagen.

Von einer allgemein verbindlichen Farbenordnung kann man nach dem heutigen Stand der Forschung nicht sprechen. Nebeneinander sind physiologische Theorien, wie die von v. Studnitz (1940/41) und die auf Goethes oder Herings Farbenlehre gründenden Grundfarbenordnungen gültig. Verbindlichkeit beansprucht das auf naturwissenschaftlicher Basis zahlenmäßig (farbreizmetrisch) aufgebaute CIE-Farbsystem (Commission Internationale de l'Eclairage, entspricht der IBK, Intern. Beleuchtungs-Kommission). In Deutschland hat es u. a. Manfred Richter entwickelt. Diese objektivierte Farbenordnung fordert, daß man die Farbempfindung zahlenmäßig kennzeichnen kann. Man soll nicht mehr darauf angewiesen sein „die empirischen Farbbezeichnungen zu benutzen, sondern die reizmetrischen Maßzahlen, ... um sich über die Farbe verständigen zu können".[2] Diese inzwischen völlig ausgebaute ‚Vertretung' der Farben durch aus der additiven Farbenmischung ermittelte Zahlenwerte zeigt, wie sich der Anspruch auf quantitative Messung und abstraktes Erfassen der Farbenwelt in einer durchrationalisierten Ordnung radikalisiert hat. (Weitere Angaben unter „Fachwissenschaftliche Orientierung".)

Bisher ist die so offensichtliche Kluft zwischen der physikalischen und psychophysischen Orientierung durch ungeschichtliche Verallgemeinerung und Rechtfertigung bestimmt worden. In gegenseitiger Dogmatisierung hat man Goethes Farbenlehre gegen Newton und die Naturwissenschaft ausgespielt oder Newtons objektiv-analytische Methode gegen Goethes nur der Sinneserfahrung vertrauende ‚Subjektivität'. Im be-

[2] H. Arens, Farbenmetrik, 1951, S. 53.

sten Falle hielt man sich bisher an den Kompromiß, daß Goethe und Newton ganz verschiedenartige Ziele verfolgten, die nun einmal miteinander nicht vereinbar seien. Die Fronten sind mehr oder weniger erstarrt. Der Streit scheint längst historisch zu sein, die Spannung erloschen. Im alternativen Denken kann sich der Konflikt nur bis zur Ausweglosigkeit steigern, weil man beiderseits, hier die Autorität und dort die Methode und Theorie verewigt. Wer sich aber den Erkenntnissen der klassischen Physik verschließt, wird die modernen erst recht nicht verstehen und die phänomenal-psychophysische Beurteilung der Farben von der Naturwissenschaft weiterhin isolieren. Er handelt im Grunde nicht anders als der, welcher eine normativ objektivistisch denkende Naturwissenschaft verewigt.

Das wissenschaftliche Suchen nach Wahrheit ist ein geschichtliches Handeln und in diesem Sinne auch als Metamorphose zu verstehen. Wer das verneint, isoliert die Wissenschaft und ihre Wahrheit von der Zeit, in der sie gilt. Er entspricht demjenigen, der den Menschen als dieses Handeln vollziehende Lebewesen für die Wahrheit der ‚reinen Wissenschaft' ausklammert, ihr zum Opfer bringt. Er isoliert den Menschen in der Welt, die von den Werken der Wissenschaft geprägt und beherrscht wird. Diese alternative Spannung führte Viktor v. Weizsäcker zu der erschütternden Frage nach dem Widerspruch: „Das Wesen des Menschen und die Wissenschaft erscheinen so unvereinbar, daß wir fürchten, zwischen den beiden wählen zu müssen."[3] Diese Wahlfrage ist die des Konflikts zwischen Goethe und der neuzeitlichen Naturwissenschaft.

Solange wir von der klassischen, vorausberechenbaren und nur der ‚Außenwelt' verpflichteten Physik regiert wurden, bot sich keine Basis, sie aufzulösen. Es wäre auch eine trügerische Hoffnung, darauf zu spekulieren, daß die moderne Naturwissenschaft allein eine neue Basis dazu bilden könne. Damit würden wir nur im alten Stil auf objektive Resultate warten, die uns in einen heilen Naturkreis zurückführten. Eine solche Erwartung muß gerade an der Art und Definition der modernen Physik scheitern. Was sie uns aber bietet, das ist die offene Tür für die Frage nach dem Menschen in der Natur. Das ist entscheidend. Denn diese Frage war bis zu unserem Jahrhundert keine, die von Physikern gestellt wurde. Hier kann und muß uns auch Goethe in den Blick kommen. Werner Heisenberg stellt 1932 in einem Vortrag über „Die Goethesche und die naturwissenschaftliche Farbenlehre im Licht der modernen Physik" fest,

> „daß der wichtigste Zug der modernen Physik vielleicht eben darin besteht, daß sie uns klar macht, wo die Grenzen unseres aktiven Verhaltens zur Natur liegen. ... Der Kampf Goethes gegen die physikalische Lehre muß auf einer erweiterten Front auch heute noch ausgetragen werden. Wenn Helmholtz von Goethe sagt, daß ‚seine Farbenlehre als der Versuch betrachtet werden muß, die unmittelbare Wahrheit des sinnlichen Eindrucks gegen die Angriffe der Wissenschaft zu retten', so stellt sich uns heute diese Aufgabe dringender als je, ..."

Vor 30 Jahren gesprochen, ist diese Aufgabe nun schlechthin notwendig geworden. Machen wir ernst mit der Voraussetzung, mit der „erweiterten Front", dann müssen

[3] „Anonyma", Slg. „Überlieferung und Auftrag", Bd. 4, 1946, S. 14.

wir von beiden Seiten ausgehen, in wechselseitigem Kontakt. Nur dann können wir erfahren, wie Gesetz und Gestalt sich gegenseitig tragen, — zusammengehören.

Die Situation hat sich durch die Wandlung der naturwissenschaftlichen Grundlagen so sehr verändert, daß wir sie für unsere Ausgangsposition erläutern müssen.

II

Durch die Vereinheitlichung der naturwissenschaftlichen Begriffsordnung, konsequent durch eine entschiedene Entsubjektivierung erkauft, erhielten die der Sinnenwelt entnommenen Begriffe ganz andere Bedeutungen. „In der modernen Definition der Kraft erscheint die spezifische Sinnesempfindung ebenso elliminiert wie in derjenigen der Farbe der Farbensinn."[4]

Diese ganze Entwicklung war nur durch die Instrumentalisierung der Physik möglich geworden. In der experimentellen Psychologie ging man durch die gesteigerte Verwendung von Apparaten (wie Farbenkreisel und Spektroskop) grundsätzlich den gleichen Weg. Die Einwirkung des Instruments auf das Subjekt läßt sich vergleichen mit der auf das beobachtete Objekt in der Physik. Solange die angenommenen Voraussetzungen der klassischen Physik unbeschränkt gültig blieben, hat man sich über die Frage dieser Einwirkung nicht viel Gedanken gemacht. Gemäß dem absoluten Anspruch auf objektiv beweisbare Naturerkenntnis konnte man so verfahren, daß „man die menschlichen Sinnesorgane stets durch passend konstruierte physikalische Meßgeräte, selbstregistrierende Apparate ersetzt denken kann".[5] Das ‚Ersetzen' der menschlichen Sinne hat sich in der heutigen automativen Technik vervollständigt. Der auf diesem Wege erzielte Fortschritt hat schließlich dazu geführt, daß das Auge, als Naturinstrument, zum Diener der technischen Instrumente geworden ist. Unter Automaten, technisierten Testen und statistischen Berechnungen führt es zumeist nur noch Funktionen ‚subjektiver Bestätigung' aus, die für das errechnete Ergebnis selbst nicht maßgebend sind. Als wahr gilt das, was die Meßinstrumente ermitteln, indem sie den Rahmen und die Richtlinien angeben, auf die sich das Verhalten des Beobachters zu beziehen hat. Der Augen-Blick wird durch sie gefiltert, markiert und begrenzt. Ein Beispiel dafür, wie weit das Auge ‚ersetzt' werden kann, ist ein Apparat, Thermosäule oder Photozelle genannt, der dieselbe spektrale Empfindlichkeit wie das Auge besitzt. Mit diesem künstlichen Auge können „Lichtmessungen" unabhängig von den immer etwas voneinander abweichenden, subjektiven Eigenschaften des Beobachters mit objektiven, eindeutig definierbaren, physikalischen Instrumenten durchgeführt werden".[6] Diese konformistische Eindeutigkeit, dieses Absehenwollen von den „immer etwas voneinander abweichenden" organischen Lebenseigenschaften, um von ihnen

---

[4] Max Planck, „Die Einheit des physikalischen Weltbildes", 1908, zit. nach „Vorträge und Erinnerungen", 5. Aufl., 1949, S. 31.

[5] Planck, „Das Weltbild der neuen Physik", 1929, a.a.O. S. 224.

[6] E. Boller, a.a.O. S. 38.

‚frei' zu werden zugunsten einer kollektiven Gleichheit, das ist die unheilvolle Denkweise einer perfektionistischen Naturwissenschaft, die vom Geiste de Lamettries, des „Homme machine" dirigiert wird.

Nun haben die Erkenntnisse der Atomphysik dazu geführt, das Denken in subjektiv-objektiver Alternative weitgehend aufzulösen. Gezwungen durch die Grenze der Objektivierbarkeit (Nichtobjektivierbarkeit und Unbestimmtheitsrelation in der Quantenphysik) hat man eingesehen, „daß sich die Methode ... nicht mehr vom Gegenstand distanzieren kann", wie es Heisenberg (1955) beschreibt.

Wir stehen „von Anfang an in der Mitte der Auseinandersetzung zwischen Natur und Mensch, von der die Naturwissenschaft ja nur ein Teil ist, so daß die landläufigen Einteilungen der Welt in Subjekt und Objekt, Innenwelt und Außenwelt, Körper und Seele nicht mehr passen wollen und zu Schwierigkeiten führen. Auch in der Naturwissenschaft ist also der Gegenstand der Forschung nicht mehr die Natur an sich, sondern die der menschlichen Fragestellung ausgesetzte Natur, und insofern begegnet auch hier wieder der Mensch sich selbst."[7]

So formal-theoretisch diese Korrekturen an der früheren Einstellung auch zunächst sein mögen, sie setzen unserem Verhalten neue Maximen: Wir können nicht mehr einfach die Natur vergewaltigen, wie wir sie bisher als Material benutzen, um Naturwahrheit an sich zu ergründen. Die scharfen Trennungen der klassischen Sprache der Naturwissenschaft und Philosophie lassen sich nicht mehr durchführen. Die Naturwissenschaft hat aufgehört, eine Wissenschaft von der Natur zu sein. Sie ist unbedingt jetzt eine in ihr. Erinnert uns das nicht an Goethes Satz, daß wir „innerhalb der abgeleiteten Erscheinungen" leben? Freilich beschwört solche Erinnerung aber auch die krasse Differenz des Naturbewußtseins, der Zweideutigkeit unseres Lebens in ‚alter' und ‚neuer' Natur. Noch sind wir weit davon entfernt, da, wo sich die Grenzen jetzt verwischen, das Lebensgleichgewicht in der Natur zu gewinnen.

Durch die Atomphysik wurde der Mensch endlich gezwungen, sich der Bedingungen bewußt zu werden, durch die er zu seinen Erkenntnissen gelangt. Das betrifft die Kenntnis der durch das Experiment bestimmten Fragestellungen und Eingrenzungen.

„Jedes Experiment", kennzeichnet Carl Friedrich v. Weizsäcker in einem 1943 gehaltenen Vortrag die Situation, „ist ein Zwang, den wir der Natur auferlegen. Sie muß auf den Zwang reagieren, und das Gesetz dieser Reaktion können wir in Formeln fassen. Aber jede Aussage gilt nur in bezug auf das Experiment, durch das sie gewonnen wurde."[8]

Geht das speziell das Operieren in der Atomphysik an, so gilt diese Einsicht grundsätzlich, betrifft daher auch die Optik der sichtbaren Lichtstrahlung. Soweit das instrumentale Experimentieren ja auch hier die Forschungsmethode bestimmt hat, gilt hinsichtlich des auferlegten Zwangs dasselbe. Hat man sich einmal über die Untersuchungsbedingungen genügend orientiert und gesteht ihnen, wie es Goethe forderte

---

[7] „Das Naturbild der heutigen Physik", rowohlts deutsche enzyklopädie", Bd. 8, 1955, S. 18 u. 21.

[8] „Die Atomlehre der modernen Physik", 1942, in „Zum Weltbild der Physik", 7. Aufl. 1958, S. 49.

„Wert und Würde zu"[9], so geht es nicht nur darum, ob ein Phänomen wie das Licht und die Farben durch Methoden und Begriffe der Physik beurteilt werden kann.

Es handelt sich um eine grundsätzlich andere Verhaltensweise, durch die das Verhältnis zwischen der Fragestellung und der im Experiment geforderten Antwort erst erkannt wird. Überall da nämlich, wo unser Organismus im innigen Zusammenhang mit dem zu untersuchenden Phänomen existiert und deshalb von vornherein eine *ontologische Naturgemeinschaft* besteht, müssen wir auf eine Rubrizierung nach subjektiven und objektiven Kategorien verzichten. Das Gegenteil haben wir getan und dadurch erst die radikale Emanzipation der Naturwissenschaft und des Selbstbewußtseins hervorgebracht. Der einstige Dialog zwischen Phänomen und Mensch ist abgebrochen. Einsamkeit herrscht. Wie logisch folgerichtig der einmal beschrittene Weg gegangen wurde, zeigt sich darin, daß man zu der Einsicht, daß „der Zugriff der Methode ihren Gegenstand verändert und umgestaltet"[10], erst durch die konsequente Verschärfung der Distanz zwischen Beobachter und Sache gelangt ist. Die radikale Trennung bei erweitertem Abstand zum Naturobjekt, das man für sich selbst erkennen wollte, führte zur Atomphysik, in der die klassische Trennung zwischen Beobachter, Instrument und ‚Ding' nicht mehr möglich ist. Begreifen wir den Weg der Naturwissenschaft als wissenschaftsgeschichtliche Bewegung, so wurde der Mensch beim Vorstoß in die elementare Region der Natur auf sich selbst und die Bedingungen einer Naturerkenntnis zurückgeworfen: Im Bereich der einst als letzte, unteilbare Bausteine des Lebens geltenden Atome holte die Natur den Menschen wieder ein, am Ende extremer Entzweiung. Die klassische Devise „Divide et impera" ist jedenfalls ungültig geworden, mag sie praktisch auch noch im Stadium letzter Herrschaft sein. Als Beobachter und Ausbeuter der Natur entdeckte sich der Mensch nun wieder in der anderen, jahrhundertelang verdrängten Rolle, — als Mitspieler. Dieser Dramaturgie können wir uns nicht mehr entziehen. Diese ‚Doppelrolle' ist im Grunde aber doch nichts anderes als die lebendige Position, die wir als geschichtlich denkende und handelnde Wesen grundsätzlich innehaben und verantworten müssen.

Hat man das begriffen, läßt sich unschwer einsehen, daß die erst in der unanschaulichen Atomphysik bewußt erfahrene Situation im Gebiet des sichtbaren Lichts stets bestanden hat und nie wirklich auflösbar ist. Zum sichtbaren Licht haben wir von jeher k e i n e D i s t a n z, im Unterschied zu anderen physikalischen Vorgängen oder zur unsichtbaren Strahlung — wie Röntgenstrahlen oder Radiowellen, die wir nicht wahrnehmen, die unser Bewußtsein nicht treffen. Das sichtbare Strahlungsgebiet aber ist das einzige, das uns u n m i t t e l b a r eröffnet ist. Hier herrscht kein Gegenüberverhältnis, sondern ein a priori bestehendes K o n t a k t v e r h ä l t n i s. Das ist doch wohl die wirklich maßgebende Charakterisierung, nicht aber die nach der quantitativen Ausdehnung dieses Lichtgebiets, verglichen mit der gesamten Strahlung. Dieser Vergleich kann erst wesentlich sein, wenn wir unser Verhältnis zum Licht und den

[9] „Enthüllung der Theorie Newtons", Zwischenrede, Farbenlehre, Ausgabe der Wiss. Buchgemeinschaft, 1953, S. 363.

[10] W. Heisenberg, a.a.O. S. 21.

Farben verstehen. Das Licht und die Farben erinnern uns – tatsächlich und symbolisch – daran, daß wir unsere Position als Mitglied der Natur bewahren müssen. Die durch die Atomphysik gewonnenen Erfahrungen wecken uns dazu auf, die elementare Ursprünglichkeit des natürlichen Lebensbezuges zum Licht in den Farben zu erschließen.

Es muß auffallen, wie wenig man sich in der physiologischen und psychologischen Forschung bisher um das Funktionsverhältnis von Licht und Farbe gekümmert hat, obwohl bereits Arthur Schopenhauer in seiner Farbenlehre (1816) wesentliche Hinweise gab[11].

III

Es ist sinnlos von Farben zu sprechen, ohne den Menschen einzubeziehen, der sie sieht, dem sie sich zeigen. Es ist ebenso sinnlos, sie deshalb uns zuzueignen, w e i l wir sie wahrnehmen. Sie sind uns vorgelegt, ohne daß wir sagen könnten: seit der und der Zeit, seit der und der Entwicklungsstufe. Die Welt war farbig, bevor es Menschen gab. Auch Fische sehen, wie wir heute wissen, die Farben, und zwar sogar ziemlich den gleichen Spektralbereich. Eine ganz andere Frage ist die abstrakte Trennung der Farbe vom Gegenstand, der sie zeigt. Das ist ein Problem der Bewußtseinsentwicklung und damit auch die namentliche Benennung der verschiedenen Farben. Aber soviel gilt: Was lebendig ist, braucht sie, ob Mensch, Tier oder Pflanze, je nach dem Radius der Existenz (Bienen z. B. sehen kein Rot, dafür aber ein Licht, das wir nicht sehen, Ultraviolett). Sind Farben für den total Farbenblinden nicht vorhanden, nimmt er sie nur als Helligkeitsgrade und Grautöne wahr, so besagt das schließlich nur, daß ihm der Farbensinn fehlt wie dem Tauben das Gehör.

Unter den Physikern hat sich Pascual Jordan gegen die klassisch-naturwissenschaftliche Beurteilung der Farben gewandt.

„Wir wollen uns hüten vor den unvorsichtigen Ausdrucksweisen, die man in einem früheren Stadium der naturwissenschaftlichen Entwicklung und der philosophischen Einstellung gern gebrauchte. ... daß nun das ‚Wesen' des Lichts aufgedeckt und die Farbigkeits des Lichts als ein ‚Schein' erkannt sei, als etwas, was erst in unserem Gehirn zustande kommt." Es sei sicher, „daß wir dem eigentlichen ‚Wesen' des Blauen oder Roten in keiner Weise näher gekommen sind durch unsere Feststellungen der Welleneigenschaften des Lichts." Man habe vielmehr zu sagen, daß „das Blau als solches eine einfach hinzunehmende Gegebenheit ist."[12]

Die *Gegebenheit* ist ein problematischer Begriff. C. F. v. Weizsäcker behandelt ihn bei der Kritik des prinzipiellen Sensualismus (1941).

„Unserem Bewußtsein sind keineswegs ‚Empfindungen an sich' gegeben. Vielmehr nehmen wir unmittelbar ‚Dinge' wahr, an denen erst eine neue Konzentration der Auf-

---

[11] Es ist verständlich, bedenkt man das Primat der fachwissenschaftlichen Ahnenreihen. Er war ein Philosoph und daher eigentlich nicht ‚zuständig' für sinnliche Erscheinungen. Goethe lehnte ihn ebenso ab wie Helmholtz, der seine Arbeit nicht einmal auf seiner reichhaltigen Bibliographie über die Farbenforschung erwähnte.

[12] In „Die Physik des XX. Jahrhunderts" – Einführung in den Gedankeninhalt der modernen Physik – in Slg. „Die Wissenschaft", Bd. 88, 1943 (5. Aufl.) S. 28 f.

merksamkeit einzelne Empfindungselemente entdeckt. Wir sehen nicht Farbflecke, sondern Bäume, Menschen, ja die Freude auf einem Gesicht – eine Realität, die kein Ding ist, aber noch weniger eine Sinnesempfindung."[13]

Soweit sich v. Weizsäcker damit gegen die von Ernst Mach postulierte Zurückführung der Wirklichkeit auf Sinnesempfindungen richtet, trifft seine Kritik gewiß zu. Aber die Dinge, die wir wahrnehmen, werden uns sehr oft erst durch ihre Farben als Dinge greifbar. Wenn wir ihre Farben nicht ‚an sich' sehen, so auch ihre Formen nicht. Farblose Dinge gibt es praktisch nicht. Wir unterscheiden sie vorwiegend gerade durch die Kontraste, die Farben, Schatten und Beleuchtungseffekte miteinander erzeugen. Farben sind in vielen Fällen geradezu das *Abzeichen* der Dinge. Da sie je nach ihrer Qualität sehr verschiedene Stimmungen hervorrufen, da außerdem dieselben Dinge jeweils verschiedene Farben zeigen, werden sie uns auch zu selbständigen Elementen, gleichsam selbst zu optischen ‚Dingen'. Wir können die Dinge zusammen mit ihren Farben sehen, aber auch die Farbe für sich abstrahieren, nie aber umgekehrt die Dinge an sich ohne eine Farbe. Auch müssen wir berücksichtigen, daß Farben nicht nur dinglich gebunden erscheinen, sondern — wie im Blau des Himmels oder im Regenbogen — ‚frei', für sich selbst. Denken wir auch an den elementaren Farbwert in den Kompositionen der modernen Malerei. Der Städter wiederum sieht in der nächtlichen Reklamebeleuchtung eine bunte Flut von farbigem Licht in Gestalt von Buchstaben und Linien.

Es geht hier um die Frage, ob Farben nur als Empfindungen begriffen werden. Wenn sie uns direkt, unvermittelt sichtbar werden können, wäre damit gesagt, daß sie ihr Sosein als Sinnesempfindungen dokumentieren? Sicher sind sie das genetisch. Wir bekommen sie durch physiologische Prozesse ‚zu Gesicht', wie alle durch Nerven vermittelte Sinneseindrücke. Aber inwiefern wären diese die *Quelle* ihres Ursprungs? Ihr Existieren ist dadurch doch nicht erläutert, daß wir sie aufs Auge und Gehirn zurückführen. Nicht der menschliche Organismus hat die Farben erschaffen. Längst bevor es Lebewesen gab, hat das Licht in der Natur ‚geschafft' und sich im Auge ein Organ gebildet, das ihm entspricht, „daß seinesgleichen werde", wie es Goethe sagt. Damit will ich nicht auf eine mystische Erklärung hinaus, sondern ganz real auf die geschichtliche Wirklichkeit hinweisen, im Sinne der Geschichtlichkeit der Natur. Wir dürfen den physiologischen Bestand der Sinnesempfindung nicht einfach mit dem durch sie zutage tretenden Inhalt identifizieren. Mit anderen Worten: *Indem Farben organisch produziert werden, werden sie reproduziert.*

Nur das sich seiner selbst vergewissern wollende Bewußtsein kann ja die Sinneserscheinungen als gegenständliche Wahrnehmung registrieren. Lassen wir dabei den Ursprung der Farben aus dem Licht unbedacht und nur den empirischen Nachweis der physiologischen Genese gelten, beschließen wir die Farbigkeit im eigenen circulus vitiosus. Denken wir aber in der Relativität — als Rückbezüglichkeit — von Mensch und Natur, dann sind die Farben zentrale optische Leitbilder des Lebensvorganges.

---

[13] „Das Verhältnis der Quantenmechanik zur Philosophie Kants" a.a.O. (Anm. 8) S. 96.

Das Tier wird instinktiv gesteuert, nicht zuletzt durch die spezielle Automation von Farbenreflexen, die als Auslöser für biologische Prozesse funktionieren. Das Tier existiert in einer heilen Welt und weiß nichts davon. Der denkende Mensch ist darauf angewiesen, die Naturordnung wissend zu akzeptieren. Ihm bleibt die Aufgabe, die sich im Licht – im sichtbaren wie im unsichtbaren – zeigende Ordnung zu durchsinnen, den farbigen Kodex der sichtbaren Lichtstrahlung zu entschlüsseln.

IV

Die gemeinte Ausgangsposition ist sowohl phänomenologisch als auch genetisch orientiert. Haben wir von der Farbenwahrnehmung auszugehen, so weisen die Farben auf das Licht. Es geht nicht eigentlich um die Aneignung der Farben im sogenannten Erleben, sondern um eine ontologische Farbenerfahrung, die offen ist für die sich in ihnen abbildende Lichtordnung und für die gegenbildliche *Verweisung* der Farbenordnung auf die Lebensordnung, die sich sinnbildlich-symbolisch in ihr spiegelt. Das farbige Licht verweist genetisch als sichtbare Strahlung auf den Gesamtbereich der unsichtbaren Strahlung, seine Ordnung auf die Gesamtordnung, die augenscheinliche Anschaulichkeit auf die unanschauliche Struktur (V. und VI. Teil).

Es ist wohl klar geworden, daß ‚Ausgangsposition' nicht ‚Standpunkt' meint. Der methodische Weg wäre dadurch grob skizziert, daß er auf den gegenseitigen Beschluß im Zusammenhang des Ganzen hingerichtet ist. Ich verpflichte mich damit dem „Denken im Kreis der gegenseitigen Bedingtheit", wie es C. F. v. Weizsäcker formuliert hat.[14] Dieses Denken verlangt die Einsicht in die Dialektik des Lebensganzen, in das, was sich im Entweder-Oder ausschließt und gegenseitig verbirgt und andererseits im Sowohl-als-auch zusammengehört. Man hat dafür den Begriff Komplementarität zur Verfügung. Als Begriff für das zeitliche Sichausschließen von Phänomenen – wie Welle und Korpuskel, Ort und Impuls in der Physik der Elementarteilchen – hat ihn Niels Bohr in die Physik eingeführt. Er begreift ihn darüber hinaus für allgemeine Lebensvorgänge, wie für die Beziehung von Instinkt und Vernunft. Es ist ein zentraler Lebensbegriff, der dem der gegenseitigen Verdrängung gleichkommt.

Ob wir vom Verhältnis zwischen Subjekt und Objekt, oder allgemeiner von dem zwischen Geistes- und Naturwissenschaft sprechen, überall geraten wir in ein komplementäres Verhältnis, das uns in den „Zirkel der Erkenntnis" und die „Kreisgestalt alles Erkennens" führt.[15] Erst am Ende unseres Weges können wir darauf zurückkommen. Aber als Leitbegriff für unsere Einstellung kann uns dieser Verweis auf das

---

[14] „Die Geschichte der Natur", 2. Aufl. 1954, S. 8.

[15] C. F. v. Weizsäcker „Komplementarität und Logik", 1955, in „Zum Weltbild der Physik", 7. Aufl. 1958, S. 290 ff. Voraussetzung zum Verständnis dieser Begriffe ist die Kenntnis der dort behandelten Differenzierung zwischen „paralleler" und „zirkulärer" Komplementarität. Der Ausdruck „Kreisgestalt alles Erkennens" findet sich in der Abhandlung „Gestaltkreis und Komplementarität", eine vergleichende Betrachtung zwischen dem von Bohr eingeführten Komplementaritätsbegriff und dem „Gestaltkreis" V. v. Weizsäckers, a.a.O. S. 339.

Aufeinanderangewiesensein maßgebend werden. Nicht zuletzt auch deshalb, weil der Komplementaritätsbegriff hauptsächlich durch die Farbenordnung – *Komplementärfarben* – bekannt geworden ist. (Der Unterschied in der Verwendung und Bedeutung liegt in der Zeit und der direkten [Farben] oder indirekten [durch Instrumente vermittelten] Anschauung und Deutung von Phänomenen. Im einen wie im anderen Sinn aber gilt, daß wir uns in einem „*Grundverhältnis*" befinden, das V. v. Weizsäcker (1946) beschrieben hat, „in einer *Abhängigkeit*, deren Grund selbst nicht Gegenstand der Erkenntnis werden kann".[16] Ohne seine oppositionelle Haltung zur Physik zu übernehmen, sollten wir uns diesen Satz zu eigen machen.

Schließen wir den Kreis zu Goethe: Der „Gestaltkreis" als „Anweisung zur Erfahrung des Lebendigen" im „Grundverhältnis", wie ihn V. v. Weizsäcker erläutert, entspricht der von Goethe beschriebenen „*Grundeigenschaft*" der lebendigen Einheit: „Sich zu trennen, sich zu vereinen, sich ins Allgemeine zu ergehen, im Besonderen zu verharren, sich zu verwandeln ..."[17]

So werden wir auch in der eingangs genannten *Spannung* unserer Ausgangslage getrennte Wege gehen müssen, um, soweit es gelingen kann, dann zu vereinen, zu einigen. Wir setzen damit auch die Wissenschaft als „lebendige Einheit" voraus. Das Ziel, das aus dem wechselseitig sich bedingenden Wegverlauf erreicht werden könnte, wäre der Gewinn eines heilen Kreises, in dem sich der Mensch wieder einholt als Einwohner und Auswohner der Natur.

Mit diesen weit ausgreifenden Bemerkungen ist das mit der Einleitung gestellte Thema ins Gegenteil überschritten, da nun eher von einer ‚Eingangsposition' die Rede ist. Es geschah, um anzudeuten, daß schließlich das Thema in sich selbst zurückläuft.

Was gemeint ist, läßt sich vielleicht noch deutlicher begreifen, wenn wir die Lichtfarben als Urbilder aufzufassen suchen. Als Urbilder existieren sie aber in unzeitlich-unräumlicher Autonomie. Die Urbildhaftigkeit der Farben verstehe ich so, wie von den Urbildern des Denkens gesprochen wird. Wilhelm Szilasi begreift sie, an Schelling anknüpfend, so:

„Mit Urbildern sind die Eindrücke des passiven Bewußtseins gemeint, die die Lebensvorgänge wohl noch intensiver und konstanter regeln als die bewußtanschaulichen Eindrücke. Ihre Bildhaftigkeit ist aber sozusagen kein Fertigprodukt, sondern – trotz des Bildcharakters – erst Material für die Umgestaltung in der aktuellen, sinnlichen Anschauung."[18]

Hier ist von den Urbildern des Denkens die Rede, welche „die Naturstelle bezeichnen, in der der Mensch wohnt". Im selben Sinne, aber genau umgekehrt, so scheint mir, bezeichnen die Farben als anschauliche Urbilder diese Naturstelle. Ihre sinnlich erfahrbare Bildhaftigkeit ist ebenso kein Fertigprodukt, wenn wir sie als Material für die Umgestaltung in der aktuellen, seelisch-geistigen Sphäre verstehen. Ich meine, daß

[16] „Anonyma", a.a.O. S. 10.

[17] „Maximen und Reflexionen."

[18] Zit. nach eigenen Aufzeichnungen aus dem Vortragsmanuskript „Urbilder des Philosophischen Denkens". Der Vortrag wurde 1954 in Hamburg, anläßlich der vom ‚Kirchlichen Kunstdienst' veranstalteten Woche über „Das Bild" gehalten.

sich schließlich durch die *Transparenz* der Farben für die sich in ihnen ausdrückenden psychischen Symbole Begriffe *elementarer Grundgefühle* auffinden lassen sollten.

Um die Kontinuität der Forschung zu wahren, setze ich die hier umschriebene Ausgangsposition nicht voraus. Ich knüpfe an den überlieferten Bestand der bisherigen Farbenlehre an. Erst nach eingehender Auseinandersetzung mit dem Problem der Farbenordnung kann sie maßgebend werden. Deshalb wird der Leser größere Teile der Untersuchungen gleichsam ‚gegen den Strom' lesen müssen.

B. BEMERKUNGEN ZUR METHODE

Wahrnehmen und Sehen

Der Begriff *Wahrnehmung* ist sehr komplex und müßte wegen der Abgrenzung zum Begriff *Empfindung* hier genauer beschrieben werden. Auf die Definition nach modernen Wahrnehmungslehren kann ich nicht eingehen (einen kurzen Überblick der Beziehung zwischen Wahrnehmung und Empfindung gebe ich bei der Besprechung der Ausgangsposition für eine emotionale Farbenordnung, s. S. 163 f.). Aber eine bestimmte Verabredung ist nötig.

Wir wollen von der Wahrnehmung nicht erst dann sprechen, wenn man beim Sehen einer Farbe sich der genauen Wahrnehmungsbefunde bewußt gemacht hat, sondern auch und zuerst schon dann, wenn man überhaupt eine Farbe sieht. Man muß nicht erst darüber reflektiert haben, ob und wie sie bemerkt wurde. Das ist wohl nötig, wenn Beobachtungen analysiert werden sollen. – Farben werden auch, ja vornehmlich als *begleitende Eindrücke* erlebt und wirken oft auf uns ein, ohne daß wir uns der näheren Umstände bewußt werden.

Daher können wir auch nicht gültige Grenzen zwischen einer ‚unbewußten Empfindung' und ‚bewußten Wahrnehmung' ziehen. Wohl könnte von verschiedenen Wahrnehmungs*stufen* gesprochen werden, deren letzte diejenige wäre, die sich über die Bedingungen und Elemente, welche die Wahrnehmungssituation bestimmen, klar ist.

In jedem Falle aber handelt es sich stets um ein Wahrnehmungs*feld*, in dem ein *dynamisches Verhältnis* zwischen der betreffenden Erscheinung und demjenigen, der sie erfährt, herrscht.

Generell kann man vielleicht sagen, daß sich soviel über eine wahrgenommene Farbenerscheinung – so wie über irgendeine andere – aussagen läßt, wie man sich an die reale Situation des Wahrnehmenden sowohl wie die der Erscheinung hält, indem man also die Tatsächlichkeit nicht in ein Gegenüberverhältnis auflöst, sondern des beiderseitigen *Verkehrs* inne wird.

Es ist nur zu leicht möglich, die Grenzen des tatsächlichen Erfahrungsbereichs zu überschreiten, zugunsten abstrakter, theoretischer Zielsetzungen oder der speziellen Problematik einzelner Umstände und Faktoren:

1. wenn wir an Objekten exemplifizieren, die nur unter speziellen Ausnahmebedingungen bestehen oder nur durch besondere Abstraktionen als Objekte sichtbar gemacht werden;
2. wenn wir uns zu sehr von idealen oder systematischen Vorstellungen, Prinzipien und Schemata leiten lassen oder meinen solche auffinden zu müssen;
3. wenn wir einzelne Faktoren so stark aus dem Gesamtzusammenhang lösen, daß ihre isolierte Betrachtung zu Ergebnissen führt, die für die wirkliche Erfahrung unwesentlich sind oder gar nicht bestehen, aber durch Verzerrung und Überschätzung ihrer Bedeutungen in ein falsches Licht gerückt werden.

Im Verlauf fachwissenschaftlicher Forschungsarbeit läßt sich zwar wohl keiner dieser oft ins Abseits oder in Sackgassen führenden Wege ganz vermeiden. Es kommt darauf an, wie weit man die Gefahr, auf Abwege und Irrwege zu geraten, erkennt.

Wir leben in einer Welt bunter Mannigfaltigkeit, in einer unendlichen Vielfalt von Einflüssen und Beziehungen zwischen uns, dem materiellen, räumlichen und optischen Dasein der Gegenstände. Wir leben in einer Welt der dauernden Kontraste und sind direkt verspannt mit deren fortwährendem Wechsel, den wir zu einem großen Teil gar nicht registrieren. Entziehen wir uns dem so komplexen Spannungsfeld, indem wir den Spuren, Wirkungen und Bedingungen der einzelnen Faktoren in der Isolation nachgehen, so geraten diese nur zu leicht in eine abstrakte Wertung, die mit der Wirklichkeit nichts mehr zu tun hat. Mit den speziellen Einzelbedingungen optischer Zustände haben wir sehr viel weniger zu tun, als es der Forschung nach den Anschein hat. Ich darf hier auf Beispiele verzichten, um das zu veranschaulichen.

Durch die Überschätzung der Einzelumstände wird die Beurteilung der gewöhnlichen Erfahrung nahezu unmöglich gemacht, zumal dann, wenn die Zulässigkeit wissenschaftlicher Aussagen von der Berücksichtigung einer Unzahl spezieller Voraussetzungen für die Beobachtungssituation bestimmt wird. Man unterbindet den dynamischen Prozeß lebendiger Erfahrung, wenn man erst nach genauen Berechnungen und Kalkulationen der am zu beurteilenden Vorgang beteiligten Faktoren und mit Hilfe entsprechender Apparate und tabellarisch-statistischer Erfassung des Wahrnehmungszustandes „lebendige" Eindrücke erkennen zu können meint.

Mir geht es in der vorliegenden Arbeit daher weder um Aussagen für den speziellen, noch gar um Zustände des „reinen" Falls im luftleeren, lebensleeren Raum. Deshalb kann es sich immer nur und soll es sich auch nur um Grunderfahrungen und wahrscheinliche Durchschnittswerte handeln, weil diese schließlich die wirklichen Maßstäbe des optischen Erlebens bilden.

Vergegenwärtigen wir uns, wie ungemein akkomodabel das Auge ist und die verschiedensten Eindrücke innerhalb bestimmter Grenzen kompensiert, weshalb wir zu *konstanten* Erfahrungen gelangen, so wie in allen sinnlichen und auch seelischen Wahrnehmungsbereichen. Wir denken und fühlen mit Durchschnittswerten. Soweit es sich um Qualitäten – wie die Farben – handelt, haben wir uns an bestimmte Normen gewöhnt, die auch dann verbindlich sind, wenn die jeweiligen Zustände den typischen Eindruck momentan verändern oder gar aufheben. Ein weißes Papier, das im Schatten liegt und grau aussieht, oder eine weiße Wand, die von der Sonne beschienen, nun viel heller, ‚weißer' erscheint als vorher, da sie unbestrahlt war, bleiben dennoch für uns weiß. Denn dauernd wechselt der Beobachtungszustand, die „Lichtfunktion", Helligkeit und Lichtstärke, die spektrale Energieverteilung, d. h. die optische Situation. Dauernd wechselt durch die Erddrehung um die Sonne das Tageslicht, und in jedem Raum wie in jeder Jahreszeit haben wir verschiedene Wahrnehmungszustände, die sich aber eben alle — im Laufe der Zeit! — wiederholen. Wir *wissen*, daß es bald so, bald so aussieht und reflektieren gewöhnlich gar nicht darüber, sondern nehmen eine bestimmte, graduell variable Grundqualität oder Grunderscheinung als geltenden Wahrscheinlichkeitswert an, den wir als normal bezeichnen würden. Am Niveau dieses, uns oft ganz unbewußten Durchschnittsmaßstabs messen wir dann die augenblickliche Situation, die wir eben nicht primär vom Augenblick aus beurteilen.

Unser Auge, wie unser Bewußtsein, ist bestrebt, auszugleichen und reagiert auf die eine Wirkung mit dem Bedürfnis zur entgegengesetzten oder zum Ausgleich, der sie aufhebt. Goethe wies darauf hin:

„Ein graues Bild auf schwarzem Grunde erscheint viel heller als auf weißem ... Wie dem Auge das Dunkle geboten wird, so fordert es das Helle; es fordert Dunkel, wenn man ihm Hell entgegenbringt und zeigt eben dadurch seine Lebendigkeit, sein Recht, das Objekt zu fassen, indem es etwas, das dem Objekt entgegengesetzt ist, aus sich selbst hervorbringt."[19]

Wir wollen daher solche Beobachtungen wie diese (den Simultan-Kontrast) in unsere Untersuchungen als natürliche Erscheinung einbeziehen und sie nicht als das Besondere, evtl. sogar Abwegige herausstellen, wie es leider in der Forschung oft geschieht. Der Simultankontrast wie der Sukzessivkontrast gelten eher als Kuriosa, als etwa als elementare Erscheinungen unserer Farbenerfahrung. Die Erklärung, die Goethe gibt, bedeutet mehr Wirklichkeit und erklärt den Wesenszusammenhang mit uns selbst weit mehr, als so manche theoretisch fundierte Erklärung an Hand äußerer Bedingungen, durch die sie zustande kommen.

C. LICHT — FARBE — MATERIE

Genetische und phänomenale Zusammenschau

Wir orientieren uns zunächst in der Wirklichkeit so, wie sie uns erscheint, sprechen vom Licht da, wo wir es und so, wie wir es als Licht sehen. Wo es hell ist, ist Licht. Aber Licht ist nicht nur da, wo es als Licht sichtbar wird. Es kann auch ‚dunkel' sein, als unsichtbares Licht. Wenn Licht gleicher Wellenlänge — wie Berg und Tal von Meereswellen — sich so überlagern, *interferieren*, daß sie sich ‚ausgleichen', kann Licht plus Licht Dunkel erzeugen. Wir wissen, daß es zwischen der Sonne und der Luft-

---

[19] „Farbenlehre", zit. nach der Ausgabe der Wiss. Buchgemeinschaft, 1953, unter „Physiologische Farben", § 38, S. 187.

atmosphäre der Erde dunkel ist. Wo das Licht auf kein kontinuierlich dichtes, grobes Materiefeld trifft, erscheint es nicht – bleibt dem Sehen verborgen. Dieses Wissen, das wir nicht der unmittelbaren Sinneserfahrung verdanken, sondern physikalischer Analyse, hat unser Bewußtsein vom Licht wesentlich verändert, stellt die Frage nach dem Lichtbegriff. Sollen wir auch da *Licht* sagen, wo wir es nicht sehen, sondern nur *denken* können? Kann ein Ausdruck wie ‚unsichtbares Licht' sinnvoll sein? „Wenn auch der Name der Einfachheit halber beibehalten worden ist", sagte Max Planck in einem Vortrag über „Das Wesen des Lichts" (1919), „so hat doch die physikalische Lehre vom Licht oder die Optik, in ihrer vollen Allgemeinheit genommen, mit dem menschlichen Auge und mit der Lichtempfindung so wenig zu tun, wie etwa die Lehre von den Pendelschwingungen mit der Tonempfindung."[20]

Denken wir an die sakrale, mittelalterliche *Lichtmetaphysik*, an Begriffe wie „geistiges Licht", dann reicht offensichtlich der Lichtbegriff weit über das hinaus, was uns als „natürliches Licht" (lumen naturale) sichtbar wird. Dann könnten wir folgern, daß also das sichtbare Licht nur ein Ausschnitt ist von dem, was Licht tatsächlich und symbolisch sein kann. So ist das Licht auf unserer Erde ja auch nur ein Ausschnitt vom Licht des Weltalls, das wir im Laufe von Jahrhunderten im Dunkel und aus unfaßbar fernen Zeiten entdeckten und sehen lernten. Läßt sich nicht die Gewißheit der Menschen früherer, uns mythisch vergangener Zeiten vom unsichtbaren „supranaturalen" Licht vergleichen mit der wissenschaftlichen Gewißheit von unsichtbarer Lichtstrahlung? Wenn wir kein Licht *sehen*, ist es *für uns* dunkel. Wir werden im III. Teil die wahrnehmungsmäßigen Beziehungen zwischen Licht und Dunkelheit behandeln, wollen hier aber eine Verabredung treffen: Licht ist auch in der Dunkelheit, oder die Dunkelheit ist nicht überall ohne Licht. Sprechen wir nun, nach dieser lichtontologischen Reflexion, vom Licht, ist das sichtbare gemeint (Sonnenlicht).

Wenn wir die Ordnung des Lichts in uns selbst zu entdecken vermöchten, würden wir unser ontologisches Verhältnis zum Licht verstehen lernen.

Das allgemeine Verhältnis zum Licht besteht im Sehen seiner vollen reinen Helle. Das besondere zeigt sich in den Farben. Wir sehen die Farben durchs Licht oder im Licht. Sie entspringen dem Kontakt zwischen dem Licht und dem Auge, indem uns die Lichtquanten (ich werde weiterhin unter dem ‚Wellenaspekt' von Lichtwellen sprechen) direkt oder indirekt in Farben, als ihren Erscheinungen, sichtbar werden. Licht schließt sich uns farbig auf, kommt zur Erscheinung, bildet sich ab.

Wir sind gewohnt entweder vom farbigen Licht oder farbigen Lichtern zu sprechen und beziehen dann die Farben aufs Licht. Oder aber wir sehen die Farben der Dinge und beziehen dann die Farben auf die materielle Gegenständlichkeit. Zwischen den Farben der dinglichen Welt und dem Licht scheint keine direkte Verbindung zu bestehen.

Wir haben uns auch daran gewöhnt, Licht, Farben und Materie mehr oder weniger isoliert voneinander, als für sich selbst bestehende Elemente zu betrachten. Der Zu-

[20] Abgedr. u. gleichem Titel, S. 20.

sammenhang ist uns kaum bewußt. Wie aber verhält es sich damit wirklich? Im einen Fall leuchten die Farben selbst im Licht. Im anderen Fall werden sie vom Licht beleuchtet und erscheinen, gebunden an den jeweiligen Gegenstand, den Farbträger, wie außerhalb des Lichts. Durch die Lichthelle werden sie aber nur sichtbar, weil der farbige Gegenstand auf die ihm gemäßen Lichtwellen reagiert.

Für unser Auge scheint es so zu sein, als wenn die selbstleuchtenden Farben – Spektralfarben – wie das Blau des Himmels, ohne Vermittlung materieller Substanzen sichtbar sind. Weil wir erst eine bestimmte Größenordnung von Substanzen wahrnehmen, scheint unsichtbare Materie – wie die Luft – augenscheinlich nicht zu existieren. Gerade deshalb aber können die Farben direkt im Licht aufleuchten wie immaterielle Erscheinungen.

Wenn die Sonne ihr Licht verstrahlt – aus der Glut strahlender Materie – so scheint das Licht durch die Luft zu uns. Beim Auftreffen auf die Luftmoleküle wird es gestreut. Aus dem Größenverhältnis zwischen den Luftmolekülen und den Wellenlängen des Lichts ergibt sich eine solche Streuung, daß der Himmel als blauer Lichtgrund erscheint (Gesetz von Rayleigh, 1899). Im Blau taucht der ‚finstere' Himmel im Licht auf. Bei grobkörnigerer Materie, welche die Luft und damit auch unsere Sicht trübt, undurchsichtig macht, im Dunst und Nebel, bei Wolkenbildung oder im Regen, wird das Licht (je nachdem, welche Dichte herrscht und bei welchem die Streuung verändernden Sonnenstand) in verschiedene Farben gebeugt oder gebrochen, während andere Wellenlängenbereiche durchgelassen oder verschluckt (absorbiert) werden. So sehen wir die gelblich, blauviolett oder purpurn gefärbten Wolken oder bei gleichmäßiger Wolkendecke am Tage den weißlichen oder grauen Tageshimmel im Schein, im Widerschein des Lichts. Die Morgen- und Abendröte beim Sonnenaufgang oder -untergang, das Goldgelb oder Rot der Sonnenscheibe, das Dunstblau ferner Berge beruhen ebenso auf der Lichtbeugung wie die farbigen Ringe, die „Höfe" des Mondes und der Sonne. Diese sind aus feinen Stoffteilchen gebildete natürliche Gitter, welche die Farben auffächern. Jeder kennt die im Winter an mit Eiskristallen bedeckten Fensterscheiben zu sehenden Farbenspiele.

Wir können mit dem Auge auch selbst die Farben des Lichts herausbeugen, wenn wir z. B. auf eine entfernte Lichtquelle hinblinzeln. Beugung, Brechung und Interferenz (Wellenüberlagerung) wirken oft zusammen, so wie bei den Farbenspielen in Seifenblasen, die durch Brechung und Interferenz entstehen. – Bricht sich das Sonnensicht im durchsichtigen Regen, so wirkt das Tropfenmeer als prismatische Regengardine. Die Buntheit des Lichts erscheint im Regenbogen, den wir je nach dem Verhältnis zwischen dem Strahlungswinkel nach dem Sonnenstand, dem Regen und Ort des Auges zu sehen bekommen.

Diese grobe Skizze physikalischer Ausgangsbedingungen für das Sichtbarwerden der Farben durchs Licht soll deutlich machen, daß die Lichtfarben keine anderen sind als die der Dinge. Es handelt sich nur darum, ob das Licht auf feine, gasförmige oder feinflüssige Materie trifft, die unserem Auge durchsichtig sind und die Farben selbst zum

Leuchten bringt, oder ob das Licht auf die Festigkeit undurchsichtiger dinglicher Stoffe stößt, die es auffangen, zum Teil durchlassen oder zurückwerfen (reflektieren), zum Teil absorbieren. Mit dem Augen-Blick empfangen wir die verschiedenen, von den Körpern oder ihren Farbstoffen reflektierten Teilstrahlungen. Dabei ist entscheidend, welche Lichtarten sich miteinander vermischen, welche Differenz sich aus den gegenseitigen Subtraktionen ergibt, weil die Spannungsverhältnisse zwischen den Farben verschieden sind. So können sich jeweils zwei Farben im reinen Licht gegenseitig ausgleichen, weil sie komplementär sind.

Aus der Subtraktion der Lichtwellen beim reflektierten Licht der Substanzfarben (Pigment- oder Körperfarben) kann aus noch zu erörternden Gründen eine Farbe hervorgehen, die wir bei der Addition der selbstleuchtenden Farben nicht erblicken. Das bekannteste Beispiel ist die Subtraktion zwischen Gelb und Blau zu Grün, während sich gelbes und blaues Licht im allgemeinen zu reinem, farblosem Licht addiert, weil sich Gelb und Blau ausgleichen.

Es gibt Farben, die wir nicht im Licht finden, wie Weiß, das alles Licht reflektiert, Grau oder Schwarz, das alles Licht verschluckt und Braun. Es ist (auch in der Wissenschaft) üblich, vom weißen Licht zu sprechen. Es ist wichtig einzusehen, daß das falsch ist und zu weitgehender Verunklärung unserer Anschauung vom Licht und den Farben führt und geführt hat. Ich werde darauf noch ausführlich eingehen.

In den Farben, den *Mitgliedern* des Lichts, bilden sich uns meßbare Kräfte, die Energien der Lichtstrahlung ab. Denn jede Buntheit vertritt bestimmte energetische Quantitäten. Bunte Lichtquanten, Photonen, zeigen durch ihre Farbe ihre Energiestufe, wie in der Rotglut oder ‚Weißglut' (die durch komplementäre Lichtaddition bzw. Interferenz entsteht) oder elektrisch im Aufleuchten von blauen, grünen, roten oder lichten Funken bei Kontaktschlüssen (Spannungsentladungen, Induktionen oder Kurzschlüssen, wenn durch atomare Umsetzungen Energien frei werden). Wenn also die Spektralfarben ihre Strahlungsenergie direkt abbilden, dann die dinglichen Farben indirekt in der Beleuchtungshelle des Lichts.

Für die Betrachtung der Farben im Licht oder des Lichts in den Farben kann uns der Regenbogen als Urbild der im Licht beschlossenen Farbengemeinschaft gelten: als das ‚Lichtbild' der Farbigkeit. Wir können sagen: Die Farben sind die Einzellichter, die verschiedenen Charaktere des Lichts, aus deren Summe sich die ganze Einheit des vollen Lichts ergibt; oder: das Licht ist in den Farben aufgegliedert, in dem sich die ganze Spannweite – vom hellsten bis zum dunkelsten Licht – Gelb bis Blau-Violett – ausbreitet.

Indem wir unseren Blick auf die Gemeinsamkeit von Farben und Licht richten, haben wir eine übergreifende Betrachtungsweise gewählt. Darin sind die zahlreichen Abgrenzungen und Unterschiede zwischen selbstleuchtenden Licht- und beleuchteten Körperfarben, zwischen autonomen und gegenstandsgebundenen Farben scheinbar elliminiert. Wirklich aber sind sie nur ‚aufgehoben' in der ihnen gemeinsamen, elementaren Beziehung zum Licht wie zur Materie. Indem wir die materiellen Voraussetzungen mit in die Betrachtung einbezogen haben, kann eine kontinuierliche, tatsächliche

Zusammenschau von Farben und Licht erst möglich sein. Denn es ergibt sich daraus, daß die Farben erst durch die Vermittlung der Materie aller Arten und Größen zur Erscheinung kommen, so wie umgekehrt erst durch das Verglühen der Materie in der Sonne, wie in jeder Lichtquelle, das Licht aufleuchtet. In dieser gegenseitigen Bedingtheit zwischen dem Licht als verwandelter Materie und der Materie als verwandeltem Licht strömt der gegenseitige Austausch zwischen Sonne und Erde und wirkt lebendig-wesenhaft im organischen Austausch des Stoffwechsels.

Beschließen möchte ich den Überblick mit einigen Hinweisen auf das Licht und die Farben als *innerer* Erscheinungen.

Vor uns, außerhalb nur scheinen Farben und Licht zu sein. Aber wir ‚sehen' sie auch bei geschlossenem Auge ‚in uns'. Das ist ein augenscheinlicher Widerspruch, der uns aber gerade die unlösbare Verknüpfung zwischen innerer und äußerer Natur offenbart. Goethe hat sie beschrieben:

„Jene unmittelbare Verwandtschaft des Lichtes und des Auges wird niemand leugnen, aber sich beide zugleich als ein und dasselbe zu denken, hat mehr Schwierigkeit. Indessen wird es faßlicher, wenn man behauptet, im Auge wohne ein ruhendes Licht, das bei der mindesten Veranlassung von innen oder von außen erregt werde. Wir können in der Finsternis durch Forderung der Einbildungskraft uns die hellsten Bilder hervorrufen. Im Traum erscheinen uns die Gegenstände wie am vollen Tage. Im wachen Zustand wird uns die leiseste äußere Lichteinwirkung bemerkbar; ja wenn das Organ einen mechanischen Anstoß erleidet, so springen Licht und Farben hervor."[21]

Wir kennen das sogenannte Augengrau, so daß uns die Dunkelheit, wenn wir in einem total finsteren Raum weilen, durchaus nicht schwarz erscheint. Es ist also im Auge tatsächlich heller als es nach den äußeren Bedingungen des Dunkels nach sein dürfte. Ebenso können wir im Dunklen helle Lichter und bunte Farbreflexe sehen, wenn wir die Augen eine Weile fest zusammendrücken oder den Augapfel reizen. Es erscheinen dabei sämtliche bunten Lichtfarben! Wir pflegen diese nicht durch äußeren Lichtempfang vermittelten Farben und Lichter als Nervenreizungen abzutun. Sicher handelt es sich genetisch um Nervenreflexe. Aber besagt das etwa das Wesentliche? Wenn wir Lichter und Farben in uns sehen, zeigen sie sich in einer anderen Wirklichkeit.[22]

Vergegenwärtigen wir uns noch einmal die generellen Perspektiven unserer Beziehungen zum Licht und den Farben: Die Farben sind die Mitglieder und Zeichen des Lichts. Durch die Farben ist der Mensch mit dem Licht verbunden. Sie bilden unseren Zugang zum Licht ab, sind unsere Kontaktstellen mit der gesamten elektromagnetischen Strahlung, im engeren und weiteren Ausblick: Denn einmal schließen

[21] Farbenlehre, 1. didaktischer Teil, Einleitung, a. a. O. S. 176; vgl. Plotin, V. Enneade, 5.

[22] Es ist mir nicht darum zu tun, etwa ein inneres Vorhandensein der Farben gegen die äußere Erscheinung auszuspielen und sie innerhalb des Leibes zu lokalisieren. Vielmehr will ich zeigen, daß Licht und Farben sich nicht auf einen Innen-Außen-Gegensatz beziehen lassen. Sie durchgreifen diesen zuletzt ja nur relativen Unterschied, gehören dem ganzen Leben.

sich an das sichtbare Licht das infrarote und ultraviolette an, welche ja auch zum Sonnenspektrum gehören. Zum anderen aber sind die Radio- und Fernsehwellen, die Röntgen- und Gammastrahlen von den sichtbaren Lichtstrahlen nur durch Wellenlängen, Frequenzen und Energiegrößen unterschieden. Erst wenn wir uns diesen kontinuierlichen Verband der gesamten Lichtstrahlung vergegenwärtigen, zeichnet sich der ganze Horizont ab, in dem wir zu fragen und zu operieren haben, um unser Verhältnis zum Licht begreifen zu können.

D. GOETHES UND NEWTONS FARBENLEHRE

1. Kritik der Newtonschen Definition der Farben

Newton hat in der „Definition" im 2. Buch seiner „Optik oder Abhandlung über Spiegelungen, Brechungen, Beugungen und Farben des Lichts" (1704) die Farben, wo und wie immer sie auch erscheinen, auf die Spektralfarben des sichtbaren Lichts zurückgeführt und diese wiederum als Sinneserscheinungen charakterisiert, welche durch Lichtstrahlungen hervorgrufen werden.

Mit der Behauptung, daß die bei der prismatischen Brechung des Lichts auftretenden farbigen Lichtstrahlungen „an sich" nicht farbig seien, sondern die Farben nur im Auge und Gehirn als Empfindungen erregten, hat Newton das schon durch Marcus Marci (1596–1667) und Grimaldi (1615–1663) beobachtete Phänomen des prismatischen Spektrums nach der Methode der kausalen Beschreibung objektiv—subjektiv aufgespalten.[23] Das daraus folgende grundsätzliche Problem wurde bereits in der „Ausgangsposition" erläutert. Hier möchte ich auf Newtons These näher eingehen. Sie hängt eng mit der Annahme zusammen, daß es sich beim Verhältnis zwischen Lichtstrahlung und Farben prinzipiell nicht anders verhält als zwischen akustischen Schwingungen und Tönen. Die Kenntnisse der modernen Physik sollen hier

---

[23] In der ‚Definition' Newtons – zwischen der 2. und 3. Proportion des 2. Teils seiner Optik – heißt es: „Das homogene Licht und die Strahlen, welche rot erscheinen oder vielmehr, welche die Gegenstände rot erscheinen lassen, nenne ich ‚Rot erregende', die Lichtstrahlen, welche die Körper gelb, grün, blau und violett erscheinen lassen, Gelb erregende ... usw. Und wenn ich einmal von Lichtstrahlen als farbigen oder gefärbten Strahlen spreche, so ist dies nicht wissenschaftlich oder im strengsten Sinne zu verstehen, sondern als gewöhnlicher, volkstümlicher Ausdruck, entsprechend der Vorstellung, die sich das gemeine Volks beim Anblick dieser Versuche bilden würde. Denn streng genommen sind die Strahlen nicht gefärbt; in ihnen liegt nichts als eine gewisse Kraft und Fähigkeit (!), die Empfindung dieser oder jener Farbe zu erregen ... so sind die Farben an den Objekten nichts anderes als die Fähigkeit, diese oder jene Strahlen reichlicher zu reflektieren als die anderen, und in den Strahlungen nichts anderes als die Fähigkeit, diese Bewegung bis in unser Empfindungsorgan zu verbreiten, im letzteren die Empfindung dieser Bewegungen in Gestalt von Farben." Zit. nach der dt. Übersetzung in „Ostwalds Klassiker der exakten Wissenschaften", Nr. 96, – 1898, S. 81.

nicht berücksichtigt werden. Ich bleibe also innerhalb der Grenzen der klassischen Physik. Das geschieht nicht deshalb, um die Fragen wissenschaftsgeschichtlich zu verfolgen und historische Kritik zu üben, obwohl die Untersuchung auch so verstanden werden kann, daß wir nach der Wahrheit der Überlieferung fragen. Ein Verbleiben innerhalb der klassischen Physik scheint mir vor allem deshalb nötig, weil durch die modernen Erkenntnisse in der Quantenphysik das Problem der Subjektivierung der Sinnesqualitäten nicht wirklich lösbar ist, solange dualistische klassische Thesen nur als ‚überholt' gelten, weil das mechanistische Weltbild zerbrochen ist. Treffen sie dagegen auch unabhängig von der geschichtlichen Entwicklung nicht zu, dann sind auch ohne Hilfe der modernen Physik Korrekturen möglich, die unser Bewußtsein von der Geltung sinnlicher Naturerfahrung erheblich verändern können. Wenn der heutige Physiker weiß, daß er für die Beurteilung des Farbenphänomens nicht zuständig ist, so scheint damit aber auch erst recht die Bewertung der Sinneswelt eine nur die Existenz des Lebewesens angehende psychologische Frage zu sein. Die klassische Opposition gegen die Optik Newtons bis zu Helmholtz, welche sich durchaus für zuständig hielt, bliebe erhalten. Andererseits ist die moderne Physik von der physischen Sinneswelt ungleich stärker entbunden als die frühere. Zu einer Verwandlung dieser Situation kann es nur kommen, wenn man prüft, ob die damalige dualistische Auftrennung des Farbenphänomens gerechtfertigt sein konnte. Dann erst scheint mir der Weg frei zu sein, um über die gegenseitigen Beziehungen auf Grund unserer heutigen Erkenntnisse nachzudenken, wie ich es im VI. Teil dieses Buches versucht habe.

Beim Beurteilen des physikalischen Sachverhalts der die Farben hervorrufenden Lichtstrahlungen bot sich Newton die Analogie zum Gehörsinn an. So wie Töne durch Schwingungen erzeugt werden, so die Farben durch verschiedenartige, im farblosen Licht enthaltene Strahlungen. Newton hat sich sehr darum bemüht, die bunte spektrale „Farbtonleiter" mit der Tonleiter einer Oktave parallel zu setzen. Diese Absicht zeigt, daß er den fundamentalen Unterschied zwischen dem Gehör- und Gesichtssinn gar nicht wertete und die qualitativen Differenzen der bunten Farben mit den quantitativen Distanzen der Lichtbrechungen oder Schwingungen des Lichts gleichsetzen wollte, so wie die Töne mit den akustischen Schwingungen.

Zwischen Tönen und Farben wäre höchstens die treppenartige, chromatische Kontinuität der Tonskala einer gesungenen oder auf dem Klavier gespielten Oktave vergleichbar mit der Schwarz-Grau-Weiß-Reihe. Eine Analogie zu den bunten, sich im *Kreis* beschließenden Farben existiert nicht. Über die Ton- oder Farbenqualtäten selbst sagt der physikalische Sachverhalt ohnehin nichts aus. Qualitative Verschiedenheiten der Töne messen wir nicht nach der den Schwingungsdifferenzen gemäßen Tonhöhe, sondern nach der Tonart, der „Tonfarbe" und dem Tonklang der Toninstrumente. So sagen auch verschiedene Lichtbrechungskoeffizienten, Wellenlängen oder Schwingungsfrequenzen als quantitative Größenmaße nichts darüber aus, wieso auf Gelb Rot folgt oder auf Blau Violett. Gäbe es nur die Reihe Gelb-Grün-Blau, so ließe sich schon eher ein Vergleich rechtfertigen. (Zu den besonderen Eigenschaften der Ton-

oder Farbharmonien, Dissonanzen und Akkordintervalle besteht erst recht keine Beziehung.)

Wesentlich aber ist, daß die physikalische Beziehung zum Ton nicht nur eine ganz andere, sondern auch eine sehr viel engere ist als die zur Farbe. Die Beurteilung der physikalischen Beziehung zum Gesichtssinn durch die Orientierung am physikalischen Verhältnis zum Gehörsinn – wie sie von vielen Naturwissenschaftlern oft geübt wird – führt zu einer folgenreichen Verkennung der Eigenart des Farbensinns. Den physikalischen Zusammenhang zwischen einem gehörten Ton und der Tonschwingung können wir nämlich in vielen Fällen (Gesangsstimmen, Musikinstrumententöne oder auch Resonanzschwingungen, Vibrationen) *mithören*, Lichtstrahlungen oder Schwingungen beim Wahrnehmen einer Farbfläche aber nicht „mitsehen". Töne schwingen in sich; Farben, ein „Farbton" nicht. Schwingung und Ton haben ein homogenes Verhältnis von abstrakten Bewegungsgrößen, während gegenständliche Farbwahrnehmungen gegenüber den Lichtstrahlungen, Wellenlängen und Schwingungsfrequenzen feste, ruhende Sinneswahrnehmungen sind.

Nur also dann, wenn wir den physikalischen Sachverhalt völlig vom Sinnesorgan abstrahieren und isolieren, verhält es sich in der Optik und Akustik prinzipiell ähnlich. In Wirklichkeit aber bleibt der fundamentale Unterschied zwischen Hören und Sehen auch für die physikalischen Bedingungen schlechthin maßgebend. Die formale Gleichsetzung ist rein theoretisch. Die Differenz zwischen Gesichts- und Gehörsinn ist die zwischen dem anschaulich Gegenständlichen und dem unanschaulich Ungegenständlichen, dieselbe wie zwischen Malerei und Musik. Geräusche und Töne sind überall, sind zunächst ganz unbestimmte Sinnzeichen. Sie haben keine festen Orte und keine Individualität, d. h. keine singulären Qualitätsnamen und -bedeutungen wie Rot, Grün usw. Zwar kennzeichnen nicht nur Farben, sondern auch typische Geräusche und Töne die Dinge unserer gegenständlichen Welt. Aber entscheidend ist doch, daß Farben auch davon abstrahiert als spezifische Werte ‚frei' gesehen und vorgestellt werden können. Ungebundene freie Töne haben kein bestimmtes ‚Tongesicht' und können nur von den wenigen Menschen, die über ein absolutes Gehör verfügen, nach ihrem Tonwert in der Tonskala erkannt werden.

Newton hat seine These, daß die Lichtstrahlungen an sich nicht farbig seien, rein spekulativ konstruiert. Man kann weder behaupten, sie seien farbig, noch sie seien nicht farbig, und wir könnten hinzufügen, daß sie ebensowenig hell wie dunkel sind. Das ‚Absehen vom Sehen' kann zu keinen Aussagen, weder positiven noch negativen, über ein ‚an sich' vorhandenes Aussehen führen. Newtons Behauptung fußt darauf, daß *wenn* der Mensch oder farbensehende Tiere nicht vorhanden wären, auch die Farben nicht zur Erscheinung kämen. Die irreale Folgerung ist auf dieser einzigen These aufgebaut: Weil die Lichtstrahlen selbst nicht farbig seien, wären die Farben auch nur ein subjektives (und das heißt in der Sprache der klassischen Naturwissenschaft: sekundäres) Phänomen.

Würden wir die einzelnen Lichtstrahlungen sehen können, so wäre es unmöglich, daß wir Farbflächen und Gestalten wahrnähmen. Ihre Unsichtbarkeit ist gerade die

Voraussetzung für das Farbensehen. (In gewisser Weise kann man an die Methode des Rasterverfahrens beim Bilderdruck denken.) Die scheinbare Unzulänglichkeit unseres Sinnesorgans, die Farben zu „entmischen", ist Notwendigkeit, damit der Sehvorgang stattfinden kann.

2. Goethes Farbenlehre als Weltanschauung

Durch Newtons so folgenreiche Definition der Farben ist der lebendige Zusammenhang zerrissen worden. Wir isolieren und vereinsamen das naturgegebene Empfindungsorgan von der Natur, die es erzeugte, wenn wir die Farben unserer Welt uns zueignen, und das dann deshalb, *weil* wir sie sehen. Das ist eine tragische Verkehrung. Die gesehene Naturwahrheit, als bloße Sinneswahrnehmung erklärt und emanzipiert, wurde von der unsehbar-unsinnlichen Wahrheit getrennt. Der universale Horizont der Natur ist durch dieses gespaltene Natur- und Wahrheitsbewußtsein – in einen allgemeinen lebewesenfreien und einen antropomorph-kreatürlichen Teil – des Lichts beraubt worden. Im neuzeitlichen Selbstbewußtsein wurden Licht und Farbe privatisiert. Auch hier bedingt eines das andere. Es ist der vielleicht folgenreichste Schritt auf dem Wege des Selbstentzugs des Menschen aus der Natur.

Die Farben sind Sinn-Bilder des Lebens: durch den Augensinn vermittelte *Sinnbildlichkeit.* In dieser zweifachen Verschränkung im Gleichnis der Sinneserscheinung, ist das Phänomen der Farben unteilbar, nicht aufteilbar nach einem objektiven und subjektiven Gehalt. „Phänomen heißt etwas", schreibt C. F. v. Weizsäcker, „was sich zeigt. Etwas zeigt sich jemandem: Objekt und Subjekt sind schon verbunden, wenn ein Phänomen sich ereignet."[24]

Wenn Goethe vom „Urphänomen" spricht, ist ihm dieses das *heile,* in sich geeinte Ereignen. In ihm manifestiert sich die ganze Natur. Er fand die Naturwahrheit da, wo sie zuletzt erschaubar ist und sich die niedere Erkenntnis des bloßen Sehens zur höheren des Schauens erschließt, – wo in der Gestalt die Idee Gesicht, ‚sicht-bar' (Eidos) wird. In solcher Vergewisserung wurde ihm das Wissen von der Natur zum lebendigen *Tat*bestand, und die tätig gefundene, selbst im Lieben und Leiden ergriffene ‚Sache' zur *Tat-sache.*

Das tätige Ergreifen der Naturwahrheit geschieht im Sehen: im *Wahrnehmen* der Gestalt, wie sie in der Wirklichkeit ihres Wesens erscheint. „Wahrheit", so begriffen, „ist die Gegenwart des Wesens in der Erscheinung."[25] Wahrnehmung ist als Begriff für die sinnliche Erfahrung in diesem Sinne des Goetheschen Schauens zugleich Begriff für die Offenbarung der Wahrheit, für das sich darstellen des Seins in der Erscheinung. Entgegen der philosophischen Tradition seit Descartes blieb Goethe in der Einheit des Zusammenhangs und begriff die Gegensätze in ihrer polaren Gegensei-

---

[24] Nachwort zu Goethes naturwissenschaftlichen Schriften, Hamburger Goethe-Ausgabe, 1955, 13. Bd. S. 551.

[25] Ebenda, S. 549.

tigkeit, in der *„Dualität der Erscheinung"*.[26] In der formelhaften Erklärung: „Was in die Erscheinung tritt, muß sich trennen, nur um zu erscheinen", drückt sich dieses Wissen von der organischen Dialektik der Natur aus. Was er im besonderen der Farbenordnung als das Allgemeine findet, ist lebendige Atmung:

„Das Getrennte sucht sich wieder, und es kann sich wieder finden und vereinigen; in niederem Sinne", – so wie Goethe Grün nur Mischung von Gelb und Blau ist – „indem es sich nur mit seinen Entgegengesetzten vermischt, mit demselben zusammentritt, wobei die Erscheinung Null oder wenigstens gleichgültig wird. Die Vereinigung kann aber auch im höhern Sinne geschehen, indem das Getrennte sich zuerst steigert" – Gelb zu Rotgelb, Blau zu Rotblau – „und durch die Verbindung der gesteigerten Seiten ein Drittes, Neues, Höheres, Unerwartetes (Purpur) hervorbringt."[27]

Die Bewegung, die Goethe hier erläutert, steht unter der allgemeinen Regel der „Polarität und Steigerung", die er als „die beiden großen Triebräder der Natur" begreift.[28] Wie sie sich in seiner Farbenordnung veranschaulicht, so ist diese in der Einheit, in der Synthese kulminierende Ordnung Prototyp der Lebensordnung. Man darf daher Goethes Farbenlehre nicht isolieren, als eine neben andere stellen, sondern muß sie in der symbolischen Verweisung verstehen. Sie vertritt beispielhaft Goethes ganze Weltanschauung. Sie ist ihr farbiges Bild.

Im Verweisen der Farbenordnung auf die organische Lebensordnung, in der Widerspiegelung lebensgesetzlicher Regeln und Gegensätze in der Farbenordnung suchte und fand Goethe die gemeinsamen Grundlagen und ‚Spielregeln', begriff aus ihnen Gestalt und Struktur der Einheit im Ganzen. „Das Geeinte zu entzweien, das Entzweite zu einigen, ist das Leben der Natur; dies ist die ewige Systole und Diastole, die ewige Synkrisis und Diakrisis, das Ein- und Ausatmen der Welt, in der wir leben, weben und sind." In dieser aus der Farbenlehre stammenden Beschreibung zeigt sich die „Grundeigenschaft der lebendigen Einheit".

Man mißversteht Goethes Kampf gegen Newton, wenn man, wie es meist geschieht, die Farbenlehre nur nach sachlicher Richtigkeit kritisiert. Wir müssen sie als Weltanschauungsbild sehen. Dann gewinnt seine Verteidigung erst den ihr gebührenden Rang. Es ging ihm um nichts geringeres als um die ganze Lebenswahrheit, die er gegen den physikalischen Allgemeinbegriff setzte. Er entsetzte sich nicht nur vor dem Dammbruch des stabilen Anschauungskreises der Naturerfahrung, sondern wohl noch mehr davor, daß Newtons Lehre das Primat der Wahrheit für sich beanspruchte und damit eben die Wahrheit im Wahrnehmen verdunkelte und entstellte. Um das zu er-

---

[26] Prototyp für die „Dualität der Erscheinung" ist der Magnet, „ein Urphänomen, das man nur aussprechen darf, um es erklärt zu haben, ... Symbol für alles übrige, wofür wir keine Worte noch Namen zu suchen brauchen". Unter der Dual. d. Ersch. stellt Goethe die Polarität der verschiedensten Lebensbereiche zusammen: „Wir und die Gegenstände, Licht und Finsternis, Leib und Seele, Geist und Materie..." s. „Allgemeine Naturlehre", unter „Polarität", Weimarer Goethe-Ausgabe, 1893, 11. Bd. S. 148 u. 164 f.

[27] Zit. nach der Kröner-Ausgabe „Goethe, Schriften über die Natur" (o. J.), herausgeg. von Gunther Ipsen, – unter „Gedanken und Sprüche", S. 31 ff.

[28] s. Goethes Brief an den Kanzler von Müller, vom 24. Mai 1828, als Erläuterung zu dem aphoristischen Aufsatz „Die Natur" von 1782 gemeint.

klären, wollen wir uns auf Goethes Auffassung vom Licht und den Farben, ihrer Herkunft und ihrem ‚Naturort' einlassen.

Für Goethe stand die ganze Gestalt der natürlichen Ontologie auf dem Spiel, die auf der Symmetrie der Elemente gründet. Diese Symmetrie ist Voraussetzung für die Totalität der Naturharmonie, die es nicht zuließ, daß *ein* Grundelement eine so hervorragende Stellung einnehmen könnte, daß es die Natur beherrschte: das Licht. Es konnte nicht sein, daß die Farben nur mit dem Licht zu tun haben sollten. Das ganze Wechselspiel im Austausch der Polaritäten – Polarität, Steigerung und Metamorphose – wäre in Frage gestellt. Das Licht allein konnte nicht das fundamentale Phänomen des Lebens sein. Allein kann es nicht die Natur im ganzen vertreten. Es existiert in der Polarität zur Dunkelheit. Daher konnte Goethe nicht zustimmen, daß die Farben nur dem Licht und nicht auch der Dunkelheit und damit dem Gleichgewicht der Kräfte angehören sollten. Das *ganze* Sein verkündet sich in den Erscheinungen: ein heiler Kreis der Natur für ein heiles Existenzbewußtsein des Menschen, der ihr Mitglied ist. Diese Gleichung enthielt die göttliche Einfachheit des Urphänomens als das Ursprüngliche und deshalb unmittelbar Zugängliche, das Natürlichste „als das Wahre und Echte, das ganz Vortreffliche, das mit der reinsten Natur und Vernunft in Harmonie steht".[29]

Goethe befaßte sich besonders eingehend mit den Bedingungen der Farbenerscheinung durch Refraktion, um nachzuweisen, daß Newton das natürliche Licht künstlichen Bedingungen ausgesetzt habe. Auf diese und nicht etwa das Licht selbst, habe man die Farbenerscheinung des Spektrums zurückzuführen.

„Ist erst eine dunkel Kammer gemacht,
und finster als eine ägyptische Nacht,
durch ein gar winzig Löchlein bringe
den feinsten Sonnenstrahl herein,
daß er dann durch das Prisma dringe,
alsbald wird er gebrochen sein.
Aufgedröselt bei meiner Ehr',
siehst ihn, als ob's ein Stricklein wär',
siebenfarbig statt weiß, oval statt rund,
glaube hierbei des Lehrers Mund:
was sich hier auseinandergereckt,
das hat alles in Einem gesteckt.
Und dir, wie manchem seit hundert Jahr,
wächst darüber kein graues Haar."[30]

Das Skandalon der Lehre Newtons war die Zerstörung der Gleichung von innerer und äußerer Natur und der Lebenspolarität selbst. Denn gerade die Farben *vermitteln* nach Goethe die Urpolarität von Licht und Finsternis, einigen das sonst „ewig Getrennte". In dieser Vermittlung stehen die Farben für und als die Materie. Im „Ver-

[29] Goethe im Gespräch mit Eckermann, 11. 3. 1832.

[30] Farbenlehre, a.a.O. S. 162.

such einer Witterungslehre" (1825) sagt Goethe: „In der Chromatik nämlich setze ich Licht und Finsternis einander gegenüber; diese würden zueinander in Ewigkeit keinen Bezug haben, stellte sich nicht die Materie zwischen beide; diese sei nun undurchsichtig, durchsichtig oder gar belebt, so wird Helles und Dunkles an ihr sich manifestieren und die Farbe sogleich in tausend Bedingungen an ihr entstehen."

Die Farben haben in Goethes pantheistischer Naturreligion den bedeutendsten Ort. Er beschreibt ihn im Gedicht „Wiedersehen", das als theologisches Manifest seiner Farbenlehre aufgefaßt werden kann, in der zweiten bis zur vierten Strophe:

Als die Welt im tiefsten Grunde
Lag an Gottes ew'ger Brust,
Ordnet' er die erste Stunde
Mit erhabener Schöpfungslust,
Und er sprach das Wort: Es werde!
Da erklang ein schmerzlich Ach!
Als das All mit Machtgebärde
In die Wirklichkeiten brach.

Auf tat sich das Licht: so trennt
Scheu sich Finsternis von ihm,
Und sogleich die Elemente
Scheidend auseinanderfliehn.
Rasch, in wilden, wüsten Träumen
Jedes nach der Weite rang,
Starr, in ungemessenen Räumen,
Ohne Sehnsucht, ohne Klang.

Stumm war alles, still und öde,
Einsam Gott zum erstenmal!
Da erschuf er Morgenröte,
Die erbarmte sich der Qual;
Sie entwickelte dem Trüben
Ein erklingend Farbenspiel,
Und nun konnte wieder lieben,
Was erst auseinanderfiel.

Sind die Farben Zeugen und Taten dieser hochzeitlichen Einigung, dann mußte es Goethe geradezu absurd vorkommen, daß sie sich im Lichte „verbergen" sollten. Der vielberufene Satz Goethes, daß die Farben „Taten und Leiden des Lichts" seien, erschien mir lange als ein Widerspruch zu Goethes übrigen Aussagen über die Farben. Gemeint aber sind hier nicht die Farben als Schöpfung des Lichts, sondern das Licht ist das sie sichtbar machende Element. „In diesem Sinne", fährt Goethe fort, „können wir von demselben Aufschlüsse über das Licht erwarten. Farben und Licht stehen zwar untereinander in dem genauesten Verhältnis, aber" – und hier erst schließt sich der Kreis – „wir müssen uns beide als der ganzen Natur angehörig denken, denn sie ist es ganz, die sich dadurch dem Sinn des Auges besonders offenbaren will."[31] Dieser ganzen Natur ist das Auge zurgeordnet, als Organ des Lichts, aber „berührt im höheren Sinn von Licht und Finsterem; beide, durch Trübe dynamisch verbunden, erzeugen Farbe". Die ontologische Stellung des Auges ist dadurch genau bezeichnet. In der beiderseitigen Berührung von Lichtem und Dunklem geschieht jene durch die Farbe und in der Farbe sich kündende Einigung, wie er sie in „Wiedersehen" beschrieben hat.

Im Ausdruck „finster" ist der eigene, selbständige Seinswert des Dunkels betont, das vollständige Dunkel. Die Dunkelheit ist ohne eigentliche Machtdifferenz als ebenso selbständiges Grundelement wie das Licht begriffen! Dies ist das Kriterium für die Farbenlehre Goethes und seine ganze Einstellung zum Begriff Natur. Der Licht-Dunkel-Polarität entspricht die von Weiß und Schwarz, die das Auge „im gemeinen Sinn berühren" und „durch Mengung atomistisch gemischt, Grau erzeugen".[32]

Wie wir Tag und Nacht zum Leben benötigen, wachen und schlafen, begriff Goethe die Dunkelheit als in der Lebensrhythmik dem Licht ebenbürtiges Element. Der Mensch ist im steten Wechsel wie die ganze vegetative Natur auf beide angewiesen. Aber die Dunkelheit ist keine aktionsfähige Lebensmacht, ist nicht wie das Licht ein produktives Element. Die „Macht der Finsternis" beruht gerade darin, daß sie das Leben und die Welt sich selbst überläßt, den Strom der durchs Licht und in seiner Helle stattfindenden Tätigkeiten unterbricht, Lebewesen und Dinge mit dem eigenen Alleinsein konfrontiert. Nur das selbst leuchtende Licht kann sich im Dunkel zeigen. Ist die Dunkelheit etwas anderes als die Macht der Leere? Sie ist der beharrende Urgrund, der in der Nacht die Lichtwelt des Universums zum Vorschein bringt, wenn das Licht in unserer Lebenswelt erlischt.

Sie dokumentiert die Abwesenheit des Lichts und stellt dadurch veränderte Lebensbedingungen her, ist aber selbst kein Leben zeugendes Element. So wie der Raum für den Körper oder wie der Schlaf für die Erholung und Wiederherstellung des Lebenshaushaltes nötig ist, ist die Dunkelheit eine notwendig mitwirkende Lebensbedingung. Ihre Ruhe dient der Bewegung des Lichts, ihr Nichts seinem schaffenden Sein. Geburt und Tod gehören beide zum Leben der Natur. Aber der Tod unterbricht es, hebt es auf, gibt ihm Raum zur Verwandlung. Wir sind Tätige und Erleidende (im alten Sinne des „Pathos" Leben in der „pathischen Existenz" erleidend). Aber wir würden das Primat der schöpferischen Tätigkeit als das spezifisch Lebendige – den prometheischen Drang des Tuns – aufgeben müssen, wenn wir Wachen und Schlafen gleichsetzten und nicht mehr werteten. Mag für die Natur formal die Symmetrie der Polarität auch bestehen, das Lebewesen lebt gerade gegen sie. Es lebt, indem es sich zum Licht hin richtet. „Im Anfang war die Tat", sagt Goethe. „Es werde Licht", die Genesis.

Goethe sah keinen Konflikt zwischen Licht und Finsternis, der zur *Entscheidung* drängt. Er lebte im Bewußtsein heiler Gemeinsamkeit apollinischer und dionysischer Natur und sah des Menschen Aufgabe darin, die ideale Harmonie zwischen

31 A.a.O. S. 168, im Vorwort zum „Entwurf einer Farbenlehre", 1808.
32 A.a.O. S. 600, „Nachträge zur Farbenlehre".

den polaren Kräften, zwischen Aktion und Kontemplation zu gewinnen, zwischen männlicher Kraft und weiblicher Hingabe. Dafür ist der Ost-Westliche Diwan das schönste Zeugnis, das orientalischen Gleichklang mit griechisch-antiken organischen Zweiklang von Mensch und Natur vereinigt. Gegen dieses Gleichgewicht steht der christliche Konflikt der Zeit zwischen Unheil und Heil, der ihm eigentlich fremd blieb.

Die Frage nach den Farben ist zuletzt immer eine weltanschauliche, weil sie uns die Frage nach dem Licht stellt. Wie wir sie sehen, wie wir sie ordnen wollen, das bestimmt unsere Wahl, die wir geschichtlich zu vollziehen haben, je nachdem, was uns verpflichtet. Das kann die Geschichte der sakralen Farbensymbolik zeigen. Ob wir die Sprache der Farben als Sprache des Lichts begreifen wollen, ob ihre Gemeinschaft und Harmonie im Stromkreis als heilem Lichtkreis, oder ob wir sie wie Goethe als sichtbare Offenbarung organischer Dialektik des kreatürlichen Daseins „im Kreis der ewigen Wiederkehr" verstehen, das entscheidet keine objektivierende Sachanalyse. Wir haben es existentiell zu entscheiden.

3. Kritik der Farbenlehre Goethes

Wie Goethe die Buntheit aus der Licht-Dunkel-Polarität ableitet, so entsprechen sich dann Gelb/Blau, Weiß/Schwarz. Was für Grau gilt — für Goethe eine belanglose „Schatten- und Schmutzfarbe" — gilt folgerichtig dann auch für Grün als „Mischfarbe" von Gelb und Blau. Es ist auffällig, welch bedeutungslosen Platz Grün, die herrschende Naturfarbe, in Goethes Farbenlehre einnimmt. Selbst bei der Beschreibung der „sinnlich-sittlichen Wirkung" sieht Goethe Grün nur als eine zweitrangige Farbe, von Gelb und Blau her. Die pyramidale Gestalt seiner Farbenordnung führt allein über die Steigerungslinien von Gelb und Blau als den ersten Farben am Licht und an der Dunkelheit — und den einzigen eigentlichen Grundfarben — ins Rote, zum Purpur. Grün kann dann nur eine Ausgleichsfunktion auf der Grundebene haben.

Farben seien „Halblichter", „Halbschatten", weil „zur Erzeugung der Farbe Licht und Finsternis, Helles und Dunkles oder, wenn man sich einer allgemeinen Formel bedienen will, Licht und Nichtlicht gefordert" sei.[33] „Jedes Licht, das eine Farbe angenommen hat", formuliert Goethe seine Begründung, „ist dunkler als das farblose Licht. Das Helle kann nicht aus Dunkelheit zusammengesetzt sein, am allerwenigsten aus farbigen Lichtern."[34]

Man sieht, daß Goethe dem Bunten, der Farbigkeit selbst, keine eigene Selbständigkeit zubilligt, daß er sie auf den Hell-Dunkel-Gegensatz reduziert, weshalb ihm nur Gelb und Blau als reine Elementarfarben gelten, Rot nur als „ein Zustand" erscheint, in den sie „versetzt" werden können.

---

[33] A.a.O. S. 177, Einleitung zum didaktischen Teil des 1. Bandes des Hauptwerks.

[34] A.a.O. S. 15 f. unter den Aufzeichnungen im Lager Marienborn, 1793. Eine andere, dort zu findende Stelle, Nr. 6, lautet: „Die Farben werden an dem Licht erregt, nicht aus dem Licht entwickelt. Hören die Bedingungen auf, so ist das Licht farblos wie vorher, nicht weil die Farben wieder in dasselbe zurückkehren, sondern weil sie zessieren ..."

Goethe hat sich nicht mit einer allgemeinen Deutung der Farbenqualitäten begnügt. Er versuchte auch die Genese zu geben. So werde die blaue Farbe hervorgebracht,

„wenn ein durchsichtiges Helles vor die Finsternis tritt', gleich in welcher Weise. „Dasselbe Gesetz, wodurch der Himmel blau ist, sieht man ebenfalls an dem unteren Teil einer brennenden Kerze, am brennenden Spiritus sowie an dem erleuchteten Rauch, der von einem Dorfe aufsteigt, hinter welchem ein dunkles Gebirge liegt".[35]

Wir könnten diese Hypothese durch physikalische Bedingungen erklären und nachweisen, daß sie nicht zutrifft. Aber damit würden wir es uns zu leicht machen und das phänomenale Problem nicht erklären. Sehen wir von der physikalischen Analyse einmal ganz ab. Fragen wir nur, ob Goethes Erklärung zutrifft. Da wird uns zunächst auffallen, daß der Flammenkern einer Kerze oder eines Streichholzes stets blau ist, gleich vor welchem Hintergrund. Ebenso brennt Spiritus immer als blaue Flamme, während andere Stoffe, andere Farben – z. B. Natrium eine gelbe – zeigen. Wieso also wäre dann Blau eine „Finsternisfarbe", wieso nicht ebenso eine Lichtfarbe wie Gelb? Licht und Finsternis lassen sich als Hell-Dunkel-Gegensatz unmittelbar auf Weiß und Schwarz beziehen. Der bunte Hell-Dunkel-Gegensatz aber in Gelb/Blau zeigt diese polare Spannung *im Licht selbst.*

Tatsächlich hat Goethe die Farben mit der Grundlage seiner Naturanschauung dogmatisch festgelegt, selbst die Ergebnisse seiner prismatischen Versuche, wie wir noch sehen werden. Das stärkste Beipiel dafür ist seine Beurteilung des *Regenbogens,* den er in letzten Jahren seines Lebens untersuchte. Auch dieses natürliche ‚Lichtbild' der Buntheit irritierte ihn nicht. Mit umständlichen Mitteln, erzeugte er auf dem Glase eines Kolbens bunte Lichteffekte und verglich sie mit der Sonne und mit Nebensonnen, um nachzuweisen, daß es sich auch beim Regenbogen nur um eine reine Bildbrechung wie beim „Sonnenbild" handele. Dieser Begriff, Bildbrechung, im Unterschied zur Lichtbrechung und -beugung ist wohl der schwerwiegendste. Er liefert uns den Schlüssel, den Konflikt zwischen Goethes Farbenlehre und der physikalischen zu erläutern und wie ich meine, aufzulösen.

4. „Lichtbrechung" und „Bildbrechung"

Goethe fragte nach den anschaulich bestimmten Bedingungen für die Entstehung der Farben, Newton nach den physikalischen Ursachen, welche ermöglichen, daß diese Bedingungen die Farben hervorrufen. Goethe bestritt ‚innere', durch abstrakte Analyse postulierte Ursachen, die der offensichtlichen Wahrnehmung widersprechen: im reinen, farblosen Licht können keine Farben „stecken". Hatte Newton auf die physiologischen Bedingungen des Auges als dem eigentlichen Produzenten der Farben hingewiesen, so hielt sich Goethe an das Auge als Organ des Lichts, das mit den phänomenalen Vorgängen der ganzen Natur in genauer Übereinkunft steht:

---

[35] Gespräch mit Eckermann, 20. 12. 1826.

„Das Auge als das letzte, höchste Resultat des Lichtes auf den organischen Körper ... leistet alles, was das Licht selbst leisten kann ..., die Totalität des Äußeren und Inneren wird durchs Auge vollendet."[36]
Daher kümmerte er sich um spezielle physiologische Bedingungen für das Farbensehen folgerichtig ebensowenig wie um physikalische, da die wahre Wirklichkeit des Phänomens in seinem unmittelbaren Erscheinen sich nicht auf Ursachen zurückführen lasse, die außerhalb, oder als abstrakte Vorbedingungen, auch eigentlich maßgebend sein sollten.

Die Farben treten nach Goethe aus dem Verhältnis zwischen den sie hervorrufenden Ursachen, dem Licht und der Dunkelheit, den Trübungen und Gegenständen, hervor. Sie können weder nur dem Licht noch den Gegenständen, weder nur dem Auge noch anderen Elementen *allein* angehören. Nicht die Lichtbrechung sei der Grund für das Farbenspektrum, sondern daß der Lichtstrahl, wie ihn Newton untersucht hatte, ein begrenztes Bild sei, das bei der Refraktion durchs Prisma verrückt wird und die Farben aus dem Aneinanderstoßen von Lichtem und Dunklem an den Kontrastgrenzen hervorbringe: als Ergebnis dieses materiellen Durchgangs des Lichts und seinem Zusammenwirken mit der Finsternis. Die Brechung wirke auf ein begrenztes Bild – etwa so vorzustellen wie durch einen Lichteinfall in einem dunklen Zimmer ein heller Fleck als ein solches „Lichtbild" erscheint. Das sei die von Newton völlig mißachtete Voraussetzung. Gerade in dem punktuellen Lichteinfall des Newtonschen „Strahls" sah er dessen Nötigung, ihn als Licht*bild* begrenzen zu müssen. Das „Sonnenbild" habe „vor keinem anderen Bild, ja nicht vor einem hell- oder dunkelgrauen auf schwarzem Grunde, den mindesten Vorzug".[37]

Um Goethe zu verstehen, müssen wir versuchen, von dem uns mittlerweile so vertrauten Wissen der physikalischen Genese abzusehen und nur das zu berücksichtigen, was Newton bzw. Goethe damals bekannt war; also nur die Theorie der Lichtbrechung von korpuskular vorgestellten Lichtstrahlen.
(Newton hatte übrigens im Anhang zu seiner Optik bereits gefragt, ob nicht die Lichtstrahlen verschieden große Schwingungen auf der Netzhaut erzeugten, welche über die Sehnerven und das Gehirn – ähnlich wie bei den Tonschwingungen – die Farbempfindungen hervorriefen.)
Goethe konnte gewichtige Argumente und experimentelle Beweise ins Feld führen, indem er mit anders angelegten prismatischen Versuchen die Spektralfarben zur Erscheinung brachte. Er setzte die gegenständlichen Zeugnisse an die Stelle der physikalischen Hypothese. Gerade deshalb, wegen dieser oppositionellen Verteidigung seiner Methode und der darauf basierenden Lehre, mußte die Nachwelt den Eindruck gewinnen, daß er sich eben so sehr nur mit den „äußeren" Bedingungen befaßt habe wie Newton mit den „inneren" (man kann es auch umgekehrt sagen), obwohl Goethe dieses dualistische Denken im Grunde fern und fremd blieb.

---

[36] Vorstudien zum Hauptwerk (etwa 1799), a.a.O. S. 163.

[37] A.a.O. S. 381 – unter ‚Enthüllung der Theorie Newtons', bei der Besprechung seiner zweiten Proportion, § 83, 84, vgl. auch unter ‚Zweiter Versuch', § 66, S. 375, wo es heißt:

Der Widerspruch zur physikalischen Theorie läßt sich, wie ich nachweisen will, aus dem Vergleich der angewandten Methoden auflösen. Wir werden sehen, daß sich beide gegenseitig direkt so ausschließen, daß sie sich gerade dadurch wieder bedingen. Das setzt allerdings voraus, daß wir uns weder an der einen noch an der anderen festhalten, also es aufgeben, auf der Wippe von These und Antithese einen Platz zu bewahren. Es scheint mir dann möglich, eine vollere Einsicht in die Wirklichkeit des Farbphänomens zu gewinnen, die, recht verstanden, auf anderer Ebene auf die „Totalität des Ganzen" im Sinne Goethes zielt.

a) Goethes prismatische Experimente

Bestimmend für die optischen Grundexperimente ist zunächst der folgende Unterschied: Newton untersuchte das Licht, als er in einen Lichtstrahl ein Prisma hielt, Goethe untersuchte faktisch vornehmlich gegenständliche Gestalten, die er durchs Prisma oder durch eine Linse betrachtete. Im ersten Fall scheint der Mensch als Beobachter praktisch nur Zuschauer zu sein, im zweiten aber ist er handelnder Mitspieler, der das schaut, an dem er handhabend selbst beteiligt ist.

Goethe hat bei seinen Versuchen diesen methodischen Unterschied zwischen Betrachtung und Beobachtung treffend zum Ausdruck gebracht, indem er von *objektiven und subjektiven Versuchen* spricht, und es ist wichtig, sich diese, seine Deutung dieser Begriffsdifferenz klarzumachen:

„Objektive nenne ich diejenigen, wo das brechende Mittel sich nicht zwischen der Erscheinung und dem Beobachter findet, z. B. wenn wir das Sonnenlicht durch das Prisma fallenlassen und das farbige Bild an der Wand erblicken", also beim Newtonschen Versuch beispielsweise.

„Subjektive nenne ich, wenn das brechende Mittel zwischen der Erscheinung und dem Auge des Beobachters sich befindet, z. B. wenn wir ein Prisma vor die Augen halten und schwarze und weiße Tafeln dadurch betrachten und die Ordnung der Farbenerscheinung an selbigen wahrnehmen."[38]

Mit dieser Art der Versuche hat er sich hauptsächlich befaßt und objektive eigentlich nur als Bestätigung seiner Lehre herangezogen.

Das entscheidende Ergebnis seiner Experimente faßt Goethe in drei Punkten zusammen:

„Die Sonne ist das entfernteste Bild, das sich bei Tage abbilden kann. Darum kommt es auch zuerst durch die Operation der Linse entschieden und genau begrenzt zusammen." In einem seiner letzten Briefe an Sulpiz Boisserée über seine Untersuchungen über den Regenbogen (11. Jan. 1832) ist als Schlußfolgerung seine Auffassung vom Bildhaften besonders deutlich ausgesprochen: „Es ist also ein Bild und immer ein Bild, welches refangiert und bewegt werden muß; die Sonne selbst ist hier weiter nichts als ein Bild. Von Strahlen ist gar die Rede nicht..."

[38] A.a.O. S. 144 f. „Über die Farbenerscheinungen, die wir bei Gelegenheit der Refraktion gewahr werden", 4–5.

1. Die Farbenerscheinung läßt sich nur an den Rändern sehen; auf den Flächen, sie seien schwarz und weiß, sehen wir nicht die mindeste apparente Farbe, sondern sie erscheinen uns nach der Refraktion wie vorher.
2. Der eine Rand erscheint jederzeit gelb und gelbrot, der andere blau.
3. Wir bemerken an dem gelben Rand, daß das Gelbe nach dem Weißen und das Gelbrote nach dem Schwarzen zu strahlt. An dem blauen Rand bemerken wir ein reines Blau, das nach dem Weißen und ein Violett, das nach dem Schwarzen strahlt.

Er nennt fünf Bedingungen, durch die „der Grad der Farbenerscheinung vermehrt wird"; die Stellung des Auges gegen die Oberfläche paralleler Mittel, der Winkel des brechenden Mittels und seine Eigenschaften und die Entfernung vom Gegenstande, der beobachtet wird.

„Die Ränder zeigen Farben", so definierte Goethe schon in seinen Beiträgen zur Optik, „weil Licht und Schatten an denselben aneinander grenzet."

Wer sich einmal die Mühe macht, wenigstens einige der Goetheschen Grundversuche zu wiederholen, wird sich – sofern er nicht über physikalische Ursachen zu reflektieren sucht – nicht des Eindrucks erwehren können, daß dies die plausibelste Erklärung ist, die man sich zunächst denken kann, da sich ja tatsächlich an allen hell-dunkel-kontrastierenden Kanten und Rändern die spektralen Farben zeigen. Das Grundschema für die Farbenfolge – gleich, ob man beispielsweise Fensterrahmen im Tageslicht, Dachkanten oder Papiere ansieht – ist das folgende, wie es Goethe aufstellt (wobei ich jetzt von später zu nennenden Korrekturen nach meinen eigenen Versuchen absehe):

Weiß auf Schwarz	Schwarz auf Weiß
Rot	Blau
Gelb	Violett
Weiß	Schwarz
Blau	Rot
Violett	Gelb

Ist der weiße bzw. schwarze Streifen sehr schmal, oder entfernt man sich mit dem Prisma genügend von dem beobachteten Gegenstand, so geschieht das, was Goethe als das eigentliche Ereignis, als das W e r d e n der beiden Farbengruppen in der Steigerung zur höheren Vereinigung oder in der Vermischung der beiden Grundfarben (Gelb und Blau) begreift, nämlich die gegenseitige Überdeckung der durch Weiß und Schwarz getrennten Farbsäume, wodurch das Weiße und Schwarze ganz ausfällt. Dann ergibt sich, nun nach dem Hauptwerk Goethes (1810), das folgende Spektrumbild:

Gelbrot	Blau
Gelb	Blaurot
Grün	Purpur (Rot)
Blau	Gelbrot
Blaurot	Gelb

Diese Farbengruppen können sich dann soweit übergreifen, daß schließlich nur jeweils drei Farben erscheinen, wie sie Goethe auch nennt:

Gelbrot	Blau
Grün	Purpur
Blaurot	Gelb

Hier zeigt sich nun das ganze Problem in der Eigenart der Goetheschen Farbenlehre und darüber hinaus das „Grundfarbenproblem", auf das wir uns noch einzulassen haben.

In den Vorarbeiten zum Hauptwerk, den Beiträgen zur Optik, hatte Goethe (wie oben angegeben) von Rot und Violett gesprochen und – bei der Vereinigung – von Rot und Pfirsichblüt. Im Hauptwerk, nach dem er im „Pfirsichblüt" die mächtigste, von ihm als das eigentliche Rot begriffene Farbe aus ihrer Herleitung definiert hatte – nun Purpur genannt – nannte er dann das Rot Gelbrot und – ihm äquivalent – das Violett Blaurot. Damit wollte er zum Ausdruck bringen, daß das „Urrot" erst aus der als Steigerung verstandenen Bewegung vom Gelben und Blauen, aus ihrer Verschmelzung hervorgehe und diese wiederum im Zusammenwirken mit dem Dunklen, wie er es an den Experimenten begründete, „daß das Blaue und Gelbe sich an und über dem Weißen zeige und daß beide Farben einen rötlichen Schein annehmen, insofern sie über das Schwarze reichen".[39] Es zeigt sich *Purpur* nur zwischen den Farbrändern einer dunklen Fläche auf hellem Grund, wogegen sich umgekehrt *Grün* ergibt. Angesichts dieser drei Farben – Blau, Gelb, Purpur – mußten ihm das spektrale Rot und das Violett begreiflicherweise ebenso als Übergangsfarben erscheinen wie die dritte dieser Reihe, Grün, nur als Verbindungs- und Mischfarbe von Gelb und Blau – die also ohne einen Steigerungsprozeß Gelb und Blau vereinigt (von Goethe gemeint – wie sich aus einer Handzeichnung von 1798 erkennen läßt – als Ausgleichszone zwischen „Polfarben" im Sinne von Magnetpolen.[40] Purpur mußte Goethe mit vollem Recht als eine schon deshalb ganz besondere Farbe erscheinen, weil sie bekanntlich im Spektrum nicht vorkommt. Darüber wird noch viel zu sagen sein. Purpur ist insofern keine „Newtonsche Farbe", geht nicht aus der Lichtbrechung hervor. Wie Purpur sich erst bei der Vereinigung von Rot und Violett als Lichtfarbe zeigt, so trifft es völlig zu, wenn Goethe sagt, daß „die prismatische Erscheinung keineswegs fertig und vollendet ist, indem das leuchtende Bild aus dem Prisma hervortritt". Indem er sich stets des Naturvorgangs bei Phänomenen zu vergewissern suchte, fühlte er seine ganze Weltanschauung hier bestätigt. In den prismatischen Versuchen fand Goethe, der sich nie auf spekulative Thesen verließ, die konkrete sachliche Begründung. So fährt er fort: „Man wird alsdann nur erst ihre Anfänge im Gegensatz gewahr, dann wächst sie (!), das Entgegengesetzte vereinigt sich und verschränkt sich zuletzt aufs innigste ..."[41] In den Tafeln zur Farbenlehre hat er dies veranschaulicht.

---

[39] A.a.O. S. 242, XXII, „Bedingungen der Farbenerscheinung", § 315.

[40] Abbildung bei Rupprecht Matthaei, „Zur Morphologie des Goetheschen Farbenkreises", 1958, Nr. 3, Erläuterung S. 23.

[41] A.a.O. S. 246, XXIII, § 334.

b) Kritische Auswertung nach eigenen Versuchen

Voranschicken möchte ich ein Erlebnis, das mir unerwartet klarmachte, wie leicht wir uns täuschen, wenn wir bestimmte Bedingungen isoliert fixieren und dann als Voraussetzungen überbewerten. Ich hatte gerade in einem dunklen Zimmer das Newtonsche Grundexperiment wiederholt und fragte mich, ob es denn überhaupt dieser, von Goethe so verständlich als „künstlich" kritisierten Untersuchungsmethode bedürfe, um die farbige Brechung eines Lichtstrahls nachzuweisen. Als ich kurze Zeit darauf ein anderes, von der Sonne erhelltes Zimmer betrat, staunte ich, auf einer weiß gestrichenen Tür ein volles Farbenspektrum zu sehen. Just zu diesem Zeitpunkt fielen Sonnenstrahlen auf die geschliffene Glaseinfassung eines Schrankes und wurden von dort aus gebrochen und abgelenkt. Von einem Hell-Dunkel-Kontrast war nichts zu sehen. Ähnlich wie im Regenbogen, wirkten die geschliffenen Glaskanten als Prisma. War also auch grundsätzlich nichts anderes geschehen als beim Versuch im verdunkelten Zimmer, so fielen hier doch alle künstlich hergestellten Bedingungen für das Experiment fort, d. h. hatten sich als Teil einer bereits vorhandenen Einrichtung erwiesen, nicht anders wie Kristalle Gestaltformen der Natur sind.

Beim Betrachten von Körperkanten, schwarzen und weißen Papierrändern fiel mir auf, daß ein einigermaßen reines *Blau* zunächst nicht zu sehen war! Der von Goethe immer wieder berufene Blaurand, den er meistens allein dem Gelben und Gelbroten gegenüberstellte, sieht in Wirklichkeit deutlich G r ü n b l a u aus! Will man es noch als Blau bezeichnen, müßte man von einem grünlichen H e l l b l a u sprechen. Bei großer Verbreiterung der Farbsäume, durch vergrößerte Entfernung zu erreichen, sieht man dann zwischen dem breiten grünblauen Saum und dem Violett eine schmale Zone, die ein dunkles Blau-Indigoblau zeigt. Diese kaum zu bemerkende Blauzone tritt als Farbrand des violetten Streifens und Übergang ins Blaugrün auf und ist so wenig zu sehen wie auf der anderen Kantenseite Orange zwischen Gelb und Rot. Wie diese beiden komplementären Farben *Blau* und *Orange* in der Erscheinung praktisch fortfallen, so sind *Grünblau* und *Rot* komplementär. Das leicht ins Grüne spielende Gelb gleicht sich mit Indigoblau-Violett aus. Es ist daher klar, daß es sich bei den beiden Farbsäumen u m z w e i k o m p l e m e n t ä r e T e i l s p e k t r e n handelt, die durch ein weißes bzw. schwarzes Farbfeld voneinander getrennt sind und die sich miteinander vereinigen lassen. Allein *diese* Tatsache ist für die Deutung des Phänomens wesentlich, abgesehen von der spezifischen Farbfolge. Dagegen hat es nichts damit zu tun, daß Gelb deshalb ans Weiße grenzt, weil es die erste Farbe am Licht sei, zumal auf der anderen Randseite eben Blau (Grünblau) ans Weiß grenzt und Violett ans Schwarz. (Goethe beschreibt es so, daß „Blau" ins Weiß „einstrahle" und Violett ins Schwarz.)

Aus den beiden Teilspektren Rot—Gelb und Grünblau—Violett ergeben sich folgende Farbgruppen, je nachdem, ob wir sie auf einem weißen oder schwarzen Feld vereinigen (was man auch erreicht, wenn man zwei weiße oder schwarze Streifen auf gegenfarbigem Grund zueinanderschiebt):

Rot-Gelb-Grün-Violett- (weiße Zone) oder
Grünblau-Purpur-Gelb- (schwarze Zone)

Schließlich zeigen sich diese beiden Farbentriaden (vgl. Goethes Benennung S. 32):

Rot		Grünblau
Grün	und	Purpur
Violett		Gelb

Beide Gruppen bilden zusammen die Farb- und Lichteinheit; optisch zum reinen Licht, wie mit Pigmentfarben zu Grau-Schwarz, erfüllen sie das Komplementärgesetz in dreifacher Weise: 1. jede Gruppe in sich selbst, 2. durch je zwei Einzelfarben beider Gruppen und 3. in der Summe beider Gruppen.

Es muß sich bei Goethes Beschreibung – und ich erinnere an die Veränderung der Benennung von Rot – die Diskrepanz zeigen, daß *Rot* als eigene Farbe praktisch keinen Platz hat, sondern Purpur an seine Stelle tritt, obwohl beide Farben doch mindestens eine so große qualitative Differenz haben wie Blau und Grün. Nur auf diese Weise war es möglich, Violett (Blaurot) dem Rot – als ein Gelbrot – gleichzuordnen, um die Bewegung von Gelb und Blau aus bis zu Purpur zu konstatieren. Gerade dann, wenn man das Purpur entdeckt, wird man das „Gelbrot" als Rot auffassen müssen (s. unter „Rot und Purpur", S. 79). Nach dem Gesetz seiner Farbenlehre hat Goethe das Grünblau Blau benannt. Da er das spektrale Rot als „Gelbrot" begriff, bestand wieder ein Gleichgewicht. Die notwendige Korrektur betrifft daher beide Seiten.

Folgen wir also wirklich getreu der Wahrnehmung, so läßt sich die gegenseitige Bewegung der polaren Teilspektren zueinander nicht von Gelb und Blau aus über eine gemeinsame Rotsteigerung sehen, sondern von Gelb und einem hellen Grünblau aus:

Gelb – (Orange) – Rot – Purpur – Violett – (Blau) – Grünblau

Goethe, der die Komplementärfarben durchaus beschrieben hat und auf den Nachbildkontrast aufmerksam machte, hat seine Lehre von der „Polarität und Steigerung" nach den Erfahrungen seiner prismatischen Untersuchungen ganz unabhängig von den komplementären Beziehungen begründet. Ihr gegenüber bleibt die Komplementarität ein sekundäres Phänomen. Wenn es aber nun gerade so ist, daß sich bei den prismatischen Randspektren die komplementäre Stabilität offenbart, dann ist diese eine Grundlage der Farbenordnung – und wir werden noch im weiteren Verlauf unserer Betrachtungen erkennen, daß es nur diese Grundlage gibt.

Erst wenn wir nach dem Zusammenhang zwischen der Komplementaritätsordnung und der Goetheschen Lehre von der Polarität und Steigerung fragen, können wir die Gestalt und das Gesetz der Farbenwelt finden (s. S. 128).

Wie verhalten sich nun diese Ergebnisse zur physikalischen Theorie Newtons? Ich möchte die Frage in einem zusammenfassenden Überblick beantworten.

c) Auflösung des Widerspruchs:

Der physikalische und der physiologische Effekt

Vergleichen wir die Untersuchungsmethoden Newtons und Goethes nach dem Resultat der prismatischen Experimente, so ergibt sich folgendes:

1. Im einen Fall (Newton) bricht sich der Lichtstrahl im Prisma, und das Auge sieht auf das Spektrum, das, wesentlich breiter als der einfallende Lichtkreis vermuten lassen könnte, durch die verschieden starke Brechbarkeit (Rot wenig, Violett stark) die Farben in zusammenhängender Folge zeigt, und zwar als Lichtfarben auf einer unbeleuchteten, dunklen Fläche oder auf einer beleuchteten weißen Fläche, welche alle Lichtarten reflektiert, ihnen also gegenüber neutral ist.
2. Im anderen Fall (Goethe), wenn wir das Prisma vor das Auge halten — seine „subjektiven Versuche" — und auf kontrastierende Körpergrenzen (Kanten, Ränder) sehen, gleich, ob es sich um farbige Kontraste oder schwarz-grau-weiße handelt, so zeigen sich an den Kontrastzonen gegensätzliche — einander komplementäre — Teilspektren.

Aus der Lichtstrahlbrechung im Prisma leiten wir gemäß der Newtonschen Theorie ab, daß das Licht — wenn es als „Strahl" begrenzt ist — in Farben zerlegt wird und diese Aufgliederung, ähnlich wie beim Regenbogen durch die Regengardine, durch das Prisma als brechendes Mittel ermöglicht wird.

Bei der Betrachtung der Kantenspektren verhält es sich so, daß eine helle Fläche als Lichtquelle wirkt, die durch eine dunkle Fläche so begrenzt wird wie ein Lichtspalt durchs Dunkel. Je schärfer der Kontrast ist, desto deutlicher ist die Lichtquelle abgegrenzt, desto intensiver erscheinen die Farben. Das Dunkel tritt hier nicht als eine die Farben mitproduzierende Gegenmacht des Lichts auf, sondern absorbiert das Tageslicht und begrenzt es dadurch auf der hellen Fläche. So kann an dieser Grenzzone eine farbige Lichtbrechung erscheinen und nur dort, weil im Feld einer einfarbigen weißen Fläche das reflektierte Licht aller Wellenlängen sich bei der prismatischen Durchsicht wiederum zum farblosen Licht ausgleicht.

(Bei einer einfarbigen bunten Fläche erscheint ebenfalls nur dieselbe Farbe, da es sich dann entweder um monochromatisches, nicht weiter zerlegbares Farblicht handelt, oder weil nach dem Mischungsgesetz die mitreflektierten Nachbarfarben sich wieder zur zwischen ihnen liegenden Farbe vermischen oder komplementär aufheben: z. B. wird bei einer gelben Pigmentfläche außer Gelb auch Rot und Grün reflektiert, die sich optisch zu Gelb mischen.)

Wie entstehen nun die Teilspektren? Wählen wir einen sehr schmalen weißen Streifen auf schwarzer Grundfläche, so erscheint das volle Spektrum. Es ist aber auf engem Raum für das Auge so sehr zusammengedrängt, daß sich nur die Hauptfarben klar unterscheiden lassen. Also sehen wir entweder Violett—Grünblau—Grün—Gelb—Rot oder aber Grünblau—Purpur—Gelb. Entspricht das indirekte Licht des weißen Streifens dem direkten Licht des „Spalts" beim Newtonschen Experiment, so muß sich hier das Spektrum praktisch auf demselben schmalen Feld zeigen, das als Lichtquelle wie der Spalt wirkt, und bei veränderter Entfernung verändert sich auch das farbige

Bild. Lichtquelle und Projektionsfläche sind also nicht wie bei der Lichtstrahlbrechung geschieden, sondern bilden hier dasselbe.

Beim zusammenhängenden Spektrum auf einer schmalen hellen oder dunklen Fläche handelt es sich annähernd um *monochromatisches Licht*. Die Mischungen, die auftreten, entstehen wie bei *Purpur* aus der direkten Verbindung zwischen Violett und Rot, als *neue* Farbenerzeugung oder aber als Übergänge aus der direkten Nachbarschaft ähnlicher Farben. Das *Grün* geht nicht, wie es scheint, aus der Mischung von Gelb und Grünblau hervor, sondern ist ebenfalls ein monochromatisches Grün.

Wenn nun der Streifen breiter ist, so könnte man annehmen, daß sich das Spektrum auseinanderzieht und die ganze Breite des Streifens einnimmt. Stattdessen scheint es sich aufzuteilen.

Diesen Vorgang kann man so beschreiben, als wenn mehrere schmale weiße Streifen zu einer Reihe nebeneinander gelegt würden, die dann alle ihre Spektren auf der ganzen Breite des Streifens einzunehmen hätten, d. h. diese Spektren überlagern sich und vermischen sich zum ‚weißen Licht'. Nur an den beiden Rändern erscheinen monochromatisch die Endfarben — Violett und Rot — während die anderen, wie Blaugrün, als *Restfarben aus der Summierung der verschiedenen Farben* entstehen, die sich vermischen. Das Blaugrün und auch das Gelb würden sich noch weiter zerlegen lassen. Nach Blaugrün und Gelb folgt also keine Farbe mehr, weil sich bereits eine volle Summierung zum Farbausgleich im Licht entwickelt hat. Man kann die physikalischen Vorgänge durch Farbadditionen und durch die Berechnung der verschiedenen prismatischen Brechungswinkel hinreichend beschreiben.

Wir gelangen zu dem Ergebnis, daß zwischen dem physikalischen Vorgang und der gesehenen Farbenerscheinung k e i n W i d e r s p r u c h besteht, wohl aber eine eigentümlich *gerichtete Beziehung* der physikalischen Bedingungen zum physiologischen Spektrum: Vom physikalisch bedingten Sachverhalt erscheint gerade das Bild, das uns phänomenal den Eindruck eines in zwei komplementäre Teile zerlegten Spektrums gibt, das sich wieder ‚zusammensetzen' läßt! Die Beziehung ist noch spezifischer, denkt man an die beiden Farben, die bei der positiv-negativen Aufteilung nicht erscheinen, die gerade die beiden Farben der *Mitte, der bipolaren Vereinigung sind: Grün und Purpur*. In ihnen ist die ganze Farbengemeinschaft geeint, und beide vereinigen sich selbst wiederum zum Licht. *Grün* tritt im Spektrumbild auf einer hellen Fläche *an die Stelle des Weiß* bzw. der Lichthelle, *Purpur an die Stelle des Dunkels*. Wenn einige sagen, daß deshalb Purpur eine „Finsternisfarbe" sei, so ist es gerade umgekehrt: Als die mächtigste, aus den verbundenen Endfarben des Spektrums *physiologisch produzierte* Lichtfarbe verdrängt Purpur das Dunkel und beschließt als höhere Farbvollendung den Farbenkreis. *Grün* tritt aus dem Licht als Einigungsfarbe der elementaren Polarität Gelb/Blau hervor.

Wenn wir uns der Gemeinsamkeit von Licht und Auge — schließlich von Physik und Physis — bewußt werden, b e d i n g e n s i c h d i e N e w t o n s c h e u n d G o e t h e s c h e O p t i k (wenn wir die vorhin erläuterten Korrekturen berücksichtigen) gegenseitig. Sie schließen sich aus, so wie die beiden Untersuchungsverfahren, Lichtbrechung und

Bildbrechung. Sie gehören eben darin zusammen, wie das selbstleuchtende Licht und die von diesem Licht beleuchtete Gegenstandswelt. In dieser ursprünglichen Einheit von Auge und Licht verstehe ich Goethes Wort: „Wär' nicht das Auge sonnenhaft, die Sonne könnt es nie erblicken; ...". Goethe meinte das Licht in seiner farblosen Einheit und Reinheit. Uns schließt sich diese Einheit in der Vielfalt ihrer Farben auf, indem sich das „Sonnenhafte" im „Farbenhaften" des Lichts durchdringt. Wir vollziehen damit einen zweiseitigen Schritt, der zur einen Seite hin Goethe und zur anderen Newton folgt, und vollziehen wir ihn recht, so sehen wir beides in Einem und gewinnen aus zwei Brennpunkten der Naturerfahrung den Einblick in den Kreis des Ganzen.

Es ist uns schon zu gewiß geworden, daß die Farben als Lichtenergien nicht der Dunkelheit bedürfen, um zu sein. Denn jedes chemische Element sendet im glühenden Gaszustand „seine" Farben aus. Gehört die Dunkelheit zu unserer Welt, so wird sie oft dazu dienen, die Farben zur Erscheinung zu bringen. Aber das Dunkel und seine Schatten, mögen sie sie auch herausfordern, indem sie das Licht im Auge farbig provozieren, die Farben sind die Mitglieder und Zeichen des Lichts, das in der Spannung seiner Buntheit selbst den Hell-Dunkel-Gegensatz (Gelb/Blau) farbig in sich enthält.

d) Physiologisch produzierte Farben

Konnten wir bei prismatischen Versuchen determinierte Beziehungen zwischen dem physikalischen und physiologischen Effekt nachweisen, die grundsätzlich auch für den Wahrnehmungsvorgang von Gegenstandsfarben maßgebend sind, so soll damit nicht gesagt sein, daß in allen Fällen eine *Abhängigkeit* zwischen Lichtwellenlängen bzw. Frequenzen als Farbreizauslöser und den gesehenen Farben besteht. Eine allgemeine konstante Zuordnung ist ja schon deshalb nicht gemeint, weil ein buntfarbiger Farbeindruck noch nichts über seine physikalische Zusammensetzung sagt, denn fast alle Farbwahrnehmungen im Leben sind polychromatische. Es gibt aber nun eine ganze Reihe von Farbenphänomenen, die nachweislich entweder nur indirekt den physikalischen Vorgang voraussetzen oder aber so *unabhängig* von meßbaren Beziehungen zur Lichtphysik sind, daß sie als physiologisch produzierte Farben begriffen werden müssen.

Das bekannteste Beispiel dafür ist der *Nachbildkontrast*, in dem eine länger fixierte Farbe selbst als Farbreiz für ihre Gegenfarbe wirkt, die physiologisch produziert wird. Bedeutungsvoller als dieses regelmäßig faßbare Phänomen sind Farbenbilder, die durch das Zusammenwirken von einer oder zwei bunten Lichtfarben und *Hell-Dunkel-Wechseln* beruhen.

Es genügen bereits z w e i H a u p t f a r b e n, um durch Hell-Dunkel-Kontraste bzw. Licht-Schatten-Gegensätze s ä m t l i c h e b u n t e n H a u p t f a r b e n hervorzurufen! So hielt ich vor zwei mit rotem und gelbem Stoff bespannte Lampenschirme ein weißes Papier und ließ das Licht darauf fallen, während ich mit den Fingern Schatten auf das Papier warf. Die Schatten färbten sich, je nach der Stellung und der

Intensität der Schatten, grünlich, bläulich, rötlich und violett, außer dem Gelb und Rotrosa der Schirmfarbe. Die physikalische Voraussetzung für dieses Farbenspiel ist das Licht aller Wellenlängen, das durch die Lampenschirmfarben natürlich nicht wesentlich gefiltert wurde, aber immerhin doch auf das rote und gelbe Gebiet konzentriert. Daß die anderen Farben zur Erscheinung kamen, muß darauf zurückzuführen sein, daß der Kontrast zwischen den Fingerschatten und dem Weiß des Papiers die ganze Farbskala im Auge erregt, wenn sie durch zwei Farben, wie hier durch das gelbliche und rötliche Lampenlicht, provoziert wird, und das Licht physiologisch zur Ausfilterung gebracht wird.

Überraschender und physikalisch nicht abzuleiten sind die zuerst von Theodor Fechner (1838) und dann von Beham (1895) beobachteten *„Flimmerfarben"*. Läßt man schwarz-weiß gefelderte Scheiben bei Tageslichtbeleuchtung rotieren, so erscheinen bei bestimmter Umdrehungsgeschwindigkeit bunte Farben, rot, blau und grün. Diese Benhamschen Flimmerfarben wurden von P. Christian und R. Haas, die sie mit neuen Methoden untersucht haben (1947), auf Vorschlag Viktor v. Weizsäckers *„Polyphäne Farben"* genannt.

Sie zeigen sich nicht etwa nur bei Tagesbelichtung, sondern ebenso dann, wenn man *nur monochromatische* Einzelfarben verwendet! So erschienen bei den Versuchen mit Schwarz-Weiß-Scheiben (sog. Talbotscheiben mit mehreren Kreisen) beim Rotieren mit konstanter Umdrehungsgeschwindigkeit und Lichtstärke violette, gelbe, gelbgrüne, grüne, himmelblaue und rote Färbungen der Sektoren, obwohl die Scheibe *nur mit gelbem* Natriumlicht beleuchtet wurde! Wird die Umdrehungsgeschwindigkeit verändert (oder die Lichtstärke, beides führt zum gleichen Ergebnis) so läßt sich die Farbentwicklung sogar ablesen. Es erscheint nahezu das ganze Farbspektrum, aber in Farbtönen, die zumeist gerade nicht im Spektroskop zu sehen sind. Man sieht ein „Himmelblau und Gelbgrün, das bei erhöhter Drehzahl über Bläulichrosa, Rötlichviolett ins Rötliche übergeht".[41a] Verwendet man andere monochromatische Farblichter, entstehen ähnliche, aber im einzelnen verschiedenartige Ergebnisse. Diese mit *Bewegung und Rhythmik* verbundenen polyphänen Farben lassen sich bisher durch keine eigene Theorie erklären. Aber gewiß kann es sich nicht darum handeln, daß diese Farben durch die gebräuchlichen Drei-Farben-Theorien zustande kommen. Jüngst bekannt gewordene amerikanische Experimente in der Farbenphotographie (Land u. a.), auf die ich hier nicht eingehen kann, weisen in dieselbe Richtung.

[41a] P. Christian und R. Haas, „Über ein Farbenphänomen", Sitz.Ber. d. Heidelberger Ak. d. Wiss., math.-nat. Kl. 1948, 1, S. 7. „polyphäne Farben entstehen durch Pulsation des Augenlichtes, nicht aber auch durch Verkürzung der Expositionszeit. ... Folglich liegt der entscheidende Faktor für die Entstehung der polyphänen Farben in einer zeitlich definierten fortlaufenden rhythmischen Schwächung des Farblichtes. Dies bedeutet eine *periodische* Änderung der Intensität mit der Zeit" (S. 20). „Die pulsierenden Farblichter lassen aus *unzusammengesetzten* Ausgangslichtern Mannigfaltigkeiten *entstehen*. ‚Reduktive' Farbmischung und ‚produktive' Polyphänie stehen sich jetzt komplementär gegenüber, als zwei sich ergänzende aber nicht ineinander überleitbare Darstellungsmethoden" (S. 22).

Jedenfalls zeigen gerade solche Experimente, in welcher Weise der physiologische Prozeß der Farbenerzeugung durch Hell-Dunkel-Reize in Bewegung gebracht wird: Goethes These, daß sich die Farben aus der Polarität von Licht und Dunkel entwickeln, ist also durchaus berechtigt, sofern man a) darunter nicht die phänomenal-ontologische Polarität Licht/Dunkelheit, sondern die Hell/Dunkel-Spannung aller Farb-Arten versteht, also z. B. auch die zwischen den bunten Farben selbst, die zwischen Grau und Weiß ebenso wie die zwischen Schwarz und Weiß oder zwischen diesen Farben und den bunten, und b) die physiologische Farbreizauslösung berücksichtigt.

So ‚befreiend' diese Annahmen für alle sein mögen, die unter dem dogmatischen Herrschaftsanspruch der klassischen Physik auf meßbare Objektivität, nach Beweisen dafür suchten, daß es eine *eigene psychophysische Initiative* des Lebewesens gibt, die sich nicht kausal-logisch auftrennen und reglementieren läßt, so wäre es falsch, zu dem Schluß zu kommen, die Ergebnisse widersprächen deshalb der Physik, weil sie sich physikalisch nicht erklären lassen. Die Nichtzuständigkeit klassischer physikalischer und physiologischer Theorien beweist nur, daß wir bei den genannten Phänomenen in einen noch weitgehend unerforschten Zusammenhang des ganzen Lebensprozesses geraten, von dem die Physik nur ein Teil ist und der nicht von den produktiven Vorgängen im Lebewesen abstrahiert werden kann. Diese Einsicht aber zeichnet gerade die Haltung führender Naturwissenschaftler seit der Quantenphysik aus. Eine fruchtbare Selbstverteidigung des subjektiven Lebensanspruchs gegenüber einer verobjektivierten Welt ist daher nur möglich, wenn man die Unfruchtbarkeit des klassischen Konflikts erkennt, der *beiderseits*, wie wir im Gebiet des Lichts und der Farben gesehen haben, auf der Versteifung unberechtigter oder halbwahrer Behauptungen beruht. Nicht erst mit dem heutigen Wissen ist es möglich, den sachlichen Bestand des alternativen Gegensatzes zwischen Goethes und Newtons Farbenlehre aufzulösen, aber erst heute ist es wohl möglich die Basis zu gewinnen, ihn zu einigen.

5. Einigung des Gegensatzes

Wir haben gesehen, daß sich der Konflikt zwischen Goethe und der physikalischen Farbenlehre auflösen läßt, wenn wir die gegenseitige Abhängigkeit zwischen der gestalthaften Wahrnehmung der Farben und der abstrakten Messung der Lichtstrahlung erkennen. Die Spannung des Gegensatzes entspricht der zweifachen Anforderung der Erkenntnis auf die allgemeine Wahrheit der Naturgesetze und die besondere in der uns verpflichtenden Lebenswelt. Aus alternativer Trennung wird somit ein komplementäres Bedingungsverhältnis.

Solange wir die Farben nur als Anschauungselemente nur der unanschaulichen Messung gegenüberstellen, bleibt aber eine unüberbrückbar scheinende Kluft. Nötig ist, daß wir auf beiden Seiten das vergleichbare Allgemeine erkennen und auf einer Ebene zusammenstellen. Eine solche Vergleichsebene besteht formal zwischen der physikalischen „Sache an sich" und der „Farbe an sich". Es wird, wie mir scheint, meist übersehen, daß die formale Gemeinsamkeit trotz der offensichtlichen Isolierung zwischen der konkret-anschaulichen und abstrakt-unanschaulichen Beschreibung doch darin besteht, daß die Farben als allgemeine Wahrnehmungs-, Erlebnis- oder Vorstellungswerte ganz abstrakt, man möchte sagen, nackt begriffen werden. Abstrahiert vom dinglichen Dasein und von bestimmter brauchtumsmäßiger Überlieferung (so sehr auch kultische Traditionen zumindest unbewußt fortwirken) werden sie unter ihren Farbnamen als frei verfügbare Elemente gedacht und ‚gesehen'. Auch darin erfüllt sich der neuzeitliche Anspruch auf allgemeine Erkenntnis über den Bestand und die Wahrheit von Naturvorgängen.

Goethe ist in der Disposition des Hauptwerks seiner Farbenlehre höchst folgerichtig auch hier den Weg vom Besonderen zum Allgemeinen gegangen, indem er danach fragte, wie Farbe jeweils vorliegt. Wir sehen Farben der Gegenstände, als deren Eigenschaften und gliedern sie vielleicht nach den Zweckbedeutungen oder Klassen dieser Gegenstände. Strenger aber sehen wir sie aus der Herkunft der Natur, wenn wir sie als physikalische, chemische oder biophysische Zustandsfarben auffassen — wie im Himmelblau, im Grünwerden des oxydierenden Kupfers oder Braunrot des Rosts, im Gelb des Korns oder den Blütenfarben, im Rot des Blutes usw. Nach diesem vorliegenden Artbestand der Farben hat sie Goethe aus einem ungeheuer reichen Beobachtungsmaterial beschrieben und klassifiziert: in die „Physischen", „Physiologischen" und „Chemischen" Farben. Er hat sie nach Ort und Stelle ihres Vorkommens gegliedert und begrifflich spezifiziert. Erst darauf aufbauend befaßt er sich in der „vierten Abteilung" mit „Allgemeinen Ansichten nach innen", in der sechsten, letzten Abteilung des didaktischen Teils endlich mit der „Sinnlich-sittlichen Wirkung", mit den Farben als Empfindungen nach ihren gefühlsmäßigen Effekten. Hier werden sie als optische Elemente, für sich selbst begriffen, als Typen psychologischer Kräfte, gegliedert nach der polaren Gegensätzlichkeit ihrer Spannungen. Diese allgemeinste Art der *reflektierten Wahrnehmung* der Farben als gegenstandsfreier Erscheinungen, die wir traditionell die ästhetische nennen, ist die nur dem Menschen erschlossene, uns eigentlicher angehende Farbenerfahrung.

Werden in der gefühlsmäßigen Übersetzung die Farbtypen Rot, Blau, Gelb, Grün usw. zu Allgemeinbegriffen, so steht diese aus der Anschauung vollzogene Abstraktion als qualitative den abstrakten physikalischen Allgemeinbegriffen (wie Wellenlänge, Frequenz, Photon) als quantitative, aus messender Analyse gewonnene, gegenüber. Die Bewahrung des bildhaft gestalteten Zusammenhangs in der phänomenalen Anschaubarkeit schließt notwendig den physikalischen, zahlenmäßig-gesetzmäßigen Zusammenhang aus. Aber beides, Gesetz und Gestalt, Struktur und Inhalt bleibt in der gegenseitigen Forderung aufeinander, wohl doch so wie die „anschauende Urteilskraft" Goethes und die rationale, abstrakte Denkkraft des analytischen Erkennens. Im Allgemeinbegriff verbirgt sich diese Zweifachheit von Sehen und Denken wohl immer in der Spannung von Idee und Begriff und verschmilzt im eidetischen Erkennen. „Die Teilhabe der Sinnenwelt" an der platonischen Idee, sagt C. F. v. Weizsäcker im Nachwort zur Hamburger Goetheausgabe, „wird in der Naturwissenschaft zur Geltung von Gesetzen, bei Goethe zur Wirklichkeit des Symbols."[42]

Gehen wir von hier aus noch einige Schritte ins Allgemeinere weiter. Es zeigen sich dann die gegenseitigen Grenzen und verweisen aufeinander.

Goethe hat den organisch-lebendigen Zusammenhang der Natur im ganzen bewahrt, dafür aber die Gemeinschaft von Farben und Licht aufgetrennt. Newton andererseits hat in der Optik das Naturbewußtsein im Stil der neuzeitlichen Naturwissenschaft ‚exakt' gespalten, dafür aber den Zusammenhang von Licht und Farbe bewahrt. Es kommt darauf an, beides zu sehen und das zu vereinigen, was getrennt wurde. Nur im Austausch und in der Zusammenführung dessen, was für Goethe einerseits und für Newton andererseits geeint blieb, kann das Ganze wiedergewonnen werden. Vielleicht darf man es so sagen, daß jeder von beiden dem anderen das Seine schuldig blieb.

Wird die Herkunft eines Phänomens innerhalb der anschaulichen Erfahrbarkeit gesucht, so ist notwendig ein Verzicht angesichts der Erkenntnisgrenzen gesetzt; es gilt die Grenze der unauftrennbaren Gemeinschaft von Idee und Erscheinung, von Beobachter und Phänomen. Goethe war sich dieses Verzichts sehr bewußt und nennt sein Beruhigen, sein Haltmachen beim Urphänomen „Resignation", aber eine verehrende, „an den Grenzen der Menschheit". Fünf Jahre vor seinem Tode sagt er zu Eckermann:

> „Ich habe mich in den Naturwissenschaften ziemlich nach allen Seiten hin versucht; jedoch gingen meine Richtungen nur auf solche Gegenstände, die mich irdisch umgaben und die unmittelbar durch die Sinne wahrgenommen werden konnten; weshalb ich mich denn auch nie mit Astronomie beschäftigt habe, weil hierbei die Sinne nicht ausreichen, sondern weil man hier schon zu Instrumenten, Berechnungen und Mechanik seine Zuflucht nehmen muß, die ein eigenes Leben erfordern, und die nicht meine Sache waren."

Der Hinweis auf die Astronomie kann als Stichwort für die polare Spannung zwischen Goethes betont irdischer Naturforschung und der mit Kopernikus, Kepler, Galilei und Newton – aus der mittelalterlich-transzendenten Himmelszugewandtheit – aufbrechenden astronomisch-universalen Naturwissenschaft gelten. Scheint es nicht so, als wenn in vielfältiger Verwandlung der uralte tellurisch-solare Lebensgegensatz verborgen herrscht und der Kampf zwischen Uranos und Gäa immer noch fortwährt? Unserem Rationalismus ist die Symbolkunde des Mythos fremd geworden. Aber erfahren wir heute, im Zeitalter der Weltraumerkundung als Menschen dieser Erde diese Spannung nicht wieder mit elementarer Eindringlichkeit? Liegt, noch einmal auf unsere Frage zurückgeblendet, die Überwindung des neuzeitlichen naturwissenschaftlich-geisteswissenschaftlichen Gegensatzes, beispeilhaft in der Farbenlehre gesehen, nicht darin, daß wir diese Spannung wieder bejahen lernen, die uns im Leben erhält?

---

[42] A.a.O. S. 538.

E. VERGLEICH DER PRINZIPIELLEN DEFINITIONEN DER FARBEN IN DEN BEZIEHUNGEN ZU LICHT UND DUNKELHEIT BEI GOETHE UND ARISTOTELES

Man liest oft, daß die Farbenordnung Goethes auf Aristoteles zurückgehe. Zu dieser Meinung gelangt man, wenn nur die nach Gegensatzbeziehungen aufgebaute Ordnung der Farben in Betracht gezogen wird, ohne die Ableitung des Phänomens Farbe zu berücksichtigen. Dann scheint eine Übereinstimmung zu bestehen.

Nach der Farbenlehre des Aristoteles liegen alle Farben zwischen Weiß und Schwarz. Gelb steht dem Weiß so nahe wie Blau dem Schwarz.[43] Das entspricht der Farbenlehre Goethes. Aber wäre auch der Zusammenhang zwischen Weiß/Schwarz zu Licht und Dunkelheit in derselben Weise gesehen und für Aristoteles damit das Polaritätsprinzip auch maßgebend gewesen, so wie für Goethe? Untersuchen wir diese Frage.

Goethe hat begrifflich nicht zwischen Licht und Lichtausbreitung, Licht und Helle differenziert. Unterscheidet man vom Licht als Quelle (ganz abgesehen vom Licht als Strahlung) das Licht als Helle, dann kann man vom Hell-Dunkel-Gegensatz ausgehen und sagen: es gibt helle und dunkle Farben. Aber sie alle erscheinen im Licht (Spektralfarben) oder in der Beleuchtungshelle (Körperfarben). Das bedeutet, wie schon erwähnt, daß der Hell-Dunkel-Gegensatz im Licht selbst integriert ist, daß es also, genau genommen, helles und dunkles Licht gibt. Aber es gibt eben keine dunkle Helligkeit. (Näheres über das Verhältnis zwischen Licht, Helle und Dunkel im III. Teil, unter A.)

Wenn Aristoteles wie Goethe die bunten Farben von Weiß und Schwarz aus betrachtet, ja sie aus ihnen hervorgehen läßt, so bilden Schwarz und Weiß für Aristoteles jedoch keine polare Zweiheit. Er führt sie auf keinen a priori bestehenden Licht-Dunkel-Gegensatz zurück. Denn er hat die Finsternis nicht wie Goethe einfach dem Licht entgegengesetzt.

Das hat weniger mit dem Phänomen des Lichts und Dunkels zu tun als vielmehr mit der aristotelischen Naturlehre und dem griechischen Denken über die Physis als das Sein. Es wäre hier nötig, daß wir uns auf die aristotelische Physik und Metaphysik etwas einlassen. Aber es mag vielleicht für unsere Überlegungen schon genügen, wenn wir uns daran erinnern, daß Aristoteles stets bemüht war, den ‚Verhältniszusammenhang', die wechselseitigen Beziehungen zwischen den aufeinander ein-

---

[43] „Kleine Schriften zur Seelenkunde", herausg. unter ‚Die Lehrschriften', übertragen von Paul Gohlke, 1947, – S. 39 f. Der unter Nr. 12 stehende Absatz beginnt: „Wie nun die Farben aus einer Mischung von Schwarz und Weiß entstehen, so die Geschmäcke aus einer solchen von Süß und Bitter. ... Es gibt also etwa ebensoviel Arten der Geschmäcke wie die Farben, nämlich sechs, wenn, wie billig, Grau zu Schwarz rechnet: es bleibt dann Gelb als Abart des Weißen, wie Fettig als Abart des Süßen, und Purpurrot, Violett, Grün und Blau zwischen Weiß und Schwarz, während alle anderen Mischungen aus diesen sind." Darauf folgt aber bereits die wichtige Bemerkung, daß „Schwarz eine Abwesenheit von Weiß im Durchsichtigen bedeutet". (Vgl. auch Platos Angaben über die Farben im „Timaios".)

wirkenden Kräften und ihren Begriffen aufzuhellen, so wie zwischen ὕλη und ειδος, Begriffe, die durch Übersetzungen wie ‚Materie' und ‚Form' ja nicht eigentlich erfaßt werden und leicht als alternative Gegenbegriffe gedacht werden, wenn ein dualistisches Denken (Leib—Seele, Materie—Geist) vorherrscht.

Ebenso müssen wir das für die ganze aristotelische Philosophie maßgebende Verhältnis zwischen Potentialität und Aktualität berücksichtigen, zwischen dem bloßen Vermögen und der Verwirklichung:

Wir sprechen „vom Empfinden in doppelter Bedeutung. Wir sagen von dem, was das Vermögen besitzt zu hören und zu sehen, es höre und sehe, auch wenn es gerade schlafen sollte und sagen es auch von dem, was das Vermögen eben wirklich ausübt. So kann man auch von Sinnesempfindung im doppelten Sinne sprechen, im Sinne des Vermögens und dem der Aktualität; und so ist denn auch das, was empfunden wird, bald nur potentiell, bald aktuell".[44]

Dieses prinzipielle Verhältnis, das für die Bedeutung der κινηςισ, der Bewegung so entscheidend ist, bestimmt nun ebenso die Definition des Lichts und im weiteren die der Farbe.

In den unter dem Titel περι ψυχῆς überlieferten Schriften ist u. a. der „Gesichtssinn" behandelt. Aristoteles lehrt, daß man das Durchsichtige und das Sichtbare zu unterscheiden habe:

„Durchsichtig aber nenne ich das, was zwar sichtbar, aber, um es genau auszudrücken, nicht an und für sich, sondern vermittelst eines ihm Fremden, der Farbe, sichtbar ist. Von dieser Art ist Luft und Wasser, sowie eine Anzahl fester Körper. Nicht aber als Wasser oder als Luft ist es durchsichtig, sondern weil eine gewisse" (genauer: dieselbe) „Naturbeschaffenheit" (d. h. Natur, φύσις [Physis]) „in ihnen beiden ist", d. h. vorliegt. ... „Licht nun ist von eben diesem" (dieser Natur) „die Aktualität, also vom Durchsichtigen als solchem. *Worin aber das Licht nur potentiell ist, da ist denn auch Finsternis. Licht ist gleichsam die Farbe des Durchsichtigen*, insofern dieses durch die Wirkung des Feuers oder eines derartigen, wie es der Körper droben ist" (Himmelslicht, Gestirne) „ein aktuell Durchsichtiges wird".[45]

Aristoteles lehrt weiter:

„Das Licht, meint man, bildet den Gegensatz zur Dunkelheit; *Dunkelheit aber ist die Abwesenheit*" (στερησις, Mangel) „der bezeichneten Beschaffenheit (ἕξις) am Durchsichtigen; und daraus ergibt sich, daß Licht das Vorhandensein dieser Beschaffenheit" (d. h. dieses Zustands)[46] ist.

Man gelangt, meine ich, zu einem tieferen Verständnis dieser Definition, wenn man Licht und Helle unterscheidet, ferner Licht als Leuchten und als Beleuchten. Dann könnte man sagen: Licht h e l l e ist die Farbe des Durchsichtigen und folgern, daß wohl

---

[44] Περι ψυχῆς, zit. nach der deutschen Übersetzung von A. Lasson, Jena 1924, – unter „Die sinnliche Wahrnehmung", S. 36 f. (II. Buch, 5, 417 a ff.).

[45] A.a.O. S. 40 (II. Buch, 7, 418 f.).

[46] Ebenda. Die Korrekturen der Übersetzung gehen auf eine genauere Interpretation des Urtextes durch Herrn Dr. Wieland, Univ. Freiburg, zurück, der so freundlich war, diesen Abschnitt meiner Arbeit daraufhin durchzusehen. Das gilt ebenso für die folgenden Zitate.

Helle und Dunkel einen sich ausschließenden Gegensatz bilden, nicht aber Licht und Dunkelheit (s. S. 107 f).

Bei solcher Unterscheidung sind dann auch weitere Feststellungen des Aristoteles präziser zu verstehen, so wie diese:

„Das zur Aufnahme der Sache" – der Farbe – „Fähige ist das Farblose, beim Ton das Tonlose. Farblos ist das Durchsichtige und das Unsichtbare oder kaum noch Sichtbare, und von dieser Beschaffenheit, meint man, sei das Dunkle. Das nun ist die Beschaffenheit" – der Zustand – „auch des Durchsichtigen, aber nicht wenn die Durchsichtigkeit aktuell, sondern wenn sie potentiell ist", wie in der Nacht. „Denn es ist ein und dasselbe Wesen in der Natur, das sich das eine Mal als Dunkelheit, das andere Mal als Licht" – als Helle – „darstellt".[47]

Wir sehen, daß Aristoteles Licht und Dunkelheit also nicht wie Goethe in polarer Gegensätzlichkeit, sondern durch ein komplementäres Zustandsverhältnis aufeinander bezieht.

Den Bezug zur Farbe definiert Aristoteles so, daß das, „was man im Lichte sieht, die Farbe ist. Darum wird sie auch nicht gesehen ohne Licht. Denn dieses macht an aller Farbe ihr begriffliches Wesen aus, nämlich das bewegende Moment dafür zu sein, daß das potentiell Durchsichtige aktuell wird. Die Aktualität des Durchsichtigen aber ist das Licht".[48]

Schwarz und Weiß müssen nach Aristoteles ebenfalls in diesem Zusammenhang beurteilt werden:

„Es kann sich nun in dem Durchsichtigen dasjenige finden, was auch in der Luft das Licht und die Helligkeit bewirkt, es kann die Luft aber auch dessen ermangeln. Wie nun bei der Luft das eine Licht ist" (Lichthelle als aktuelle Durchsichtigkeit) „und das andere Finsternis, so kommt es in gleicher Weise, daß die festen Körper weiß und schwarz sind".[49]

Diese Auffassung entspricht ganz der Tatsache, daß Schwarz als Negation des Weiß alles Licht absorbiert, während Weiß alles Licht reflektiert. So entspricht Schwarz der Dunkelheit, die der lichten, hellen Durchsichtigkeit ermangelt. Sie bedeutet nichts anderes als Abwesenheit der Lichthelle.

Der prinzipielle Unterschied der Goetheschen Farbenlehre zur aristotelischen gründet im Unterschied der Naturerfahrung. Schwarz und Weiß waren für Aristoteles gegenseitig sich bedingende Grenzfarben. Zwischen ihnen herrscht, genauso wie zwischen Licht und Finsternis, ein reziprokes Gegensatzverhältnis.

Goethe kannte die aristotelische Lehre. Er berichtet in den „Materialien zur Geschichte der Farbenlehre", in der ersten Abteilung unter ‚Aristoteles' über dessen Lehre vom Gesichtssinn. Vorwiegend hat sich Goethe mit der Schrift „De Coloribus" befaßt,

[47] Ebenda, S. 41.

[48] Ebenda.

[49] In der als Nachtrag zu περι ψυχῆς (Peri Psychäs) aufgefaßten Schrift „Über die Sinneswahrnehmung und ihre Gegenstände", zit. nach P. Gohlke, „Lehrschriften", – „Kleine Schriften zur Seelenkunde", I, S. 32 (439 b, 14) – Paderborn, 1947.

die nicht als eigenhändiges Werk des Aristoteles gilt. Goethe hat sie übersetzt und unter dem Titel „Theophrast oder vielmehr Aristoteles" in seiner Geschichte der Farbenlehre veröffentlicht. Er gliederte sie in sechs Abschnitte. Es ist sehr aufschlußreich zu sehen, wie er sie kritisiert.

Im Kapitel „Betrachtungen über Farbenlehre und Farbenbehandlung der Alten" schreibt Goethe:

„Aristoteles kannte den Wert und die Würde der Beachtung der Gegensätze überhaupt. Wie aber Einheit sich in Zweiheit selbst auseinanderlege, war den Alten verborgen. Sie kannten den Magnet, das Elektron, bloß als Anziehen; Polarität war ihnen noch nicht deutlich geworden." Etwas später meint Goethe dann: „In der Farbenlehre stellten die Alten Licht und Finsternis, Weiß und Schwarz einander entgegen. Sie bemerkten wohl, daß zwischen diesen die Farben entspringen; aber die Art und Weise sprachen sie nicht zart genug aus, obgleich Aristoteles ganz deutlich sagt, daß hier von keiner gemeinen Mischung die Rede sei."[50]

Man sieht, Goethe begreift das Polaritätsprinzip als das eigentlich wahre, welches die Alten *noch nicht* aufgefunden hätten. Wir berühren hier das Problem der Geschichtlichkeit unserer Betrachtungs- und Erkenntnisweisen.

Aus der Erörterung der verschiedenen Erfahrungsweisen desselben Phänomens wird ersichtlich, daß es nicht erlaubt ist, aus der bloßen Wahrnehmung der Naturerscheinungen damit zugleich auch auf deren ‚natürliche' oder ‚objektive' Ordnung zu schließen. Eine solche, sozusagen seinsmäßig richtige Ordnung kann nicht für sich selbst begriffen werden, insofern der Mensch als geschichtliches Wesen die Natur so wie sich selbst geschichtlich erfährt. Daher wird auch jede Verabsolutierung eines die Zeit ausschließenden Ordnungsprinzips an der Erfahrung eines möglichen anderen, welches dem jeweiligen Bewußtsein entspricht, scheitern oder, anders ausgedrückt, damit wieder relativiert. Denn Bewußtsein und Erfahrung entsprechen sich so notwendig wie die spezifischen Fragestellungen einer Zeit deren zugehörige Antworten herausfordern.

Eine umgreifende Einstellung ergibt sich, wenn wir die verschiedenen Erfahrungs- und Erkenntnisweisen in einen gemeinsamen Austausch bringen und ihre gegenseitigen Beziehungen unabhängig davon aufzufinden suchen, welche von ihnen gerade modern ist. Dann wäre es vielleicht möglich, auf eine potentiell vorhandene Gesamtordnung des Phänomens zu schließen, welche uns das Wesen der Farben so voll eröffnet, daß sich ihr Sein jenseits der Grenzen eines spezifischen Ordnungsprinzips aus dem Kontinuum der Farbengemeinschaft selbst kundgibt. Das aber würde erfordern, daß wir den bildhaften Bestand der Farben so zu übersetzen wissen, daß wir die *Grammatik ihrer Bildsprache* verstehen.

[50] In der 2. Abtlg. der „Materialien zur Geschichte der Farbenlehre", zit. nach der Leipziger Ausgabe der Werke Goethes, herausg. von S. Kalischer (o. J.) 36. Teil, S. 80.

F. SCHOPENHAUERS LEHRE VON DER QUALITATIV GETEILTEN TÄTIGKEIT DER RETINA

Schopenhauer geht aus von der graduellen Verschiedenheit der „intensiven Teilbarkeit der Tätigkeit der Retina", von der „vollen Tätigkeit" bis zur „Untätigkeit". Danach bestimmt er die optischen Zustände:[51]

Volle Tätigkeit		Untätigkeit
Licht	Halbschatten	Finsterniß
Weiß	Grau	Schwarz

Der intensiven Teilbarkeit stellt er die „extensive" gegenüber, mit der wir es dann zu tun haben, wenn wir den Sukzessivkontrast unbunter Farben wahrnehmen (z. B. ruft ein weißes Kreuz auf schwarzem Grunde nach genügender Fixierung ein schwarzes Kreuz hervor, wenn wir auf einen weißen Hintergrund sehen).

Diese beiden Arten der Tätigkeit der Retina faßt Schopenhauer als die „quantitative Teilbarkeit" zusammen und unterscheidet sie damit von der qualitativen, die durch die bunten Farben erregt wird. Er bezog sich auf das bereits von Goethe beschriebene „physiologische Spektrum", das vom sukzessiven Kontrast bunter Farben, den sogenannten Nachbildern erzeugt wird, indem jeweils eine Farbe ihre komplementäre Gegenfarbe herausfordert.

Schopenhauer vermeidet die bei Goethe so oft zu findende Vermengung phänomenaler und genetischer Beobachtungen und argumentiert ausschließlich nach Wahrnehmungsfakten, ohne die Farbenentstehung aus Mischungen zu berücksichtigen, die Goethe dazu bewogen hatte, Grün als Mischfarbe von Gelb und Blau zu betrachten. Grün ist für Schopenhauer eine ebenso selbständige Farbe wie Rot, Gelb und Blau. Dabei versteht er unter Rot wiederum wie Goethe das Purpur.

Die besondere Leistung Schopenhauers für die Farbenlehre ist die gleichzeitige Einbeziehung der Komplementärfarben und ihrer spezifischen Helligkeiten. Er unterscheidet im einzelnen die Funktionen der verschiedenen Buntheiten für die Tätigkeit der Retina:

Durch Weiß wird „die volle Tätigkeit der Retina" entfaltet, während die bunten Farben bestimmte Bruchteile dieser Tätigkeit hervorrufen. In der komplementären Ergänzung addieren sich dann diese partiellen Tätigkeitsgrade, die der Farbhellengrößen entsprechen, zur vollen Tätigkeit. Nur zwei Farben – *Grün und Rot* – induzieren einen gleich großen Grad der Tätigkeit, und zwar jede von beiden die halbe! Sehr aufschlußreich ist die Begründung:

Das „reine Rot... ist vom Weißen und vom Schwarzen gerade so weit entfernt, wie sein Komplement, das vollkommene Grün. Demnach stellen diese beiden Farben die in zwei *gleiche Hälften* qualitativ geteilte Tätigkeit der Retina dar. Hieraus erklärt sich die auffallende, jede andere übertreffende Harmonie, die Stärke, mit der sie sich fordern und hervorrufen ... daher keine andere Farbe den Vergleich mit ihnen aushält und ich

[51] Schriften zur Erkenntnislehre, II, verfaßt 1815, veröffentlicht 1816, – zit. aus Bd. 1 „Schopenhauers Sämtl. Werke", herausgeg. von Julius Frauenstädt, 2. Aufl., 1919, S. 1–93), 2. Kapitel: Von den Farben, S. 23 ff.

diese beiden völlig gleichen Hälften der qualitativ geteilten Tätigkeit der Retina, Rot und Grün ... couleurs par exellence nennen möchte; weil sie das Phänomen der Bipartion der Tätigkeit der Retina in höchster Vollkommenheit darstellen ..."[52]

Für jede Qualität gibt Schopenhauer einen bestimmten Helligkeitsgrad in Bruchteilen an:

Schwarz	Violett	Blau	Grün	Rot (Purpur)	Orange	Gelb	Weiß
0	$^1/_4$	$^1/_3$	$^1/_2$	$^1/_2$	$^2/_3$	$^3/_4$	1

Zwei Komplementärfarben bilden dann ein jeweils voll ausgeglichenes Paar mit dem Aktionswert 1. Die verschiedenen Farbhellengrade erklärt Schopenhauer aus dem Verhältnis der Farben untereinander:

„Violett ist die dunkelste aller Farben, obgleich es aus zwei helleren, als es selbst ist, entsteht; daher es auch, sobald es nach einer oder der anderen Seite sich neigt, heller wird. Dies gilt von keiner anderen Farbe: Orange wird heller, wenn es zum Gelben, dunkler, wenn es zum Roten sich neigt; Grün, heller nach der gelben, dunkler nach der blauen Seite; Gelb, als die hellste aller Farben" (Weiß und Schwarz gelten Schopenhauer nicht als eigentliche Farben) „tut umgekehrt dasselbe, was sein Komplement, das Violett: es wird nämlich dunkler, es mag sich zur orangen oder zur grünen Seite neigen."[53]

Mit diesen Beobachtungen hat Schopenhauer das Problem der spezifischen Helligkeit bereits genau erkannt. Durch die Angaben für jede Hauptfarbe verdanken wir ihm die Begründung eines systematisch durchdachten Farbhellengrades. Wenn er auch einen solchen Begriff nicht einführte, so ist offensichtlich, daß er die in den Farben sich ausprägende Beziehung zum Licht im Verhältnis von Buntheit und Farbhelle als entscheidende Funktion entdeckt hat.

Bei den von Schopenhauer angegebenen Brüchen scheint es mir nicht so sehr darauf anzukommen, ob sie im einzelnen genau genug zutreffen, sondern daß sie als Verhältniswerte jedenfalls dem Wahrnehmungseindruck entsprechen.[54]

Das „Vorrecht" der 6 bunten Hauptfarben führt Schopenhauer darauf zurück, „daß in ihnen die Bipartion der Tätigkeit der Retina sich in den einfachsten Brüchen darstellt".[55]

Die notwendige Zusammengehörigkeit je zweier Farben beurteilt er im Anschluß an Goethe so, daß „die Retina den natürlichen Trieb hat, ihre Tätigkeit ganz zu äußern", und sie suche, „nachdem solche auseinandergerissen war, sie wieder zu ergänzen:

„Ein je größerer Teil der vollen Tätigkeit der Retina eine Farbe ist, ein desto kleinerer Teil muß ihr Komplement zu dieser Tätigkeit sein: d. h. je mehr eine Farbe, und zwar

---

[52] Ebenda, S. 29 f.

[53] Ebenda, S. 31.

[54] Allerdings darf nicht übersehen werden, daß Schopenhauer unter ‚Rot' Purpur versteht bzw. Karmin, das zwar einen höheren Helligkeitswert als Blau, aber einen doch wohl geringeren als Grün hat, während wohl Mittelrot der Farbhelle des Grün äquivalent ist.

[55] A.a.O. S. 31.

wesentlich, nicht zufällig, hell, dem Weißen nahe ist, desto dunkler, der Finsternis näher, wird das nach ihr sich zeigende Spektrum sein; und umgekehrt."[56]

Diese so augenscheinlich zutreffende Feststellung kann einerseits in dem Sinne verstanden werden, daß Schopenhauer damit die Auffassung Goethes über die Polarität von Gelb und Blau für die gesamte Buntfarbigkeit weiterverfolgt hat, d. h. die Paarung der Buntheiten entspricht damit einem sich ständig gleichbleibenden Verhältnis von Helle und Dunkel, von „Licht- und Finsternisanteil". Nur in diesem Sinne hat er die Bedeutung der Komplementarität verstanden wissen wollen. Es ergibt sich ein völlig neuer Gesichtspunkt, wenn wir diesen Gedanken herausstellen, der schließlich nichts anderes bedeutet, als daß sich in der *Summe der Komplementärfarben jeweils ein gleichbleibendes, permanentes Lichtquantum widerspiegelt*, d. h. daß das qualitative Verhältnis zwischen den Farben bereits aufweist, was sich quantitativ darstellt, wenn sie sich zum reinen Licht ergänzen! Indem ich vom *Lichtanteil* spreche und nicht von einer ‚Zusammenkunft' von Licht- und Dunkelanteilen, interpretiere ich Schopenhauers Beobachtung in anderer Weise, insofern ich vom Hell-Dunkel-Verhältnis *innerhalb* der Buntheiten als den Mitgliedern des Lichts spreche. Das aber bedeutet keine Veränderung des von Schopenhauer dargelegten speziellen Sachverhalts.

„Die wahre Farbentheorie", so sagt Schopenhauer, „hat es ... stets mit Farbenpaaren zu tun, ... die Farbe erscheint immer als Dualität; da sie die qualitative Bipartion der Tätigkeit der Retina ist. Chromatologisch darf man daher gar nicht von einzelnen Farben reden, sondern nur von Farbenpaaren, deren jedes die ganze, in zwei Hälften zerfallende Tätigkeit der Retina enthält. Die Teilungspunkte sind unzählig, und, als durch äußere Ursachen bestimmt, insofern für das Auge zufällig. Sobald aber die eine Hälfte gegeben ist, folgt die andere, als ihr Komplement, notwendig."

In seinen weiteren Ausführungen definiert Schopenhauer die qualitativ sich teilende Tätigkeit der Retina als „Polarität der Retina", in der sich sukzessiv, also in der Zeit, das zeige, was „bei den anderen polarischen Erscheinungen im Raum" simultan vorhanden sei.[57]

Mit Schopenhauers Farbenlehre hat sich meines Wissens außer Wilhelm Ostwald keiner der für die physiologische und psychologische Farbenforschung maßgebenden Wissenschaftler ernstlich befaßt. Sucht man nach Gründen für diese befremdliche Tatsache, so erscheint es, daß der Philosoph zwischen der Autorität des Dichterfürsten und der des Physikers keinen rechten Platz fand. W. Ehrenstein vermutet,

daß „die treue Anhänglichkeit Schopenhauers an Goethe in der Farbenlehre der Verbreitung seiner eigenen Ansichten außerordentlich geschadet hat, da man ihn wegen der häufigen zustimmenden Bezugnahme auf Goethe für einen getreuen Schildknappen seines großen Meisters hielt und das Urteil, ohne weiteres auf Schopenhauer übertrug".[58]

---

[56] Ebenda, S. 32.

[57] Ebenda, S. 34 ff.

[58] „Beiträge zur ganzheitspsychologischen Wahrnehmungslehre", 1942, S. 66–70.

Das mag zutreffen. Auch Hering, der Schopenhauers Farbenlehre ganz gewiß studiert haben wird, geht nicht auf ihn ein, obwohl Ehrenstein recht hat, wenn er meint, daß man von einer „Schopenhauer-Heringschen Farbentheorie" sprechen müßte, schon deshalb, weil Schopenhauer grün durchaus als Hauptfarbe empfunden habe. Allerdings darf man dann nicht übersehen, daß Schopenhauer schließlich doch ganz eigene Wege gegangen ist und überhaupt nicht drei oder vier Grundfarben betont hat, sondern drei Farben paare, die den 6 bunten Hauptfarben entsprechen. Insofern hat er die „Einheitslehre" vgl. S. 94 vertreten.

Es ist schon seltsam, daß sich gerade ein so sehr der Genese verpflichtet wissender Forscher wie Ostwald mit dem Verhältnis zwischen den Farbenlehren Goethes und Schopenhauers eingehend auseinandergesetzt hat. Dabei ist spürbar, daß er Schopenhauer Goethe gegenüber bevorzugt und sicher wohl deshalb, weil er bei ihm einen strengeren wissenschaftlichen Anspruch findet. Ostwalds noch heute lesenswerte Schrift „Goethe, Schopenhauer und die Farbenlehre" (1917) ist anscheinend auch weitgehend unberücksichtigt geblieben. Ostwald schreibt:

„Diejenigen Seiten der neuen Lehre von Schopenhauer, welche sich vollständig von trüben Mitteln entfernen, sind dauerhaft und wertvoll, während dasjenige, was er davon beibehalten hat, unter seinen eigenen Händen gleichsam zerkrümelt, da es selbst eine so mäßige physikalische Untersuchung nicht zu ertragen vermag, ausführte."[59]

So wenig Ostwald in der Lage war, Goethe wirklich zu begreifen, so sehr mußte es ihm möglich sein, die seinem eigenen systematischen Denken entgegenkommenden physiologischen Analysen Schopenhauers zu würdigen. So betont er die Bedeutung der von Schopenhauer durchgeführten Helligkeitsmessungen:

„Wir wollen sachgemäß das größte Gewicht auf die Tatsache legen, daß der allgemeine Gedanke sich als richtig und fruchtbar erwiesen hat. Er hat als Grundlage für die mit Recht zu hohem Ansehen gekommene Vierfarbentheorie von E. Hering gedient, und noch in neuester Zeit ist durch die Lehre von der Zusammensetzung der reinen Farben aus den Wellen je eines ‚Farbenhalbs' eine unabhängige quantitative Bestätigung der Schopenhauerschen Theorie erstanden."[60] Am Schluß hebt Ostwald hervor, daß der Gedanke, „daß ... jeder Farbe und Gegenfarbe je eine Hälfte der ganzen Wirkung des Lichts auf das Auge entspricht und daß diese Hälftung je nach dem Farbenpaar die Gesamtheit in verschiedener Weise teilt, ... erst seit einem Menschenalter durch Hering aufgenommen und fruchtbar gemacht worden ist ..."[61]

Der tiefere Grund für das so geringe Echo der Farbenlehre Schopenhauers ist wohl darin zu sehen, daß er mit unzulänglichen Mitteln versucht hat, die Phänomenologie der Farben physiologisch zu durchdringen. Indem er sich mit manchen seiner Gedanken und Beobachtungen Newton annäherte, obwohl er die physikalische Analyse so wie Goethe ablehnte, konnte Goethe in ihm keinen Bundesgenossen sehen. Und da er keine im neuzeitlichen Sinne exakte, experimentelle Physiologie betrieb, sondern eher eine phänomenologische Physiologie, konnte er auch bei den Naturwissenschaftlern keinen eigentlichen Ruf erwerben. Nachdem aber ein Jahrhundert nach Veröffentlichung seiner Farbenlehre Ostwald einen gerechten Nachruf für ihn fand, fragt es sich, warum in der heutigen Farbenlehre so gut wie gar nicht von Farbenpaaren

[59] A.a.O. S. 73.
[60] Ebenda, S. 110 f.
[61] Ebenda, S. 144.

oder vom Farbenhalb und der spezifischen Helligkeitsskala im Sinne Schopenhauers die Rede ist, obwohl gerade *das Farbenpaar als Farbeinheit* und Gestalt der Komplementarität Basis und Schlüssel für die psychologische Farbenordnung ist. Es scheint, daß so wie im Begriff Herings von den „Gegenfarben" die Farbindividualität und die Gegensätzlichkeit in der Polarität zu einseitig betont worden sind. Aber noch viele Gründe wären anzuführen, die vielleicht erklären, warum die Kontinuität der Forschung hier nicht erhalten geblieben ist. Einige davon scheinen mir die folgenden zu sein: 1. die einseitige Überschätzung der experimentellen Tatsachenforschung, 2. die unnötige Abhängigkeit der psychologisch-phänomenalen Farbenordnung von speziellen physiologischen Theorien, die schließlich auch Hering zum Verhängnis geworden ist. 3. Die Isolation bzw. Verzerrung der fundamentalen Beziehungen zwischen Farbe und Licht, 4. die gegenseitige fachwissenschaftliche Verselbständigung physikalischer und psychophysischer Erkenntnisse. 5. Die Überwertung der additiven, optischen Farben und des Spektrums.

ZWEITER TEIL

ÜBERBLICK UND BEURTEILUNG DER BISHERIGEN FARBENORDNUNG

A. ALLGEMEINE FACHWISSENSCHAFTLICHE ORIENTIERUNG

Den verschiedenen fachwissenschaftlichen Bedürfnissen entsprechen die verschiedenen Ordnungssysteme der Farben.

Für die physikalische Ordnung kommen nur die durch Wellenlängen und Frequenzen meßbaren Spektralfarben (auch Lichtfarben oder optische Farben genannt) in Betracht. Nur monochromatisches Licht, d. h. nicht weiter zerlegbare Spektralfarben sind physikalisch eindeutig, im Unterschied zum polychromatischen Licht von gleichem Aussehen, das noch spektroskopisch entmischt werden kann.

Die optische Farbenmischung kann grundsätzlich additiv oder subtraktiv sein. (Die allgemeinste Form der additiven Mischung ist die Überlagerung zweier auf eine Projektionswand geworfener Farbkreise oder von Teilspektren. Die subtraktive Mischung läßt sich durch Hintereinanderschalten von Farbfiltern herstellen, so daß sich also die Farben gegenseitig subtrahieren und nur die daraus resultierende Farbe auf den Projektionsschirm trifft, – sofern sie sich nicht absorbiert haben, gegenseitig verschlucken, wie bei den komplementären Farben. Bei der additiven Mischung von komplementären Farben entsteht farbloses Licht (Tageslicht), subtraktiv löschen sie sich gegenseitig aus; es erscheint dann kein Licht mehr (Strahlung Null oder „Schwarz".)

Der Unterschied zwischen additiven und subtraktiven Farbenmischungen macht einen wesentlichen Teil der Problematik der Farbenordnung aus. Die bekannteste Divergenz ist die Mischung von Gelb und Blau. Additiv zeigt sich farbloses Licht, weil Gelb und Blau (genauer Indigoblau) komplementär sind. Subtraktiv gemischt entsteht aber Grün, so wie wir es mit Pigmentfarben herzustellen gewohnt sind. Alle Körperfarben sind subtraktiv und lassen sich – weil sie aus komplizierten Verhältnissen zwischen Absorption und Reflexion hervorgehen – physikalisch nicht exakt erfassen. Daher arbeitet die wissenschaftliche Forschung fast ausschließlich mit additiven, optischen Farben, so in dem weitverzweigten Gebiet der Phonometrie und Farbenmessung,[1] ebenso aber auch bei der Berechnung der Komplementärfarben, Mi-

---

[1] Nach W. Schultze, „Farbenlehre und Farbmessung" (1957) handelt es sich prinzipiell um folgendes Verfahren: „Man wählt 3 Gundfarben und stellt fest, wie alle übrigen Farben sich aus diesen durch additive Mischung aufbauen lassen. Die zu kennzeichnende Farbe wird nachgeahmt, indem die Intensität der drei Grundfarben so lange reguliert wird, bis das Auge des Beobachters beide Farben, die zu kennzeichnende und die aus den Grundfarben ermischte, als gleich beurteilt. Auf diesem Gleichheitsurteil basiert das ganze CIE-Farbsystem." Für die Eichung des Systems hat man drei Farben: ein Blauviolett, 435,8 mμ, ein Grün, 546,1 mμ und ein Rot, 700 mμ gewählt. (S. 10 f.)

schungsordnungen und beim Aufbau von „Farbenkörpern" als Modellen der Farbenordnung. Was das bedeutet, liegt auf der Hand, macht man sich klar, daß alle *beleuchteten* Farben, welche die ganze bunte Pracht unserer Welt erzeugen, subtraktive sind.

Grundfarben haben für den Physiker praktisch keinerlei Bedeutung, da jede Farbe eine bestimmte Wellenlängengruppe (zwischen 0,0008 und 0,0004 cm) vertritt. (Daten zur physikalischen Optik finden sich im VI. Teil, S. 247 ff.)

Zur physiologischen Farbenordnung gehören die Weiß-Grau-Schwarz-Reihe und die bunten Farben. Als Ordnungssystem gilt auch heute noch im allgemeinen das von den Physikern Thomas Young und Hermann Helmholtz entwickelte Farbendreieck, das sich auf die additive Farbenmischung stützt und als ‚Grundfarben' *Rot, Grün und Violett* annimmt, da sich aus diesen drei Farben alle anderen herstellen lassen. Darauf begründeten Young und Helmholtz (1807 bzw. 1852) die sogenannte Dreikomponentenlehre, die auch Dreifasertheorie genannt wird, oder nach der durch von Bezold (1885) vertretenen Substanzentheorie Dreisubstanzenlehre.

Gegen diese aus physikalischen Perspektiven aufgebaute physiologische Theorie wandte sich energisch Ewald Hering in seiner „Lehre vom Lichtsinn" (1878) und begründete eine Ordnung der „Gegenfarben", die auch für die Psychologie große Bedeutung erlangen sollte. Auch Hering nahm drei Sehsubstanzen an, aber eine Weißschwarz-, Rotgrün- und Gelbblau-Substanz. Der Sehvorgang geschieht danach durch dissimilatorische Zersetzung bzw. assimilatorischen Aufbau. Diese Theorie hat aber heute ihre Gültigkeit weitgehend verloren, seitdem der Zoologe v. Studnitz (1930 und 1941) eine neue „Physiologie des Farbsehens" entwickelte. Er begründete eine auf experimentellen Erfahrungen fußende Theorie, die als Dreisubstanzenlehre die Dreikomponentenlehre von Helmholtz weitgehend bestätigte. Studnitz untersuchte die Netzhäute von Schildkröten und Ringelnattern und konnte drei ölartige, chemisch verschiedene Zapfensubstanzen mit drei verschiedenen Absorptionsmaxima — im *gelben, blauen und roten* Spektralbereich — aufweisen. Auch gegen diese Theorie läßt sich viel einwenden, zumal sie im Widerspruch zu Erfahrungen der Farbenblindheit steht.[2]

Solange man der Ansicht ist, daß man die Farbenordnung auf drei oder vier Grundfarben aufbauen müsse (abgesehen natürlich von praktischer Notwendigkeit, z. B.

---

[2] Walter Ehrenstein z. B. fragt in den „Beiträgen zur ganzheits-psychologischen Wahrnehmungslehre", 1942, S. 61 f., wie sich diese Theorie der drei Grundfarben „mit der strengen Koppelung von Rot und Grün einerseits, Blau und Gelb andererseits, im Kontrast und im Nachbild abfinde" oder „mit der paarweisen Verknüpfung von Grün und Rot ... bei den wichtigsten Farbenblindheiten", resp. Blau und Gelb. Im übrigen meint er, m. E. mit vollem Recht zu der Studnitzschen Theorie: „Mit Hilfe ziemlich komplizierter Hypothesen wird erklärt, warum aus drei Grundfarben vier Farbenempfindungen entstehen. Während Helmholtz einen Rot-, einen Grün- und einen Violettprozeß als Grundfarben annahm, wird hier das Grün durch Gelb, bzw. ein grünliches Gelb ersetzt."

Seite 53 fehlt auch im Original

bzw. Purpurrot) sondern auch grundsätzlich, indem die vorhergehend besprochene Goethesche Farbenableitung übernommen wird.

So schreibt Frieling (1956): „Nur an der Grenze zwiscken Schwarz und Weiß (an den Pigmentierungszonen) entstehen die Farben, so wie sich zwischen Licht und Finsternis, am Grenzfeld des Prismas, die Farbe bildet." Dabei ist auffallend, daß Goethe bei solchen Erklärungen nicht einmal erwähnt wird, so, als seien diese Ansichten ohne weiteres selbstverständilch und verbindlich. Das gilt auch da, wo offensichtlich das Goethesche „Urphänomen" als Grundlage gedient hat. Unvermittelt heißt es bei den „Natürlichen Reihen der Farbenentwicklung": „Wenn eine Trübe vor dem Licht steht, erscheint uns das Licht gelblicher, rötlicher (also gesteigert); steht die Trübe aber vor der Finsternis, so erscheint uns diese hellblau bis tiefblau. Deshalb sieht auch der Himmel blau aus, ohne daß darin ein Körnchen blauen Farbstoffes wäre."[4]

Hering hatte eine psychophysisch abgestimmte Farbenordnung geschaffen, die den Grundgesetzen der physikalischen Faktoren nicht widersprach, sie aber aus physikalistischer Verzerrung befreite. Es schien endlich gelungen, zu einer Gesamtordnung der Farbenwelt zu gelangen. Aber abgesehen davon, daß sich gegen Herings Urfarbenlehre sehr viel einwenden läßt, ist, wie schon erwähnt, seine physiologische Theorie gegenwärtig kaum noch anerkannt. Deshalb ist auch der Wert seiner darauf basierenden psychologischen Ordnung, die er in einem ‚Farbenzirkel' und in seinem Gegenfarbenkreis veranschaulichte, sehr beeinträchtigt, obwohl sie ganz unabhängig von der physiologischen Orientierung aufgefaßt werden kann.

Man ist stets bestrebt, psychologisch-ästhetische Farbenordnungen an Modellen zu veranschaulichen, durch sogenannte Farbenkörper oder flächige Übersichtsfiguren. Meist treten solche Modelle mit dem Anspruch auf, die „natürliche Farbenordnung" zu demonstrieren und wollen allgemeingültig sein. Je nachdem nun, ob man sich mehr nach physikalisch-genetischen Beziehungen auf Grund experimenteller Erfahrungen mit additiven Farben, oder aber nach empfindungsmäßigen Richtlinien orientiert, haben solche Farbenordnungen ganz verschiedene Bezüge und Bedeutungen.

Die bekanntesten Ordnungsmodelle sind:

Der Goethesche Farbenkreis, der von Wilhelm Ostwald (1918/20) konstruierte 24- oder 48stufige oder der Gegenfarbenkreis von Ewald Hering (1920).[5]

Der Farben-Oktaeder, nach der Gegenfarbentheorie oder in einer interessanten Abwandlung — mit abgerundeten Ecken um plötzliche Sprünge zu vermeiden — von H. Ebbinghaus (1902).

---

[4] „Mensch, Raum und Farbe", 2. Aufl. Mü. 1956, S. 29 u. 32.

[5] Der Goethesche Farbenkreis ist u. a. in der Beilage zu der von der Wissenschaftl. Buchgemeinschaft herausgegebenen „Farbenlehre" zu finden. Dort sind auch die wichtigsten anderen Grundversuche Goethes abgebildet.

Den 24stufigen Ostwaldschen Farbenkreis findet man in allen modernen Lexica. Näheres s. Ostwaldscher Farbenatlas.

Herings Gegenfarbenkreis und sein Farbenzirkel sind in seinem Buch „Grundzüge zur Lehre vom Lichtsinn", 1920, buntfarbig abgebildet.

Der Doppelkegel, mit schief stehender Basis, von A. Kirschmann (1895).[6]
Die Doppelpyramide von A. Höfler (1911).[7]
Der würfelförmige, auf eine Ecke gesetzte, durch drei innere Achsen gegliederte Farbenkörper von Hickethier (1952).[8]
Die Farbenkugel des Malers Philipp Otto Runge (1810).[9]
Das Farbenmischungsfünfeck von Heinrich Frieling (1939).[10]

Adolphe Bernays entwickelte 1937 einen ganz unregelmäßigen Farbenkörper[11], der den genannten gegenüber den Vorzug hat, daß er die verschiedenen Spannungen zwischen den Buntheiten und ihre Buntheitsgrade zu berücksichtigen sucht.

Wenn wir unbefangen an diese Farbenkörper und Schemata herangehen und fragen, ob sie dem Wesen der Farben gerecht werden, so müssen wir feststellen, daß dies eigentlich kaum der Fall ist. Alle diese Figuren veranschaulichen zweifellos charakteristische Ordnungsbeziehungen in der Farbenwelt. Sie sind immer berechtigt,

---

[6] Eine graphische Abbildung des Farben-Oktaeders findet man in der „Einführung in die Farbenlehre", a.a.O. S. 87, den Farbenkörper von Ebbinghaus in „Grundzüge der Psychologie", 1902, S. 184, Abb. 15.

Den „schiefen Doppelkegel" als Farbenkörper veröffentlichte Kirschmann zuerst im Americ. Journal of Psychology, Bd. 7, S. 384, 1895. Er findet sich außerdem in dem Bericht von Fritz Weissenborn, „August Kirschmanns schiefer Farbenkegel, – verglichen mit einigen vorher und nachher entstandenen Farbensystemen", in „Neue Psychol. Studien", Bd. VI, „Psychol. Optik", S. 114, 1930. Es handelt sich allerdings nur um Schwarz-Weiß-Abbildungen. In diesem Bericht sind ebenfalls verschiedene andere Farbenkörper aufgeführt, u. a. die Lambertsche Farbenpyramide, der Farbenkörper von Chevreul, der Oktaeder von Ebbinghaus.

[7] „Zwei Modelle schematischer Farbenkörper und die vermutliche Gestalt des psychologischen Farbenkörpers", Ztschr. f. Psychologie, I. Abtlg. Bd. 58, 1911, Abb. S. 356. Die früheren Darstellungen der Höflerschen Farbenkörper sind abgebildet in „Psychologie", 1897, S. 113, zum Teil buntfarbig.

[8] Auf diesen Farbenkörper wurde ich durch eine buntfarbige Abbildung im Bertelsmann Lexicon, 1. Bd. 1953, aufmerksam. Wie mir Herr Hickethier, Hannover, mitteilte, ist sein Farbenkörper zuerst im 12. Heft des „Archives für Buchgewerbe und Gebrauchsgraphik", 1940 abgebildet, in seinem Aufsatz „Über den praktischen Farbkörper". Die buntfarbige Abbildung findet sich in der von ihm 1952 veröffentlichten Farbenanordnung.

Seine Ordnung, die vor allem praktischen Zwecken der Farbenmischung dient, basiert auf den drei „Grundfarben" Rot, Gelb und Blau. Das wirkliche Rot ist aber nicht vertreten, da Hickethier Purpur als Rot einsetzt. Insofern handelt es sich um nichts anderes als um die Goethesche Grundfarbenordnung.

[9] „Farbenkugel oder Construction des Verhältnisses aller Mischungen der Farben zueinander ...", 1810. Im Hamburger Museum für Kunst und Gewerbe existiert eine im Ganzen gut gelungene Rekonstruktion der Rungerschen Farbenkugel.

[10] „Die Sprache der Farben", – ‚Vom Wesen der Farben und des Lichts in Natur und Kunst', 1939, sein Farbenmischungsfünfeck ist auch von W. Schöne im Anhang seines Buches „Über das Licht in der Malerei", 1954, S. 228, wiedergegeben.

[11] „Versuch einer neuen Farbenordnung", Vierteljahrsschrift der Naturforschenden Gesellschaft, Zürich, Jg. 82, 1937, Abb. S. 183. Der Farbenkörper ist auch abgebildet und besprochen von W. Schöne, a.a.O. S. 226.

sofern sie praktischen Zwecken – wie denen der Mischung – dienen sollen. Aber sie können nicht beanspruchen, wirkliche Anschauungsmodelle für eine natürliche oder ‚objektive' Farbenordnung zu sein. Ähnlicher Ansicht ist W. Schöne.[12] Ich fasse zusammen:

1. Licht und Farben sind dynamische Kräfte. Farben erscheinen in fließenden Übergängen. Linear-geometrische, vorgegebene Modelle können ihrem Wesen grundsätzlich nicht gerecht werden.

2. Die Farben haben sehr verschiedene Machtränge. Das Verhältnis zwischen dem Licht und den einzelnen Farben ist sehr verschieden. Es bestehen polare Spannungen, die nicht mit komplementären Beziehungen identisch sind (wie Rot und Blau).

Aus diesen und anderen Gründen ist die Veranschaulichung im üblichen Farbenkreis oder in der Farbenkugel schon wegen der regelmäßigen Abstände und der geschlossenen Ringform nicht zutreffend für die Charakterisierung der Farbenwelt, – wenn auch die kurvige Darstellung, welche die Kontinuität der Farben demonstriert, sich allen linearen Modellen gegenüber als sehr viel geeigneter, weil den Farben wesensgemäßer, erweist.

3. Farben sind keine zu verdinglichende äußere Gegebenheiten. Deshalb sollten wir sie weder in eine von unserem Sein distanzierte ‚sachliche Schau' rücken, noch in einen Modellkörper eingliedern, in dem sie in objektiver Repräsentation sichtbar würden. Sie präsentieren sich in erster Linie in der gegenständlichen Welt selbst. Sofern wir davon abstrahieren, müssen wir sie einerseits mit ihrer elementaren Verbundenheit mit dem Licht, als dessen Funktionen, und andererseits ihr farbiges Sein auch als Ausdruck unseres Seins im wesenhaften Zusammenhang abzubilden versuchen, d. h. wir müssen versuchen zu Strukturfiguren zu gelangen, welche die lebendigen Gegenseitigkeitsfunktionen demonstrieren.

Die im ganzen sehr verworrene Lage in der Farbenlehre läßt sich sicher nicht dadurch klären, daß man versuchte, eine neue, weitere Theorie des Farbensehens oder des physiologischen Lichtsinns zu begründen. Dagegen kommt es wohl darauf an, zunächst eine in sich selbständige und stabile psychologische Farbenordnung darzustellen, die auf eine physiologische Basis verzichten kann oder physiologischen Theorien gegenüber offen bleibt.

Erst wenn das gelungen ist, kann man sich dem Problem einer umgreifenden Licht- und Farbenordnung zuwenden, weil der Mensch erst dann die Möglichkeit hat, ‚seine'

---

[12] „Über das Licht in der Malerei", a.a.O. S. 223, Anhang: „Über die Erscheinungsweisen der Farben und des Lichts. Die Ergebnisse der experimentellen Psychologie und ihre Bedeutung für die kunstgeschichtliche Untersuchung des Lichtes in der Malerei." Zur Veranschaulichung der Farbenordnung meint Schöne, „daß die bekannte Ordnung der Farben im Farbenkreis und in den Farbenkörpern von Runge, Hering, Ostwald und anderen zwar manchen praktischen und naturwissenschaftlichen Bedürfnissen befriedigt, nicht aber unser Verlangen nach einer Ordnung, welche unsere sinnliche Wahrnehmung und Vorstellung der Phänomene adäquat wiedergibt . . ."

Farbenordnung mit allgemeinen, instrumental meßbaren Faktoren in Vergleich zu setzen.[12a]

Wir werden uns dann nicht nur mit den optischen Farben befassen dürfen, mit welchen die experimentelle Psychologie fast ausschließlich arbeitet, sondern in gleicher Weise auch mit den Substanzfarben, die wir vorwiegend sehen. Eine wirkliche psychologische Farbenordnung wäre jenseits solcher Unterschiede zu begründen, müßte sie aber dann tatsächlich berücksichtigt haben.

Das Kriterium für die Selbständigkeit einer psychologischen Farbenordnung — als Fundament für eine umgreifende Farbenlehre — wäre die verbindliche Geltung eigener Begriffe für die einzelnen Farben, d. h. eine der *Farbensprache* entsprechende *Begriffssprache.*

Die phänomenale Betrachtungsweise, wie sie durch Goethe, Schopenhauer und Hering eingeführt wurde und in der neueren Forschung vor allem durch David Katz („Aufbau der Farbwelt", 1930), wird für die Analysen maßgebend sein. Die Ergebnisse der experimentellen Psychologie müssen einbezogen werden, z. B. die Untersuchungen von G. J. v. Allesch (1925) und der „Farbpyramiden-Test" (Heiss/Hiltmann 1954).

Die zu suchende psychologische Struktur der Farbenordnung wird nach funktionalen Proportionen aufgebaut sein müssen. Das bedeutet eine Kenntnis *der* psychischen Elemente bei der Farbenwahrnehmung, die von gleicher Gültigkeit wären wie die allgemeine Gleichartigkeit der qualitativen Farbenwahrnehmung, welche die individuell bestehenden Differenzen übergreift.

Die gemeinte, emotional erschlossene Funktionsordnung (V. Teil) könnte dann die Grundlage für vergleichende Betrachtungen mit den physikalischen, quantitativ meßbaren Eigenschaften der Lichtstrahlung sein. Die Resultate solcher Vergleiche müssen dann erweisen, ob und wie eine koordinierte, psychophysikalische Zusammenschau erschlossen werden kann.

Die Aufgabe, die damit umrissen ist, umfaßt vier Etappen:

1. Die kritische Sichtung der bisherigen Ergebnisse der Forschung und der Grundlagenbegriffe der Farbenlehre.
2. Die stufenweise Entwicklung einer allgemeinen psychologischen Farbenordnung.
3. Den Aufbau einer speziellen emotional-psychoanalytischen Licht-Farben-Funktionsordnung als Farbenontologie.
4. Vergleichende Untersuchungen für den Aufbau einer psychophysikalischen Gesamtordnung.

[12a] Bei W. Schultze finde ich kurz vor der Drucklegung dieselbe Einstellung. Wenn die ästhetische Beurteilung „einmal besser gesichert sein sollten, so wäre zu prüfen, ob zwischen der auf naturwiss. Basis aufgebauten Farbenordnung und den ermittelten Gesetzen oder Regeln der ästhetischen Bewertung ein Zusammenhang aufgefunden werden kann. Es ist aber sicherlich die falsche Reihenfolge, solche Zusammenhänge ermitteln zu wollen, bevor die ästh. Bewertung überhaupt gesichert ist, oder gar auf Grund vermeintlicher Zusammenhänge die naturwiss. aufgebaute Farbenordnung (CIE-System) umändern zu wollen. Es dürfte im beiderseitigen Interesse liegen, zunächst die getrennten Ziele zu verfolgen, unter gegenseitiger Achtung der Möglichkeiten und Fähigkeiten. A.a.O. S. 59. (s. Anm. 1.)

B. LICHT, WEISS UND SCHWARZ

Licht als Tageslicht ist farblos. Wenn wir es wie es meistens geschieht, als weißes Licht bezeichnen (ähnlich wie wir von der schwarzen Dunkelheit sprechen), dann heben wir den Wesensunterschied zwischen Licht und Farbe weitgehend auf. Weiß und Schwarz werden dann zu bloßen Maßbegriffen für Hell-Dunkel-Quantitäten.

Durch die ganze Forschung zieht sich der begriffliche Streit um die Definitionen von Weiß und Schwarz. Solange Licht- und Farbbegriffe einander gleichgesetzt werden, bleibt das Verhältnis unklar und zweideutig. Die begriffliche Sondierung von Licht/Dunkelheit und Weiß/Schwarz muß daher am Anfang unserer Bemühungen um eine zutreffende Farbenordnung stehen.

Verwirrende und die Zusammenhänge verfälschende Begriffsbildungen in der Farbenlehre entstehen zu einem großen Teil durch die Vermischung physikalischer und psychologischer Methoden und Eigenschaften. Man hat dafür den Ausdruck „Physikalismus" geprägt.

„Physikalismus in der Sinnespsychologie", so beschreibt Katz diesen Ausdruck, „beruht offenbar auf der unzulässigen Vermischung der subjektiven Phänomene mit den objektiven, mit denen sie in Verbindung stehen." (1951)[13].

Physikalistische Betrachtungsweisen gehen auf den großen Einfluß des Physikers Hermann v. Helmholtz (1821–1894) zurück, der von „zusammengesetzten Farben" spricht, wo es sich um zusammengesetzte Lichtstrahlungen handelt. Liest man den folgenden, von Helmholtz formulierten Satz, dann wird sofort klar, welch heillose Verwirrung durch einseitige physikalische Perspektiven für die tatsächliche Situation des Farbensehens heraufbeschworen wird: „Die Empfindung des Weiß (ist) keine einfache Empfindung, sondern in einem bestimmten Verhältnis zusammengesetzt aus den Empfindungen der drei Grundfarben."[14] Davon kann nun in Wirklichkeit keine Rede sein, da die Empfindung mit der physikalischen Analyse nichts zu tun hat. Der weiße Schnee ist für unsere Wahrnehmung weiß und nichts anderes als das. Weiß ist einfach, keinesfalls zusammengesetzt. Im Grunde ist der Streit um die Auffassung des Weiß heute noch so aktuell wie damals.

Auch für Ewald Hering (1839–1918) blieb die eindeutige Definition von Weiß, Grau und Schwarz eine offene Frage. Wenn er auch betonte, daß es sich bei den „tonfreien Farben" um „Qualitäten" unseres Gesichtssinns handele, so hat er die Scheidung von den optischen Elementen Helle und Dunkel nicht konsequent durchgeführt.

„Die tonfreien Sehqualitäten (werden) auch verschieden beurteilt", so schreibt er, „je nachdem sie als Eigenschaft der Außendinge und als deren wirkliche Farben genommen werden, oder aber als etwas unabhängig von den letzteren Bestehendes und für sie nur

---

[13] „Die wichtigsten Richtungen in der modernen Psychologie", in Handbuch der Psychol., herausgeg. von D. Katz, Basel, 1951.

[14] „Handbuch der physiol. Optik", 2. Bd. 3. Aufl. 1911.

Akzidentelles. Ersterenfalls nennt man sie gewöhnlich weiß, grau, schwarz, letzterenfalls hell oder dunkel, Licht oder Schatten bzw. Finsternis."[15]

Diese Erklärung ist in sich widerspruchsvoll, weil hier Farben als Sehqualitäten allgemeinen optischen Elementen gleichgesetzt werden und nur als Zustandsgrößen gewürdigt sind. Farblose Helle oder farbloses Dunkel wären dann schließlich nur andere Erscheinungsformen oder andere Ausdrücke für die Farben Weiß, Grau und Schwarz. Ein maßgebender Unterschied zwischen „farbtonfreien Sehqualitäten" als Farben — und schon dieser Ausdruck ist ja eigentlich ein Unding — und den farblosen optischen Elementen scheint nicht zu bestehen, da nur von verschiedener Benennung gesprochen wird. Dadurch wird das Quale völlig unbestimmt. Helle und Dunkel, Schatten und Licht sind ja doch kein Sehqualitäten wie Weiß, Grau und Schwarz, sondern allgemeine, optische Elemente oder, anders ausgedrückt, ‚Urqualitäten' des Gesichtssinns, die uns erst die Wahrnehmung von Sehqualitäten ermöglichen!

Das Licht ist hell, und auch Weiß ist hell. Aber umgekehrt ist nicht die Helle oder das Licht Weiß! Weiß — das Weiße — ist eine Sinnesqualität, eine Farbqualität, Helle ein Lichtelement. Mit Schwarz verhält es sich ähnlich im Verhältnis zum Dunkel, mit Grau ist es komplizierter. Darauf kommen wir noch zurück.

Weil sich Weiß, Grau und Schwarz nur durch Helligkeitsgrade unterscheiden, ist es in der Tat außerordentlich schwierig, diese Farben von farbloser Helligkeit und Dunkelheit klar genug abzusetzen. Aber es kann nicht genügen, wenn wir wie u. a. Hering vom Weißlich- und Schwärzlichwerden sprechen, wo es sich nur um ein Heller- und Dunklerwerden handelt.

„In vielen Fällen", so stellt Hering fest, „wird ... ein zufälliger Weißlichkeits- oder Schwärzlichkeitszuwachs einer Fläche als etwas von ihrer ‚wirklichen' Farbe völlig Gesondertes gesehen. So z. B. wenn ein Schatten über eine Fläche läuft oder ein bewegter spiegelnder Körper einen sich bewegenden Lichtfleck auf einer Fläche erzeugt".[16]

Sicher entspricht diese Beobachtung durchaus unserer Erfahrung. Aber Schwarz, Dunkel und Schatten, Weiß, Helle und Licht, bleiben in solcher Beschreibung gegenseitig auswechselbar, unabhängig von ihrer elementaren Verschiedenheit als *Farbe*, allgemeinem optischen *Element oder Effekt*. Solange das der Fall ist, bleiben wir mit unklaren Begriffen in einer unklaren Situation.

Die Beziehungen werden noch problematischer, weil man die unbunten Farben (wie es Goethe tat) auch als farblose Empfindungen auffaßt, womit sie erst recht mit anderen farblosen Eindrücken zusammenfallen. Nachstehend finden sich solche Urteile:

Wilhelm Wundt (1832–1920) faßt „Schwarz und Weiß als die Hauptqualitäten farbloser Empfindungen" auf. „Als Qualitäten der Gesichtsempfindung können wir die Farben und die farblosen Empfindungen unterscheiden, unter welchen letzteren wir das Weiße und Schwarze, sowie das Grau in seinen verschiedenen Abstufungen zusammenfassen." (1919)[17]

---

[15] Grundzüge der Lehre vom Lichtsinn", a.a.O. S. 9.

[16] Ebenda.

[17] „Vorlesungen über die Menschen- und Tierseele", 7. u. 8. Aufl. 1922, — S. 100; (2. Aufl. 1892).

Nach Franz Hillebrand, der sich speziell mit dem Gesichtssinn und dem Problem der Helligkeit der Farben befaßt hat, kann man „die Qualitäten des Gesichtssinnes einreihen in Farbenempfindungen im engeren Sinne und in farblose Empfindungen (auch bunte und tonfreie Farben)." (1929)[18] Ähnlich unklar und schließlich falsch definiert Hillebrand, der mit seiner Meinung ja nicht allein steht, die Beziehung zwischen Weiß und Licht: „Weiß ist einfach als Empfindung, zusammengesetzt als Licht."[19]

Immer wieder begegnet man der Gleichsetzung von Weiß und Licht, unbunt und farblos. Podesta schreibt: „Auf Grund einer ... nur von der Natur unserer unmittelbaren Empfindungen geleiteten Betrachtungsweise (!) ... unterscheiden wir ohne weiteres zwei Gruppen von verschiedener Reichhaltigkeit und Charakterisierbarkeit, nämlich die Fülle der Farben im engenen Sinne, der Buntfarben ... von der einfacheren Gruppe der tonfreien, farblosen, unbunten (Ostwald) Farben Weiß, Grau, Schwarz, die nicht als eigentliche Farben gelten." (1930)[20]

Gerade Wilhelm Ostwald (1853–1932), neben Hering und Helmholtz maßgebend für die neuere Farbenlehre, auf den sich Podesta ja bezieht, hat sich deutlich gegen eine Gleichsetzung von farblos und unbunt ausgesprochen. Er begründete den von ihm geprägten Ausdruck ‚Unbunt', der als Hilfsbegriff gute Dienste tut, so: „Die Energie, welche durch Einwirkung auf unser Auge die Empfindung der Farbe hervorruft, heißt Licht. ... Die Farben zerfallen in zwei Klassen: 1. die unbunten Farben Weiß, Grau und Schwarz und alles, was dazwischen liegt; 2. die bunten Farben Gelb, Rot, Blau, Grün und alles, was dazwischen liegt. Man beschränkt zuweilen den Namen Farbe auf die bunten Farben und nennt die unbunten farblos. Dann kann man aber nicht mehr sagen, daß alle Gesichtsempfindungen unmittelbar aus Farben bestehen. Es ist also zweckmäßiger, den weiteren Sprachgebrauch zu wählen." (1917!)[21]

Bernays bleibt ebenfalls in einer unklaren, widerspruchsvollen Erläuterung der weißen Farbwahrnehmungen befangen, wenn er (1937) sagt: „Auch Weiß enthält ja alle Buntheiten, jedoch nur im physikalischen Sinne",[22] wieder ein bemerkenswertes Beispiel dafür, welche Verwirrung durch die Gleichsetzung von Weiß und Licht entsteht. Denn wohl enthält das *Licht* alle Buntheiten, während *Weiß* gerade im physikalischen Sinne – aber auch physiologisch – keine Buntheit in sich enthält oder aufnimmt, sondern gerade alle reflektiert oder ‚substantiell betrachtet, ‚entfärbt'.

Kirschmann rollt das Problem im Ganzen auf: „Die Bezeichnung der Lichtqualitäten durch die Sprache ist bis jetzt weder im gewöhnlichen Leben, noch in der Wissenschaft konsequent und einwandfrei. Einmal rechnet man die farblose Lichtqualität, das Weiß, Schwarz und Grau auch zu den Farben,[23] und das andere Mal gelten diese ... sehr komplexen optischen Erscheinungen zum Nichtfarbigen. ... Warum soll das Wort *unbunt* besser sein als *farblos*. ... Wir müssen die Grundqualitäten oder Urqualitäten der Heringschen Schule und Ostwalds Schwarz und Weiß mit aller Entschiedenheit ablehnen!" (1926)[24]

---

[18] „Lehre von den Gesichtsempfindungen", – auf Grund hinterlassener Aufzeichnungen – herausg. von Franziska Hillebrand, 1929, S. 2.

[19] Ebenda, S. 5.

[20] „Beiträge zur Systematik der Farbenempfindungen", in „Neue Psychol. Studien", 6. Bd. „Psycholog. Optik", 1930, S. 10.

[21] „Die Farbenfibel", 1917, S. 1.

[22] A.a.O. S. 175.

[23] Das Licht ist farblos, während Weiß, Schwarz und Grau Farben, aber *keine* Lichtqualitäten sind! Wenn Kirschmann hier von farblosen Lichtqualitäten spricht, dann handelt es sich ausschließlich um Lichtquantitäten wie hell und dunkel.

[24] „Farbenterminologie", in „N. psychol. Studien", 2. Bd. „Licht und Farbe", 1926, S. 129.

Weil Kirschmann irrtümlich Schwarz und Weiß als „Lichtqualitäten" auffaßt, obwohl sie im Unterschied zu den bunten Farben nur als b e leuchtete Farben, als Körperfarben eindeutig faßbar sind, kommt er zu diesen höchst fragwürdigen Folgerungen. Auf seine Frage, was unbunt von farblos unterscheide, würde ich antworten, daß *bunt* eine besondere Weise von *farbig* ist, die durch *unbunt* aufgehoben wird. Damit ist aber nicht das Farbigsein überhaupt aufgehoben. Der Ausdruck „Lichtqualität" wird überspannt, wenn Kirschmann sagt: „Wenn man die absolute Lichtlosigkeit (und was durch den Kontrast dazu gemacht wird) Schwarz nennen will, dann möge das gelten, aber dann ist *Schwarz* als Qualität keine *Licht-Empfindung* mehr. Ebenso wenig gibt es eine Empfindungsqualität ‚Weiß'."[25] Man sieht, daß Kirschmann das Phänomen *Farbe* gar nicht vom Licht differenziert. Schwarz ist eben doch auch durchaus keine Lichtqualität. Das aber hieße für Kirschmann, daß es dann überhaupt keine Qualität mehr sein könne.

Wie verknotet das ‚Schwarz-Weiß-Problem' ist, erfährt man besonders deutlich durch die Untersuchungen von Kurt Fiedler, eines Schülers Kirschmanns, der 1926 dessen Thesen durch höchst komplizierte Laboratoriumsversuche belegen wollte. Er meint nachgewiesen zu haben, daß Weiß und Schwarz einer „anderen Ordnung seelischer Erlebnisse zuzurechnen" seien als die bunten und die farblosen Wahrnehmungen. Diese und die bunten Lichtfarben (Spektralfarben) faßt er zu einer Gruppe zusammen. Die unbunten Farben und die „Oberflächenfarben" (Gegenstandsfarben) bilden seine zweite Gruppe[26]. Diese zweite Gruppe ist aber nun für ihn keine Farbengruppe, sondern eine ‚Dinggruppe'. Er wendet sich heftig gegen die Differenzierung der Erscheinungsweisen durch David Katz und behauptet, daß die Farben „gar keine Erscheinungsweise" – wie Flächen-, Oberflächen- oder Raumfarben – haben, weil nur „Erscheinungsweisen von Dingen" in Frage kämen.[27] Es bedeutete eine „Verschleierung der psychischen Tatbestände durch eine neue Terminologie, wenn Katz von Flächen- o d e r Oberflächenfarben spricht ...".[28]

Wenn Fiedler mit Recht betont, daß man die unbunten Farben gesondert behandeln müsse, was durch Katz nicht genügend geschehen ist, aber sicher auch nicht durch Fiedler – indem er sie zu vagen, nicht mehr faßbaren „Komplexqualitäten" stempelt –, so macht er meiner Ansicht nach den entscheidenden Fehler, daß er von den unbunten Farben ausgehend, deren Erscheinungsweisen als Oberflächenfarben auf die bunten Oberflächenfarben hin verallgemeinert!

Die Farbenwahrnehmungen bei Experimenten mit dem Farbenkreisel – die Fiedler ausschließlich berücksichtigt! – sind ja stets „Freie Farben" (Flächenfarben), während bei den

---

[25] „Das umgekehrte Spektrum und seine Farben", N. Psychol. St., 2. Bd. 1926, S. 441.

[26] „Das Schwarz-Weiß-Problem", in „Neue Psychol. Studien", 2. Bd. S. 406 ff.

[27] Ebenda.

[28] Ebenda, S. 389. D. Katz schreibt im „2. Sammelreferat über Arbeiten aus dem Gebiet der Farbenwahrnehmung", in „Psychol. Forschungen", Bd. 12, 1929, S. 265: „Obgleich Fiedler ... seine Farben ausdrücklich als Flächenfarben bezeichnet hat, behauptet er an einer anderen Stelle, daß die Farben tasächlich gar keine Erscheinungsweise, sondern nur die Gegenstände eine solche besitzen. Nach Fiedler sind Oberflächenfarben gar keine Farben, sondern Dinge. Ist das zutreffend, dann muß ich konstatieren, daß alle Untersuchungen, die man bisher unter Verwendung von farbigen Papieren über Farben angestellt hat ... gar keine Untersuchungen über Farben, sondern über Dinge gewesen sind."

Substanzfarben der Gegenstände eben doch mehrere Erscheinungsweisen derselben Farbe möglich sind, auch wenn sie faktisch stets eine Gegenstandsfarbe ist. Da sie aber, je nach der Beobachtungssituation, nicht als identisch mit der dinglichen Struktur wahrgenommen werden müssen, können Gegenstandsfarben auch als „Freie Farben" gesehen werden, wie z. B. eine frontparallel zum Auge stehende Wand in genügender Entfernung. Die materielle Gegebenheit des Dings tritt eben durchaus nicht immer in Erscheinung, sondern sie kann in der Farbenerscheinung völlig integriert sein: eben in diesen Fällen, die wir so häufig erfahren, handelt es sich um die Erscheinungsweise der „Oberflächenfarben". Denn dieser Ausdruck besagt ja doch, daß in der Farbenerscheinung die Dinglichkeit wirksam ist. Dennoch handelt es sich doch um dieselben Farbqualitäten wie bei den „Freien Farben". Die Dinglichkeit wirkt außerdem mit. So handelt es sich also letzten Endes um ein Scheinproblem, wenn man meint, bei einer Farbe, die als ‚freie' wahrgenommen ist, von einem Ding sprechen zu müssen, weil sie an einem Ding erscheint und dadurch notwendig dingliche Züge in sich aufnimmt.

Die faktischen Zustände müssen genügend von der psychophysischen bzw. phänomenalen Wahrnehmung unterschieden werden. Gerade darum ging es ja Katz. Was würde es überdies auch besagen, wenn man von Erscheinungsweisen von Dingen spräche, wenn doch die Dinge eben nicht in farbloser, sondern stets in farbiger Körperlichkeit gesehen werden?

Ich schließe die Übersicht der so auffallend unzureichenden Erklärungen über das Verhältnis zwischen Licht und Weiß mit einer von E. Boller 1947 verfaßten Bemerkung aus der „Einführung in die Farbenlehre" ab. Im Abschnitt über die Spektralfarbe schreibt er: „Eines der wichtigsten Experimente Newtons in der Optik war wohl die Wiedervereinigung aller Spektralfarben zu Weiß."![29] Es ist nicht einzusehen, warum man nicht von der Vereinigung der Spektralfarben, d. h. des farbigen Lichts zum reinen oder auch klaren Licht spricht, um die so offensichtlich falsche Gleichsetzung zu vermeiden.

Wir haben gesehen, wie strittig die Fragen nach dem phänomenalen und auch dem genetischen Verhältnis zwischen Licht und Farbe hinsichtlich der Farben Weiß, Grau und Schwarz sind. Weil mir scheint, der Schlüssel zum Problem muß in der richtigen Ableitung zu finden sein, werde ich im III. Teil der Untersuchungen die verschiedenen optischen Kategorien und Elemente stufenweise und im Zusammenhang beschreiben.

C. DIE FARBKLASSEN UND IHRE QUALITÄTEN

1. Die unbunten, allgemeinen oder neutralen Farben

Die allgemeinen Farben zeichnen sich durch ihre lineare Geschlossenheit aus. Es ist eine eindimensionale Reihe, weil sie nur eine Variable, die Helligkeit kennt. Schwarz, Weiß und Grau können aber auch als Grenzfarben gekennzeichnet werden, da sie die jeweiligen Grenzen der Farbigkeit angeben. Als solche markieren sie innerhalb der kontinuierlich gestuften Reihe die drei Hauptplätze neutraler Farbigkeit: Weiß als die maximale Farbhelligkeit, Schwarz als die maximale Farb-

[29] A.a.O. S. 6.

dunkelheit und Grau als Hell-Dunkel-Mitte und zugleich als Hell-Dunkel-Umschlag. Damit fallen Schwarz, Weiß und Grau als besondere Stufen auf und gewinnen qualitativen Charakter innerhalb der quantitativ gestuften Reihe. Demgemäß sind sie als Einzelfarben außerhalb der Reihe zu erkennen.

Weiß und Schwarz bilden den stärksten, den radikalen Gegensatz.

Da wir alle Farben an der Lichthelle messen, können wir Schwarz, Weiß und Grau am besten dadurch beschreiben, daß wir ihr jeweiliges Verhältnis zur Lichthelle betrachten:

Weiß: Helle, vollkommene Licht-Ausbreitung, *Schwarz*: Dunkel, vollkommene Licht-Verschlossenheit. In Weiß kann alles aufgehen, in Schwarz alles untergehen. Weiß gibt und empfängt, Schwarz hält fest und verschluckt das Licht. Weiß erscheint ganz nach außen geöffnet, Schwarz auch nach innen verschlossen.

Sind Weiß und Schwarz einseitige Farben so ist Grau zweiseitig. Es gibt das helle Grau und das dunkle Grau. So führt es zu Weiß und Schwarz. Da wir gemeinhin Qualität durch Eindeutigkeit oder fest umrissene Eigenart kennzeichnen, gilt Grau meist nur als Farbe des quantitativen Ausgleichs. Es wird gewöhnlich als charakterlose Zwischenfarbe, von Goethe als „Unfarbe" beurteilt. Aber in der neueren Forschung macht sich hier und da doch die Auffassung bemerkbar, auch Grau qualitativ anzuerkennen, bei Ewald Hering, Adolphe Bernays und Heinrich Frieling. Gemeint ist jenes mittlere Grau, das ich als Umschlagsfarbe zwischen Hell und Dunkel betrachte, jenes Grau, das der Anschauung, nicht der physikalischen Analyse nach[30], die Mitte zwischen Weiß und Schwarz einnimmt.

Man begnügt sich bisher nur mit allgemeinen Umschreibungen, um für Grau als Qualität zu argumentieren:

„Grau ist die einzige Farbe, die keinen Gegenspieler hat" – hat *Braun* einen wirklichen Gegenspieler? – „sie ist gleichweit von den beiden Urfarben Schwarz und Weiß entfernt. Aber sie muß auch gleichweit von allen Farben entfernt sein, denn diese ergeben ja gemischt Grau. Grau ist als eigene Qualität anzusehen ..."[31]

Wir werden diese Ansicht von der gleich weiten Entfernung des Grau zu allen bunten Farben noch zu diskutieren haben. Sie trifft nicht zu. Ähnlich wie Frieling urteilen Hering und Bernays, wenn sie darauf verweisen, daß man in Grau weder Schwarz noch Weiß wahrnehmen könne.[32] Solange wir aber die Selbständigkeit einer Farbe

---

[30] Vgl. Das Fechnersche Gesetz, das besagt, daß „nicht gleichen Differenzen, sondern gleichen Verhältnissen des Weißgehaltes gleiche Stufen der Empfindung entsprechen", also wie bei dem Zahlenverhältnis 5 : 10–20–40–80. Zit. nach Wilh. v. Bezold, „Die Farbenlehre im Hinblick auf Kunst und Gewerbe", 2. Aufl. 1921, S. 91.

[31] Frieling, „Die Sprache der Farben", S. 48.

[32] Die Argumentation bei A. Bernays, a.a.O. S. 173 f. ist recht lahm. Er plädiert für die eigene Qualität. Grau, indem er fragt, ob man „bei unbefangener Betrachtung in einem hellen Grau die Qualität Schwarz oder im Schwarzgrau die Qualität weiß sehen könne". Das ist schlechterdings nicht nur unmöglich, sondern überhaupt kein Argument für das Bestehen von Grau als Qualität! Man könnte präziser fragen, ob man in einem mittleren Grau etwas anderes als nur Grau sehen, und etwa Schwarz oder Weiß empfinden könne. Warum

nur von anderen Qualitäten aus begründen können, ist sie nicht ausreichend gesichert.

Um das zu vermeiden, bietet sich ein anderer Blickpunkt an: wenn wir primär von Grau ausgehen, zu Weiß und Schwarz hin. Wenn Grau diese Farben in sich vereinigt, dann ist es auch angemessen, von Grau als *Einheit* auszugehen und Weiß und Schwarz als ‚Vorder-' und ‚Rückseite' von Grau zu betrachten.

Aus dem sich öffnenden oder geöffneten, auf- und abdämmernden Grau ‚entwickelt' sich dann als jeweiliger Endzustand der *Auflichtung* und *Ablichtung* Weiß und Schwarz.

So betrachtet, ist Grau als in sich geeinte, gegensatzlose Farbe Voraussetzung und Basis für die Schwarz/Weiß-Polarität, besteht in *neutraler Zentralität* vor bzw. nach dem Ausbruch des Hell-Dunkel-Gegensatzes. Grau ist die *Möglichkeit*, die aufgespalten werden kann, entweder ins Helle aufzubrechen oder sich ins Dunkel — dem es verwandter scheint — zu verschließen. Seine Unentschiedenheit kann positiv oder negativ entschieden werden. Beides bedingt sich unmittelbar, da mit der Auflichtung zur Helle auch zugleich die Ablichtung ins Dunkel, also mit Weiß und Schwarz erscheint, — so wie wir analog nur vom Tag sprechen können, weil es die Nacht gibt. Weiß entspricht dem Draußensein, Schwarz dem Drinnensein der Farbe. Weiß ist das *Ja*, Schwarz das *Nein* zu der in sich ausgeglichenen Gültigkeit (Gleichgültigkeit) des Grau.

Bezogen auf Licht und Dunkelheit, würde dann Grau den potentiellen Platz des Lichts im Helldunkel bezeichnen, in welchem das Licht weder ganz anwesend noch ganz abwesend ist. Orientieren wir uns direkt an der Natur, so entspricht diese Auffassung der Bedeutung der Dämmerung vor dem Aufgang oder Untergang des Lichts. Wir hatten Grau bereits als Ausgleichs- und Vermittlungsfarbe definiert, womit wir der geläufigen Auffassung entsprachen. Fragen wir auf Grund der eben besprochenen Vergleiche nach dem eigentlichen Ort des Grau, indem wir vom Grau *ausgehen*, so ist es die Farbe des potentiellen Lichts im Bereich der Farben. Es ist offen für die Aktualisierung des Lichts im Weiß und für die Verschließung, die Verbergung im impotentiellen Schwarz.

Die umfassende Spannweite von Grau und seine quantitativ-qualitative Doppelfunktion erklären seine Unfaßlichkeit, Ungewißheit und Unbestimmtheit. In diesem

---

sollten wir nicht von Grau selbst ausgehen, anstatt immer nur von Weiß und Schwarz, seinen Gegen-Teilen? Andererseits bezieht sich Bernays auf Hering, der meint, daß man im Grau eigentlich alle Farben — nur unter der Bewußtseinsschwelle — mitempfinden könne (S. 174). Das ist ein sehr fragwürdiger Schluß bzw. nur eine Reflexion darüber, daß eben im Grau sämtliche Farben ausgeglichen sind, aber doch nicht etwa noch enthalten! Bernays überspannt Herings Ansicht und sagt: „die Qualität Grau enthält in einem gewissen Verhältnis alle sechs Grundfarben." Er spricht von der „potentiellen Buntheit des Grau". Bei solcher Argumentation versucht man buchstäblich ‚phänomenale Genese' zu treiben, indem man sich bei der einfachen Wahrnehmung des Grau an dessen genetisches Zustandekommen erinnert und das hineinsieht, was man eben nicht heraussehen kann.

Sinne wird Grau ja auch als Urgrundfarbe bezeichnet: Grau ist der Anfang, Grau ist das Ende. Anfang und Ende aber ist Einheit. Die besondere Eigenschaft der Farbe Grau ist ihre *Allgemeinheit.*

Charakteristika von Weiß, Grau und Schwarz

Weiß	Grau	Schwarz
ein-seitig	zwei-seitig	ein-seitig
polar-positiv	zentral-bipolar neutral	polar-negativ
maximal hell	helldunkel	maximal dunkel
unveränderlich	veränderlich	unveränderlich
‚offen – draußen'	‚eröffnet'	‚verschlossen – drinnen'
bejahend	gleichgültig	verneinend

Beziehungen zum Licht

aktuell	potentiell	impotentiell
(verwirklicht)	(vermögend)	(unvermögend)
anwesend		abwesend
lichtentborgen	lichtgeborgen	lichtverborgen
zugewandt		abgewandt

2. Braun als Farbe und Farbklasse

Braun gilt gemeinhin als unselbständige Mischfarbe und hat keinen qualitativen Platz in der Farbenordnung.

Helmholtz identifizierte Braun mit „lichtschwachem Gelb".[33] Diesem Urteil hat sich die psychologische Forschung weitgehend angeschlossen:

„Jede deutlich gelbhaltige Farbe ... läßt sich durch Schwärzung in ein Braun verwandeln."[34] (Hering) Braun ist „die empfindungsmäßige adäquate Verdunkelungsstufe von Gelb ..."[35] (Hannibal, 1943)

---

[33] „Physiologische Optik", Handbuch, 2. Bd. S. 110.

[34] A.a.O. S. 55.

[35] „Die Farbtonänderung bei objektivem Schwarz- und Weißzusatz, – ein experimenteller Beitrag zum Aufbau des Farbkörpers", in Ztschr. f. Psychologie 155, Bd. 1943 S. 252. Hannibal versucht mit ungemeiner Selbstverständlichkeit die Eigenart des Braun von der im Vergleich dazu ganz unwesentlichen Farbtonverschiebung im allgemeinen abzuleiten und die Braun-Entstehung als eine belanglose Sache abzutun: „Lediglich auf die ... generelle Farbtonverschiebung ist es zurückzuführen, daß der reine Braunton objektiv nicht durch die Verdunkelung von Gelb, sondern lediglich durch die Verdunkelung eines Orangetones hervorgerufen werden kann, während die Verdunkelung von Gelb Olivgrün ergibt." (S. 252) Das ist im doppelten Sinne eine Konstruktion, da die Braunentstehung 1. mit der generellen Farbtonverschiebung primär gar nichts zu tun hat (s. dazu S. 95 ff.), 2. Braun eben durchaus nicht einfach die adäquate Verdunkelungsstufe von Gelb, sondern die von Gelbrot ist, und das entspricht durchaus den genetischen Tatsachen. Ohne Rothaltigkeit kein Braun durch Verdunkelung oder Schwärzung.

Oder Braun wird direkt Orange zugeordnet:

„Das Experiment lehrt, daß Braun als optische Mischung von Schwarz und ungesättigtem Orange erhalten wird; demnach ist es als Orangefarbton einzuordnen, und eine solche Einordnung, wie sie z. B. die Ostwaldschen farbtongleichen Dreiecke darstellen, zeigt, daß es auch durchaus als dorthin gehörig empfunden wird."[36] (M. Richter, 1940)

So definiert auch Frieling (1956) Braun. Es sei „immer als Verdunkelung des warmen, mitteilsamen Orange aufzufassen".[37] Seltener wird Braun auch dem Rot zugeordnet.

Nach Max Lüscher (1949) ist „Braun weder eine selbständige Farbe, noch wird sie bloß aus zwei Urfarben gemischt, sondern (es) ist ein durch Schwarz und je nachdem durch Grün getrübtes Rot oder Gelbrot. Das aktive und autonome Rot hellt sich im Braun nicht in Richtung des aktiven Rot auf, sondern verdunkelt sich und wird passiv, behält aber seine Autonomie bei und ist dadurch beharrend".[38]

Wir sehen, wie stark diese Beurteilungen der braunen Farbe von Mischungsergebnissen her begründet sind. Für die Erfahrung nach der Wahrnehmung dürfen wir uns aber nicht einfach davon abhängig machen. Wir müssen versuchen, zuerst phänomenologisch den Farbeindruck zu bestimmen. Im anderen Falle versachlichen wir unsere tatsächliche Wahrnehmung, bevor wir sie überhaupt fixiert haben. Das muß nicht heißen, daß die Ergebnisse beider Verfahren nicht übereinstimmen könnten.

Die oben zitierten Meinungen herrschen wohl vor allem deshalb vor, weil Braun nicht im Spektrum vertreten ist und überdies eine ungemein breite Spannweite hat, die nur noch von Grau übertroffen wird. Die Zuordnung aber von Braun zu Gelb und Rot, ist uns auch unabhängig von Mischungsergebnissen durchaus vertraut und wird uns als Wahrnehmungsbefund richtig erscheinen. Denn die meisten Braunfarben, die wir antreffen, sind Gelbbraun oder Rotbraun. Wir fassen unter diesem Farbnamen eben die weite Skala vom Beigebraun bis zum Kakao- und Kaffeebraun zusammen, so daß es ähnlich wie beim Grau zunächst schwerfällt, für Braun einen eigenen Grundton zu bestimmen. Der nachstehend abgebildete Farbton – gebrannte Umbra – dem Kaffeebraun verwandt, zeigt ein Braun, das weder an Gelb noch an Rot erinnert, das wir als nichts anderes ansprechen können als ein *reines Braun*.

Für die Annahme eines selbständigen Braun spricht übrigens auch der eigene Farbname, der nicht wie bei Violett und Orange, abgeleitet ist.

Abb. 1

[36] „Grundriß der Farbenlehre der Gegenwart", 1940, S. 155.
[37] „Mensch, Raum und Farbe", 1956, S. 23.
[38] „Die Farbe als psychologisches Untersuchungsmittel", Diss. Basel, 1949, S. 69.

Wenn wir Braun *als eigene Farbe* anerkennen, fragt es sich immer noch, wo und wie Braun einzuordnen wäre. Ist Braun bunt? Sicher nicht so wie Rot, Gelb, Grün oder Orange. Aber es besitzt doch etwas Buntheit. Denn sein Farbton unterscheidet es deutlich von den unbunten Farben. Als einer Art Zwischenfarbe hat Frieling Braun in seinem „Farbenmischungsfünfeck" einen Bereich zwischen den „sekundären Grundfarben" (Graugelb, Graurot usw.) und Grau zugewiesen.[39] Es handelt sich um eine Einstufung nach Mischungsverhältnissen der Substanzfarben. Braun rangiert durchaus nicht als eigene Farbe, sondern nur in der Koppelung mit Gelb, Grün, Rot, Blau (Blaubraun aber gibt es nicht!), Grau und als Olivbraun. Frieling hat aber Braun wenigstens als eigenen Farbwert berücksichtigt und seine Funktion als Brückenfarbe zwischen dem bunten und unbunten Farbbereich in der Farbenordnung sichtbar gemacht.

Phänomenologisch hat sich bisher meines Wissens nur Wolfgang Schöne in dem bereits erwähnten, 1954 erschienenen Buch „Über das Licht in der Malerei", mit Braun als eigenwertiger Farbe befaßt:

„Ist das Phänomen Braun wirklich nur eine Zusammengesetztheit etwa aus Rot, Gelb und Grau (Schwarz)? Oder ist es phänomenal nicht vielmehr zunächst ein ‚Braun', das sozusagen Fühler nach Rot, Gelb und Grau ausgestreckt hat? Gibt es nicht auch ein Braun, in dem keinerlei Geschmack einer anderen Farbe vorkommt (als eben der eine Geschmack ‚braun')? Ich bin mir nicht sicher", so antwortet Schöne auf diese Frage, „ob es dieses ‚mittle' Braun, wie man es nennen könnte ... faktisch gibt oder nur als sozusagen ideelle Grundlage aller faktischen Brauntöne, möchte es (das erste) aber vermuten. Ist dieses ‚Braun' der Braunfarben nicht dadurch charakterisiert, daß sich in ihm der ‚Buntcharakter' der bunten Farben schlechthin mit dem ‚Unbuntcharakter' der unbunten Farben schlechthin zu einer Einheit verbindet, und zwar derart, daß die unscheidbaren Anteile von Bunt und Unbunt sich in ihm genau die Waage halten? Sollte das zutreffen, so könnte versucht werden, das ‚mittle' Braun neben Schwarz, Weiß, Rot, Gelb, Grün und Blau als eine siebente ‚Grundfarbe' zu bezeichnen, welche den ‚Zwischenraum' zwischen den bunten und unbunten Farben eigenständig ausfüllt, ihm den Charakter einer bloßen Übergangsbasis nimmt und ihn damit als einen dritten Farbbereich neben den bunten und den unbunten Farben konstituiert."[40]

Diese als Vermutungen vorgetragenen Definitionen des Braun scheinen mir zuzutreffen. Besonders bemerkenswert ist, daß Schöne nicht nur den Selbständigkeitsgrad von Braun in Betracht zieht, sondern für Braun auch eine eigene Farbklasse annimmt. Er vergleicht die Braun-Funktion mit der von Grau in Bezug zu Weiß und Schwarz und fragt, ob sich nicht „Braun als Braun zu Bunt und Unbunt" ebenso verhalte wie „das Grau als Grau zu Schwarz und Weiß".

Der Vergleich von Braun mit Grau hinsichtlich seiner Funktion ist sehr berechtigt, auch im Hinblick auf den quantitativ-qualitativen Charakter beider Farben. Verglichen mit den bunten Farben hat Braun einen allgemeineren Charakter, weil es eine

[39] Anm. 10.

[40] A.a.O. S. 229, § 2.

sehr komplexe Farbe von großer Spannweite ist. Im Vergleich zu Grau aber ist Braun eine spezifischere Qualität, und im Vergleich der Funktionen mehrdeutiger als Grau. Das Verhältnis von Grau zu Weiß und Schwarz ist eindeutig, nicht aber das von Braun zu Bunt und Unbunt. So werden wir daher mit der von Schöne vorgeschlagenen Einordnung nicht auskommen können. Jedoch werden wir Braun nur in der von Schöne eingeschlagenen Richtung bestimmen können. Es kommt nur auf eine genauere Differenzierung an.

Was ist gemeint, wenn eine Farbe den „Zwischenraum" zwischen den bunten und unbunten Farben ausfüllt? Was bedeutet es, wenn Braun zwischen Bunt und Unbunt stehen soll? Operieren wir nicht in einem zu unbestimmten und zu abstraktem Raum, wenn wir Bunt und Unbunt als eindeutige Gruppenbegriffe verwenden? Ist es richtig, wenn Schöne vom „Buntcharakter" spricht, der sich mit dem „Unbuntcharakter" zu einer Einheit verbinden soll, indem sich die bunt-unbunten Anteile genau die Waage hielten? Diese Erklärung trifft nicht zu, wenn sie allgemeine Gültigkeit beansprucht. Sie kann aber sehr genau zutreffen, wenn wir sie in einem eingeschränkten, speziellen Sinne verstehen. Denn wir müssen zuerst fragen, woran wir uns orientieren, wenn wir das Wort *bunt* gebrauchen? An *einer* Farbe? Dann dürfte es wohl vor allem Rot sein. Wir können uns aber auch an einer bunten Farbengruppe orientieren. Beides ist möglich. Ähnlich ist es mit dem „Unbuntcharakter". Wir können ihn entweder an einer Farbe, an Schwarz oder Grau oder Weiß messen oder an der ganzen Schwarz-Grau-Weiß-Reihe.

Braun tendiert nun, wie auch Schöne hervorhebt, wohl zu Rot, Gelb und Grau (vielmehr aber doch wohl zu Schwarz als zu Grau). Aber es ist nicht mit *Blau, Grün* und *Weiß* verwandt. Im Gegenteil, man kann sagen: diesen Farben steht es so weit wie jenen nah. Trifft das zu, dann steht Braun auch nicht in der Mitte zwischen Bunt und Unbunt. Es ist den positiven Buntfarben und den negativen unbunten Farben gleich nahe. Dem entspricht, daß Braun, phänomenal beurteilt, zwischen *Rot-Orange-Gelb* und *Schwarz-Grau* vermittelt, dagegen nicht zwischen Blau, Grün und den unbunten Farben. Mischungsgemäß vermittelt es für *Gelb* zu Schwarz-Grau nicht! (s. dazu S. 95 f.) Hauptgrund für diesen Unterschied ist, daß Blau und Grün ‚sich selbst verdunkeln' können, d. h. ohne qualitative Veränderung: Dunkelgrün, Dunkelblau. Gelb und Rot aber kennen keine *eigene* Verdunkelung. Man kann das auch durch eine andere Überlegung ausdrücken: Blau und Grün stehen den unbunten Farben – Schwarz und Grau – so nahe, daß zwischen ihnen keine eigentliche *Spannung* besteht. Umgekehrt sind Orange und Rot bei ihrer großen Distanz zu den unbunten Farben auch die stärksten bunten Farben (abgesehen von *Purpur*, das noch besonders behandelt werden muß).

Die kategoriale Bestimmung des Braun muß demnach an seinen tatsächlichen ‚Brückenfunktionen' gemessen werden. Braun füllt den Raum *der* Buntheiten aus, der bei der Annäherung an die unbunten Farben nicht von ihnen selbst besetzt werden kann. Noch genauer: Braun gleicht die Distanz zwischen den Buntheiten aus, welche selbst die größte Distanz zu *allen* unbunten Farben haben: Rot und Orange. (Gelb steht dem Weiß nahe, und hier übernimmt *Olivgrün* die Rolle des Braun.)

Indem Braun Ausdruck der bunt-unbunten Spannung ist, läßt sich sein spezifischer Wirkungsort ziemlich genau bestimmen: Der Braunbereich befindet sich in der *Mitte* zwischen *Orange-Rot und Schwarz.*

Da nun Rot der stärkste Repräsentant der bunten und Schwarz der stärkste der unbunten Farben ist, kann man dann in dieser (aber nur in dieser) Weise sagen, daß Braun zwischen Bunt und Unbunt steht.

Braun verbindet, besser vielleicht verspannt, die stärkste *Position* der Farbe mit der stärksten *Negation,* zugleich die aktivste und passivste Farbigkeit! Aus eben dieser Spannung geht Braun hervor und hat damit eine *zentrale* Funktion.

Braun rückt wegen dieser Stellung an die Seite von *Grau,* das einmal zwischen Position und Negation der unbunten Farben steht, aber auch alle Buntfarben in sich ausgleicht und aufhebt. Auch Braun übernimmt ähnliche Ausgleichsfunktionen wie Grau innerhalb der Buntfarben, so wie es z. B. *Rot und Grün* miteinander ausgleicht. (s. S. 102.) Es ergibt sich eine Proportion, wenn wir an Rot als positivste Buntfarbe und an Weiß als die positive unbunte Farbe denken, eine Proportion zwischen der Grau- und Braunfunktion: *Weiß zu Grau zu Schwarz wie Rot zu Braun zu Schwarz.* Steht der Grundton des Braun selbständig in der Mitte, so ergibt sich die Reihe Gelbbraun-Rotbraun-Braun-Schwarzbraun gemäß der Spannweite zwischen Orange-Rot und Schwarz. (Das Gelb im Gelbbraun gehört streng genommen nicht zum Gelb, sondern zum Orange.)

Wenn Braun, für sich selbst genommen, von Rot und Schwarz gleich weit entfernt ist, also insofern dem spezifischen Buntcharakter wie dem spezifischen Unbuntcharakter, so scheint seine Verwandtschaft mit der Buntheit doch etwas größer zu sein als die mit Schwarz bzw. Grau. Das läge nahe, da Braun ja primär durch Rot bedingt ist. Man kann ja auch so definieren: *Braun ist verdunkeltes Rot.* Vom Wahrnehmungseindruck her beurteilt, steht es dem Bunten insofern näher, als es 1. einen Farbton hat, 2. eine stest warme Farbe ist und schon dadurch seine Rotverwandtschaft bezeugt. Braun *vertritt* mit sich selbst zuerst und zuletzt doch immer die Buntfarbigkeit (und zwar die positive), da, wo die Buntfarbigkeit gleichsam nicht mehr zuständig sein, sich selbst nicht mehr vertreten kann.

Der eigentliche Gegenspieler des Braun, die Braun fernste Farbe ist *Blau.* Diese Erfahrung führt uns zu einer weiteren Einsicht. Denn wenn Braun an die Stelle eines verdunkelten Rot tritt, dann übernimmt es auch die Gegensatzspannung zwischen Rot und Blau, das sich selbst verdunkeln kann. Aus der Spannung *Rot–Blau* wird dann *Braun–Blau.* Die Bestätigung für dieses Verhältnis fand ich in dem mich zunächst überraschenden Ergebnis, daß aus der Mischung zwischen Braun und Blau ein klares *Grau* entsteht, d. h. also, daß *Braun und Blau komplementär* sind. Darauf werde ich beim systematischen Aufbau der Farbenordnung im III. Teil noch eingehen.

3. Bunte Farben und ihre Rangstufen

a) Diskussion des Grundfarbenproblems

Die Entwicklung der Farbenlehre, soweit wir sie als Farbenordnungslehre verstehen wollen, ließe sich auch als ‚Geschichte des Kampfes um die Ur- oder Grundfarben' betrachten, die ihrerseits den Konflikt zwischen genetischer und phänomenologischer Betrachtungsweise deutlich demonstriert.

Für Goethe gelten nur *Gelb* und *Blau* als reine Grundfarben:
„Wir kennen nur zwei ganz reine Farben, welche, ohne einen Nebeneindruck zu geben, ohne an etwas anderes zu erinnern, von uns wahrgenommen werden."
Rot begriff er als ihre Steigerungsfarbe:
„Rot steht weder dem Gelben noch dem Blauen entgegen, es entsteht vielmehr aus ihnen, es ist ein Zustand, in den sie versetzt werden können."[41]
Es muß auffallen, daß Goethe also die Beziehung von Gelb zu Rot der von Blau zu Rot praktisch gleichsetzt, obwohl Gelb und Rot direkt verwandt sind als positive Farben, Rot und *Blau* dagegen sich gerade völlig entgegenstehen! Mit dem Rot, welches Gelb und Blau „als eine Eigenschaft zukommen kann" meint Goethe *Gelbrot* und *Blaurot* (Orange und Violett). Er betonte in diesem 1793 verfaßten „Versuch die Elemente der Farbenlehre zu entdecken", daß „wir *Rot* vorerst als keine eigene Farbe annehmen". Die Farbe, die aus der Vermischung von Blaurot und Gelbrot, entsteht, die Farbe, „welchen alle anderen an Pracht und zugleich an Lieblichkeit übertrifft", *Purpur*, gilt ihm im Verlauf seiner weiteren Untersuchungen als das eigentliche Rot (s. unter d.). Goethe richtete sich bei der Beurteilung der Farbqualitäten nach den Mischungsverhältnissen. Das ist bei der Bestimmung des Rot ebenso deutlich wie beim *Grün*, das er als „Wirkung der beiden vermischten, aber nicht vereinigten Farben" Gelb und Blau beschreibt, die „in vielen Fällen sich sondern und wieder zusammensetzen lassen".[42] Bleibt also Grün für Goethe bloße Mischfarbe, so ist Purpur die Farbe der „Vereinigung der gesteigerten Pole". Man kann das Prinzip dieser Ordnung so erläutern. Farbe, zunächst in Gelb und Blau, in der Licht-Finsternis-Polarität, gegeben, steigert sich durch Rot und einigt sich in Purpur. Goethe bildete folgendes Ordnungsschema ab, das seinem Farbenkreis entspricht[43]:

Purpur

Gelbrot — Blaurot

Gelb — Blau

Grün

Rot hat, wie wir sehen, als eigene Farbqualität hier keinen wirklichen Platz, es sei denn als Purpur.

[41] „Farbenlehre", a.a.O. S. 122 u. 124 (1793).
[42] Ebenda, S. 123.
[43] Ebenda, S. 124.

Philipp Otto Runge, der die Farbenkugel schuf, hat ähnlich wie Goethe, aber in sich konsequenter seine Farbenordnung entwickelt. In einem 1806 an Goethe gerichteten Brief schreibt er:

„Drei Farben, Gelb, Rot und Blau gibt es bekanntlich nur, wenn wir diese in ihrer ganzen Kraft annehmen und stellen sie uns wie einen Zirkel vor, ... so bilden sich aus den drei Farben, ... drei Übergänge, Orange, Violett und Grün."[44]

Bevor wir die Geschichte der Farbenlehre weiter verfolgen, scheint es mir angebracht, auf die eigentümliche Beurteilung des *Purpurs* schon hinzuweisen. Purpur hat geschichtlich an Eigenwert soviel verloren, wie *Grün* gewonnen hat! Das ist ein höchst merkwürdiger Tatbestand, und ich meine, daß hier das zentrale Problem der Farbenordnung vorliegt.

Es besteht eine auffallende Proportion zwischen Purpur und Grün: Hat Goethe das Grün gleichsam unterdrückt und Purpur bevorzugt, so Hering das Grün zur Grundfarbe erhoben, aber Purpur nur als Zwischenfarbe gewertet. Wurde also Grün früher – und in breiten Kreisen auch heute noch – nur als Mischfarbe angesehen (weil es sich durch die substantielle Mischung von Gelb und Blau herstellen läßt) so ist es umgekehrt bei Purpur, das in der Neuzeit eigentlich nur von Goethe als Farbe von hohem, ja höchstem Rang anerkannt wurde, ganz gemäß seiner traditionellen symbolischen Bedeutung.

Wenn wir nach bestimmten R a n g s t u f e n der bunten Farben fragen, dann läßt sich darunter weit mehr verstehen als nur die Frage, ob und welche Grundfarben es gibt. Aber ich will vorerst von der weiteren Bedeutung des Ausdrucks Rangstufe absehen und den Begriff Grundfarbe als gegeben hinnehmen.

Allgemeine Richtlinien für die Bestimmung der Grundfarben gab Ewald Hering, indem er sie durch Ähnlichkeitsvergleiche ermittelte:

„Jede der vier bunten Urfarben (ist) durch eine Reihe stetig ineinander übergehender Zwischentöne verbunden ... daher wir eine rot-gelbe, gelb-grüne, grün-blaue und blau-rote Reihe von Zwischentönen unterscheiden. Dagegen gibt es keine Reihe von rot-grünen oder gelb-blauen Zwischenfarben, und also keine Farbe, deren Ton gleichzeitig dem Urrot und Urgrün oder gleich dem Urgelb und Urblau ähnlich oder verwandt scheint. Keine Farbe ist deutlicherweise rötlich und grünlich, keine gelblich und bläulich zugleich, Röte und Grüne schließen sich ebenso aus wie Gilbe und Bläue."[45] Hering entwarf als Modell der Farbenanordnung einen in seiner „Lehre vom Lichtsinn" abgebildeten Farbenzirkel und einen Gegenfarbenkreis, in dem sich die vier einander komplementären ‚Urfarben' als ‚Wendepunkte' im qualitativen Verlauf der Buntheiten gegenüberliegen.

Das komplementäre Verhältnis der sich ausschließenden Farben hatte bereits Runge als Maßstab für die Bestimmung der Grundfarben erkannt und es so ausgedrückt:

„Wenn man sich ein bläuliches Orange, ein rötliches Grün oder ein gelbliches Violett denken will, wird einem so zumute, wie bei einem südwestlichen Nordwinde."[46]

---

[44] Nach dem Abdruck des Briefes Runges an Goethe, „Farbenlehre", S. 353.

[45] A.a.O. S. 48.

[46] S. Anm. 44.

Man bemerkt den Unterschied zur Analyse Herings. Runge bezog auch andere Farben, Orange und Violett in seine Betrachtung ein. Es gibt also auch keine Farbe, die gleichzeitig dem Violett und Gelb oder dem Orange und Blau ähnlich ist. Auch Grün und Violett schließen sich gegenseitig aus. Hering hat bei seiner Beweisführung von vornherein Orange und Violett als Zwischenfarben ausgeklammert. Da für diese aber dasselbe gilt, verliert seine Argumentation für die Grundfarben nach dem Ähnlichkeitsvergleich sehr an Gewicht.

Ein weiterer Einwand gegen Herings Urfarbentheorie ist, daß *Gelb* und *Blau* eine andere, viel genauer zu fassende Eigenwertigkeit, d. h. eine wesentlich schmalere Grundtonbasis haben als Rot und Grün. Wenn man Blau als einen „Wendepunkt" im Farbenkreis auffassen kann, dann ist das bei Rot und vor allem bei Grün gar nicht wirklich möglich.

Wir kommen damit zu dem Ergebnis, daß das Ableiten der Grundfarben nach dem Ähnlichkeitsvergleich und Ausschließlichkeitsanspruch nicht ausreicht. Es genügt auch nicht, festzustellen, daß eine Farbe nur sich selbst ähnlich sieht. Dadurch entsteht eine Wertskala, welche die Autonomie einer Farbe danach beurteilt, wie einseitig sie ist. Dagegen können wir wohl von einer *Machtdominanz* von Rot, Gelb, Grün und Blau über Orange und Violett sprechen. Aber diese ist wiederum graduell sehr verschieden, da Rot mächtiger ist als Gelb, Blau und Grün.

Bei drei oder vier ausgewählten Qualitäten gelten alle anderen Farben, wenn nicht gar als Mischfarben, so doch als „zusammengesetzte" oder, um mit Hering zu sprechen, als „Zwischenfarben". Der Ausdruck ‚Ur' induziert andererseits immer den Gedanken an zeitliche Ursprünglichkeit, so als handele es sich um „Anfangsfarben", und diese Bedeutung strömt auch auf „Grundfarbe" über. Ich möchte mich daher von den bisherigen Begründungen und Bedeutungen der Grundfarben distanzieren und zunächst nur von der Dominanz der Farben Gelb, Blau, Grün und Rot sprechen.

Der ungelöste Konflikt des Grundfarbenproblems zeigt sich in der Farbenforschung im Streit zwischen der sogenannten „Mehrheitslehre", wie sie Hering vertritt, und der „Einheitslehre", die sich gegen die Wertung durch Klassifizierung von „zusammengesetzten" Farben wendet. Neben v. Kries (1853–1928), Stumpf (1848–1936) u. a. vertraten auch Wundt (1832–1920) und G. E. Müller (1850–1934) die Einheitslehre.

In seinen »Vorlesungen über die Menschen- und Tierseele" (1863/64 bzw. 1919) sagt Wundt:

„Mir scheint es wenigstens, daß ich Orange oder Violett ebenso gut als einfache Eindrücke empfinde wie Rot, Gelb oder Blau."[47]

Ein großer Teil der ganzen Frage ist ein Scheinproblem! Denn wir sollten wohl zwischen Ähnlichkeitsbeziehungen und Zusammengesetztheit unterscheiden. Mehr oder weniger deutlich stammt der Ausdruck ‚Zusammensetzung' aus den Ergebnissen von Farben-Mischungen. Insofern man von der Zusammengesetztheit zweier Farben – beispielsweise Rot und Gelb – bei der Mischung sprechen kann, kommt man

[47] A.a.O. S. 107.

auch zu „zusammengesetzten Empfindungen". Ich schließe mich Wundt an, wenn er von „einfachen" Empfindungen bei Orange und Violett wie bei Rot und Blau spricht, soweit dieses „einfach" im Gegensatz zu „zusammengesetzt" gemeint ist. Statt von zusammengesetzten würde ich aber von differenzierten Empfindungen sprechen.

Das heißt etwas anderes: Wenn z. B. auch *Orange* für sich allein betrachtet, eine selbständige, einfache Farbqualität ist, so *erinnert* sie uns doch an Rot oder Gelb oder zugleich an diese beiden Farben, weil Orange zwischen ihnen *vermittelt*. Rot, Gelb und Blau aber vermitteln nicht! Auch Grün, obwohl es zwischen Gelb und Blau ausgleicht, vermittelt deshalb doch nicht und erinnert uns von sich aus nicht an Blau oder Gelb. Insofern also *Orange* und *Violett*, auf verschiedene Weise zwar, aber beide eine doppelte Funktion haben, nämlich neben ihrer eigenen qualitativen eine weitere uneigene zu den jeweils ihnen direkt verwandten Farben, denen sie gegenüber offen sind, handelt es sich bei ihnen um differenzierte Qualitäten. Verglichen damit sind *Rot*, *Gelb* und *Blau einfache* Qualitäten. (Grün hat eine besondere, noch zu erörternde Stellung.) Dieser Unterschied bleibt auch auffallend, wenn wir die Farben im kontinuierlichen Zusammenhang, wie im Farbenkreis, in der größeren und deshalb gültigeren Kraftprobe betrachten. Sprechen wir also zunächst von einfachen und differenzierten Qualitäten, gehen wir einer ungerechten Wertung durch Begriffe wie Grundfarben, Zwischenfarben oder zusammengesetzten Farben aus dem Wege.

G. E. Müllers „Einheitslehre" geht von anderen Bedingungen aus. In seinem Aufsatz „Zur Psychophysik der Sinnesempfindungen" (1896) begründet er seine Theorie von den „psychischen Qualitätenreihen" bunter Farben.[48] Es gebe vier Arten: „die rot-gelbe, gelb-grüne, grün-blaue und blau-rote". In diesen Reihen ändere sich die Qualität geradlinig. Diese Beobachtung ist besonders fruchtbar. Denn damit ergänzt G. E. Müller die Komponente der Ähnlichkeit durch die der Richtung: Man müsse die „Richtung gegebener qualitativer Unterschiede oder Änderungen der Gesichtsempfindungen berücksichtigen:

„Wenn ich von *Rot zu Orange* und von *Orange zu Gelb* übergehe", so erklärt Müller, „so findet die Änderung der Empfindung qualitativ in beiden Fällen in gleicher Richtung statt ... Gehe ich hingegen von *Orange zu Gelb* und dann von *Gelb aus zu Gelbgrün* ... so ist die Änderung im zweiten Falle von anderer Richtung als im ersten Falle."[49]

(Dem entspricht, daß Orange und Violett, wie erwähnt, nach beiden Richtungen hin vermitteln, während Gelb, Blau und Rot den qualitativen Richtungswechsel bedingen.)

Prüft man die Qualitätenreihen von Müller genauer, so muß auffallen, daß ihre „Geradlinigkeit" von sehr verschiedener Art ist. Denn die gelb-rote Geradlinigkeit ist leicht einzusehen, weil Gelb und Rot sehr verwandte Farben sind, und zwar – und das berücksichtigt Müller nicht – ihrem Wesen nach! Die *blau-rote* Geradlinigkeit dagegen ist recht zweifelhaft, weil Rot und Blau völlig entgegengesetzte Farben

[48] A.a.O. S. 53 ff.

[49] A.a.O. S. 60.

sind. Der qualitative Abstand von Gelb zu Grün wiederum ist ein ganz anderer als der von Grün zu Blau. Grün geht wesenhaft ins Blau über, aber nicht so ins Gelb, weshalb wir Grün und Blau auch nicht so leicht auseinanderhalten wie Grün und Gelb.

Es zeigt sich also auch hier, daß generelle Regelungen nach einem einfachen, schematischen Prinzip grundsätzlich daran scheitern, daß jede Buntheit nicht nur durch eine eigene Qualität, sondern durch ein eigenes, unvergleichliches *Wesen* dieser Qualität ausgezeichnet ist, und es gibt eben bestimmte Wesensverwandtschaften wie die zwischen Rot und Gelb, Grün und Blau.

Im ganzen bleibt festzustellen: daß die Kontinuität der Buntheiten schließlich doch maßgebender ist als die qualitative Selbständigkeit.

Für die Beurteilung der Qualitäten ist es *nicht* schlechthin entscheidend, ob man in ihnen einen gewissen Grad, eine gewisse Beteiligung einer anderen Qualität findet, weil das — wenn auch in sehr verschiedenem Maße — für alle Buntheiten der Fall sein kann. Der absolute Reinheitsanspruch ist nur theoretisch.

Die Qualitäten zeichnen sich in ihrer Artverschiedenheit dadurch aus, daß nicht alle von gleicher Einsichtigkeit bzw. Eindeutigkeit sind, sondern ihrem Wesen nach verschiedene Funktionen ausüben. Erst dann, wenn wir diese genauer kennengelernt haben, wird sich ergeben, ob sich bestimmte Farben auf Grund dominanter Funktionen für die Gesamtheit als „Grundfarben" begreifen lassen. Im III. Teil (S. 132) werden wir darauf antworten können.

Um das Distanz- und Spannungsverhältnis zwischen den Qualitäten zu klären, bedarf es noch einiger Überlegungen über die qualitativen Abstände zwischen den Buntfarben. Durch den Farbenkreis verführt, der mit gleichen qualitativen Abständen rechnet, wird nicht nur die Kontinuität überbetont, sondern der Kreis der Buntheiten wird im Gleichschritt durchwandert. Es ist aber so, daß die qualitativen Abstände durchaus ungleich sind. Das gilt nicht nur für einige Fälle. Der Abstand zwischen Gelb und Grün z. B. ist größer als der zwischen Blau und Grün, der von Gelb zu Grün geringer als der von Gelb zu Rot usw. Diese verschiedenen Abstände bedeuten verschiedene Farbverwandtschaft (Wesensverwandtschaft). Sie ist für unser Farbgefühl sehr viel maßgebender als die bloße Distanz zwischen zwei Qualitäten.

Aus diesen Gründen, wegen des Gegensatzes zwischen Gelb und Blau oder zwischen Rot und Blau im Unterschied zur Verwandtschaft von Gelb und Rot ergeben sich die so eng beieinander liegenden Qualitätsstufen im Bereich des Rot. Bei relativ kleiner Farbtonveränderung haben wir bei den Rotfarben bereits qualitative Distanzen als Wesensunterschiede der Farbigkeit. Diese enge Stufung herrscht ausschließlich unter den Rotfarben, weil *Rot* sowohl Gelb als auch Blau gegenüber einen *autonomen Machtbereich* vertritt, während *Grün* bei seiner Selbständigkeit doch direkt mit Gelb und Blau verwandt ist. So haben wir den auffallenden Unterschied in der „langsamen" und „schnellen" Farbtonverschiebung auf der einen Hälfte des Farbenkreises von Gelb nach Blau über Grün und auf der anderen, von Gelb nach Blau über Rot.

1921 hat bereits W. v. Bezold einen Farbenkreis mit 12 Farbgruppen von gleichem – qualitativen – Abstand entworfen. Wenn v. Bezold sagt, daß sich der „Farbton im Gebiet von Blau und Grün viel langsamer ändert als in dem von Rot und Violett"[50], so ist damit dasselbe gemeint, wenn ich sagte, daß die qualitativen Abstände zwischen Gelb und der Rotskala bis zu Purpur und Violett sehr viel enger sind als die zwischen Gelb über Grün zu Blau und Violett.

Die Diskussion des Problems der Grundfarben schien mir notwendig zu sein, nicht nur um die verschiedenen Ansichten darzubieten, sondern auch, um klarzumachen, daß die bisherige Klassifizierung der Farben weder ausreichend noch wirklich gerechtfertigt ist. Nötig ist ein genaues Erfassen der Farbindividualitäten der Haupttypen in ihren speziellen Funktionen in der Farbengemeinschaft.

Richten wir uns nach der praktischen Erfahrung, so wird jeder zugeben, daß Rot, Gelb, Blau und Grün die dominanten Farben sind. Als eine Art ‚Test-Beweis' dafür gebe ich nachstehend eine Übersicht der Nationalfarben. Sie geben uns auch wichtige Aufschlüsse über die vorherrschenden Farbenpolaritäten.

b) Die Nationalfarben als Test-Beweis für die Rangfolge der bunten Hauptfarben und ihrer Polaritäten

Wenn wir die Flaggenfarben der Nationen zu einer statistischen Untersuchung heranziehen und fragen, welche Farben im ganzen die bevorzugten sind, dann ergibt sich folgendes Bild:[51]

Von 96 Nationalflaggen zeigen innerhalb der jeweilig erscheinenden Farbengruppe

72 Rot – davon 28 vorherrschend oder ausschließlich
50 Blau – davon 15 hauptsächlich
21 Grün – davon 4 hauptsächlich
20 Gelb – davon 5 hauptsächlich

Der Rangfolge nach ergibt sich, daß Rot weitaus an erster Stelle steht, gefolgt von Blau, darauf, in fast gleichem Abstand wie Blau von Rot, folgt Grün, und an letzter Stelle, fast ebenso zahlreich wie Grün, ist Gelb vertreten.[52]

---

[50] A.a.O. S. 86 ff. Dort findet sich auch die graphische Abbildung eines ‚Farbenkreises mit 12 gleichabständigen Farbengruppen'. Vgl. dazu auch W. Schöne, a.a.O. Anhang, S. 224, § 2.

[51] Die Bedeutung der Flaggenfarben habe ich nach den quantitativen Größenverhältnissen der Farbflächen zu ermitteln gesucht. Es sind Schnittwerte, da sich die Angaben noch weiter variieren ließen.

WEISS zeigen 65 Flaggen, davon aber nur 3 vorherrschend: Finnland, Japan und Korea Süd. Die Angabe der dominanten Farbe ist ausschließlich unter den Buntfarben gemeint.

SCHWARZ zeigen 7 Flaggen: Afghanistan, Belgien, Deutschland, Irak, Jordanien, Lybien, Syrien, davon 1 vorwiegend: Lybien.

[52] Den GELB/BLAU-Kontrast zeigen Belgisch-Kongo und Schweden.

Den ROT/GRÜN-Kontrast zeigen 11 Länder: Afghanistan, Bulgarien, Iran (Rosa-Weiß-Grün), Italien, Jordanien, Litauen, Lybien, Marokko, Mexico, Portugal, Ungarn. Da Weiß bei

Rot und Blau sind die beliebtesten, mächtigsten Farben. Das zeigt sich noch überzeugender, wenn man die Flaggenfarben auf ihre Kontrastfarben hin beobachtet. Abgesehen von Weiß oder auch Schwarz als Ergänzungs- oder Kontrastfarbe (aber nur 7 Flaggen zeigen das Schwarz) finden sich bei

2 Flaggen der Gelb/Blau-Kontrast
11 Flaggen der Rot/Grün-Kontrast
30 Flaggen der Rot/Blau-Kontrast.

Das Vorherrschen des Rot-Blau-Kontrasts ist so auffallend, zumal er nicht auf Flaggen bestimmter Weltgegenden beschränkt ist, daß mit voller Gültigkeit gesagt werden kann, daß die Rot/Blau-Polarität maßgebend für das Farbenerlebnis ist.

c) Experimentell getestete Farbenrangordnung

In der deutschen Forschung haben die mit dem „Farbpyramiden-Test" durchgeführten Untersuchungen (näheres dazu S. 191 f.) eine bestimmte Rangfolge der beliebtesten Farben ergeben.

Nach der durchschnittlichen Häufigkeit der in den Untersuchungen verwandten Farben, ergab sich eine Farbenrangordnung in folgender Prozentstufung:[53]

Farbe	Gesamt	Männer	Frauen
BLAU	20,2	18,5	22
ROT	17,6	19,2	16,6
GRÜN	16,4	17,8	14,8
GELB	12,6	12,2	13,2
ORANGE	10	11,1	8,7
VIOLETT	7,3	6,1	8,5
BRAUN	6,9	6,3	7,7
SCHWARZ	6	6,1	5,8
WEISS	2	2	2
GRAU	1	0,7	1,7

Rot und *Blau* sind die dominanten Farben.

---

vielen dieser Fälle vermittelnd wirkt – und man von Weiß bzw. Schwarz natürlich streng genommen nicht absehen darf, bleiben an reinen Rot/Grün-Kontrasten eigentlich nur 2 Flaggen, Portugal und Marokko übrig.

Den ROT/BLAU-Kontrast zeigen 31 Nationen, davon 17 im engeren Sinne, so daß sich eine eindeutige Dominanz dieses Buntheitskontrastes – der stärksten Buntheitspopularität – ergibt! Die Nationen sind: Australien, Birma, Chile, Nat. China, Costa Rica, Domin. Republik, Frankreich, Großbritannien, Haita, Island, Jugoslawien, Kambodscha, Kanada, Korea-Nord, Korea-Süd, Kuba, Liberia, Liechtenstein, Luxemburg, Äußere Mongolei, Nepal, Neuseeland, Niederlande, Norwegen, Panama, Paraguay, Philippinen, Siam, Tibet, Tschechoslowakei, USA.

[53] Robert Heiss u. H. Hiltmann „Farbpyramidentest" 1951, T. I, S. 20.

Wenn Blau noch beträchtlich vor Rot rangiert, so scheint das Testergebnis aber auch diskutabel, da ein eigentliches Vollrot nicht zur Auswahl stand. Purpur fehlt ebenso, während wohl Rosa (als Rot 1) erscheint, das man nicht einfach zum Rot rechnen sollte, da es ein aufgehelltes Purpur ist. Das Ergebnis hinsichtlich des prozentualen Unterschieds der Häufigkeit für Rot und Blau bei Männern und Frauen kann man daher nicht einfach als verbindlich anerkennen.

Die Frage nach dem zur Verfügung stehenden Farbangebot ist entscheidend für Ergebnisse über die Farbenbeliebtheit und deren Beurteilung. Wenn z. B. neben einem vollen Grün auch gelbgrüne Töne angeboten werden, so sollten auch blaugrüne anzutreffen sein. Man denke z. B. an die Türkisfarbe. Aber solche Farbtöne sind auf der Mustertafel der Freiburger Arbeit auch nicht zu finden. Auch Grau ist schlecht vertreten. Die Ergebnisse verlieren deshalb im ganzen wie im einzelnen manches an ihrem Aussagewert.

Im einzelnen werden solche Rangfolgen immer nur für eine gewisse, schwer abzuschätzende Zeitperiode gelten können. Außerdem sind sie zunächst auf das Bevölkerungsgebiet beschränkt, in dem die Untersuchungen stattgefunden haben, sind also nicht ohne weiteres übertragungsfähig. Auch das Alter der Versuchspersonen spielt mit, besonders dann, wenn auch Kinder befragt wurden.

Nach Anna Martins Untersuchungen (1921) sind Rot, Blau und Violett ihre bevorzugtsten Farben. Bei den Mädchen rangiere im allgemeinen das Rot vor dem Blau, umgekehrt bei den Knaben.

Amerikanische Forschungen jüngster Zeit zeigen ein etwas anderes Bild. Nach den Angaben von Birren in „Color Psychology and Therapy" (1950) gilt für Kleinkinder eine Bevorzugung von *Gelb*, die sich bei zunehmendem Alter wieder verliert, zugunsten von *Blau* und *Rot*.

„In larger children", so schreibt Birren, im Blick auf die Ergebnisse verschiedener Psychologen, „a liking for yellow begins to drop away – and to keep dropping with the years. Now the preference is for red and blue, the two universal favorites, which maintain their fascination throughout life. The order in childhood, therefore, is red, blue, green, violet, orange, yellow. With maturity comes a greater liking for hues shorter wave length (blue, green) than for hues of longer wave length (red, orange, yellow). The order now becomes b l u e, r e d, g r e e n, v i o l e t, o r a n g e, y e l l o w. And it remains thus, the eternal and international ranking. That color preferences are almost identical in human beings of both sexes and in persons of all nationalities and creeds is substantiated on every side."[54]

Sieht man von der Art des Rot ab, wird hier ziemlich dieselbe Rangfolge angenommen wie im Farbpyramidentest; statt *Gelb* rangiert aber *Violett* hinter Grün, und Gelb folgt erst hinter Orange! Diese Rangfolge als schlechthin international gültig anzunehmen, scheint mir nicht schlüssig. Dazu sind die verschiedenen Farbtraditionen viel zu bedeutsam. Im ostasiatischen Raum beispielsweise wird Gelb sicher nicht an letzter Stelle stehen, und in Europa steht Violett gewiß nicht vor Gelb. Da vergleichende Untersuchungen gar nicht genügend vorliegen – Birren gibt auch keine weiteren Hinweise – handelt es sich also hier nur um eine Behauptung.

[54] A.a.O. S. 176 f.

Es scheint mir auch gar nicht notwendig zu sein, alle Hauptfarben in bestimmter Rangfolge ordnen zu müssen, was nur dazu führen würde, eine ‚Grundfarbendogmatik' aufzustellen. Birren hält sich zu sehr an amerikanische Erfahrungen, die uns allerdings gerade als solche interessieren. Bei den amerikanischen Indianern soll sich die Folge in ähnlicher Weise ergeben haben, und zwar zuerst *Rot*, dann *Grün, Blau Violett, Orange, Gelb*. Bei den Negern soll *Blau* an erster Stelle stehen, dann Rot, Grün, Violett, Orange, Gelb. Nach umfangreichen Untersuchungen von H. J. Eysenck[55], soll sich als „universal color order" die Folge *Blau, Rot, Grün, Violett, Orange, Gelb* ergeben haben. Gewisse Differenzen bestünden nur für Gelb und Orange, insofern bei den Männern Gelb an die letzte Stelle, bei den Frauen dagegen Orange an die letzte rücke. Wenn Violett tatsächlich bei der amerikanischen Bevölkerung gleich hinter Rot, Blau und Grün rangiert, so ist das zweifellos auffallend, da dies für das abendländische Farbgefühl sicher nicht zutrifft. Da Violett und Gelb nahezu komplementär sind, ist die Rangfolge auch insofern interessant, daß Violett genau an der Stelle – auch im Farbpyramidentest – steht, wo für uns Gelb erscheint! Leider ist bei den für den Farbpyramidentest zur Auswahl stehenden Farben auch Violett nicht gut vertreten. Neben zwei blassen Arten findet sich nur ein Rotviolett. Der wirkliche Grundton fehlt und dürfte höchstens bei den Versuchen mit „verändertem Farbangebot" gebraucht worden sein. Dann, bei einem Angebot von 4 statt 3 Farbtönen, wurde es übrigens mehr gewählt und zwar häufiger als Orange! Umgekehrt fragt sich, ob Violett auf den von Birren angegebenen Platz rücken würde, wenn es als reines Violett angeboten wird. Mir ist aber auch nicht bekannt, ob man bei den amerikanischen Versuchen mit Blauviolett, Rotviolett oder wirklich mit Violett experimentiert hat.

Fragt man nach einem Grund für die offensichtliche Differenz, so habe ich den Verdacht, daß *Violett* und *Purpur* einander gleichgesetzt bzw. gegenseitig vertauscht werden! Denn es muß auffallen, daß Birren bei den oben zitierten Angaben Purpur gar nicht erwähnt, dagegen wohl auf Listen, die als psychologische Farbenschlüssel fungieren, dafür aber Violett nicht! (Vgl. S. 218 f.)

Sollte das zutreffen, dann erschiene mir die Rangfolge sehr viel verständlicher, aber immer noch unklar, weil dann nach dem Verhältnis zwischen Purpur und Violett zu fragen wäre. Welche Farbtöne sind verwandt worden? Den Wert solcher Normfolgen möge man also nicht überschätzen!

d) Rot und Purpur

„Rot" ist eher ein vielfarbiger Begriff als eine bestimmte Farbbezeichnung. Ein „reines Rot", welche Farbe ist das? Gibt es ein solches Rot überhaupt? Welche Rotvorstellung wird stillschweigend als verbindlich angenommen, wenn man von der Grundfarbe Rot spricht? Feuerrot, Blutrot, Kirschrot, Rosenrot oder das Rosarot der Abendröte? das spektrale Rot oder das Purpurrot? Das ist bisher eine ganz offene

[55] „A critical and experimental study of color preferences." Americ Journ. of Psychology, July 1941.

Frage, und jede Farbenlehre und Schule beansprucht ihr eigenes Rot als Grundton. Purpur gilt den einen als „Zwischenfarbe" zwischen Rot und Violett, anderen als eine unter vielen Rotfarben, wieder anderen als der eigentliche Repräsentant des Rot. Sind Karmin und Purpur dasselbe? In der Literatur wird Purpur oft als ein Farbton angegeben, der praktisch ein Rotviolett ist, so z. B. von Frieling. Als *„Normrot"* für den Farbendruck gilt – weil sich damit gut mischen läßt – ein Farbton zwischen Karmin und Purpurviolett! (S. Abb. 2.) Um die qualitativen Unterschiede zwischen Rot und Purpur kümmert man sich recht wenig. Als ein Beleg unter vielen nenne ich eine Bemerkung von A. Bernays in seiner Abhandlung über eine „natürliche Farbenordnung". Im Blick auf die Spektralfarbenordnung spricht er von der „unbedeutenden Lücke zwischen Violett und Rot".[56]

Wenn es nicht schwierig ist, ein reines Gelb oder Blau zu zeigen oder sich vorzustellen, warum ist es bei Rot ein kaum lösbar scheinendes Problem? Es liegt daran, weil fast jeder rote Farbton eine eigene qualitative Selbständigkeit beansprucht und die Spannweite der Rotfarben so groß ist, ähnlich wie bei *Grün*. Doch vollziehen wir vom Gelbgrün zum Grün bis zum Blaugrün ganz allmähliche Übergänge in einer durchgehenden Kontinuität, und das, weil Gelb und Blau unmittelbar durch Grün verbunden sind, sich im Grün ausgleichen. Anders ist es beim Rot. Seine Stufen sind durch zwei sehr verschiedene Spannungen bestimmt: es gibt das gelbnahe Rot und das blaunahe. Mit Gelb ist Rot direkt verwandt, was sich im *Orange* zeigt. Nur von *Gelb* aus führt eine kontinuierliche Steigerung zum Rot:

Gelb–Orange–Zinnoberrot–Karminrot–Purpur

Aber mit *Blau* ist Rot nicht verwandt. Blau ist sein stärkster Gegensatz. Blau und Rot bilden die maximale Buntheitsspannung. Denn Blau ist eine kühle, dunkle, passive Fernfarbe, Rot eine warme, hellere, aktive Nahfarbe; das gilt natürlich vor-

[56] A.a.O. S. 164.

Man hat sogar auf Grund experimenteller Versuche zur Bestimmung der ‚Urfarben' nachzuweisen versucht, man könne auch angesichts des spektralen Rot vom ‚Urrot' sprechen, weil zahlreiche Versuchspersonen ein mit Violett gemischtes Rot für ein bläuliches Rot hielten, im Spektralrot aber das eigentliche Rot erblickten: s. bei H. Westphal, „Unmittelbare Bestimmung der Urfarben", in Ztschr. f. Sinnespsychol. II. Abtlg. der Ztschr. für Psychol. und Physiol. der Sinneserscheinungen, 44. Bd. 1910, S. 201 ff. Westphal plädiert dafür, das Spektralrot für das Urrot zu halten, das einige sogar für ein bläuliches Rot angesprochen hätten! Nun mag das zunächst durchaus eine Frage der Verabredung sein, welches Rot man für das eigentliche hält. Aber solange man das Farbniveau einzelner Versuchspersonen nicht kennt, solange die zur Verfügung gestandenen Farbtöne gar nicht näher genannt werden, läßt sich die Frage gar nicht nachkontrollieren. Sicher aber ist, daß die Mischung von Spektralrot und Violett Purpur ergibt, das einfach als bläuliches Rot bezeichnet wird.

Man ermesse die Problematik auch daran, daß Hering, um zu seinem Urrot zu kommen, Rot (ein Rot von ungefähr 660 my mit Rotblau (Violett) von ungefähr 447 my vermischte. Hätte Hering konsequent vom Purpurrot gesprochen, wüßte man gleich, woran man ist. In den Grundzügen zur Lehre vom Lichtsinn findet man darüber nichts. Die obigen Angaben stehen in „Lotos", 6, 1885, 162 (zit. nach den Angaben von Westphal, a.a.O. 183).

wiegend für Rotfarben wie das Spektralrot und das Signalrot, also für das blauferne Rot. Während die Verbindung zwischen Gelb und Rot im Orange unmittelbarer Übergang ist, zeigt die zwischen Rot und Blau eher eine Diskrepanz, eine nicht ausgeglichene Gegensatzspannung: *Violett.* Violett ist selbst Ausdruck der Rot-Blau-Spannung.

Goethe hat von seinen prismatischen Versuchen seine Lehre abgeleitet, daß so wie vom Gelb über Gelbrot bis zum Purpur eine Steigerungslinie bestehe, auch von Blau aus über Blaurot als „gesteigerter Pol". Wenn wir uns von den Ergebnissen seiner Experimente mit Kantenspektren und seiner Lehre von den Licht- und Finsternisfarben einmal lösen und überhaupt vom Spektrum, und uns ganz unbefangen auf die Eigenart der Farben konzentrieren, so werden wir erkennen, daß dies nicht zutrifft. Von Blau aus gibt es keine Steigerungslinie zu Purpur. Blau ist überhaupt – im Gegensatz zu Gelb – keine Farbe, die sich steigern läßt. Blau, Violett und Purpur sind drei ganz wesensverschiedene Qualitäten, die sich nicht wie Gelb–Orange–Rot–Purpur nahtlos aneinanderfügen. Von Farbe zu Farbe erfolgt eine Wandlung als Richtungswechsel. Sehr viel eher können wir den Farbweg von Purpur zu Violett bis zu Blau gehen als den umgekehrten, auf dem man wie gegen den Strom angeht, d. h. der Weg führt von Gelb zu Rot und Purpur *aufwärts* in ständiger Steigerung und von Purpur bis zu Blau *abwärts.* Dieses Verhältnis von Steigerung und Abfall müssen wir beim Aufbau der psychologischen Farbenordnung berücksichtigen.

Die beiden charakteristischen Rotstufen, die wir kennen, sind das Zinnober, das dem Kadmium und Spektralrot ziemlich entspricht und das Karminrot, das warme und das kühlere, das gelbnahe und das blaunahe Rot. Wenn wir das typischste, das reine Rot suchen, so müßte es gerade *zwischen* diesen Farben liegen. Dieses Rot, das wir im „Signalrot" etwa wiederfinden, will ich Mittelrot nennen. Es soll als das *röteste Rot* gelten.

Mittelrot Sog. „Normrot", Din 16508

Abb. 2

Hat man sich mit diesem Rot vertraut gemacht, so wird man es als den Grundton begreifen können, von dem aus man zur einen Seite zum – helleren – Zinnoberrot und zur anderen zum – dunkleren – Karminrot gelangt. Karminrot bildet dann die Grenzfarbe des eigentlichen Rotgebietes.

Wie steht es nun mit Purpur? Ein gewichtiger Grund für die Zuordnung des Purpur zum Rot ist wohl im Dunkel dieser Farbe zu sehen, die sich direkt an Karmin anschließt, so daß Karmin auch als Purpurrot gelten könnte, sofern wir Rot und Purpur als zwei Farben zu verstehen haben (im anderen Falle würde der Ausdruck Purpurrot gerade das Purpur dem Rot unterordnen. Daher ist dieser Farbname zu verwirrend).

Wir kennen Dunkel- und Hellblau, Hell- und Dunkelgrün, ohne damit einen qualitativ veränderten Farbton zu meinen. Aber wir kennen kein Dunkelrot als graduelle, quantitative Abstufung. Karmin und Purpur treten für die Farbvorstellung an dessen Stelle, wobei wir dann leicht übersehen, daß dieses Dunkelrot – etwa *Rotweinrot* – sich vom Mittelrot oder gar Zinnober nicht ableiten läßt, sondern eben eine eigene Qualität ist. Verdunkeltes, geschwärztes Rot verwandelt sich nämlich zu Braun. Das im Karmin und im Purpur spürbare Dunkel hat mit dem Blauanteil zu tun, der wiederum – durch die Kontrastwirkung – *den Rotwert steigert* –, während ihn Gelb schwächt. Den Unterschied zwischen hellem Rot und hellem Purpur kann man sich am besten klarmachen, wenn man an Zinnoberrot und an Rosa denkt, ein aufgehelltes Purpur! Purpur läßt sich also im Gegensatz zu Rot aufhellen *und* verdunkeln! Das spricht auch für seine Selbständigkeit. Wir müssen uns über Purpur eingehender verständigen.

In den Vorarbeiten zum Hauptwerk hatte Goethe Purpur als ‚Gesamtfarbe' für Rot begriffen. Purpur könne „so viele Nuancen haben, als es Übergänge vom Gelbroten zum Blauroten gibt"![57] Das entspricht der Lücke im Spektrum. Später aber klärte er seinen Begriff von Purpur. In der Abteilung „sinnlich-sittliche Wirkung der Farbe" ist „das ganz reine *Rot*" das *„aufgetrocknete Karmin"*. Die terminologische Schwierigkeit ist ihm gewiß bewußt gewesen, ohne daß er sie auflösen konnte. Denn er sagt anschließend: „Wir haben diese Farbe ihrer hohen Würde wegen manchmal *Purpur genannt*, ob wir gleich wissen, daß der Purpur der Alten sich mehr nach der blauen Seite hinzog."[57a] Goethe hat insofern das *Karmin als Rot für Purpur* eingesetzt und dadurch im Grunde recht viel zur Begriffsverwirrung in der Farbenlehre beigetragen. Soll diese Lage entwirrt werden, so müssen wir vor allem genauer differenzieren! Wir sollten Goethes Rot als Karminrot (Purpurrot) einstufen, aber vom Grundton des Purpur – ob nun übereinstimmend mit der antiken Überlieferung oder nicht – absetzen, ebenso aber auch vom Grundton des Rot, Mittelrot. Karmin ist die Brückenfarbe zwischen Rot und Purpur.

Wir haben für Purpur ein weiteres Vorbild im spektralen *Purpurlicht*. Dieser Farbton, der aus der Verbindung von violettem und rotem Licht hervorgeht, zeigt deutlich, daß es nicht mit Karmin identisch ist. Ich bilde dieses Purpur weiter unten ab. Es entspricht fast dem im Farbenhandel erhältlichen dunklen Krapplack (unverdünnt). Wem

---

[57] A.a.O. S. 124, Verfaßt 1793.

[57a] „Farbenlehre", a.a.O. S. 330, Nr. 792. Das reine Rot existiert für Goethe nicht in der Anschauung. In der Einleitung zu den „Beiträgen zur Optik" (1790/91) schreibt Goethe unter § 31: daß wir „die rote Farbe nie in einem ganz reinen Zustand kennen, denn wir finden, daß sie sich entweder zum Gelden oder zum Blauen hinneigt", s. Farbenlehre, S. 70.

es scheinen mag, daß es unmöglich sei, bei solchen Nuancen qualitative Farbgrenzen zu ziehen, der möge nicht vergessen, daß nirgendwo sonst, als nur in diesem Gebiet des Grenzbereichs zwischen Rot und Blau jede Farbtonveränderung tatsächlich eine qualitative ist. Daher bleibt es uns nicht erspart, hier genauer vorzugehen, als es beispielsweise im gelben und grünen Bereich nötig ist.

Abb. 3. Purpur

Warum, so könnte eingewandt werden, käme es so sehr darauf an, Purpur als eigenen Farbwert herauszustellen? Wieso wäre es nicht viel einfacher, Purpur als Zwischenfarbe zwischen Rot und Violett einzustufen, wie es meistens geschieht? Wer so argumentiert, wird sich daran halten, daß wohl Violett, aber nicht Purpur im Farbenspektrum erscheint und daß außerdem Rot eine ‚eindeutige' Farbe sei, Purpur aber nicht. Man möge sich daran erinnern, daß wir im vorigen Abschnitt erklärten, daß die Eindeutigkeit der sogenannten Grundfarben im Grunde von der Einseitigkeit einer bestimmten Spannungsrichtung her beurteilt wird und daß gerade bei Rot, wie wir nachwiesen, bei Rot als der charakteristischsten Farbe für den Begriff Buntheit! Solche Eindeutigkeit ist nicht festzustellen, es sei denn wir halten uns an das *Mittelrot.* Weiterhin haben wir gesehen, daß die stärkste Spannung der Buntfarben zwischen Rot und Blau herrscht. Die Farbe nun, welche diese Spannung *aufhebt,* übergreift und beschließt, ist *Purpur.* Ihr gegenüber ist gerade *Violett* eine *eigentliche Zwischenfarbe,* d. h. ihrem Wesen nach. Daß Violett im Spektrum vorkommt, darf ja nicht als Beleg dafür gewertet werden, daß es deshalb eine Hauptfarbe sei oder aus Gründen der Mischungsverfahren gar als Grundfarbe gelten könnte (wie in der physiologischen Farbenlehre von Helmholtz). Gerade diese Tatsache hat uns ja dazu verführt, Purpur als eine Mischfarbe zwischen Rot und Violett zu definieren, nur, weil es sich so *herstellen* läßt. Als wenn diese genetische Situation eine Begründung für den phänomenalen Ausdruck des Purpurs sein könnte! Wenn Goethe schreibt, daß Purpur „teils actu, teils potentia alle anderen Farben in sich enthalte", so hat er damit trefflich die zentrale Stellung des Purpur beschrieben. Purpur ist deshalb die Kulminationsfarbe, die Farbe der Synthese der Buntheit, weil in ihr die stärkste Steigerung der Buntfarbenspannung — in der Rot/Blau-Polarität — überwunden, zur höheren *Einheit* gebracht ist. Darin allerdings unterscheidet sich diese Deutung grundsätzlich von der Goethes, daß es die Einigung *dieser* Polarität ist — von der Goethe eigentümlicherweise nie gesprochen hat!

Diese Differenz ist deshalb so wichtig, weil sonst übersehen wird, daß *Violett* gerade die Konkurrenzfarbe zu Purpur ist, so uneinig wie Purpur geeint und eben doch keineswegs nur eine Übergangsfarbe wie Orange.

Ich fasse mit einigen Ergänzungen die Beurteilung des Purpur zusammen: Indem Purpur die (bipolare) zentrale Farbe „hoher Buntheit" ist, erklärt sich auch seine Komplementarität zu *Grün. Grün vereint die Gelb/Blau-Polarität so in sich wie Purpur die Rot/Blau-Polarität. Purpur ist mit Rot und Blau so verwandt wie Grün mit Gelb und Blau.* Innerhalb dieser Gleichung: *Purpur* steht dem *Rot* soviel näher als Blau, wie *Grün* dem *Blau* näher steht als Gelb. (Ähnlich steht auch *Grau* dem *Schwarz* näher als Weiß.) Dieses Nähersein bedeutet wesenhafte Verwandtschaft: *Purpur-Rot, Grün-Blau, Grau-Schwarz.*

Weil im Purpur die Rot-Blau-Spannung zu höherer Einheit verwandelt ist, unterscheidet sich Purpur von Violett, das diese Spannung gerade selbst ausdrückt. Purpur läßt uns den Rot-Blau-Gegensatz vergessen, Violett erinnert uns daran.

Erklärung: Die zentrale Orientierung

Es wird nötig sein, die oben begründete zentrale Position der Purpurfarbe durch grundsätzliche Erwägungen zu erklären. Es handelt sich nämlich um nichts anderes, als um die Anwendung einer Erkenntnis- oder Ordnungsweise, für die Purpur (und auch Grün und Grau) der symbolhafte Ausdruck ist. Ihre Berechtigung kann sie natürlich nur haben, sofern sie den tatsächlichen Zusammenhang nicht verstellt, sondern ihn eher einsichtiger macht als durch die bisherigen Ordnungsweisen. Dies, so scheint es mir, ist der Fall. Ob der Leser derselben Ansicht ist, muß sich erweisen. Indem ich die Zustimmung einmal unterstelle, möchte ich ihn auffordern, sich auf die nicht übliche, zentrale Ordnungsweise etwas einzulassen. Wir hatten sie schon berührt, als wir über *Grau* sprachen. Gehen wir nämlich nicht von Blau und Rot (analog zu Gelb und Blau) aus, sondern von Purpur, so sind Rot und Blau die positiv-negativen *Endfarben der polaren Ausgliederung* des Purpur. In *Rot* geht Purpur a u f — positive Auflichtung— und im *Violett,* wenn das Blau stärker geworden ist, u n t e r — negative Ablichtung.

So betrachtet, ist Purpur die *Ausgangsfarbe der Buntheit,* deren Aufgliederung einerseits zu Rot (bis zu Gelb) und andererseits über Violett bis zu Blau führt. Gelb und Blau aber vereinigen sich dann im Grün. So schließt sich dann der Kreis. Es ist die umgekehrte Betrachtungsweise, die wir gewohnt sind. Denn eher wird uns *Grün* als Ausgangsfarbe erscheinen, wenn wir von zentralen Farben ausgehen wollen. Dann ist Purpur die letzte, die Eingangsfarbe. Man sollte aber einmal beide Bewegungsrichtungen der Buntheit vollzogen haben, um ihre gegenseitige Wechselwirkung einzusehen.

Es geht ja nicht um eine Alternativfrage, sondern um sich gegenseitig bedingende Blickrichtungen. Ebenso herrscht zwischen der polaren und zentralen Orientierung keine Alternativspannung. Man kann sowohl von der Polarität zur Zentralität als auch umgekehrt, von der Zentralität zur Polarität gelangen. Beides ist wirklich. Geschichtlich, jeweils in einer Epoche, wird aber die eine oder die andere Betrachtungsweise dominieren, entsprechend des Wechsels unserer Denkweisen. Man wird aber, solange nur die eine Orientierung nach dem Polaritätsprinzip gültig ist, diese — wie es geschehen ist — so objektivieren, als sei sie die *einzig* wahre. Dann gelangt man notwendig auch nicht von der Polarität zur Zentralität, sondern Purpur bzw. Grün bleiben Zwischenfarben, Mischfarben oder bloße Ausgleichsfarben.

Gemäß der grundsätzlich verschiedenen — aber einander reziproken — Orientierungsweisen welche in der Farbenlehre *Ordnungsweisen* sind, herrscht zwischen *Rot* und *Purpur* eine Machtkonkurrenz. Eine auf Rot als wesentlichsten und stärksten Repräsentanten der Buntheit bezogene Ordnung ist notwendig auf die positive Linie der Buntheit hingerichtet und damit zugleich auf die Polarität. Purpur kann dann eigentlich nur als eine Art Sonderfarbe des Rot sekundäre Bedeutung haben, indem es an die Stelle des Dunkelrot rückt. Begreift man aber die zentrale Position von Purpur, dann muß auch die Frage gestellt werden, welche Farbe denn nun die stärkere, mächtigere, maßgebendere ist. Darauf läßt sich gar nicht so einfach antworten, weil Stärke, Macht und der Anspruch maßgebend zu sein, verschiedenen Sinn beinhalten.

Rot scheint die kräftigste, die stärkste Buntheit zu sein, aber auch die mächtigste? *Macht* meint eine umgreifende Herrschaftsposition, *Kraft* ist potentiell oder aktuell ein Aktionselement. Aber ohne Kraft keine Macht. Und in dieser Beziehung ist Purpur die mächtigste Farbe, welche in sich die Kraft des Roten hat.[58]

Die Differenz zwischen Rot und Purpur beruht schließlich in der zentralen Position selbst, welche Purpur nicht ‚zwischen' (wie Violett), sondern wirklich *inmitten* die positiv-negativen Spannung stellt, die in ihm aufgehoben ist.

Maßgebend ist *Rot*, insofern es die stärkste Stufe der Buntheit ist. Im Rot — der *Röte* — gewinnt das Bunte als das Farbige schlechthin seinen stärksten Ausdruck, stärkste Aktualität: Rot ist die wirklichste bunte Farbe. *Purpur* ist maßgebend, insofern es die mächtigste Farbe für die gesamte Buntfarbigkeit ist, in der die Hell-Dunkel-Spannung qualitativ herrscht. Es bleibt zu bedenken, daß Macht wohl Kraft und Stärke voraussetzt, Kraft aber nicht Macht. Beide Farben haben daher ganz verschiedene Funktionen. Erst wenn diese ganz verstanden sind, wird sich die scheinbare Konkurrenz auflösen und die andere in den Blick kommen: die *Konkurrenz zwischen Purpur und Violett!*

Für die folgenden Untersuchungen sei vorausgesetzt, daß unter Rot das *Mittelrot* zu verstehen ist, dem je nach dem Zusammenhang das Zinnober oder Karmin zugeordnet sein kann. Sofern wir es nur mit dem Spektralrot zu tun haben, bleibe ich wegen seiner Farbtonähnlichkeit mit Zinnober bei der Bezeichnung *Rot Z*. Purpur gilt

[58] Auf diese notwendige Differenzierung zwischen Rot als stärkster und Purpur als mächtigster Farbe hat mich W. Schöne aufmerksam gemacht, indem er darauf hinwies, daß Kraft und Macht nicht dasselbe bedeuten. Ursprünglich hatte ich Purpur als stärkste und mächtigste Farbe aufgefaßt.

als eigene Farbe. Die Bezeichnung Purpurrot für Karmin, die zutreffend wäre, kompliziert die Farbansprache zu sehr, so daß wir am besten einfach vom Karmin oder Karminrot sprechen.

D. EIGENSCHAFTSMERKMALE UND BEGRIFFE DER BUNTFARBEN

1. Buntheit und Farbhelle

a) Bunt und farbig

Der Ausdruck Buntheit, den wir auch als Farbbegriff verwenden, wenn wir von Farben als Buntheiten sprechen, gilt gewöhnlich als Begriff für eine der drei voneinander unabhängig variablen „Dimensionen" der Buntfarben, neben Helligkeit und Sättigung. Von dieser Bedeutung als Dimensionsbegriff, die ja nichts anderes besagt, als daß jede bunte Farbe eben einen eigenen Farbton hat, soll hier nicht die Rede sein. Denn als Dimensionsbegriff erschöpft sich der Sinn der Buntheit keineswegs.

Buntheit ist eine wirkliche *Eigenschaft* der Farbe während Helligkeits- oder Sättigungsveränderungen nichts mit der Eigenschaft zu tun haben, d. h. mit ihrem phänomenalen Sosein als Buntheit, sondern vielmehr gerade diese Eigenschaft variieren und verändern.[59] (Ein helles oder dunkles Blau bleibt Blau.) Damit begreifen wir erst die Buntfarben in ihrer wirklichen Selbständigkeit und befreien sie von den unbunten Hell-Dunkel-Farben als Maßstabskala für ihre Beurteilung.

Vergleichen wir dann die Buntheit qualitativ mit der Eigenschaft der unbunten Farben, d. h. ihrer Helligkeit oder Dunkelheit (Weiß oder Schwarz), dann können wir sagen: Eine Farbe ist nicht nur *farbig* sondern *bunt*, wenn sie außer ihrem Vermögen, hell oder dunkel zu erscheinen, noch einen bunten Farbton hat. Je mehr sich also eine Buntfarbe von Helligkeits- oder Dunkelheitsgraden absetzt, je mehr sie davon unabhängig erscheint oder darüber dominiert, desto mehr ist sie bunt im eigentlichen Sinne.

Damit fassen wir zwei verschiedene Faktoren. Denn einmal ist jede bunte Farbe notwendig durch ihren Farbton von bloßen Helligkeitsgraden relativ unabhängig. Aber es besteht für jede bunte Farbe ein sehr verschiedener Grad dieser Unabhängigkeit. *Gelb* z. B. ist eine helle Farbe, *Blau* eine dunkle, aber wie ist es mit *Rot?* Wenn wir Gelb und Blau als helle und dunkle Buntfarbe ansprechen können, dann drückt

---

[59] ‚Buntheit' darf nicht den ‚Dimensionsbegriffen' gleichgesetzt werden, weil sie vor und hinter allen Variablen, wie Helligkeits-, Reinheitsveränderungen etc. elementar gegeben ist. Die immer wieder zu lesende relative Selbständigkeit von drei Dimensionen ist ohnehin nur theoretischer Natur, da die Sättigung durch Aufhellung oder Verdunkelung wesentlich mehr qualitative als quantitative Beeinflussung hervorruft. (S. u. 2.)

sich darin aus, daß außer der Eigenschaft ‚bunt' eine zweite maßgebend ist, die aber der Buntheit selbst angehört, ihr integriert ist: die Farbhelle (als Bunthelle).

Diese qualitative Hell- oder Dunkelfarbigkeit, die auch als „spezifische Helligkeit" (ein von Franz Hillebrand geprägter Ausdruck) bezeichnet wird, ist nicht zu verwechseln mit der quantitativen Helligkeitsveränderung, wie sie durch Verdünnung, Weißung oder Schwärzung errreicht werden kann. Unter der Fabhelle, die gering oder groß sein kann – klein bei Blau, groß bei Gelb –, ist also die Eigenhelle oder das Eigendunkel einer Buntfarbe zu verstehen, zwei Ausdrücke, die von Ewald Hering stammen und besser durch einen zu ersetzen sind, zumal sie nebeneinander verwendet, wieder dem allgemeinen Hell-Dunkel-Verhältnis entsprechen und eigentlich nur für Gelb und Blau wirklich zutreffen.[60]

b) Buntheitsgrad

Wenn wir ein volles Rot vor uns sehen, so bemerken wir sofort, daß es auf die Frage, ob es hell oder dunkel ist, keine klare Antwort gibt. Die Unabhängigkeit von Helle und Dunkel ist bei Rot die größte. Das entspricht unserer Erfahrung, wenn wir sagen, Rot ist die bunteste Farbe. Objektiv hat gewiß auch Rot (es ist stets der Grundton gemeint, das Mittelrot) eine bestimmte Farbhelle. Aber sie tritt nicht als charakteristisches Merkmal in Erscheinung. Umgekehrt wirken Gelb und Blau als weniger starke Buntheiten, weil bei ihnen die Farbhelle gerade ein Wesensmerkmal ist, weshalb sie uns ja an die Farben erinnern, die nur Farbigkeit haben: Gelb → Weiß, Blau → Schwarz.

Das Verhältnis zwischen Farbhelle und Buntheit bestimmt demnach die Buntheitsgröße, den *Rang* der Buntfarbigkeit. Man könnte annehmen, daß sich solche Rangstufen nach einem „Buntheitsgrad" ermitteln lassen. Das hat A. Bernays versucht, indem er die bunten Farben an den unbunten maß und die „Entwicklung der Buntheit als eine Bewegung von der Helligkeit zur Buntheit" auffaßt und danach Gelb wegen seiner „zwangsläufigen Bindung an die Helligkeit als die schwächste" Buntfarbe einstuft. Blau sei „erheblich kräftiger" und die „Verwandtschaft zu Schwarz weniger ausgeprägt".[61] Das letzte ist sicher nicht zutreffend. Die Distanz zwischen Gelb und Weiß ist dieselbe wie zwischen Blau und Schwarz. Beide Farben dominieren gleich stark über Helle und Dunkel. Die Eigenart, daß Blau sich sehr aufhellen und verdunkeln läßt, während es kein Dunkelgelb gibt, kann für einen Buntheitsgrad – der vom Grundton ausgehen muß – nicht maßgebend sein.

Man darf vor allem nicht übersehen, daß wir eben alle Körperfarben in der Lichthelle sehen, ein aufgehelltes Gelb also bald verblaßt, während Schwarz die stärkste

---

[60] Man kann darüber streiten, ob es nicht besser wäre, beim Ausdruck „spez. Helligkeit" zu bleiben. Ich sehe den Vorzug von „Farbhelle" darin, daß Helle unbedingt an Farbe gekoppelt ist, während bei spez. Hell. zu leicht an die Helligkeit als eigenes Element gedacht werden kann und sie dann für sich selbst aufgefaßt wird. Exaktere Begriffe wären „qualitative" oder auch spez. „Farbhelle".

[61] A.a.O. S. 165 ff.

Kontrastfarbe zur Tageshelle ist, daher entschieden *farbstärker* als Weiß. Die Annäherung von Blau an Schwarz (Marineblau) bringt daher keine *Farb*schwächung, wohl aber eine Schwächung der Buntheit, der Bläue. Zur Helle hingegen hat Blau eine weite Spanne, weil es im Grundton eine dunkle Farbe ist. Dunkelgelb gibt es nur, soweit es sich Orange nähert (Zitronengelb – Chromgelb – Goldgelb). Verdunkelt man Gelb, so entsteht ein neuer Farbton: *Olivgrün!* Auch das kann kein Zeichen für eine besonders schwache Buntheit sein, wenn wir statt einer quantitativen Veränderung eine qualitative bemerken, so wie bei *Rot*, das verdunkelt *Braun* ergibt.

Lichtfarben andererseits, wenn wir das Sonnenspektrum betrachten oder an die moderne Neonbeleuchtung denken, erscheinen (abgesehen von der stärksten Farbe, Rot) ziemlich gleich stark, und Gelb wirkt dann eher intensiver bunt als Blau, weil nun die Verwandtschaft von Blau und Dunkel zum Tragen kommt. Es führt uns nicht weiter, wenn man einen Buntheitsgrad aus dem Vergleich der Buntheiten mit Weiß, Grau und Schwarz bestimmen will. (Bernays staffelt ihn so: Gelb–Grün–Blau–Rot. Das ist eher ein Bedeutungsgrad als Rangfolge der beliebtesten Farben, sicher aber keine Staffelung nach größer werdenden „Portionen" an Buntheit.) Außerdem spielen eine ganze Reihe situationsbedingter Umstände – wie z. B. Modefarben – und der Grad der Seltenheit erheblich mit. Gelb ist eine seltene Farbe. Daß der Himmel Blau ist, die Naturfarbe Grün, muß jede Frage nach dem Buntheitsgrad wesentlich beeinflussen. (Wenn z. B. Gelb gerade als Farbe für Rettungsdienste, Flöße etc. benutzt wird, dann rechnet man einerseits mit der Seltenheit von Gelb, andererseits aber auch mit dem typisch aufreizenden Ausdruck des Gelben, das im Gegensatz zu Blau eben eine unruhige Farbe ist. Damit will ich sagen, daß der jeder Farbe eigentümliche, ihr Wesen charakterisierende Farbton über den „Rang" des Buntseins für unser Empfinden bestimmt. Davon dürfen und können wir nicht abstrahieren. Messen wir aber die Buntheit nur an den unbunten Farben, so vernachlässigen wir gerade diese wichtigste Eigenschaft, die bewirkt, daß wir zu den Farben ein ganz verschiedenes Spannungsverhältnis haben. So ist Grün eine beruhigende Farbe, Rot eine herausfordernde Kraft.

Einen allgemeinen Buntheitsgrad kann es also nicht geben, es sei denn, daß wir uns an Rot orientieren, damit verglichen alle anderen Buntfarben einen geringeren Buntheitsgrad haben. Purpur mag dem einen noch stärker als Rot, dem anderen gleich stark erscheinen.

Die eingangs gemachte Unterscheidung zwischen Farbhelle und Buntheit kann uns über das Wesen des Buntseins Aufschluß geben, wenn wir auf den Faktor der Unabhängigkeit des Bunten von Helle und Dunkel zurückkommen. Wir können nämlich dann zwischen allgemeiner *Farb*kraft und *Bunt*kraft unterscheiden. *Weiß* z. B. hat die geringste Farbkraft, *Schwarz* die stärkste. *Gelb* hat die geringste Buntkraft. Die Beziehung zwischen beiden sehe ich in der Wirkung des bloßen Kontrasts, den jede dunkle Farbe zur Lichthelle ausübt. Danach können wir die Farbkraft als die bloße Farbigkeit von der Buntfarbigkeit unterscheiden. So kann *Blau* wohl *farb*stärker, aber nicht bunter als Gelb erscheinen, weil es außer seiner Buntheit noch den Dunkel-Hell-

Kontrast als bloßen Farbigkeitskontrast für sich buchen kann. (Ein helles Blau verliert sie.)

Im Bunten produziert das Licht sein anderes Dasein, zeugt ein anderes Aggregat seiner Wirklichkeit. Zu Farben verwandelt, offenbart es seinen Reichtum, bildet aber auch in der Folge der Farben einen bestimmten Weg der Verwandlung ab: Vom Blau zum Grün, vom Grün zum Gelb ins Rot, in dem es gänzlich ins Bunte durchgewandelt ist und in seiner Kraft triumphiert und schließlich im Purpur die höchste Macht gewinnt. Dies ist der Lichtweg, den wir noch näher, nach den Funktionen der Farbstationen zu beschreiben haben. Man lese ihn einmal in der umgekehrten Richtung ab. Dann wird man empfinden, daß er wirklich gegenläufig, ja unnatürlich ist. Empfinden wir in der genannten Folge eine fortströmende Kontinuität, so ist einzusehen, daß das Bunte nicht Ausdruck einer Auseinandersetzung zwischen Licht und Dunkelheit ist, wie es von Musterschülern Goethes behauptet wird, die ihren Meister gerne dogmatisieren und bis ins einzelne den Kampf zwischen Licht- und Finsternisfarben darzustellen versuchen, wie z. B. Hedwig Martius.[62]

Es sollte dem unbefangenen Beobachter doch auffallen, daß die seinsmäßige, elementare Übereinkunft zwischen den Buntfarben und dem Licht nicht da endet, wo die negativen, dunklen Farben beginnen, die der „Minusseite". Wenn die positiven Farben Gelb—Orange—Rot unmittelbar mit und aus dem Licht leuchten, so stehen Grün, Blau und Violett doch nicht *gegen* das Licht und mit dem Dunkel, sondern sie leuchten vielmehr gegen das Dunkel, in spannungsvoller Machtkonkurrenz zwischen ihrer Buntkraft und lichtloser Dunkelheit. So verstanden, erscheint *Blau* als erstes Aufleuchten des Lichts, ein noch dunkles, untätiges, fernes Licht, das schließlich im *Gelb* seine äußerste Bunt*helle* gewinnt, bevor es sich zur Bunt*kraft* steigert. Die kritischste Farbe ist dann geradezu notwendig diejenige, die der letzten Steigerung folgt, die Spannung des Abstiegs zum Grund: *Violett.*

Wenn wir *Weiß* als Stellvertreter des Lichts zum Vergleich nehmen, wird auffallen, daß keine bunte Farbe zu Weiß einen wirklichen Spannungskontrast hat, sondern nur einen bloßen Abstandskontrast. Dagegen ist es gerade umgekehrt bei Schwarz. Das ist wiederum ein beredtes Zeugnis für die Verwandschaft der Buntfarben mit dem Licht, besonders augenfällig bei *Rot,* daß mit *Schwarz* den stärksten Kontrast bildet, den wir überhaupt im Bereich der Farben kennen, den bunt-unbunten in seiner maximalen Größe. Dem entspricht der stärkste bunte Spannungskontrast von *Rot* und *Blau.*

---

[62] „Realontologie" – Festschr. Husserl, Erg.Bd. z. Jb. f. Philos. u. phänom. Forschung, 1929, S. 339—370. Ausführliche Stellungnahme in meiner Dissertation, A. 175. Martius klammert die naturwissenschaftlich erwiesenen Sachverhalte nicht nur aus, sondern verharrt ihnen gegenüber – so wie Goethe, der dazu aber doch eine ganz andere Berechtigung hatte – in einer Antistellung. Goethe wiederum wirft sie „naiven Naturalismus" vor, ohne daß sie eine sachliche Kontrolle für ihre sicher phantasievollen, aber gänzlich unhaltbaren Deutungen an Stelle der Goetheschen Gegenstandswelt setzt. Für ihre Farbenontologie, die mit Hilfe mechanischer Begriffe wie „Stauung", „Ansaugung" usw. einen Prozeß des Kampfes zwischen „Lichtfarben' und „Finsternisfarben" darstellt, fehlt jeder ontologische Topos.

c) *Zusammenfassung*

Ich möchte unsere Betrachtungen über das Verhältnis von Buntheit und Farbhelle so zusammenfassen: Sprechen wir von bloßer Farbigkeit oder Farbkraft, dann ist sie je größer, desto geringer die Farbhelle ist, wie bei Blau und Schwarz. (Hat man es mit bunten und unbunten Farben zugleich zu tun, kann man zwischen Farbhelle und Bunthelle differenzieren.) Sie ist gering, wenn die Farbhelle groß ist, wie bei Gelb und Weiß. Die Farbkraft ist, will man es formelhaft ausdrücken, eine Funktion des Dunkels, gemessen an der Farbwahrnehmung in der Tageshelle.[63] Meinen wir aber die Buntfarbigkeit oder Buntkraft, dann muß das Spannungsverhältnis zwischen Farbhelle und Buntheit gemessen werden. Die Buntheit — als das Bunte — tritt um so eindeutiger in Erscheinung, desto mehr sie unabhängig von der Farbhelle ist, d. h. über diese dominiert. Das gilt im stärksten Maße für Rot und Purpur und — bei geringerem Buntheitsgrad der Grüne gegenüber der Röte — auch für Grün.

Erreicht im *Roten* die *Buntkraft* ihre größte Stufe, so die Buntkraft *und* Farbkraft im *Purpur* die größte *Farbmacht*, in dem die Buntkraft über die auf Blau zurückgehende Dunkelfarbigkeit dominiert. Purpur trägt daher den positiv-negativen Spannungskontrast innerhalb der Buntfarbigkeit ebenso in sich aus wie den zwischen Buntkraft und Farbkraft! In dieser Funktion ist es dem *Grün* verwandt, das auf niederer Spannungsstufe zwischen Gelb und Blau dieselben Spannungen aufhebt. Man kann vielleicht sagen: So wie Rot *mit* dem Licht (positiv) *gegen* das Dunkle steht, so Blau *als* Licht *im* Dunkel und insofern ‚für' das Dunkel, Purpur aber (zentral) steht *für* das Licht im Dunklen.

Im Violett offenbart sich die Kontrastspannung zwischen Buntheit und Farbigkeit als Zwiespalt, als ungelöste Konkurrenz. Es ist noch dunkler als der Grundton von Blau, aber bunter.

Die Farbhellenkurve ist ein Versuch, die positiv-negative Kontinuität der Buntfarbigkeit durch ihre zu- und abnehmende Farbhelle darzustellen: Tafel 1.

2. Ein fragwürdiger Begriff: die Sättigung

a) *Kein gültiger Dimensionsbegriff*

Unter den drei Ordnungs- oder Dimensionsbegriffen für die Charakterisierung der Buntfarbigkeit ist die Sättigung weitaus der fragwürdigste, weil vieldeutigste Begriff.

---

[63] D. h. bloße (allgemeine) Farbkraft ist Kontrastkraft — am stärksten zwischen Weiß und Schwarz abzulesen. Das umgekehrte Verhältnis — Farbkraft als Funktion der Helle! — herrscht während der Dunkelheit, wo sich also die bloße Kraft des Farbigen in der Helligkeitsdistanz zum Dunkeln erweisen muß. Dann z. B. werden wir selbst Blau an seiner Helligkeit messen, sehr schön zu erfahren beim blauen Licht von Polizeiwagen oder bei der Neon-Reklamebeleuchtung. Man denke auch an die blaue Luftschutzbeleuchtung. Nicht nur, weil es sich tatsächlich um eine Lichtfarbe handelt, wenn man sie bei diesen Beispielen leuchten sieht, sondern der Blauwert selbst zeigt sich als Farbfunktion des Lichts, — das aus dem Lichtgrund kommende Licht in Gestalt des Blau — niemals aber kommt es aus dem Dunkel!

Sie gilt bisher als Maßstab für die Reinheit einer Buntfarbe, gemessen an ihrem Schwarz-Weiß-Gehalt, aber auch zur Bezeichnung einer vollen, satten Farbe, insofern sie konzentriert, ein starker Farbton ist. Oder Sättigung steht auch beim Licht für das Verhältnis zwischen Farbe und beigemischtem farblosem Licht.

Je geringer also eine bunte Farbe mit unbunten Farben durchsetzt ist, desto mehr gilt sie als gesättigt. Dabei verändert sich natürlich ihre typische Helligkeit, die Farbhelle. Man faßt die Sättigung als einen geradlinig gestuften Wert auf. Nur insofern könnte sie ja einen eigenen Maßstab innerhalb der Variationsbreite einer Farbe bilden, d. h. die Farbqualität selbst nicht berühren.

Wenn man daher jede bunte Farbe ohne wesentliche Veränderung ihrer Qualität kontinuierlich zu den unbunten Farben hin ab- oder aufstufen könnte, dann wäre die Sättigung ein brauchbarer Begriff. Nun ist aber die Sättigung durchaus kein neutraler Meßfaktor, weil die Buntfarben ganz verschieden auf die Vermischung mit Weiß, Grau oder Schwarz reagieren und dabei nicht nur graduelle, quantitative Abweichungen im Farbton entstehen, sondern qualitative.

Bevor wir darauf eingehen, möchte ich mich zunächst mit den gebräuchlichen Definitionen der Sättigung befassen und feststellen, wie weit sie als Dimensionsbegriff bereits kritisch beurteilt worden ist.

Als physikalischer Begriff ist die Sättigung eine Funktion der Lichtstrahlung. Helmholtz kennzeichnet die Sättigung neben der Lichtstärke und dem Farbenton als die dritte Variable für die Messung der Buntheiten. Sie richte sich in ihrem Grad nach „der Quantität weißen Lichts"[64], das der durch Wellenlängen meßbaren Farbe beigemischt sei. Sofern die Spektralfarben ohne Lichtzusatz erscheinen — so wie die im Prisma gebrochenen Lichtstrahlungen — gelten sie als „gesättigte objektive Farben, welche existieren"[65], d. h. als reine, volle Farben.

In ihrem Bemühen, die Farbenwahrnehmung objektiv zu berechnen, hat sich die psychologische Forschung vorwiegend nach den Spektralfarben orientiert und die Pigmentfarben meist nur als stellvertretende Abbilder der selbstleuchtenden Farben bei additiven Mischungen auf dem rotierenden Farbenkreisel verwendet. Deshalb ist auch in der psychologischen Forschung der Sättigungsbegriff als Meßfaktor für Lichtqualitäten betrachtet worden. Das führt notwendig zur Einseitigkeit und Verwirrung.

Wilhelm Wundt beispielsweise versteht die „Sättigungsstufen" analog zum „Farbengrad", dem Grad, „in welchem in einer Farbenempfindung die Farbenqualität über die ihr beigemengte farblose Lichtempfindung überwiegt. Wir nennen eine Farbe um so gesättigter, je weniger farbloses Licht (weiß, grau, schwarz) ihr beigemischt ist".[66] Wundt bezieht mit dieser so offensichtlich physikalischen Erklärung nicht nur den Wahrnehmungsbefund, die „Farbenempfindung" auf die farblose Lichtempfindung, sondern rechnet Weiß, Grau und Schwarz zum farblosen Licht, obwohl nicht einmal

[64] „Physiologische Optik", a.a.O. S. 110 f.

[65] Ebenda, S. 207 f.

[66] „Grundzüge der physiologischen Psychologie" II, 6. Aufl. 1910, S. 145.

Weiß eine Lichtqualität ist. Gegen solche Beschreibung wandte sich eindringlich Ewald Hering, vor allem hinsichtlich der Abhängigkeit des Farbeindrucks von der Lichtstrahlung. Denn es könne „genau dieselbe Strahlung, je nach den Umständen uns bald diese, bald jene Farbe erwecken", andererseits könne „unter der Wirkung ganz verschiedener Strahlungen genau dieselbe Farbe gesehen werden".[67] Das ist richtig, da einerseits zwischen monochromatischem und polychromatischem Licht zu unterscheiden ist, welches für das Auge gleich aussieht und andererseits die Reflexions- und Absorptionsbedingungen zu berücksichtigen wären.

Hering verwirft den Begriff Sättigung, um bei der psychophysischen Analyse nicht an die physikalische Begriffsbedeutung gebunden zu sein. Er geht direkt vom Weiß-Schwarz-Gehalt aus. Statt der Sättigung wählt er den Begriff „Verhüllung".

„Jede bunte Farbe", so lehrt er, „kann bei gleicher Qualität (!) ihres bunten Merkmals ... mehr oder weniger weißlich, graulich oder schwärzlich, gleichsam durch Weiß, Grau oder Schwarz verschleiert oder verhüllt sein. Bunte Farben, welche solche Verhüllung nicht ohne weiteres bemerken lassen, will ich *freie* Buntheiten ... nennen; diejenigen aber, welche neben ihrem Farbenton eine mehr oder minder deutliche Weißlichkeit, Graulichkeit oder Schwärzlichkeit zeigen, mögen verhüllte heißen".[68]

Die „Verhüllung" hat sich als Ersatzbegriff für die Sättigung nicht durchsetzen können, wohl weil sie ein zu einseitiger Ausdruck ist. Man blieb dabei, die Sättigung auch als psychologischen Faktor zu verwenden. Man hat sie dann als „Empfindungswert" zu definieren versucht, so u. a. Franz Hillebrand (1929), der unter der Sättigung „das Verhältnis der farbigen zur farblosen Komponente einer Empfindung" versteht: sie sei „der reziproke Wert des Abstands, den eine gegebene Empfindung von einer Empfindung der Graureihe hat".[69] Schwarz, Weiß und Grau sind hier wieder als farblose Hell-Dunkel-Werte begriffen. Wie irreführend solche Deutungen der Sättigungen sind, sieht man in einer anderen Erklärung, in der „Schwarz als farbloses Licht mit der Sättigung Null" und „Weiß als solches reinster Sättigung" aufgefaßt wird, eine Formulierung von Friedrich Donath (1930).[70]

Wilhelm Ostwald hat in seinem Farbenatlas die verschiedenen Sättigungsstufen der Buntfarben, d. h. ihre mit Weiß, Grau oder Schwarz vermischten Farbtöne in „farbtongleiche Dreiecke" zusammengestellt und spricht je nach ihrem Weiß- oder Schwarzgehalt von „hellklaren" oder „dunkelklaren" Farben.[71] Bei dieser nach den unbunten Anteilen errechneten Farbtongleichheit handelt es sich aber durchaus nicht immer um wirkliche Gleichheit für die Wahrnehmung, sondern um einen schematischen Zwang von Farbtondreiecken.

---

[67] A.a.O. S. 24.

[68] Ebenda, S. 40.

[69] A.a.O. S. 20.

[70] „Die funktionale Abhängigkeit zwischen Reiz und Empfindung bei der Farbensättigung", in „Neue psychol. Studien", II. Bd., 1926, S. 201. Donaths Aufsatz, in Verbindung mit ausführlich beschriebenen Experimenten ist aber sehr lesenswert, zumal er sich mit den Auffassungen Herings und Ostwalds u. a. hinsichtlich des Begriffs ‚Sättigung' eingehend befaßt.

[71] „Die Farbenlehre", Teil I und II, 1918/19, vgl. auch „Die Farbenfibel", 1917.

Es ist erstaunlich, wie stark rein theoretische, abstrakte Deutungen über den anschaulich erfahrbaren Farbeindruck triumphieren können. Dafür noch ein anderes, letztes Beispiel, — eine Forderung von Franz Hillebrand: „Da es absolut gesättigte Farben nicht gibt, so muß man jede tatsächlich vorkommende Farbenempfindung so auffassen, als ob sie zwischen einer absolut gesättigten und einer farblosen Empfindung, aus ihnen zusammengesetz sei."[72]

Gegen die Verwendung des Begriffes Sättigung, aber auch gegen die „Verhüllung" hat sich Bernays gewandt. Die ‚Verhüllung' lehnt er ab, weil Schwarz, Grau und Weiß Qualitäten seien, was sich vor allem bei ihrem qualitativen Einfluß in der Mischung mit bunten Farben zeigte: das stärkste Argument gegen beide Begriffe. Wir werden im nächsten Abschnitt ausführlich darauf eingehen.

Bernays möchte die Sättigung begrifflich durch den Buntheitsgrad ersetzen. „Was wir an der Sättigung wahrnehmen", meint er, „ist nichts als ein hoher Buntheitsgrad."[73] Das soll heißen, man nimmt die jeweilige Sättigung einer Farbe als ihr Sattsein wahr, so wie wir eben auch gewöhnlich von gesättigten Farben sprechen. Solche, für die einzelnen Farben geltenden *internen* Buntheitsgrade will Bernays aus Vergleichen mit einem gleich hellen Grau ermitteln, ein Vorschlag, der sich wegen der ganz verschiedenen Beziehungen der Buntfarben zu Grau praktisch nicht durchführen läßt. Warum sollten wir einen solchen, den Sättigungsbegriff ersetzenden Buntheitsgrad dann nicht von den Grundtönen der Farben aus bestimmen? Das ließe sich einfacher und genauer machen, wenn man also die intensivsten, stärksten Farbtöne jeder Qualität nimmt. Dazu hätte man von den in der Farbenindustrie vorhandenen ‚besten' Farben auszugehen, um solche Grundtöne zu ermitteln und sie zu normieren. Außerdem kann man noch die Spektralfarben heranziehen. Ein solches Verfahren der graduellen Buntheitsbestimmung scheint mir, wenn man es überhaupt ins Auge fassen will, jedenfalls sinnvoller und naturgemäßer als die sich immer wieder an den unbunten Farben orientierende Beurteilung. Gegen die Verwendung des Buntheitsgrades als Begriff spricht aber auch noch, daß er sich nur substantivisch gebrauchen ließe. Ein anderer, in der Umgangssprache mit Farben immer schon gebräuchliches Wort scheint mir angemessener zu sein: Intensität.

b) Intensität statt Sättigung

Intensität überschneidet sich als Begriff für die Sättigung nicht mit „Buntheit" und sagt unmittelbar, was gemeint ist.

Wir könnten sowohl von verschiedenen Intensitätsgraden einer Farbe sprechen, als auch von intensiven bzw. wenig intensiven (unintensiven) Farben. Der Begriff Intensität ist in der Farbenlehre durchaus nicht neu. Er geht auf Carl Stumpf (1918)

---

[72] A.a.O. S. 17.

[73] A.a.O. S. 176.

zurück.[74] Als Gradbegriff wäre der Intensitätsgrad phänomenologisch zu verwenden, also unabhängig von den *Bedingungen* der Intensitätsveränderungen, die ja sehr verschiedener Art sind.

Die Farbintensität kann z. B. durch Helligkeitsstufen abnehmen. Sie kann aber auch geringer sein, weil die jeweiligen Farben weißlich, gräulich oder schwärzlich vermischt ist. Eine durch Farbstoff v e r d ü n n u n g aufgehellte Farbe sieht etwas anders aus als eine durch Weißmischung aufgehellte. Das läßt sich gut beobachten, wenn man Aquarell- oder Ölfarben mit Weiß oder mit Wasser bzw. Leinöl verdünnt. Vermischt man sie mit Weiß, so entstehen milchige Farbtöne, die gegenüber der bunten Leuchtkraft abgestumpft aussehen. Auch durch Vermischung zweier Buntfarben kann die Intensität der einen herabgesetzt werden, wie z. B. Rot, wenn es mit etwas Gelb gemischt wird, als helleres Rot erscheint, ohne schon gelblich zu wirken. Wenn dies für die Substanzfarben zutrifft, dann gelten auch bei den optischen Mischungen verschiedene Bedingungen. So bedeutet es etwas anderes, ob man eine Lichtfarbe verdünnt (erhellt) – durch reines Licht – oder ob man eine auf dem Farbenkreisel erscheinende ‚Spektralfarbe' durch Weißmischung aufhellt. Sie wird in der Forschung stets der bloßen Aufhellung gleichgesetzt. Die Möglichkeit, auf dem rotierenden Farbenkreisel bunte Farben zu verdünnen, so wie sich Substanzfarben durch Wasser verdünnen lassen oder wie man wirkliche Spektralfarben durchs Licht verdünnen kann, besteht nicht, damit also auch nicht die reine Aufhellung. Weiß *soll* das farblose, reine Licht bei additiven Farbkreiselmischungen ersetzen, aber faktisch ist es doch so, daß auch der Farbwert Weiß – eben die Weiße – ihren Einfluß geltend macht. Im Gegensatz zur Aufhellung und Weißung ist kein Unterschied zwischen Verdunkelung und Schwärzung vorhanden! Das liegt daran, daß Schwarz direkt das Dunkel vertritt, dem Dunkel als Negation des Lichts entspricht, während Weiß das Licht nur indirekt vertreten kann. So lassen sich auch optische Farbverdunkelungen durch Kontrastwirkungen herstellen.[75]

c) Qualitative Farbtonänderung durch Schwärzung und Weißung, Verdunkelung und Aufhellung

Dieses Thema gehört zu den kompliziertesten und strittigsten der Farbenforschung und stellt weithin die ganzen Ordnungsprinzipien und die Regelmäßigkeit, wie man sie für Farbenkörper und Ordnungsbegriffe (wie die Dimensionsbegriffe) gerne haben möchte oder finden wollte, in Frage. Die qualitative Farbtonabweichung durch die Verbindung bunter mit unbunten Farben ist der eklatante Beweis dafür, daß sich die Welt der Farben nicht in schematische Ordnungsregeln pressen läßt. Man hat aber immer wieder versucht, die Abweichungen entweder zu bagatellisieren oder sie selbst wiederum in generelle Regeln einzufassen. Darauf kommen wir im nächsten Abschnitt zurück, wo wir die wichtigsten Abweichungen, die zu *Braun* und *Olivgrün* ins Auge fassen wollen. Zunächst möchte ich ein Bild des ganzen Zusammenhangs geben.

---

[74] „Die Attribute der Gesichtsempfindungen", Abhandlg. der Klg.-Pr. Ak. d. Wiss., Phil.-Histor. Klasse, 1917, S. 1–88.

[75] Z. B. bei Gelb oder Rot, wenn man durch eine schwarz ausgeschlagene Röhre eine Farbe betrachtet, dabei am Ende einen Lichteinfall ermöglicht. Diese Herstellung ist sehr einfach zu bewerkstelligen. Ausführliche Bemerkungen dazu bei Hering, zur Verdunkelung von Orange und Rot, a.a.O. S. 55 u. a.

Prinzipiell ist es so, daß 1. durch Helligkeits- oder Dunkelheitsveränderungen alle Farben mehr oder weniger in ihrer qualitativen Erscheinung beeinflußt werden, am wenigsten *Grün*, 2. daß wegen der jeweiligen Eigenart einer Buntheit (Verhältnis zwischen Buntheit und Farbhelle) und der sich damit ausdrückenden verschiedenen Beziehung zu Weiß, Grau und Schwarz auch ganz verschiedene Wirkungen bei einer Verbindung mit ihnen eintreten, die man nicht nach einem allgemeinen Nenner der Verschiebung beurteilen kann. Maßgebend ist daher allein die qualitative Eigenart selbst und die Helligkeit, die nötig ist, um sie in voller Farbigkeit wahrzunehmen. Geht man von diesen tatsächlichen Voraussetzungen aus, dann wird das ganze Problem schon viel leichter erklärbar.

Zu den grundsätzlichen Beeinflussungen der Buntfarben durch Intensitätswechsel der Helligkeit — Lichtstärke beim selbstleuchtenden Licht bzw. Beleuchtungshelle bei Pigmentfarben — zählt das sogenannte Purkinjesche Phänomen: Die Farben des Spektrums reagieren durch Erhöhung oder Verminderung der Lichtintensität verschieden, sofern man über einen gewissen Variationsbereich hinausgeht. Bei starker Intensitätserhöhung nähern sich außer einem bestimmten Rot und Grün die Farben dem Gelb und Blau.[76]

Die Wirkungen, die durch Helligkeitsveränderungen im allgemeinen entstehen, entsprechen weitgehend unseren alltäglichen Erfahrungen, wenn wir beim Heller- oder Dunklerwerden die Farben verschieden deutlich sehen.

Es ist klar, daß sich eine Farbtonveränderung jeweils ergeben muß, sofern für die Erscheinung der Buntheit eben ein ganz bestimmtes *Verhältnis zwischen Farbhelle und Buntqualität* notwendig ist, daß also die *Gelbhelle* bei Intensitätssteigerung der Lichtstärke noch deutlicher zum Ausdruck kommt, während sie bei der Verdunkelung geschwächt wird. Umgekehrt hat *Violett* eine nur schwache Farbhelle, so daß eine Intensitätsherabsetzung der Lichtstärke für Violett nur wenig bedeutet im Vergleich zu Gelb. *Blau* kann ebenso noch bei schwachem Licht gesehen werden, während andererseits Rot erst bei starker Lichthelle deutlich wird und heller erscheint, weil — und das ist nun ein ganz anderer Faktor — die Verdunkelung von Rot eine qualitative Veränderung zu *Rotbraun* bis *Braun* bewirkt. Jede Farbe bedarf also zu ihrer Erschei-

---

[76] Darüber liegt umfangreiches Untersuchungsmaterial vor, u. a. von Chodin (1887), Dreher (1912), Goldmann (1925), Frobes (1923), G. E. Müller (1930) und Hannibal (1943) s. Literaturverzeichnis. Die Ergebnisse, in meiner Dissertation ausführlich diskutiert, sind höchst widerspruchsvoll.

Hermann Helmholtz hat darüber berichtet a.a.O. S. 152 f.), Generell stellte er fest, „daß die Empfindungsstärke eine verwickelte Funktion der Lichtstärke ist". Purkinje (‚Zur Physiologie der Sinne', 1825) habe schon erwähnt, daß Blau bei schwächstem Licht noch gesehen wird, Rot erst bei starkem. „Rotes und blaues Papier", schreibt Helmholtz, sind „bei Tageslicht gleich hell, bei Einbruch der Nacht (ist) das blaue heller, das Rot oft ganz schwarz" (schwarzbraun). „Schon bei einer geringen Verstärkung des Lichts" erscheine „das Gelb stärker, bei einer geringen Schwächung das Gelb schwächer als das Violett". Es sei nicht möglich, für verschiedenfarbiges Licht Maßeinheiten so festzusetzen, daß das Auge Quantitäten beider Lichter, welche nach diesen Maßeinheiten gleich groß sind, auch immer als gleich hell empfindet.

nung eine bestimmte Lichtstärke, deren Veränderung sich für jede Qualität notwendig verschieden auswirkt.

Verglichen mit den qualitativen Farbtonveränderungen von *Gelb* und *Rot* durch Verdunkelung bzw. Schwarzmischung sind alle durch Aufhellung oder Verdunkelung der übrigen Farben entstehenden Verschiebungen ganz minimal. Man hat aber in der Farbenphysiologie und -psychologie bisher — um allgemeine Regeln, durchgängige Gesetze zu proklamieren — gerade jene minimalen Veränderungen herausgestellt, während man die wesentlichsten entweder bagatellisierte oder ihnen gleichsetzte. Darüber existiert eine umfangreiche, in sich höchst widerspruchsvolle Forschung.[77]

Ein Ergebnis ist jedenfalls nicht wegzudiskutieren, auch wenn man nur die minimalen Veränderungen durch das Purkinjesche Phänomen berücksichtigen würde: Die Sättigung kann in keiner Weise als kontinuierlicher qualitativer Maßstab, als „Dimensionsbegriff" für die Farbwahrnehmung verwendet werden, wie es auch in modernen Lehrbüchern immer noch geschieht, trotz aller schon vorgebrachten Einwände! Man möchte eine insgesamt für alle Farben geregelte Theorie besitzen, in der zugleich die begriffliche Einheit zwischen physikalischer und psychologischer Methode bewahrt ist. Auf dieser Ebene läßt sie sich nicht nachweisen, höchstens erzwingen mit allen damit verbundenen Ausklammerungen, Unklarheiten und Widersprüchen. Extrem sichtbar wird das an der Behandlung zweier Farben, die eben deshalb so vernachlässigt worden sind, weil sie sich nicht einordnen ließen: *Braun* und *Olivgrün*. Das soll nicht bedeuten, daß uns Olivgrün so wichtig wäre wie Braun. Aber als Farbwert existiert es, gehört aber nicht zum Grün wie Blau- und Gelbgrün, sondern genetisch zum Gelb. Was bedeutet diese Merkwürdigkeit?

d) Als Sättigungsstufen verdrängte Farben: Braun und Olivgrün

„Jede deutlich gelbhaltige Farbe", führt Hering aus, „sei sie durch eine homogene oder zusammengesetzte Strahlung bewirkt, läßt sich durch Schwärzung in ein Braun verwandeln.... Ein orangefarbenes Feld wird durch entsprechende Verhüllung mit Schwarz kastanienbraun, noch rötlichere Farbentöne (Feuerrot) geben Rotbraun, grünlichgelbe Olivenbraun, das ist ein grünliches Braun".[78]

Nun sind es aber gerade nicht die gelbhaltigen, sondern die *rothaltigen* Farben (außer Purpur!), die sich durch Schwärzung oder Verdunkelung zu Braun verändern. Selbst Karmin zeigt noch ein dunkles Braun. Mit *Gelb* gemischtes Schwarz dagegen gibt *Olivgrün*. Davon spricht Hering überhaupt nicht. Bernays, obwohl er die Mischung von Orange und Schwarz zu Braun hervorhebt, schließt sich doch Herings Auffassung an und sagt, daß man in *Braun* eine Farbe habe, die „zwei Grundqualitäten, Gelb und Schwarz zu etwas neuem kombiniert".[79] Dabei ist er sich durchaus darüber

[77] Eine Übersicht der einzelnen Untersuchungsergebnisse (Bernays, Hannibal, Kirschmann, Müller und Ostwald) findet sich in meiner Dissertation, S. 137–40.

[78] A.a.O. S. 55.

[79] A.a.O. S. 186 und Anm. 6.

im klaren, daß Gelb und Schwarz Olivgrün ergibt! An anderer Stelle heißt es gar: „Schwarz mit Rot allein ergibt natürlich nicht Braun.“ Hannibal gibt zwar an, daß „der reine Braunton objektiv nicht durch die Verdunkelung von Gelb, sondern lediglich durch die Verdunkelung eines Orangetons hervorgerufen werden kann“[80], aber auch er weicht dem Rot aus und hebt die Bedeutung seiner Feststellung auch noch weitgehend dadurch auf, daß er zugleich bemerkt, „*Braun* sei die empfindungsmäßig adäquate Verdunkelungsstufe von *Gelb*“, und es wäre „lediglich auf die ... generelle Farbtonverschiebung ... zurückzuführen“, daß Braun nicht aus dem verdunkelten Gelb hervorgehe.

Es bestätigt aber gerade die phänomenologische Analyse des Braun, die ich im Anschluß an Schönes Annahme von Braun als „Dritten Farbbereich“ durchgeführt habe (vgl. S. 68), daß auch genetisch das eigentliche Braun aus der Verbindung von *Rot und Schwarz* hervorgeht, und in Purpur die Brückenfunktion von Braun als bunt-unbunter Ausgleichsfarbe endet.

Mit dem *Olivgrün* hat sich zuerst K. T. Österreich (1928) eingehend befaßt („Das zweite Grün“). Er hat seine durch Farbabbildungen belegten Untersuchungen auch auf die Lichtfarben ausgedehnt. Nicht nur Pigmentfarben, sondern auch „spektralreines Gelb“ werden bei ausreichender Intensitätsherabsetzung Grün. Er folgert dann, daß „ganz konsequent und rücksichtslos ausgedrückt werden müßte:

„Es gibt überhaupt kein Gelbschwarz ... sondern statt Gelbschwarz tritt etwas ganz anderes, nämlich grün auf.... Verdunkeltes gewöhnliches Grün sieht ganz anders aus. Wir haben es also wirklich mit einem ‚zweiten‘ Grün zu tun.“[81]

Ostwald stellte zwar fest, daß wir „verdunkeltes Gelb gar nicht Gelb zu nennen pflegen, sondern Olivgrün“[82], dennoch ordnet er Olivgrün als Sättigungsstufe von Gelb, zusammen mit Gelbbraun und Braun in ein „farbtongleiches Dreieck“. Evidente Sinneserfahrungen werden damit übergangen, oder man versucht gar durch fragwürdige Manipulationen Unregelmäßigkeiten auszuschalten, um scheinbar ‚ordnungsfeindliche‘ Störungen aus dem Wege zu räumen. So behauptet ein Psychologe, Hans Podesta, einfach: „Gelb bleibt Gelb ... einerlei, ob hell oder dunkel, gesättigt oder ungesättigt.“[83]

Diese Versuche, das *Olivgrün* fort zu bagatellisieren, sind keineswegs Ausnahmen. Man hat sogar versucht, Österreichs Angaben als „psychische Synthese“ abzutun. Dem Gelb sei Grün beigemischt, und deshalb erscheine es bei der Verdunkelung grünlich. Der Farbenpsychologe F. Kiesow machte umfangreiche Experimente, um das zu beweisen.[84] Auch Bernays entschiedener Widerspruch gegen die abstrakte Sättigungsreihe

---

[80] A.a.O. S. 252.

[81] T. K. Oesterreich, „Das zweite Grün“, in Ztschr. f. Sinnesphysiol. II. Abtlg. Bd. 59, 1928, S. 371.

[82] „Farbfibel“, S. 25.

[83] A.a.O. S. 40.

[84] „Die Entstehung der Braunempfindung“, „Neue Psychol. Studien“, Bd. 6. S. 119–130, 1930.

Gelb–Grau, nachdem er seinerseits das Olivgrün entdeckte, blieb (wie seine ganze Arbeit) ohne Einfluß auf die traditionsgebundene Farbenordnung, obwohl jedes Schulkind beim Farbenmischen von Gelb und Schwarz bemerkt, daß ein ‚schmutziges' Grün entsteht.

Erst dann, wenn Braun und Olivgrün-Olivbraun einen Platz erhalten, kann die Farbenordnung intakt sein, da wir besonders durch diese Farben den Zusammenhang zwischen den bunten und den unbunten, allgemeinen Farben bestimmen können.

Es zeigt sich, daß Olivgrün in das als dritten Farbbereich bezeichnete Braungebiet gehört: *So wie Gelb über Orange an Rot anschließt, schließt Olivgrün über Olivbraun an Braun an, wenn Gelb, Orange und Rot verdunkelt bzw. mit Schwarz gemischt werden.* Das wäre für die spätere Übersicht der Gesamtordnung festzuhalten.

Olivgrün ist eine *eigentliche Mischfarbe* und macht einen unreinlichen Eindruck. Es ist weniger als ‚zweites Grün' denn als ‚falsches Grün' zu begreifen. Man kann dann sagen, das wahre Grün steht zwischen Gelb und Blau, ist wahre Buntheit. Das falsche Grün steht zwischen Gelb und Schwarz und ist eine echte Mischfarbe. Das gerade gilt nicht für Braun, welches als neue, eigene Qualität aus der bunt-unbunten Auseinandersetzung hervortritt, nicht im Schatten einer anderen Buntheit steht. Daher sollten wir den Ausdruck Mischfarbe in einer psychologischen Farbenlehre auch nur für solche Farben verwenden, die es augenscheinlich, d. h. ihrem phänomenalen Ausdruck nach sind, wie eben Olivgrün.

Zur Orientierung stelle ich die in Betracht kommenden Beziehungen für Braun und Olivgrün zusammen:

Gelb		Olivgrün
Orangegelb		Olivbraun
Orange		Gelbbraun
Rot Z	+ Schwarz–Grau =	Braun
Rot (Mittelrot)		
Karminrot		Rotbraun
Purpur		Purpurgrau

e) Schlußergebnis: Zur Definition der Begriffe Sättigung und Intensität

1. Die Sättigung kann als physikalischer Maßbegriff und im physikalisch-physiologischen Grenzgebiet eindeutige Verwendung finden. Als psychologischer Begriff, zur Beurteilung des Wahrnehmungsbefundes der Buntfarbigkeit ist die Sättigung nur als Gradbegriff der *Sattheit* brauchbar, also unabhängig gesehen von Beziehungen zwischen den bunten und unbunten Farben. Nur in einigen Fällen, vornehmlich bei Grün und Blau könnte man von Sättigungsreihen im alten Sinne der Beziehung zwischen Buntheitsreinheit und Schwarz-Weiß-Gehalt sprechen. Das aber dürfte sich kaum loh-

nen. Es ist besser, in diesen Fällen bei der direkten Farbansprache zu bleiben, wie Graugrün, Schwarzgrün, Graublau, Dunkelblau usw.

2. Wegen der Vieldeutigkeit des Begriffes Sättigung ist es sinnvoller für ihre Funktion als Maßbegriff des Sattseins einer Farbe über einen klareren Begriff zu verfügen. Man sollte besser (im Sinne des Buntheitsgrades) von der *Intensität* sprechen.

Als Bedingungen für die Verwendung des Intensitätsbegriffes nennt Stumpf „graduelle Abstufung, Steigerung und Abnahme, letztere bis zu Null.... Daß dabei die Gesichtsempfindung nicht überhaupt Null wird, sondern stets zum mindesten das Augenschwarz (Augengrau) übrigbleibt, ist eine Tatsache für sich, die den allgemeinen Charakter des Intensitätsmerkmals nicht aufhebt".[85]

Der Intensitätsgrad einer bunten Farbe bezeichnet demnach den Stärkegrad der Farbigkeit, läßt aber die genetischen Bedingungen unberührt. Die Intensität wird gemessen zwischen Null (Auflösung der Buntheit bzw. Unterschwelligkeit) und der Maximalintensität, die wir im *Grundton* einer Qualität zu bestimmen haben. Modifikationsbegriff für die Intensität kann die *Reinheit* sein.

3. Wir sehen und beurteilen die Farbigkeit naturgemäß vom Hellen, vom Licht her. Diese Gewohnheit sollten wir als Faktum berücksichtigen, anstatt sie zugunsten einer abstrakten, theoretischen Objektivität zu übergehen. Tut man das, vereinfacht es die Situation bei der Beurteilung wesentlich, weil dann die Intensität allein vom hellen Pol aus gemessen werden kann. Wir würden dann von geringer Intensität sprechen, wenn wir sehr aufgehellte, erblaßte, aber sonst reine Farben meinen. Zur anderen Seite hin, zum dunklen Pol verändert sich entweder – wie bei Gelb und Rot – mit zunehmender Verdunkelung auch die Qualität (Olivgrün und Braun), oder aber, wo dies nicht geschieht – wie bei Grün – nimmt die Buntheitsintensität wiederum ab, aber damit nicht die *allgemeine Farbintensität*. Es ist besser in diesen Fällen, wie schon erwähnt, vom Grau- oder Dunkelgrün zu sprechen.

Schließlich wird sich immer erweisen, daß eine *direkte* Farbansprache allen begrifflichen Messungen überlegen ist, so wie wir z. B. vom Weinrot, Mohnrot, Rubinrot, Rosenrot, Tintenblau, Marineblau, vom Rostbraun, Kaffeebraun, Türkisgrün, Grasgrün oder Bananengelb, Korngelb, Zitronengelb usw. sprechen. Tatsächlich kann man sich mit diesen dinglichen Farbbezeichnungen viel genauer ausdrücken. Viele Unklarheiten über Farbangaben in der wissenschaftlichen Forschung wären wohl vermieden worden, wenn man von ihnen mehr Gebrauch gemacht hätte. (Zur Information über Farbnamen kann man das „Farbnamenlexikon, von A–Z" von Georg Seuffert [1955] heranziehen.)

3. Die Beziehungen zwischen bunten und unbunten Farben

Zusammenfassende Übersicht

Rot und *Purpur* haben zu den unbunten, allgemeinen Farben die größte Distanz. Auch *Violett* und *Orange* haben zu keiner der unbunten Farben besondere Nähe.

---

[85] A.a.O. (s. Anm. 74) S. 45 f.

Gelb und *Blau* dagegen drücken deutliche Beziehungen zu Weiß und Schwarz aus. Wie ist es mit *Grün*?

Um Grün näher zu bestimmen, ist seine Stellung zwischen Gelb und Blau maßgebend. Wie es den Gelb-Blau-Gegensatz in sich als Buntheit ausgleicht, so auch den Farbhellengegensatz zwischen dem hellen und dunklen Blau. Von Grün geht nicht zuletzt deshalb eine besonders stabile, ausgeglichene Wirkung aus: es ist die neutrale Buntheit der Buntfarben. (Dem entspricht auch der physiologische Faktor: Auf Grün, genauer auf Gelbgrün, ist unser Auge abgestimmt, findet hier insofern seine organische Mitte, seine Ruhelage und Befriedigung.[86])

Diese Eigentümlichkeit des Grün läßt sich mit *Grau* vergleichen, der neutralen unbunten Farbe. So ist Grau die allgemeine und Grün die bunte Neutralität!

Es ergeben sich folgende Proportionen:

Gelb zu Blau	wie	Weiß zu Schwarz
Gelb zu Grün	wie	Weiß zu Grau
Blau zu Grün	wie	Schwarz zu Grau
Grün zu Gelb und Blau	wie	Grau zu Weiß und Schwarz

Herrscht zwischen diesen Farben eine klare Symmetrie, die weniger als direkte Farbverwandtschaft als vielmehr in der gegenseitigen, einander stellvertretenden Entsprechung der Farbordnung zwischen beiden Farbbereichen gedeutet werden sollte, so bedarf die größte Distanz zwischen beiden *Rot–Schwarz* der Vermittlung, der Überbrückung: *Braun*. Purpur andererseits, so sehr es mit Rot verwandt ist, einigt die Buntheitsspannungen und ist in der Lage, sich ohne Vermittlungsfarbe mit Grau und Schwarz zu verbinden (Purpurgrau, Purpurschwarz).

Die genetische Beurteilung zeigt, daß die eigentliche Spannung zwischen beiden Farbbereichen – übereinstimmend mit der ästhetischen Empfindung – zwischen den positiven Buntheiten und den negativen unbunten Farben besteht. Ich erinnere an den begrifflichen Unterschied zwischen dem *Abstandskontrast* aller Buntfarben zu Weiß und dem *Spannungskontrast*, der natürlich vorwiegend für die Buntfarben gilt, die von Grau und Schwarz weit entfernt sind.

So lassen sich Grün, Blau und Violett unmittelbar über Grüngrau, Blaugrau und Violettgrau überführen, Gelb-Orange-Rot aber nur über Vermittlungsfarben: Olivgrün, Olivbraun–Braun (Dritter Farbbereich).

[86] Vgl. die IBK-Kurve der „Internationalen Beleuchtungskommission", Abb. u. a. in „Einführung in die Farbenlehre", a.a.O. S. 32.

E. KRITISCHE BEMERKUNGEN ZU FARBENMISCHUNGEN

1. Optische und substantielle Mischungen

Es war schon davon die Rede, daß man sich seit Jahrzehnten fast ausschließlich nach den Ergebnissen additiver, optischer Mischungen ausrichtet.

Bei der Feststellung des Unterschiedes zu den subtraktiven Malerfarben läßt man es, soweit ich sehe, bisher bewenden. Man liest zum Beispiel folgende „Erklärung": „Mischt ein Maler auf seiner Palette Gelb und Blau, so erhält er Grün und nicht etwa Weiß wie bei den Spektralfarben."[87] Zunächst einmal stolpert der aufmerksame Leser über das ‚Weiß'. Denn niemals läßt sich aus Gelb und Blau Weiß herstellen, sondern nur Licht bzw. Grau (bei der Farbkreiselmischung). Ich möchte mich aber hier dem Begriff der Spektralfarben zuwenden. Die additive Mischungsmethode ist in dem zitierten Satz, der der üblichen Auffassung entspricht, einfach verallgemeinert. Daß es auch subtraktive optische Mischungen gibt, wird übergangen. Wirft man beispielsweise durch ein gelbes und darauf durch ein blaues Glasfilter Licht, so erhält man ja keinesfalls farbloses Licht, sondern – genauso wie bei der substantiellen Mischung – Grün! Man kann, um subtraktive optische Mischungen zu erzeugen, sehr verschiedene Methoden verwenden.[88]

In der gesamten mir bekannten Fachliteratur hebt man stets den Unterschied beider Mischungsarten hervor und exemplifiziert vornehmlich mit Gelb, Blau und Grün bzw. Grau und Licht. Aber man findet keine textliche, noch bildliche Darstellung der subtraktiven optischen Mischung von Gelb und Blau zu Grün, während gerne Farben genommen werden, die sich subtraktiv optisch komplementär sind, sich zu ‚Schwarz' mischen, wie Grün (Blaugrün) und Rot. Nur in dieser Weise wird von der subtraktiv optischen Mischung gesprochen. Es verändert sich aber der Unterschied zwischen optischen und substantiellen Farben erheblich, wenn wir einsehen, daß die verschiedenen Mischungsergebnisse nichts mit dem Unterschied zwischen optischen und substantiellen Farben zu tun haben, sondern nur mit der Tatsache, daß Malerfarben, Pigmentfarben sich eben nur subtraktiv mischen lassen (es sei denn, daß man sie mit Hilfe des Farbenkreisels auch additiv, also als optische Farben behandelt).

Der Gegensatz zwischen Körperfarben und Lichtfarben wird sehr viel geringfügiger, wenn man sich darüber klar wird, daß subtraktive optische Mischungen – nicht etwa nur bei Gelb und Blau – zu denselben Ergebnissen führen wie bei der substantiellen Mischung.

Nun bleibt gewiß immer noch das verschiedene Resultat bei beiden Mischungsmethoden bestehen. Aber – und gerade bei dem markantesten Unterschied *Gelb* und *Blau* – hat das einleuchtende Gründe. Um sie kennenzulernen, müssen wir das allgemeine Mischungsgesetz kennen, wie es Ostwald formuliert hat: „Durch

---

[87] Bei E. Boller, „Physik der Farbe", a.a.O. S. 14.

[88] Z. B. durch Hintereinanderschalten von farbigen Gläsern oder Betrachten farbigen Lichts und farbiger Gegenstände durch farbige Gläser.

Mischung zweier Farben entsteht immer eine Farbe, welche in der Mitte zwischen den Teilfarben liegt."[89] Um das zu verdeutlichen, habe ich nachstehend die bunten Hauptfarben zusammengestellt, die jeweils durch eine andere Hauptfarbe getrennt sind, und eben *diese* erscheint als Mischfarbe der beiden Ausgangsfarben:

Rot Z	Orange	Gelb
Orange	Gelb (Braungelb)	Grün
	Licht (Grün)	Blau
Grün	Blau	Violett
Blau	Violett	Karminrot
Violett	Purpur	Rot Z–Rot
Purpur	Rot	Rot Z

(Die in Klammern angegebenen Farben gehen aus der substantiellen Mischung hervor.) Nur in zwei Fällen besteht ein qualitativer Unterschied zwischen additiver und subtraktiver Mischung. In allen anderen, die hier angegeben sind, verhalten sich beide Mischungsarten gleich! Wie verhält es sich nun mit Gelb und Blau?

Auffallend ist doch, daß diese Farben einander *komplementär* sind, daß hier die einmalige Konstellation vorliegt, daß ein Komplementärfarbenpaar nur durch *eine* andere Farbe getrennt ist. Alle anderen Komplementärfarben haben mehrere Qualitäten zwischen sich liegen. Bei der Mischung von Gelb und Blau trifft nun das Komplementärfarbengesetz (zwei Farben sind komplementär, wenn sie sich zu farblosem, reinen Licht ergänzen bzw. zu Grau-Schwarz [subtraktiv] oder zur Strahlung Null) mit dem Farbenmischungsgesetz unmittelbar zusammen. Beide *überschneiden* sich. Dabei ist es sinnvoll, daß das Komplementärfarbengesetz dominiert, Grün also eliminiert, aufgehoben wird, weil sich Gelb und Blau miteinander ausgleichen. *Blau* und *Orange* beispielsweise sind auch komplementär (genauer: zu Orange gehört das eigentliche Blau, zu Gelb das Indigoblau). Aber hier herrscht keine „Konkurrenz" zu einer zwischen ihnen liegenden Farbe, weil das Farbmischungsgesetz nur insofern gilt, als zwei Farben nur durch eine andere geschieden sind, da sonst eine ‚Mischfarbe' entsteht (s. weiter unten).

Untersuchen wir weiter, so findet sich auch die Differenz zwischen dem Blau, das zu Orange, und dem, das zu Gelb komplementär ist. Denn wenn man Gelb mit einem langwelligeren Licht als Indigoblau mischt, mit dem Orange entsprechenden Blau (Cyanblau nach Helmholtz), so entsteht auch bei der additiven Mischung ein grünliches Licht! Ich kann mich dabei auf die tabellarischen Angaben von Helmholtz bei

[89] „Farbenlehre", 2. Bd. „Physikalische Farbenlehre", 1919, S. 104.

der Farbenmischung berufen. Sie gehen auf seine eigenen Beobachtungen zurück. Es ist merkwürdig, daß darüber in der Forschung kein Kommentar zu finden ist.[90]

Tabelle additiver Farbenmischungen nach H. Helmholtz[91]

(nur Spektralfarben)

	Violett	Indigobl.	Cyanblau	Blaugrün	Grün	Grüngelb	Gelb
Rot	Purpur	dk. Rosa	ws. Rosa	,Weiß'	ws. Gelb	Goldgelb	Orange
Orange	dk. Rosa	ws. Rosa	,Weiß'	ws. Gelb	Gelb	Gelb	
Gelb	ws. Rosa	,Weiß'	ws. Grün	ws. Grün	Grüngelb		
Grüngelb	,Weiß'	ws. Grün	ws. Grün	Grün			
Grün	ws. Blau	Wasserbl.	Blaugrün				
Blaugrün	Wasserbl.	Wasserbl.					
Cyanblau	Indigobl.						

2. Addition und Subtraktion von Rot und Grün

Spricht man einfach von der Rot-Grün-Mischung oder der Rot-Grün-Komplementarität, so bleibt unberücksichtigt, daß ,Rot' ein vager Farbname ist. Ist das spektrale Rot (Rot Z) gemeint, so ist nicht Grün, sondern *Grünblau* die Gegenfarbe. In der Literatur aber stellt man einfach die additive Mischung von Rot und Grün zu *Gelb* der subtraktiven zu *Schwarz* gegenüber! Das ist aus mehreren Gründen unberechtigt:

1. Nicht die Rot-Grün-Mischung ergibt additiv Gelb, sondern nur die von *Orange und Grün* (ein aufgelichtetes, weißliches Gelb entsteht aus Spektralrot und Grün). Die subtraktive (substantielle und optische) Mischung von Spektralrot (und Mittelrot) und Grün erzeugt nicht Schwarz sondern *Braun*. Um das nachzuprüfen, mische man einmal Malerfarben oder betrachte durch ein grünes Glas rote Gegenstände![92] Erst die Mischung von *Karminrot* oder *Purpur* mit *Grün* ergibt *Grau–Schwarz* und additiv *Licht*.[93]

2. Die additive Mischung von Orange und Grün zu Gelb unterscheidet sich von der subtraktiven nur in der substantiellen, d. h. auch die subtraktiv-optische ergibt

[90] Bei H. Westphal, a.a.O. S. 187 fand ich folgenden Hinweis: „Die Mischung von reinem Blau und Gelb haben Brentano („Untersuchungen zur Sinnesphysiol.", 1907, S. 27) und A. v. Tschermak („Archiv für die ges. Physiol. Nr. 117, S. 48 f.) vorgenommen. Beide fanden die Mischung *grünlich*."

[91] A.a.O. S. 108.

[92] Ich habe dazu Signalgläser verwendet und zahlreiche Versuche gemacht, die zu denselben Ergebnissen führten.

[93] Wie wenig man sich um diesen Unterschied kümmert – weil man Braun vernachlässigt – sieht man z. B. an der Diskrepanz zwischen der textlichen Erklärung und der Abbildung zur subtraktiven Mischung von Grün und Rot in der „Einführung in die Farbenlehre" a.a.O. S. 13 f. Heißt es im Text, daß die Mischung *Schwarz* ergebe, so sieht man deutlich, daß auf der Abbildung die Überschneidungszone zwischen den beiden Farbkreisen *Dunkelbraun* aussieht.

Gelb. (Zum Nachprüfen lasse man eine Projektionslampe durch ein grünes und dann ein orangefarbenes Glas auf eine weiße Wandfläche scheinen.) Wenn statt Gelb *Braungelb* bei Pigmentfarbenmischung entsteht (nicht Gelbbraun, nicht Braun), so ist die Annäherung an Gelb deutlich genug sichtbar. Da Orange dem Rot nahe ist und aus Rot und Grün Braun entsteht, ist es klar, daß kein reines Gelb erscheinen kann (das ohnehin die empfindlichste Farbe ist). Praktisch gleicht die Mischung fast der von Rot und Grüngelb, die zu Gelbbraun führt, sowohl optisch wie substantiell. (Optische Kontrolle z. B. beim Betrachten von spektralrot scheinenden Lichtern durch ein grüngelbes Glas.) Die substantiellen Mischungen mag jeder Leser selbst mit Pinsel und Farben prüfen. Nachstehend gebe ich eine Übersicht der Mischungsreihe von Orange–Rot–Purpur und Blau–Grün–Gelb.

Mischungsfarben	additiv	subtraktiv-optisch	subtr.-substantiell
Orange und Blau	Licht (Grau)	o	Grau–Schwarz
Orange und Grün	Gelb	Gelb	Braungelb –Olivbraun
Rot Z und Grünblau	Licht (Grau)	o	Grau–Schwarz
Rot Z und Grün	Lichtgelb Goldgelb	Gelbbraun-Braun	Braun
Rot Z und Grüngelb	– Orangegelb Grün	Orangegelb	Gelbbraun
Karminrot und Blaugrün	Licht (Grau)	o	Grau–Schwarz
Purpur und Grün	Licht (Grau)	o	Grau–Schwarz

3. Allgemeine Mischungsgesetze

Zusammenfassung

Die Mischung zweier benachbarter Farben erzeugt einen mittleren, zwischen ihnen liegenden Farbton. Sind zwei Qualitäten nur durch eine andere getrennt, wie Gelb und Rot und durch Orange, so ergibt sich diese aus deren Mischung. Eine Ausnahme bildet Grün zwischen Gelb und Blau, da seine Nachbarfarben zugleich Komplementärfarben sind. Dominiert in der additiven Mischung das Komplementärfarbengesetz, so in der subtraktiven das Farbmischungsgesetz. Beide drücken die doppelte Beziehung zwischen Gelb und Blau zu Grün bzw. zum Licht oder Grau aus, so wie andererseits die Funktion des Grün für die Buntfarbigkeit dieselbe ist wie die des Grau für die unbunten, allgemeinen Farben: Hell-Dunkel-Ausgleich und qualitativer Buntheitsausgleich im Grünen.

Davon abgesehen verhalten sich in den anderen Fällen additive und subtraktive Mischungen prinzipiell gleich. Bei substantiellen Mischungen entstehen im Vergleich zu den subtraktiv-optischen getrübte Farben, aber von deutlich bemerkbarer, gleicher Hauptqualität. Bei der Mischung von Orange bis Rot und Grün verschiebt sich der Farbton von Gelb nach Braun. Braun übt hier Ausgleichsfunktionen verschiedener Art aus.

Je mehr sich der Abstand zwischen zwei Farben vergrößert und sich dem komplementären Ausgleich nähert, desto aufgelichteter (additiv) resp. dunkler (subtraktiv) werden die Mischungsfarben. Subtraktiv entstehen Braunfarben, wie bei Rot und Grün oder Orange und Blaugrün, Gelb und Violett, — bis sich der Ausgleich im Grau—Schwarz ergibt. Braun fungiert als Grenzfarbe der Komplementarität.

Bei Farben, die der Lage nach weiter auseinander liegen als ihre komplementären Grenzen, entstehen bei additiver Mischung Purpurfarben — das hat bereits Helmholtz hervorgehoben[94] — bei der subtraktiven wiederum Braunfarben, wie bei Rot und Blau, Orange und Violett, Gelb und Purpur. Braun zeigt sich also sowohl vor wie hinter dem komplementären Ausgleichspunkt: es zeigt an, daß sich zwei bunte Farben nicht völlig ausgleichen! So erfüllt *Braun* zwei einander verwandte Funktionen: 1. ist Braun bunt-unbunte Kompensations- oder Ausgleichsfarbe, 2. auch Ausgleichsfarbe der Buntheiten an den komplementären Übergangsgrenzen.

Es bleibt zu bemerken, daß die hier mitgeteilten Mischungsergebnisse nur grob gefaßt sind und es auch nur sein können, bedenkt man die steten Übergänge zwischen allen Farben, so daß exakte Angaben nicht so sehr wegen der praktischen Schwierigkeiten kaum möglich, sondern für die Formulierung von Mischungsgesetzen kaum nützlich sind, weil die Welt der Farben in ihren fließenden Übergängen sich punktuell exakten Beschreibungen ihrem Wesen nach entzieht. Jedoch sind den vorliegenden Angaben zahlreiche Versuche vorangegangen, die den einzelnen Fall in verschiedener Weise kontrollierten.[95]

Das entscheidende Resultat der Untersuchungen der Mischungen scheint mir die Aufhellung der für additive und subtraktive Mischungen gemeinsam geltenden Mischungsgesetze zu sein. Damit sollten die in der Farbenlehre so vernachlässigten Pigmentfarben eine ungleich größere Rolle spielen können. Das dürfte auch für den Kunsthistoriker von großer Bedeutung sein. Manche allzu überspitzten Unterscheidungen und Fehlschlüsse, scheinbar unumgängliche Auftrennungen und Alternativen fallen dann fort, — die ja vorwiegend eine Zusammenschau der Farbenordnung verhindert haben.

---

[94] A.a.O. S. 107: „Wenn man zwei einfache Farben mischt, ... die in der Spektralreihe weiter voneinander abstehen, als Komplementärfarben, so erhält man Purpur oder solche Farben, die zwischen einer der gemischten und dem entsprechenden Ende des Spektrums liegen. ..."

[95] D. h. es wurden sowohl Versuche mit Aquarellfarben — direkt in Wasser gelöst, oder auf Papier vermischt — als auch mit anderen Farbstoffen, wie Ölfarben, Tinten und Buntstiften gemacht.

4. Die Vieldeutigkeit des Farbeindrucks bei der spektralen Zusammensetzung

Ich habe das Problem der Farbenmischung bewußt nicht mit der Frage nach der spektralen Zusammensetzung verknüpft, weil es uns im Grunde nicht zu interessieren braucht. Man muß sich aber stets darüber klar sein, daß das Ergebnis einer Farbenmischung nicht direkt von der spektralen Zusammensetzung, d. h. von der physikalischen Analyse abhängt. Denn nach dem 1. Graßmannschen Gesetz ergeben Farben, die gleich aussehen, gleiche Mischungsergebnisse, auch wenn sie spektral verschieden zusammengesetzt sind. Unser Auge macht zwischen einem monochromatischen Gelb und einem polychromatischen keinen Unterschied. Andererseits haben wir gesehen, daß sich monochromatische Lichtfarben genauso verhalten wie polychromatische vom selben Aussehen, d. h. ein Gelb, das aus Orange und Grün gemischt ist, wird sich mit Blau genauso zum reinen Licht ausgleichen wie ein monochromatisches, also einfaches, elementares Gelb. Die komplementäre Ergänzung wird jedenfalls durch unser Auge vollzogen.

Dennoch ist es wahrscheinlich anzunehmen, daß die Farbenmischungen schließlich doch auch an bestimmte Strahlungsverhältnisse gebunden bleiben. Es gibt nämlich eine eigentümliche Erscheinung bei der additiven Mischung von Spektralfarben, die dem zu widersprechen scheint: die komplementäre Mischung zwischen monochromatischem Licht und der *Summe* der übrigen Lichtfarben. Nicht nur zwei komplementäre monochromatische Lichter ergänzen sich zum farblosen (aber verschieden hellen!) Licht, sondern auch zwei Komplexe des Spektrums.[96] Das ist zwar zunächst nicht verwunderlich, wenn wir bedenken, daß ja aus gemischten Lichtfarben wieder solche hervorgehen, die bereits als monochromatisches Licht vorhanden sind. Aber wenn man bedenkt, daß jede Spektralfarbe auch Komplementärfarbe zur Mischfarbe aus allen anderen Spektralfarben ist, dann läßt sich dies kaum aus den besprochenen Mischungsgesetzen erklären.

Lenkt man z. B. den blauen Spektralbereich bei der prismatischen Zerlegung des Lichts ab, so ergibt die Vereinigung aller übrigen Spektralfarben Orange, oder wenn man Rot ablenkt, so entsteht Grünblau. Ich möchte nun fragen, ob es wirklich berechtigt ist, hier von Komplementärfarbe zu sprechen, deren eine aus der Mischung der gesamten Spektralfarben außer der Gegenfarbe, dem Gegenlicht selbst, hervorgegangen sein soll!

Ist es nicht vielmehr so: Wird eine Spektralfarbe ausgeblendet, so ist die Komplementärfarbe nicht mehr in der Lage, sich auszugleichen. Die Farbe des Restspektrums erklärte sich dann allein aus der Tatsache, daß z. B. im Falle Rot, das ausgeblendet ist, Grünblau seines Partners beraubt ist! Es wäre nachzuprüfen, ob die Farbe des Rest-

[96] Hierzu einen aufschlußreichen Hinweis von Helmholtz, a.a.O. S. 153: „Wenn wir Weiß" (Licht) – „von verschiedener Helligkeit zusammensetzen, so geschieht dies durch Lichtquanta der Komplementärfarben, die ein konstantes Verhältnis der objektiven Intensität, aber ein sehr wechselndes Verhältnis der subjektiven Helligkeit (!) zueinander haben."

spektrums heller erscheint, als sie es als monochromatische Lichtfarbe ist. Ließe sich das nachweisen, so würde es bedeuten, daß die Farbe zusammen mit dem farblosen Licht erscheint, das sich aus dem komplementären Ausgleich der übrigen Farben ergibt.

Wenn die ausgeblendete Farbe wieder mit dem Restspektrum vereinigt wird, entsteht wieder farbloses, volles Licht, meiner Ansicht nach aber nicht aus der Ergänzung zur Mischfarbe, sondern durch die Ergänzung mit dem komplementären Spektralbereich, der allein sichtbar, ‚übrig geblieben' ist, während alle anderen Farbbereiche sich bereits zum farblosen Licht vereinigt haben.

Es wäre vielleicht eine Prüfungsmethode, beide Spektralfarben, die komplementär sind, auszublenden und festzustellen, ob sich auch dann eine Farbe des Restspektrums ergibt oder aber, wie ich annehmen möchte, reines Licht!

DRITTER TEIL

ENTWURF EINER ALLGEMEINEN PSYCHOLOGISCHEN FARBENORDNUNG

A. LICHT UND FARBE IN STUFENWEISER BETRACHTUNG DER ELEMENTE

1. Licht und Dunkelheit

Licht können wir in zwei allgemeinen Erscheinungsweisen sehen: als Licht-Quelle und als Licht-Helle.

Für die Helle ist die Lichtquelle Voraussetzung. Da sich an der Lichthelle unser Sehen ausbildet, sei sie als die allgemeinste optische Wahrnehmung des Lichts begriffen. (Wenn ich im folgenden vom Licht oder von Lichtern spreche, ist damit die Licht-Quelle gemeint.)

Wir sehen und empfinden *in* und *mit* der Helle. Sie ist das Medium unseres Sehens: Helle ist nicht als ein Objekt unseres Sehens sichtbar. Wenn wir sehen, dann weil Helle da ist. Helle verschafft uns erst die Sichtbarkeit. Sagen wir: es ist hell, stellen wir damit zugleich fest: wir können sehen. Dagegen kann man eigentlich nicht sagen: ich sehe die Helle (die Helle für sich).

Die wesentlichste Eigenschaft der Helle ist also identisch mit unserem Sehen selbst: ist die Erscheinung der Sichtbarkeit: die Sichtbarmachung.

Helle ist formlos und grenzenlos.

Im Unterschied zur Helle ist Licht oder die Lichtbahn für sich selbst unmittelbar sichtbar. Wenn wir z. B. die Sonne am hellen Tageshimmel sehen, erkennen wir sie als gesehenes Objekt, in runder Form. Da Licht die jeweilige Helle bedingt, ist es immer heller als die ihm zugehörige Ausbreitungshelle. Die größere Intensität der Lichtquelle also und die sichtbare Form sind uns, neben der Leuchtkraft, wesentliche Merkmale des Lichts im Verhältnis zur Helle, die wir auch als formlos ausgebreitetes Licht charakterisieren können.

Für unser Seherlebnis bedeuten diese beiden Erscheinungsweisen des Lichts als Quelle und Helle die Grundelemente, die Axiome: Helle als das Medium des Sehens selbst, die wir nur in ihrer Beziehung zu Gegenständen, Räumen oder Farben ‚sehen' können (der Horizont, die Wolkendecke fallen auch unter die Gegenständlichkeit, während das Blau des Himmels als freie Farbe in der jeweiligen Helligkeit erscheint), Helle als die Voraussetzung zur Sichtbarkeit, und Licht als etwas Gesehenes, Sichtbares.

In der bloßen, gegenstandsfreien *Dunkelheit* sehen wir nicht, und wir sehen nahezu nichts, – es sei denn Licht oder Lichter, wie die Gestirne. Folgern wir weiter, dann schließen sich für unser Auge Licht und Dunkelheit nicht aus, wohl aber Helle und Dunkel. Helle hat mit dem Dunkel die Formlosigkeit gemein.

Ein allgemeines Beispiel für das Sichtbarkeitsverhältnis erfahren wir in der Mondnacht: In der Vollmondnacht sehen wir den Mond als Licht. Durch seinen Schein herrscht schwache Helle. In dem Maße, wie der Mond abnimmt, erlischt die Helle und die Sichtbarkeit bis zur geringsten Helle, während der Mond mit kleiner werdender Form als Licht sichtbar bleibt, bis er vergeht und die Dunkelheit eintritt.

Insofern können wir die Dunkelheit auch als den neutralen, bloßen Raum-Zustand auffassen, reaktionsfähig für Belichtung und Erhellung. Der jeweilige Belichtungsgrad des Raumes bestimmt dann mit dem Helligkeitsgrad auch die Größe der Sichtbarkeit.

Bei dieser Beschreibung der phänomenalen Beziehung zwischen Licht und Dunkelheit wird offenbar, daß die Dunkelheit wohl Gegensatz und Gegen-Stand des Lichts, aber kein zweites Element ist. Dunkelheit bedeutet schlechthin Abwesenheit des Lichts, welches allein die agierende optische Macht ist. Der Akzent liegt auf dem Agieren, d. h. die Dunkelheit kann von sich aus nicht handlungsfähig sein, ist passiver Dunkelgrund.

Die eigene Macht des Dunkels, — radikal ausgesprochen in der Finsternis als totalem Nichts — ist damit nicht getroffen. Das ist eine existentielle Lebensfrage, die wir früher schon diskutierten (vgl. S. 26). Wenn das Dunkel als der „anziehende Muttergrund" erlebt wird oder als drohende Lebensmacht, in die wir versinken können, oder als die unendliche Ruhe, so ändert das nichts, sondern bestätigt nur die Dunkelheit als Macht der optischen Negation, die als Alternative zum Licht und zur „Welt" das Sehen und Leben aufhebt. Hat das Dunkel optische Macht, weil es die der Lichthelle negiert, so kann man nicht umgekehrt sagen, daß das Licht oder die Lichthelle nur als Gegensatz zur Dunkelheit optische Macht sei und diese negiere. Dunkelheit bleibt das letzte optische Sein, das übrigbliebe, wenn nichts mehr ist. Helle und Dunkel sind komplementärer Urgegensatz. Aber die Helle ist Produkt des Lichts, das sich (wie im Licht der Gestirne) als universales Weltlicht inmitten der universalen Dunkelheit behauptet, ohne — wie die Helle durchs Dunkel in unserer Welt von der Dunkelheit verdrängt werden zu können. Reflektieren wir auf einer abstrakten Einsichtsstufe, so beweist gerade die Lichthelle in unserer Welt, daß Licht nicht nur da ist, wo die Lichtquelle leuchtet, sondern daß es — unsichtbar — durchs Dunkel strahlt (vgl. S. 14). Seine optische Abwesenheit hebt nicht die Licht*existenz* auf. Abwesenheit ist *Verborgenheit*. Darauf gehe ich in der Zusammenfassung nochmals ein.

Als Übergangsweise zwischen dem völlig belichteten Sehraum, der Helle, und dem völlig unbelichteten, dem Dunkel, wollen wir das Hell/Dunkel setzen.

Bisher haben wir uns über die grundsätzlichen Verhältnisse zwischen Licht, Helle und Dunkel und dem Sehen bzw. der Sichtbarkeit orientiert. Wir leben aber in einer gegenständlichen Welt und müssen sie nun in unsere Betrachtung einbeziehen.

2. Helle und Dunkel, Körper und Schatten

Wir hatten behauptet, daß sich für das Sehen Helle und Dunkel ausschließen. Durch unsere körperlich gestaltete Welt werden aber nun Helle und Dunkel zugleich sichtbar. Das allgemeinste Beispiel dafür ist das Sichtbarsein des dunklen Horizonts in der Dämmerung. Messen wir hier die Helle direkt am Dunkel, so im ganzen und einzelnen an der Vielfalt und Beschaffenheit der Gegenstände.

Gegenüber Licht und Dunkelheit bildet die gegenständlich-dingliche Welt greif-barer Körper einen eigenen, grundsätzlich anderen Elementarbereich. Es ergeben sich bestimmte Beziehungen, wenn man Licht, Helle und Dunkel mit dem offenen, freien Raum vergleicht und die Körperlichkeit mit dem von ihr geschlossenen, erfüllten Raum. Man kann sagen: so wie ja viele Lichter in der Dunkelheit erscheinen können, so auch viele Körper im Raum. Insofern können wir folgern: *Lichter verhalten sich zur Dunkelheit wie Körper zum Raum. Helle vermittelt mit der Sichtbarkeit zwischen Licht und Dunkelheit, Körper und Raum.* Man könnte die Beziehungen durch das nachstehende Schema andeuten:

Sichtbar	Sehen	Unsichtbar
Licht(er)		Dunkelheit
Körper	Helle	Raum

Während sich im gegenstandsfreien Raum Helle und Dunkel gegenseitig ausschließen, bzw. sich im Helldunkel ausgleichen, wird durch raumeinnehmende Körper die Helle in ihr allgemeines Grundverhältnis, als Gegensatz zum Dunkel, zurückgeführt. Es gleicht dann dem zwischen Licht und Dunkelheit: Helle kommt aus dem Licht, Licht strahlt durch die Dunkelheit. Wie das Licht in der Dunkelheit, so wird in der gegenständlichen Welt auch die Helle zugleich mit dem Dunkel sichtbar: Weil sich Helle und Dunkel dann nicht mehr einander ausschließen – wie der Taghimmel den Nachthimmel – sondern vielmehr durch die Gegenstandswelt voneinander ausgeschlossen, d. h. getrennt werden, sehen wir dieses Verhältnis selbst: als Hell-Dunkel-Kontrast im Schatten.

Schatten erscheint als flächenhaftes, geformtes Hell-Dunkel oder Dunkel in der Helle; als die dunkle Seite oder Oberfläche eines vom Licht beschienenen Körpers, der dem Licht bzw. der Helle abgekehrte Teil (Eigenschatten, Körperschatten) oder als optisches Gegenbild eines Körpers auf der Oberfläche eines anderen (dazu auch die Erde als Bodengrund gerechnet sei) als Schlagschatten.

Soweit der Schatten reicht, dehnt sich der Schattenraum aus, in dem jeder andere Gegenstand im Schatten „versinkt". Je heller das Licht strahlt, desto intensiver, dunkler ist der Schatten, desto stärker der Hell-Dunkel-Kontrast, oder je heller der Schattengrund ist, je dunkler erscheint der Schatten auf ihm.

Der Schatten verändert sich also einmal seinem Grad nach mit der Lichtintensität und seiner Form und Richtung nach mit der Lichtrichtung und nach den Gestaltteilen des schattenwerfenden oder beschatteten Gegenstandes. (Zu berücksichtigen wäre auch noch der Luftschatten, d. h. die im Raum wirkende Schattendunkelheit zwischen Körperschatten und Schlagschatten.)

Schatten bildet sich zwischen Licht, Helle und Körpern im Raum und ist demgemäß das allgemeinste optische Objekt, an dem wir das Verhältnis zwischen den Grundelementen unserer Wahrnehmung erkennen können! Durch Schatten wechselt die Oberfläche des Körpers selbst in ihrem Helligkeitsgrad und zwar in dem Maße, wie sie ohnehin eine hellere oder dunklere Tönung oder Farbe hat. Am Wachsen und Wechseln des Schattens, am Heller- oder Dunklerwerden, können wir das Verhältnis von Licht und Helle, von Helle und Dunkel ablesen, wie in einem Spiegelbild. Als Hell-Dunkel-Kontrast gibt der Schatten die Differenz zwischen Helle und Dunkel an, den Barometerstand der Helligkeit. Mit abnehmender Helle lösen sich die Schatten auf und vergehen mit der Dämmerung in die Dunkelheit. So bilden die Schatten auch die Übergänge zwischen Form und Formlosigkeit. Sie trennen und verbinden mit ihrem Entstehen und Vergehen. In ähnlicher Weise gilt das für die Beziehungen zwischen den einzelnen Gegenständen, die durch Schatten miteinander verbunden werden, indem sich die verschiedenen Helligkeitsstufen der beleuchteten Oberflächen gewissermaßen austauschen und sich im Schatten die einzelnen Formen und Grenzen verwischen.

Wenn wir noch an die Vermittlung zwischen Körper und Raum, Körper und Fläche denken, so kann uns der Schatten seiner Erscheinung wie seiner Funktion nach als das optische Ausgleichselement gelten. Er tritt dementsprechend auch nur insoweit auf, als sich Licht, Helle und Körper in uneinheitlichen, differenzierten Beziehungen miteinander befinden: Steht z. B. die Lichtquelle in der Senkrechten über einem Körper, so daß sich beide in einer Achse befinden, so entsteht auch nahezu kein Schatten. Oder wenn sich Helle und Dunkel in der Dämmerung ausgleichen, so verlöschen auch die Schatten.

Innerhalb unserer gegenständlichen Welt nimmt der Schatten eine ähnliche Stellung ein, als Ausgleichselement, wie in der gegenstandsfreien Welt die *Dämmerung*. Ergibt sich hier ein direkter Übergang im Austausch: Hell-Dunkel, so dort ein Gegenübersein: im Kontrast.

Der Schatten vertritt somit oder überträgt die ungegenständlichen Elementarbeziehungen in die Sphäre der dinglichen Welt. Für sich selbst gesehen, ist er gewiß ein Kind des Dunkels. Wird er desto schwärzer als das Licht heller wird, bezeugt er auch die Macht des Dunkels in unserer Welt.

Wesentlich ist, daß der Schatten so wie das Hell-Dunkel nicht eigentlich selbständig ist, d. h. er ist unmittelbar abhängig von dem Verhältnis, das sich zwischen Licht, Helle, Dunkelheit, Körper und Raum bildet. Er vermittelt, überträgt, gleicht aus, ist selbst aber kein eigener Elementarbereich.

Die besprochenen, allgemeinen Beziehungen könnten wir wieder durch ein Schema ausdrücken:

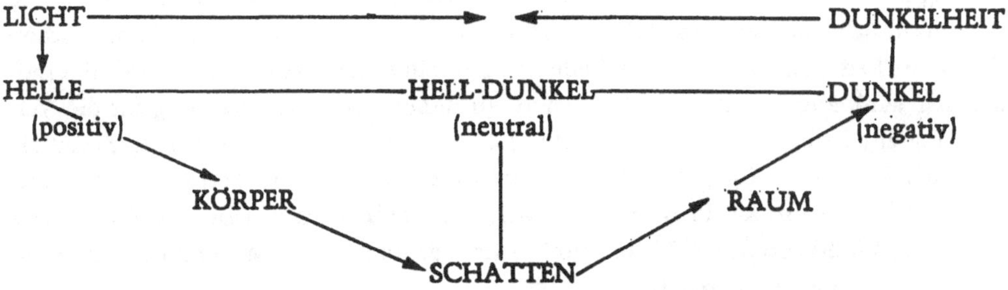

Licht erzeugt Helle, Helle trifft auf Körper, und es entsteht Schatten, der in den Raum fällt und ihn verdunkelt.

(Die Bezeichnungen ‚positiv' und ‚negativ' bedeuten hier wie auch in den folgenden Untersuchungen primär keinen Wertbegriff, sondern beide Ausdrücke sind als Gegensatzbegriffe gemeint, die aufeinander angewiesen sind. In extremer Situation ist die Helle – in der Blendung so negativ wie das totale Dunkel, die Finsternis. Das bestehende Verhältnis zwischen der Position des Lichts und der Helle zur Dunkelheit als Negation wäre mit dem ‚Positiv' und ‚Negativ' in der Photographie zu vergleichen. ‚Subjektiv', d. h. hier vom Leben her betrachtet, besteht selbstverständlich unbedingt eine Wertung, da das Licht die positive Kraft des Lebens ist, ohne die es nicht denkbar wäre.

3. Farbe zu Licht, Helle und Dunkel

Alles, was wir sehen, hat für uns eine Farbe, d. h. ohne Farbe würde uns das, was wir sehen, eigentlich nicht sichtbar sein. Es ist daher ganz verständlich, wenn wir auch die farblose Helle (die wir nicht „sehen") als farbig empfinden oder beschreiben und sie als „weiße" Helle, so wie das „weiße" Licht benennen. Ich knüpfe an die vorhergegangene Kritik dieser üblichen Beschreibung an:

Reines Licht, gesehen als Lichtquelle und seinem Wesen nach gemeint, ist als autonomes Element allen Farbbezeichnungen gegenüber immun. Weiß ist nur sein Widerschein. Deshalb sollten wir nicht das Aussehen des Lichts von Weiß als seinem „Stellvertreter" im gegenständlichen Farbenbereich aus beschreiben. Damit wird gerade der sich in Weiß ausdrückende Niederschlag des Lichts in der farbigen, materialisierten Welt aufgehoben. Farben des Lichts sind ausschließlich die b u n t e n !

Licht ist Selbstleuchten und strahlender Schein. Wenn man sich mit dem Ausdruck „Farbloses Licht" als negativer Umschreibung nicht zufrieden geben will, mag es vielleicht besser sein, vom *reinen* oder *klaren* Licht (nach Runge) zu sprechen.

(Bei der üblichen Beschreibung der spektralen Mischung der Buntheiten zum „weißen" Licht sollte man sich auch Gedanken darüber machen, ob nicht die Tatsache, daß der weiße Schirm, die weiße Wand Voraussetzung für die Sichtbarmachung des Lichts ist, dazu geführt hat.)

Wenn wir nach dem Verhältnis von Licht, Helle und Farbe fragen, so muß uns begreiflich werden, warum denn dieses „Weiß" der Lichthelle uns so erscheint und inwiefern es seine Berechtigung haben kann, daß wir diese W e i ß e empfinden. Die

Lösung ist nicht schwierig, wenn wir uns an die Genese halten. Das heißt, daß wir in der tatsächlich vorliegenden Reihenfolge der Erscheinungen vorgehen. Es war schon davon die Rede, daß wir die Tageshelle nur deshalb sehen, weil sie uns durch die Luft sichtbar wird, zum Sehen verhilft. Ziehen wir daraus die erste Folgerung für die Verbindung zur Farbe, so dürfen wir sagen: Die Helle ist – und dadurch erscheint sie weißlich – die *erste Stufe der Substantialisierung des Lichts zur Farbe, d. h. zur Substanzfarbe.* Sie kann als *Vorstufe zum Weiß* aufgefaßt werden. Mit dem Licht selbst hat dieses Weißlichsein der Helle primär nichts zu tun. Genau genommen sehen wir ja auch in der Lichthelle nichts von Weiß.

Die Helle ist also bereits eine *Vermittlung* zwischen Licht und Farbe, sofern wir die Farbe als Phänomen von *der* Farbe aus zu beschreiben beginnen, die dem Licht – qua Licht – am nächsten steht –, aber selbst eben keine Lichtfarbe ist. Diese Unterscheidung ist wichtig. Deshalb dürfen wir nicht das Licht, verführt durch die weißliche Erscheinung der Lichthelle, als Weiß bezeichnen. Licht ist ein „immaterielles" (d. h. materiell nicht greifbares, ungegenständliches) Element, Weiß stets eine materielle Erscheinung. Die Helle liegt „dazwischen". (Je nachdem, wie fein wir unterscheiden wollen, werden wir die Helle als immaterielle Erscheinung begreifen – und das tun wir gewöhnlich, weil wir sie primär aufs Licht beziehen – oder als materielle [mikrophysisch].)

Nach dieser ersten grundsätzlichen Abgrenzung zwischen Licht, Helle und Farbe möchte ich nun genauer das beschreiben, was wir Farbe nennen. Dazu wollen wir bei den Farben bleiben, die zur Helle und zur Dunkelheit in unmittelbarster Nähe, d. h. Helligkeits- und Dunkelheitsgraden zum Verwechseln ähnlich sind. Auf dem bisher beschrittenen Weg vom Allgemeinen zum Besonderen treffen wir jetzt auf die Farbe als den besonderen Elementarbereich gegenüber den allgemeinen, wie Licht, Dunkelheit, Körper, Raum.

Wir haben uns mit Weiß, Grau und Schwarz bereits befaßt, so daß ich hier für den Zusammenhang nur ein allgemeines Schema gebe:

Licht-Helle		Hell-Dunkel Schatten		Dunkelheit
Weiß	Hellgrau	Grau	Dunkelgrau	Schwarz

So wie das Hell-Dunkel im Vergleich mit der vollen Helle und dem vollen Dunkel unbestimmt ist und eine weite Skala umfaßt, so verhält es sich auch mit Grau zu Weiß und Schwarz in seinen Zwischenstufen vom Hellgrau bis zum Dunkelgrau.

Wir befassen uns vorerst nur mit Grau und Schwarz. *Grau* ist die unbestimmteste Farbwahrnehmung. Wir sprechen vom Dämmergrau, Dunstgrau und Schattengrau oder auch von schwarzen Schatten und vom schwarzen Dunkel. Andererseits kennen wir das Grau eines Farbstoffes oder eines Gegenstandes, das graue Kleid, den grauen Stein.

Ist das graue Hell-Dunkel nun dasselbe Grau wie das Grau als Gegenstandsfarbe? Offenbar handelt es sich doch hier um verschiedene Erscheinungsarten. Insofern die *Farbe* Grau durch bestimmte Helligkeitsgrade definiert wird, müßte man sagen können, daß eine gewisse Helligkeit – und zwar das gesamte Quantum zwischen voller Helligkeit und voller Dunkelheit – die Farbe Grau hervorruft. Es scheint, daß diese Definition zwar ausreicht, um Grau als unbunte Farbe von Gelb, Rot oder Blau abzusetzen, aber nicht, wenn wir Grau von den allgemeinen optischen Kategorien Helle und Dunkel unterscheiden wollen.

Etwas weiter kommen wir, wenn wir uns klarmachen, daß Grau als Schatten oder als Dämmerungseindruck ganz und gar an die Beleuchtungsbedingungen gebunden ist, direkt von der allgemeinen Helligkeit abhängig ist und sich demzufolge fortwährend verändert. Wir haben es bei solchen Grau-Wahrnehmungen mit Licht-Quantitäten zu tun. Mit dem Hell-Dunkel oder Dunkel haben diese Grauerscheinungen die Durchscheinbarkeit gemeinsam. Für die Wahrnehmung wird es davon abhängen, inwiefern wir eine Grauerscheinung als bloßes Hell-Dunkel, als Schatten oder Lichteffekt identifizieren können oder nicht. Es ergibt sich daraus als erste Bestimmung für die Wahrnehmung des Grau: *Grau (und Schwarz)* als Schatten oder bloßer Helligkeits- bzw. Dunkelheitskontrast (Raumdunkel u. a.) ist ein allgemeiner Beleuchtungseffekt. Sofern er nicht als solcher erkannt wird, fällt er mit der Wahrnehmung von Grau als Farbe zusammen. Beleuchtungseffekt und Farbe können in Grau oder Schwarz kongruent sein.

Graue „Flächenfarben" sind nicht ohne weiteres als Erscheinungsweisen der Farbe Grau zu begreifen. Erst bei bestimmter Lokalisation kann zwischen Farbe und Beleuchtungseffekt unterschieden werden! Dafür ist vornehmlich die Beobachtungsdistanz maßgeblich. Das wesentlichste Merkmal des Beleuchtungseffekts ist neben der Durchsichtigkeit die unbedingte Abhängigkeit von der allgemeinen Beleuchtungssituation.

Die Verwechslung zwischen Beleuchtungseffekt und Farbe bei Grau und Schwarz können wir an einem Beispiel deutlich machen, das Goethe beschrieben hat: „Wenn man eine weiße Fläche in den Schatten legt oder sie mehr oder weniger mit Tusche überstreicht, bringt man einerlei Effekt hervor: sie *scheint* oder *wird* dadurch grau."[1]

Das Grau des gleichmäßig bedeckten Himmels beispielsweise ist nicht eigentlich Farbe des Himmels – so wie Blau eine Himmelsfarbe ist – sondern ein Hell-Dunkel. Und doch, erscheint es nicht auch als Farbe, so daß wir hier auch von einer Flächenfarbe oder Freien Farbe (im Sinne von Katz) sprechen können? Je mehr wir uns aber (im Gebirge z. B.) diesem Himmelsgrau nähern, oder wenn der Himmel aufreißt und ungleichmäßig bedeckt ist, so daß wir die Wolken erkennen, so wird das Grau erst eigentlich zur Farbe, und zwar deshalb, weil es sich als stoffliche, materiell verdichtete Erscheinung zu erkennen gibt und nicht mehr durchsichtig ist.

Damit gelangen wir zum entscheidenden Charakteristikum der Farbe Grau. Wenn wir nämlich ähnlich wie gegenüber grauen Wolken vor einer Nebelwand oder vor

[1] „Farbenlehre", a.a.O. S. 131, Nr. 15 (1793).

Nebelschwaden stehen, so können wir dieses Grau als Farbe kennzeichnen. Die Undurchsichtigkeit (dasselbe gilt für Schwarz und Weiß) und die relative Lichtbeständigkeit sind die entscheidenden Merkmale der Farbe, d. h. also ihre Substantialität.

Denken wir an die oben erwähnten Beispiele für graue Gegenstandsfarben oder auch an ein grau bemaltes Papier, an eine grau gefärbte Flüssigkeit, dann ist die Wahrnehmung der grauen Farbe (als Oberflächenfarbe bzw. Substanzfarbe) nur mittelbar an die Beleuchtungssituation gebunden. Je heller es wird, desto deutlicher wird die Farbwahrnehmung. Für Schwarz ist eine besonders starke Beleuchtungshelle notwendig.

Die graue Farbe entsteht also nicht, wie der Schatten oder das Dämmergrau erst durch die Beleuchtungssituation, sondern sie besteht vielmehr als *Aussehen einer Stofflichkeit.* Wie uns ein Gegenstand erst durch seine Farbe wirklich sichtbar wird, so werden uns die unbunten, allgemeinen Farben erst durch substantielle, gegenständliche Bindung als Farben wirklich erkennbar. Je stabiler die substantielle Bindung ist, desto mehr lassen sich Grau, Schwarz oder Weiß als Farben charakterisieren.

Wir könnten von Stufen der Farbstabilität sprechen, wenn wir an das Grau einer Wolke, ans Nebelgrau oder aber an ein graues Kleid oder eine graue Farbfläche in einem gemalten Bild denken. Die dingliche Zuständigkeit bestimmt im jeden Falle den Realitätsgrad der unbunten Farben.

Bunte Farben bedürfen dieser eingeschränkten Erscheinungsbedingungen nicht, weil ihre Buntheitsqualität sie unverwechselbar macht. Sie können auch als Substanzfarben durchscheinbar sein, so wie bei durchsichtigen farbigen Steinen und Gläsern. Deutlich zeigt sich dieser Unterschied auch bei farbigen Flüssigkeiten. Bis zu einem gewissen Sättigungsgrade bleibt z. B. bunt gefärbtes Wasser durchscheinbar, weil lichtdurchlässig. Unbunte Wasserfarben aber verhindern die Durchsicht schon bei einer geringen Sättigung, welche das Wasser als weiß, grau oder schwarz erkennen läßt. Es ergibt sich demnach:

Die allgemeinen, unbunten Farben zeichnen sich im Unterschied zu den allgemeinen Elementen Helle und Dunkel und ihren optischen Effekten durch ihre Substanzhaftigkeit aus. Sie erscheinen stets als gegenständliche Farben, haben also dinglichen Charakter. Dadurch sind sie lichtbeständig, aber nicht lichtdurchlässig.

Das *Wissen* vom faktischen Bestand einer Farberscheinung hat hier eine wichtige Funktion! Beim Himmelsgrau z. B. *meinen* wir Grau als Helldunkel, wenn wir vom Vorhandensein der Wolkendecke „absehen". Denken wir an sie, dann wird uns das Grau zur Farbe, zur Wolkenfarbe. Sprechen wir vom grauen Himmel, bleibt die Farbwahrnehmung identisch mit der Hell-Dunkel-Wahrnehmung. Phänomenale und genetische Beurteilung sind hier aufeinander angewiesen. Berücksichtigen wir nur die phänomenale Erscheinung, also das, was sich uns zeigt, so können wir den Bereich der unbunten Farben nicht für sich selbst fassen und vom Elementarbereich Licht, Helle und Dunkelheit wirklich absetzen. Wir können also nur insofern von einer Evidenz des Farbigen sprechen, als wir unter Farbe etwas im Licht, in der Helle Beständiges verstehen, und das ist ja eine Grundbedingung für die Wahrnehmung von Sinnesqualitäten, die gegenüber den „Urqualitäten" Licht und Dunkelheit als eigenständig gelten sollen.

Mit Weiß verhält es sich grundsätzlich ähnlich wie mit Schwarz und Grau. Doch nimmt es in mehreren Beziehungen eine ganz eigene Stellung ein. Zunächst können wir auch bei Weiß sagen, daß es als Farbe stoffgebunden ist. Wo wir diese, wie beim hellen Tageshimmel (weiße Wolkendecke) nicht wahrnehmen, meinen wir auch nicht die Farbe Weiß, sondern nennen die Helle Weiß.

Derselbe Effekt kann auch dann erscheinen, wenn wir weit entfernte weiße Flächen (z. B. verschneite Bergrücken) vor uns haben, die in ihrer Abgrenzung nicht sichtbar werden, zwischen oder hinter anderen Gegenständen erscheinen und deshalb – bei hellem Himmel – mit diesem identifiziert werden können (bzw. umgekehrt).

Weiß kann also *als* Helle erscheinen, so wie im Weiß die Helle zur Farbe wird, ähnlich wie Schwarz als Dunkel erscheinen kann. Aber, und das ist der entscheidende Unterschied zwischen Weiß zu Grau und Schwarz: Helle ist am Tage nicht für sich selbst sichtbar, kann also nicht als Weiß erscheinen, so wie das Dunkel als Schwarz – im Kontrast (z. B. Fensterdunkel) oder Schatten. Es gibt eben keine weißen Schatten, keine weißen optischen Beleuchtungseffekte, kein Kontrastweiß!

Deshalb *wissen* wir stets, daß wir Weiß vor uns haben, wenn wir helle Flächen (wie Schneeflächen, weiße, entfernte, unbestimmt lokalisierte Wände) wahrnehmen. Die Helle erscheint dann als *Helle des Weiß*. Beim Dunkel können wir nicht immer wissen, ob es das Dunkel des Schwarz oder das Dunkle selber ist.

Während Weiß daher nicht in dem Maße mit der allgemeinen Helle konkurriert – es sei denn beim hellen Himmel – wie Grau und Schwarz mit dem Schatten, dem Helldunkel oder Dunkel, kann Weiß andererseits leicht verlöschen, zum Grau werden, wenn es z. B. vom Schatten getroffen wird.

Weiß existiert insofern *ausschließlicher als Farbe als Grau und Schwarz*. Man kann zwar sagen, dies bedeute nur einen graduellen Unterschied. Aber der wesentliche Gesichtspunkt ist doch, daß wir in der Halle sehen, also notwendig von der Lichthelle h e r die Phänomene beurteilen. Weil wir wohl das Dunkle (in der Helle) nicht aber die Helle selbst sehen, fallen bei Weiß die Möglichkeiten der Verwechslungen wie bei Grau und Schwarz so gut wie ganz (praktisch!) fort. Selbst dann, wenn wir z. B. einen „Lichtflecken" auf einer im übrigen beschatteten Wand sehen, kann er doch nur weiß erscheinen, wenn die Wand faktisch weiß ist.

Wir können deshalb Weiß auch eher als „Freie Farbe" wahrnehmen als Grau und Schwarz, obwohl die Weiße als das Farbige, dabei ganz zurücktritt, nicht eigentlich erscheint, sondern eben dann nur die Helle – als weiße Helle – an Stelle der weißen Farbe. Diese Helle aber, und von dieser Erfahrung können wir kaum abstrahieren, ist nicht die Helle schlechthin – wie die Lichthelle in der Nacht –, sondern als *beleuchtete Helle* die des Weiß.

In unserer praktischen Sinneserfahrung gelten also helle, eigentlich farblose Flächen als Erscheinungen der freien weißen Farbe, weil reine Helle am Tage nur im Weiß zur Erscheinung kommt. Die weiße Helle kann dann als Erscheinungsweise der Farbe Weiß (als freier Farbe) gelten. Die wirkliche Farbigkeit, das Weiße, aber erscheint nur im substantiell sichtbaren Weiß, z. B. dann, wenn man die Schneehelle als die Schneeweiße erkennt.

Zusammengefaßt wäre zur Charakterisierung des Weiß zu sagen: Im Weiß wird die Helle zur Farbe, indem die Helle verdichtet, materiell verkörperlicht wird. Nehmen wir die Stofflichkeit selbst nicht wahr, sehen wir nichts von der Dinglichkeit des Weißen, so erscheint Weiß als weiße Helle und nicht als Farbe. Dies ist der Fall bei der Wahrnehmung von Weiß als „Freier Farbe". Weiß ist dann identisch mit *seiner* Helle, als Gegenstandsfarbe mit seiner Stofflichkeit, durch die erst der Farbcharakter zur Erscheinung kommt.[2]

Wir wollen nun noch über das Verhältnis zwischen Helle und Weiß angesichts der Lichthelle in der Dunkelheit sprechen.

Wenn wir die Lichthelle eines Scheinwerferstrahls beispielsweise als Weiß kennzeichnen, dann gehen wir dabei von der Erfahrung aus, daß wir in der taghellen Welt die Helle des Weiß wahrnehmen und von da aus dann auch die Helle des Lichtstrahls als Weiß auffassen. Der aufleuchtende Lichtstrahl erscheint weißlich, insofern die Helle Eigenschaft des Lichts *und* des Weißen ist. Weil Weiß die Helle in der beleuchteten Welt vertritt, ist es verständlich, daß wir die Lichthelle andererseits vom Weiß aus betrachten.

Wenn wir uns auch nun klar darüber sind, daß es sich bei der Helle in der Nacht nicht um eine Farb-, sondern um eine Lichterscheinung handelt, so ist es doch nötig, um beides nicht zu verwechseln, d. h. begrifflich gegenseitig zu ersetzen, daß wir einsehen, daß die Weißlichkeit eines Lichtstrahls nur ein aus dem Vergleich genommenes, akzidentelles Attribut ist, welches mit dem Wesen der Lichterscheinung nichts zu tun hat. Denn der Lichtstrahl selbst ist völlig farblos, ja er ist eigentlich unsichtbar. Sichtbar wird er nur durch den Luftstaub oder Dunst, ähnlich wie ja auch die Tageshelle dadurch erscheint.

Das Zusammenwirken zwischen Licht und Weiß in der Dunkelheit können wir gut bei der modernen Neonbeleuchtung beobachten, wo Licht durch weißes Glas durchscheint und also der Eindruck der faktischen weißen Lichthelle besteht.

4. Werden und Entstehen der Allgemeinen Farben

Wir können an vielen Beispielen den Entstehungsprozeß der Farbe aus der Durchsichtigkeit zur Undurchsichtigkeit verfolgen.

Dabei scheint es vorteilhaft, den Übergang zwischen den durchsichtigen optischen Elementen, Beleuchtungseffekten und Substanzen (wie Glas und Wasser) zur Farbe auch begrifflich abzugrenzen. Das kann geschehen, indem wir partiell durchsichtige Objekte, welche also weder eine klare Durchsicht gestatten, noch ganz undurchsichtig sind, wie unklares Wasser, verstaubtes Glas, dunstige Luft, als t r ü b e Objekte bezeichnen — die also unsere Sicht trüben. Die Trübe wäre als eine Art Zwischenmedium zu verstehen, das zwischen dem Helldunkel und der Farbe vermittelt.

[2] Eine sinngemäß gleiche Definition fand ich bei W. Schöne, a.a.O. S. 201 f. „Weiß" sei „lediglich die ‚farbige' Erscheinung seiner ‚Helle'." Schöne kommt in der weiteren Beurteilung zu einer sehr präzisen Formulierung: „Man kann sich am Vergleich einer weißen Fläche, deren Oberflächenstruktur man nicht erkennt (die man also als weiße Fläche ‚schweben' sieht), mit einer anderen weißen Fläche, die stark fühlbar mit weißer Pigmentfarbe angestrichen ist, sehr schön klar machen, daß innerhalb des Phänomens ‚Weiß' das eine Mal der Charakter der ‚w e i ß e n H e l l e', das andere Mal der Charakter der ‚h e l l e n W e i ß e' im Vordergrund steht (Gleiches gilt für Schwarz)."

Diese Erklärung erinnert uns direkt an die Goethes: „Licht und Finsternis, beide durch Trübe dynamisch verbunden, erzeugen Farbe." Wir brauchten nur umzuformulieren: Helle und Dunkel, im Helldunkel verbunden und durch Trübe undurchsichtig geworden, erzeugen Farbe. Aber in dieser Umformulierung findet sich auch der grundsätzliche Unterschied. Licht und Finsternis verbinden sich nach Goethe als zwei für sich selbständige Elementarbereiche erst durch die Trübe, also in materieller Durchdringung. Wir sind unmittelbar vom Seh-Verhältnis zwischen Durchsichtigem und Undurchsichtigem ausgegangen und kamen zur Trübe im gewöhnlichen Sinne der *getrübten Sicht.* Wir haben sie als stofflich bedingten Zustand mit dem vergleichsweise unstofflichen des Helldunkels in Beziehung gesetzt. Das Helldunkel wiederum hatten wir wie in der Dämmerung – bereits als Übergangsweise zwischen Helle und Dunkel definiert und gesagt, daß nicht Licht und Finsternis, aber (Licht)Helle und Dunkel sich durchdringen können. Goethe hat das Licht nicht von der Helle differenziert. Noch wesentlicher ist der Unterschied unserer Erklärung, weil sie sich ausschließlich auf die unbunten Farben bezieht, während Goethe gerade an die bunten denkt und Schwarz, Grau und Weiß ja als Farben qualitativ gar nicht wertet.

Nur für den Entstehungsprozeß der allgemeinen unbunten Farben bildet die Trübe eine wichtige Phase, so daß wir Goethes Ableitung übernehmen können (umformuliert) wenn wir unter *Farbe* eben diese Farben verstehen.

Goethe hat bereits die verschiedenen Zustände beim Zustandekommen der weißen Farbe in seiner Farbenlehre erläutert, besonders das Merkmal der Undurchsichtigkeit. Er spricht von den „Körpern", die „aus dem weißen undurchsichtigen Zustande in den Zustand der farblosen Durchsichtigkeit wieder zurückgehen". Die „weißen Körper" leitete er von den „undurchsichtigen farblosen" ab.[3] Bei dieser Ableitung operierte er mit alltäglichen Beispielen:

„Reines Wasser, zu Schnee kristallisiert, erscheint Weiß, indem die Durchsichtigkeit der einzelnen Teile kein durchsichtiges Ganzes macht. Verschiedene Salzkristalle, denen das Kristallisationswasser entwichen, erscheinen als ein weißes Pulver. Man könnte den zufällig undurchsichtigen Zustand des rein Durchsichtigen Weiß nennen, so wie ein zermalmtes Glas als ein weißes Pulver erscheint ..."[3a]

Solche Beobachtungen demonstrieren in der Tat einfach und überzeugend das Verhältnis zwischen dem farblos-durchsichtigen und undurchsichtigen Zustand, adäquat dem durchsichtigen Zustand der Helle und dem undurchsichtigen des Weiß (der „Weiße").

Der Maler Runge hob in einem 1806 an Goethe gerichteten Brief (den er in der Farbenlehre abdruckte) die Eigentümlichkeit der weißen und schwarzen Farben wie folgt hervor:

„Weiß sowohl als Schwarz sind beide undurchsichtig und körperlich. Man darf sich nicht an den Ausdruck weißes Glas stoßen, womit man klares meint ..." (Weißes Glas wäre

[3] „Farbenlehre", a.a.O. 119, Nr. 4, unter ‚Versuch, die Elemente der Farbenlehre zu entdecken', 1793.

[3a] Ebenda, S. 278, Nr. 495, unter ‚Dritte Abteilung' des Hauptwerkes: Chemische Farben, – ‚Ableitung des Weißen', 1810.

Milchglas) „Weißes Wasser wird man sich nicht denken können, was rein ist, so wenig wie klare Milch!"[4] Damit hat Runge – wohl als erster – die charakteristischen Eigentümlichkeiten der unbunten Farben bereits klar beurteilt.

An anderen Beispielen, vor allem bei den verschiedenen Aggregatzuständen des Wassers, können wir uns den Prozeß der Farbenentstehung – Weiß und Grau – als dynamischen Verlauf veranschaulichen. Weiß und Grau erscheinen als elementare Merkmale substantieller Zustände:

Wenn Wasser verdampft, wird zunächst unsere Sicht getrübt. Je mehr sich der Dampf (phänomenal betrachtet die Trübe) verdichtet, desto undurchsichtiger, *grauer* wird er, bis er schließlich *weiß* aussieht. Aus der zunehmenden materiellen Verdichtung entsteht hier die Farbe als Eigenschaftsmerkmal der Substanz Wasserdampf. Ähnlich ist es beim Regen, der Trübe erzeugt und zu weißen Schneeflocken oder Eiskörnern werden kann oder auch beim Nebel, wenn er vom dunstig-grauen Zustand der Trübe (Grau ist hier „noch nicht" Farbe) in dichtes Nebelweiß übergeht. Auch bei den Wolken als einer Ansammlung von verdunstetem Wasser handelt es sich ja um denselben Vorgang.

Farb- und Gegenstandswahrnehmung fallen in diesen Erscheinungen zusammen, und man kann sagen, daß Weiß sowohl eine Farberscheinung als auch eine dingliche Erscheinungsweise ist oder: wir nehmen die elementare Dinglichkeit des Weiß wahr.

Wir finden den „immateriellen" Elementarbereich der Helle, des Helldunkels und des Dunkels in materieller Umsetzung – innerhalb der gegenständlichen Welt – im Elementarbereich der Farbe, als Weiß, Grau und Schwarz wieder. In diesen Farben ist die Helle, wie das Helldunkel und das Dunkel selbst sichtbar geworden und stabil in lichtbeständiger Substanz.

Im folgenden Abschnitt ist das allgemeine Verhältnis zwischen den Elementarbereichen Licht–Helle–Dunkel, Farbe und Materie zusammengefaßt.

5. Licht, Stoffsubstanz und Farbe (Zusammenfassung)

Wir haben drei selbständige optische Elementarbereiche unterschieden:

1. den immateriell erscheinenden Bereich des Lichts und der Dunkelheit mit den Kategorien Helle, Helldunkel und Dunkel;
2. den materiell greifbaren dinglichen Bereich körperlicher Gegenständlichkeit;
3. den substantiellen Farbbereich mit den Qualitäten Weiß, Grau und Schwarz.

Die Selbständigkeit dieser Bereiche ist relativ, insofern sie sich gegenseitig durchdringen. So entsteht die Helle durch Lichtbrechung in feinster Materie und die Farbe wiederum durch materielle Verdichtung. Man kann die allgemeinen (unbunten) Farben daher als *dingliche Manifestationen von Helle, Helldunkel und Dunkel in der Materie* begreifen. Der Entwicklungsweg zur Farbe geht über die Trübe als einer

[4] „Ph. O. Runges Briefwechsel mit Goethe", herausg. von H. Frhr. v. Maltzahn, 51. Bd. der Schriften der Goethe-Gesellschaft, 1940, S. 39 ff. Der in Frage kommende Brief an Goethe ist datiert vom 3. 7. 1806.

Übergangsweise. Farbe ist insofern auch als *verdichtete Trübe* anzusprechen. Trübe als Vorstufe zur Farbe ist selbst materialisiertes Helldunkel, dessen stoffliche Bindung gleichsam nicht abgeschlossen ist.

Die Beziehungen zwischen den drei genannten Elementarbereichen (die alle im Elementarbereich des Raumes existieren und diesen als Raumbereich erst aufweisen) lassen sich am Verhältnis von Durchsichtigkeit und Undurchsichtigkeit abmessen.

Besonders evident wird der stufenweise Aufbau zur Farbe am Staub sichtbar. Der unsichtbare Luftstaub ruft die Helle des Tageslichts hervor, das die Durchsicht ermöglicht. Nur im Lichtsrahl wird er uns sichtbar und dieser wiederum durch den Staub. (Man denke z. B. an den Lichtstrahl eines Kinoapparates.) Je dichter der Staub wird, desto unklarer, getrübter die Sicht, je materiell verdunkelter die Helle, die damit zur Trübe wird. Von Farbe sprechen wir, wenn wir eine undurchsichtige, lichtbeständige Ansammlung von Staub wahrnehmen, dessen einzelne Teilchen farblos erscheinen, der gehäuft aber Grau aussieht. Vergleichbar mit dem Verhalten des Staubs ist das Wasser, wenn es aus seinen durchsichtigen Zuständen über die Trübe zum Weiß übergeht, wie auf S. 117 besprochen. Ähnlich ist es mit dem Glas, wenn wir seine Arten bis zur Glaswolle und zum Glasstaub verfolgen.

Wie das Dunkel des Raums als passives Medium für die Ausbreitung der Helle nichts mit dem Licht zu tun hat, so läßt sich *Schwarz* als lichtabgewandte Farbe nicht wie Weiß und auch noch Grau aus den Beziehungen zwischen Helle und Materie ableiten. Schwarz erscheint phänomenal als extreme *Farbverdichtung* und *Farbverschließung*. Suchen wir Beispiele für die Genese des Schwarz, so stoßen wir vorwiegend auf solche, die durch chemische Umsetzungen, durch Verbrennung (Verkohlung) oder Fäulnis entstehen. Damit soll zwar keine einseitige Festlegung der Entstehungsbedingungen der schwarzen Farbe gemacht werden. Jedoch sind die bekanntesten Beispiele sich so auffallend ähnlich, daß man sagen möchte, die Genese entspricht dem phänomenalen Eindruck der radikalen Verdichtungs- und Verdunkelungsfarbe, entsprechend einer Art Verschließung der stofflichen Materie zu sich selbst, als einer *Loslösung* vom Bereich des Lichts, seiner Helle und Farben — so wie das Dunkel, die Finsternis übrig bleibt, wenn das Licht und seine Helle erlöschen.

Farbe, in der Allgemeinheit der unbunten Farben begriffen, vermittelt zwischen Helle, Dunkel und Materie und kann, soweit es Grau und Schwarz betrifft, mit dem Schatten verglichen werden, der zwischen Helle, Dunkel und Körpern vermittelt. Der Unterschied zwischen Materie und Körper — als Differenz zwischen fein- und grobmateriellen Zuständen — ruft das Verhältnis zwischen Beleuchtungseffekten und Farben hervor, die sich entsprechend ähnlich sind.

Weiß als Repräsentant der Helle, und nichts anderes als das, ist ausschließlicher nur Farbe als Grau und Schwarz, zumal dann, wenn man die Erscheinungsweise des Weiß als „freie Farbhelle" wertet. Insofern kann man sagen: erst im Weiß wird die Farbe für sich selbst frei! Es geschieht, indem im Weiß die Helle in der Materie frei geworden ist. So dokumentiert Weiß die Verwandtschaft zwischen Licht und Farbe in der Materie, in der körperlichen, gegenständlichen Welt.

Schwarz kann diese Farbfreiheit nicht beanspruchen, weil ein ungegenständlich gesehenes, freies Schwarz auch als Dunkel wahrgenommen, mit ihm verwechselt werden kann. Zwar erscheint uns völliges Dunkel (Nacht- oder Raumdunkel) bekanntlich nicht als Schwarz sondern als Schwarzgrau, aber in der so häufigen Beobachtung des Kontrastdunkels – Fenster- oder Türlöcher im Gegenlicht, wie überhaupt bei Öffnungen aller Art, die vom Licht beschienen sind – erscheint das Dunkel schwarz, so wie auch im Schatten. Das Dunkel ist mit Schwarz direkt *austauschbar*.

Im Vergleich möchte ich Weiß und Schwarz so charakterisieren: Wie Farbe im *Weiß frei* wird – so wie die Lichthelle im Weiß – weil die Helle als Farbe in materieller Dinglichkeit erscheint, so wird Farbe im *Schwarz gebunden* – so wie das Licht im Schwarz – indem das Dunkel durch die materielle Bindung als Farbe erscheint, zur Farbe wird. Ist Weiß materielle Helle, so Schwarz materielles Dunkel.

Dunkel aber ist Abwesenheit der Lichthelle, so daß man folgern kann: Wie im Weiß die elementare Verwandtschaft zwischen Farbe und Licht substantiell offenbar wird, so im Schwarz die Verwandtschaft zwischen Farbe und Materie.

In der Sprache des dualistisch-polaren Denkens und Sehens würden wir sagen: so wie im Weiß sich die Helle zeigt, so im Schwarz das Dunkel, hier das Licht dort die Finsternis als ein vom Licht unabhängiges, eigenes Element. Die *Abwesenheit* des Lichts im Dunkel bedeutet dagegen, daß es darin abwesend ist, daß es als Dunkel erscheint! Denn Lichtabwesenheit ist auch *Lichtverborgenheit:* verborgen für unsere *Sicht*, so wie der lichtvolle Raum zwischen der Erdatmosphäre und der Sonne dunkel ist. Diese Lichtverborgenheit im Bereich der Farbe zeigt das Schwarz, zeigt sich im Schwarz als materieller Zustand, der alles Licht verbirgt, weil er es festhält, absorbiert hat. So ist Schwarz die Farbe des vollkommen verdunkelten Lichts, die uns als lichtlose, lichtferne Farbe erscheint. Sprechen wir z. B. von der „schwarzen Strahlung", so handelt es sich ja nicht eigentlich um eine lichtlose, sondern um eine helligkeitslose, aber lichtgesättigte Strahlung des Lichts, um lichtverborgenes Licht, um *Dunkellicht*.

Die wirkliche *Scheidung* zwischen Licht und Dunkelheit, die sichtbare Auftrennung wird erst in der *Farbe* erreicht, indem sich Helle und Dunkel in der Materie gegenseitig verselbständigen, hier als Ausdruck der Herrschaft des Lichts, dort der Herrschaft der Materie oder: im Weiß zeigt sich die offene, lichtdurchdrungene, im Schwarz die verschlossene Substanz. Weiß ist Lichtfreiheit, Schwarz Lichtgefangenschaft.

6. Die Farben des Lichts

Nachdem wir bisher das Wesen und den Begriff der Farbe an den allgemeinsten Farben exemplifiziert haben, wollen wir uns nun den Farben zuwenden, die wir vornehmlich meinen, wenn wir von Farbe sprechen, den b u n t e n. Wenngleich wir unsere

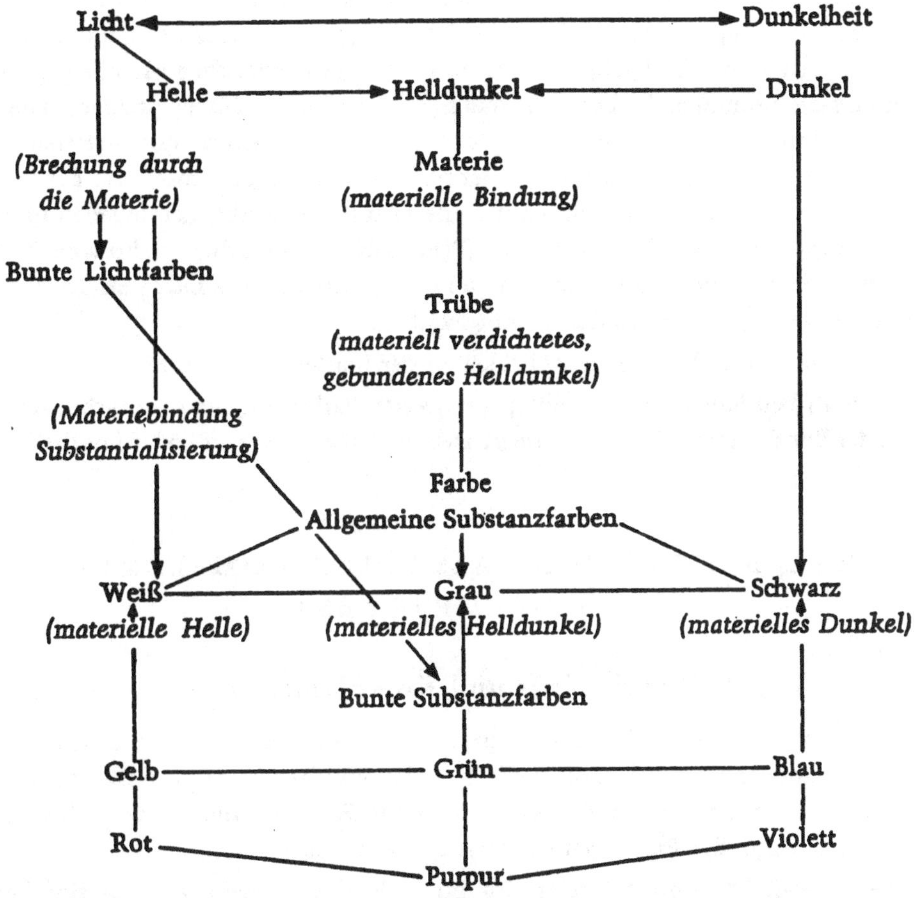

Schematische Übersicht der Beziehungen zwischen den optischen Elementarbereichen und Kategorien

---

Farbenerfahrung vornehmlich an den substantiellen bunten Farben unserer gegenständlichen Welt gewinnen, so sind die Buntfarben so sehr eigentliche Lichtfarben wie die unbunten Substanzfarben sind, d. h. die Farben des Lichts sind ausschließlich bunt, während die unbunten Farben ausschließlich substantiell sind. So werden wir nach dem elementaren Bestand bunte und unbunte Farben durch die Begriffe *Lichtfarben* und *Substanzfarben* unterscheiden dürfen. Dieses gilt im allgemeinen, während der besondere Unterschied der Begriffe, wie sie sonst verwandt werden, den zwischen Lichtfarben (Spektralfarben) und Substanzfarben (Körperfarben) *im* Buntfarbenbereich meint.

Da die bunten Farben nach ihrem Herkommen, von Natur aus Lichtfarben sind, hat ihre Genese mit der Ableitung der unbunten (oder auch allgemeinen) Farben nichts zu tun. Sie haben einen wesentlich größeren *Freiheitsgrad* als die unbunten Farben, weil in der Buntheit die Farbe erst qualitativ frei wird und ihre volle Selbständigkeit gegenüber den allgemeinen optischen Kategorien gewinnt, aber nicht nur zu diesen, sondern eben auch – in den Spektralfarben – der gegenständlichen Materie gegenüber, während die unbunten Farben nur verdinglicht auftreten. Dieser phänomenale Eindruck stimmt mit der Genese überein, da statt einer Koppelung mit materiellen Zuständen die bunten Farben gerade aus der stofflich-chemischen Umsetzung der Materie zum Licht, als Ausdruck frei gewordener Energien (Sonnenlicht) hervorgehen und entweder unmittelbar als solche erscheinen (Feuerfarben, Glühfarben, elektrische Funkenfarben) oder mittelbar, durch Brechung und Aufgliederung des Lichts an der Materie, wie im Regenbogen oder in den Himmelsfarben.

Die charakteristischen Eigentümlichkeiten der bunten Farben sind:

Bunte Farben haben ihren jeweilig spezifischen Farbenton, als Ausdruck ihrer Qualität, der Buntheit und der darin integrierten Helligkeit, der Farb- oder Bunthelle.

B. DIE FARBENORDNUNG ALS POLAR-KOMPLEMENTÄRER STUFENPROZESS

1. Kontinuität und Komplementarität

Für den Aufbau einer allgemeinen psychologischen Farbenordnung bieten sich zunächst Kontinuität und Komplementarität der Buntheiten als fundamentale Ordnungskategorien an. Wer auch immer nach der Farbenordnung fragt, wird sie als Gesetz und Regel der Farbengemeinschaft zu verstehen haben.

Die generelle Kontinuität zeigt sich im Farbenkreis, wenn wir ihn ringsherum durchlaufen, die Komplementarität in der paarweisen Zusammengehörigkeit der sich im Farbenkreis gegenüberliegenden Farben. Beides durchdringt sich so, daß die durchgehende Komplementarität je zweier Farben als die innere, gegliederte Einheit der äußeren Einheit der Kontinuität erscheint. Zeigt sich in der Kontinuität die in sich geschlossene Einheit, so in der Komplementarität die Offenheit dieser Einheit, indem jedes ihrer Mitglieder *für* ein anderes, ihm notwendig entsprechendes offen ist, mit dem es sich beschließt. Der Ausdruck M i t glied erfährt hier eigentlichen Sinn, da jede Farbe als Glied der Gemeinschaft Mitglied eines anderen ist, das eine für das andere steht.

So ist in der Farbenordnung im einzelnen wie im ganzen alles auf Gegenseitigkeit angelegt. So wie sich zwei Gegenfarben im Gegeneinander zugleich miteinander steigern und ausgleichen, ist jede selbst Forderung für und nach einer anderen. Indem sich beide einander entgegensetzen, sprechen sie einander zu, bilden paarweise Einheiten, indem sie ihren Widerspruch konsequent erfüllen.

Goethe, dem wir die erste Einsicht in die Grundregeln der Farbenordnung verdanken, weist auf die Erfahrungen unseres Auges:

„Wenn das Auge die Farbe erblickt, so wird es gleich in Tätigkeit gesetzt, und es ist seiner Natur gemäß, auf der Stelle eine andere, so unbewußt als notwendig, hervorzubringen, welche mit der gegebenen die Totalität des ganzen Farbenkreises enthält. Eine einzelne Farbe erregt in dem Auge, durch eine spezifische Empfindung, das Streben nach Allgemeinheit."[5]

An diese allgemeine Regel anknüpfend, möchte ich im folgenden Abschnitt die grundlegende Bedeutung der „Farbenpaare" (Schopenhauer) als Farbeneinheiten demonstrieren. Bisher hat man durch die einseitige Ausrichtung nach Grundfarbenordnungen die komplementäre Farbenordnung kaum gewürdigt, da sie als allgemeine Ordnungsregel keiner Farbe einen besonderen Vorzug gibt. Man spricht vom Sukzessiv- und Simultankontrast oder von Nachbildern. Wesentlich allein aber ist, daß es sich hier um den *Komplementärkontrast* handelt. Unter dieser Bezeichnung werden wir ihn als die stabile Basis der Farbenordnung kennenlernen.

Durch das Komplementaritätsgesetz sind die drei bestimmenden Größen der Farbengemeinschaft unverrückbar zusammengeschaltet: 1. die Farbindividualität, 2. die Farbengruppe, das Farbenpaar und 3. die Farbentotalität als die kollektive Farbeneinheit. Es kann die in sich beschlossene Farbengruppe ebenso die Farbentotalität repräsentieren wie sie als Farbenpaar die Einheit bezeugt. Von der Einheit her gesehen, bedeutet Komplementarität ein Entweder-Oder als reziprokes Verhältnis, von der Farbindividualität her Ergänzung in der Gegenseitigkeitsfunktion.

2. Die Bedeutung des Komplementärkontrasts (Sukzessiv- und Simultankontrast)

Das Auge als Instrument experimenteller Synthese

Bevor ich Schopenhauers Farbenlehre kennenlernte, schien es mir unverständlich, daß die immer wieder in der Literatur erwähnten sogenannten Nachbilder nicht systematisch erfaßt und ausgewertet sein sollten. Wie naheliegend ist das doch, da der sukzessive Kontrast – wie auch der Simultankontrast – tatsächlich eine Messung der Komplementärfarben erlaubt. Die Nachbilder beweisen, daß jede Farbwahrnehmung nur die eine sichtbare Komponente, das „Farbenhalb" einer aus zwei Farben bestehenden Einheit ist. Indem die eine Farbe erscheint, ist die andere *verdrängt*, aber eben doch verborgen anwesend!

Ein faszinierendes Beispiel für die Beobachtung des sukzessiven Nachkontrasts im ganzen, in ‚serienweiser' Abfolge der Buntheiten, ist das ‚innere' Farbensehen bei geschlossenem Auge, wenn wir zufällig oder absichtlich vom Licht geblendet, im Augengrau hintereinander nahezu sämtliche bunten Farben sehen können, als unsere eigenen, selbstleuchtenden Lichtfarben. Wenn diese Erscheinung den Zusammenhang zwischen dem Licht und allen Farben unmittelbar demonstriert, so der nach außen

[5] A.a.O. S. 332 – Nr. 805 – unter „Totalität und Harmonie", in der 6. Abtlg. „Sinnlich-Sittliche Wirkung der Farbe".

projizierte Nachbild-Kontrast das spezielle Verhältnis zwischen den Gliedern eines Farbenpaares.

Um die komplementären Nachbilder hervorzurufen, kann man die abgebildeten Farbmuster (Rot, Purpur, Purpurviolett, Abb. 2, 3, 18) u. a. benutzen. Man fixiert das Farbfeld – bei guter Tageslichtbeleuchtung und Abschirmung vor anderen Farben – so, als wollte man mit den Augen ein Loch in die Farbe bohren, deckt sodann das Farbfeld ab und blickt auf ein weißes Papier.

Man muß einige Sekunden abwarten, bis ein farbiger Widerschein in der Größe des Farbfeldes aufleuchtet. Je nach dem Grad der Aufnahmedauer bleibt er eine Zeitlang sichtbar. Man verstärkt den Eindruck, wenn beim Anschaun der Primärfarbe ab und zu kurzzeitig die Augen geschlossen werden. Die reinste und intensivste Wirkung erfährt man, wenn die Nachbildfarbe *im Augengrau zum Aufleuchten* gebracht wird: Man schließt dazu nach dem Fixieren die Augen und deckt sie mit der Hand ab.

Ich habe solche Pigmentfelder einer größeren Anzahl von Personen vorgelegt und die Ergebnisse getestet. Es ergaben sich bei der Farbansprache einstimmige Urteile im ganzen, d. h. im einzelnen ließ sich nicht sofort nachweisen, ob der benannte Farbeindruck genau mit denen anderer Versuchspersonen übereinging. Durch weitere Versuche und gegenläufige Beobachtungen aber – indem die Nachbildfarbe als Primärfarbe gewählt wird – konnte jeder sein Urteil korrigieren oder präzisieren, beispielsweise Unterschiede zwischen Gelbgrün, Grüngelb, Grün und Blaugrün messen! Es handelt sich daher bei der Messung der Komplementärfarben durch den Nachkontrast wirklich um verbindliche, objektive Resultate, die keiner wesentlichen individuellen Verschiebung unterliegen, vorausgesetzt natürlich, daß man über ein farbentüchtiges Auge verfügt. Aber auch das ließe sich durch diese Versuche feststellen, und würde jedermann sich einmal die Mühe machen, die ganze Reihe der Farben nach dieser Methode durchzusehen, so würde das sicher von großem Nutzen für die Ausbildung eines differenzierten Farbniveaus sein!

Die Untersuchung ist besonders wesentlich für die genauere Bestimmung der qualitativen Farbenäquivalenz. Denn wir werden uns dann nicht mehr mit vagen Angaben der Komplementärfarben begnügen müssen. Es zeigen sich im einzelnen folgende Farbenpaare:

Gelb	– Indigoblau
Orange	– Blau
Rot Z	– Grünblau
Rot	– Blaugrün
Karminrot	– Grün (leicht bläulich)
Purpur	– Grün
Purpurviolett	– Gelbgrün
Violett	– Grüngelb

(Ich erinnere daran, daß die qualitativen Distanzen zwischen Rot Z, Mittelrot und Karmin bis zum Purpur wesentlich größer sind als die entsprechenden zwischen Grünblau –

Grün. Da Grün und Blau ohnehin eng verwandt sind, lassen sich z. B. die Distanzen zwischen dem zu Purpur gehörigen Grün und dem Grün, das zu Rot komplementär ist nur schwer unterscheiden. Bei einiger Übung wird man aber die Nuancen deutlich genug bemerken.)

Indem wir unser Auge instrumental verwenden, sind wir bei Versuchen mit dem Sukzessivkontrast berechtigt, von gültigen Experimenten zu sprechen. Wir sind daher bei der Bestimmung der Komplementärfarben durchaus nicht auf physikalische Messungen angewiesen, erst recht nicht auf stets ungenaue ästhetische Urteile. Zwar werden wir bemerken, daß diese optischen Farbenbilder im Vergleich zum Eindruck von Pigmentfarben in ihrer Lichtnatur diffuser und gewichtslos, weil unmateriell erscheinen, also einen gewissen unwirklichen Charakter haben. Der qualitative Farbeindruck aber ist derselbe.

Die Beobachtungsergebnisse sind desto evidenter, als sie mit den physikalischen Messungen nach Wellenlängengrößen im ganzen übereinstimmen. Zum Vergleich gebe ich nachstehend die Ergebnisse der Komplementärfarben-Messung nach Helmholtz an.[6] Es sind also diejenigen Farbenpaare, die sich zum farblosen reinen Licht ergänzen. Sicherlich differieren die einzelnen Zahlenangaben bei den verschiedenen Beobachtern etwas und dürfen daher nicht schlechthin als Normwerte gelten.

Rot	656,2 m	—	Grünblau	492,1 m
Orange	607,7 m	—	Blau	489,7 m
Goldgelb	585,3 m	—	Blau	485,4 m
Gelb	567,1 m 564,4 m	—	Indigoblau	464,5 m 461,8 m
Grüngelb	563,6 m	—	Violett	433 m

(Angaben über die Relation zwischen Grün und Purpur sind nicht zu finden, weil Purpur keine spezifische Wellenlängengruppe vertritt. Berechnung des Purpurlichts, VI. Teil, S. 261 f.)

Wenn wir die Buntheiten wie im Farbenkreis in ihrer vollen Kontinuität betrachten, ergibt sich eine fortlaufende komplementäre Farbenpaarreihe. Sie entsprechen den beiden Hälften des Farbenkreises:

Gelb	Orange	Rot Z	Rot - Karmin	Purpur	P.Violett	Violett
I.Blau	Blau	Grünblau	Blaugrün	Grün	Gelbgrün	Grüngelb

Die untere Reihe, als Komplementreihe der oberen — oder umgekehrt — schließt an die obere an (Indigoblau—Violett). Es handelt sich also um nichts anderes als um zwei Betrachtungsweisen: 1. die Betrachtung der bloßen Kontinuität der Einzelfarben oder der Einzel- und Gegenfarben, 2. die Betrachtung der *komplementären Kontinuität,* in der von vornherein das Farbenpaar als Farben- oder Lichteinheit verstanden ist. Diese zweite Auffassung soll für die weiteren Untersuchungen maßgebend sein.

---

[6] „Physiologische Optik", a.a.O. S. 106.

Aus der Gegenüberstellung läßt sich auch ablesen, inwiefern gewöhnlich für einige Buntheiten je zwei Komplementärfarben in Frage kommen und genannt werden, wie

für Blau – Gelb und Orange
für Gelb – Blau und Violett
für Grün – Rot und Purpur

Tatsächlich kann ja jede Farbe nur eine Komplementärfarbe haben. Aber bei grober Betrachtung, wenn man nur die grundsätzlichen Beziehungen feststellen will, ist es verständlich, daß man Rot und Grün oder Blau und Gelb sowohl als auch Purpur und Grün oder Blau und Orange als komplementär annimmt. Das erklärt sich aus der kontinuierlichen Farbverwandtschaft bzw. aus der wechselseitigen Verbindung zwischen einer eindeutig-einseitigen und einer zweideutig-zweiseitigen Qualität. Im direkten Vergleich erkennt man den Zusammenhang genauer:

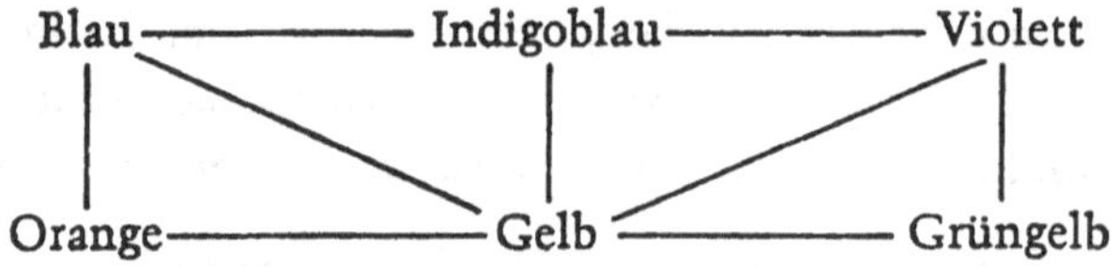

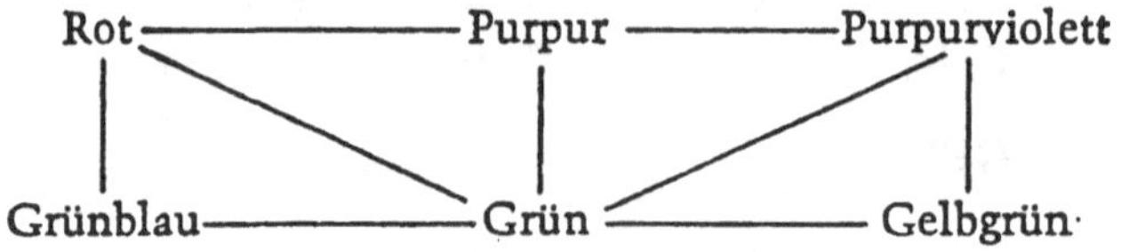

Wir haben es aber außerdem noch – jedenfalls bei Blau und Gelb – mit einer anderen Wirkung zu tun. Denn diese beiden Farben werten wir geringer als Komplementärfarben, sondern vielmehr als Farben des reinen, *polaren Gegensatzes* zwischen heller und dunkler Buntheit. Insofern der polare Gegensatz über den komplementären herrscht, werden wir dem Blau eher das Gelb als das Orange zuordnen. Bei Rot und Grün dagegen handelt es sich nicht um diese Differenz, sondern nur um ungenaue Beobachtungen auf Grund der Farbverwandtschaft zwischen Rot und Purpur, Grünblau und Grün. Daher ist der Rot-Grün-Gegensatz gerade umgekehrt wie bei Gelb-Blau ein komplementärer und kein wirklich polarer Gegensatz! Beim Unterschied zwischen Gelb und Orange darf anderseits nicht übersehen werden, daß die Distanz zwischen Blau und Indigoblau äußerst gering ist.

Es wurde schon erwähnt, daß sich die Komplementärfarbenmessungen auch mit Hilfe des Simultan-Kontrastes (Nebenkontrast) bewerkstelligen lassen. Man spricht einmal vom Simultankontrast bei der „Angleichung", wenn ein orangefarbiges Feld z. B. auf gelbem Grunde rötlicher, auf rotem Grunde dagegen gelblicher erscheint, oder aber wenn ein graues Farbfeld auf einem bunten Untergrund die Farbe des Komplements annimmt, sofern man die Farben durch ein dünnes Filterpapier beschaut.

Man kann ihn aber ebenso nach dem gleichen Verfahren erzeugen, mit dem wir den Sukzessivkontrast herstellen: Bei längerer Betrachtung des Farbfeldes (Abb. 2) zeigt sich nämlich bei geringer Verschiebung des Blickwinkels zum Rand hin ein schmaler Streifen, der die Gegenfarbe zeigt. Von dem Versuch mit der Randfarbe abgesehen, ermöglicht aber der Sukzessivkontrast genauere Messungen, zumal man deutlicher erfährt, daß das Auge die Komplementärfarbe produziert. Besonders bedeutsam werden Experimente mit dem Sukzessivkontrast dadurch, daß sich damit optische Farbenmischungen herstellen lassen: wenn man das jeweilige Nachbild nämlich nicht auf einen weißen Untergrund, sondern auf einen schwarzen oder aber buntfarbigen projiziert! Zwar sind die Farbenerscheinungen nicht sehr intensiv, aber doch deutlich genug zur Orientierung. Es ist schon erstaunlich, daß man allein mit dem Auge zwei Farben z. B. zu *Braun* mischen kann. Bei meinen eigenen Versuchen sah ich folgende Mischungsfarben:

Primärfarbe	Nachbild auf schwarzem Grund	Nachbild auf buntem Grund
Blaugrün (etwa Türkis)	Braun (Rot + Schwarz)	Orange (auf gelbem Grund)
Indigloblau	Olivgrün (Gelb + Schwarz)	Blaugrün (auf blauem Grund) – Grün
Blau	Gelbbraun (Orange + Schwarz)	Gelb (auf grünem Grund) (bräunlich)

Diese Ergebnisse bestätigen meine Ausführungen über die Entstehung von Braun und zeigen im allgemeinen, daß sich durch den Sukzessivkontrast optische Mischungen auch mit *Substanzfarben* durchführen lassen. Jedenfalls haben wir es hier mit überraschenden phänomenalen Vorgängen zu tun, die jedermann ohne technische Apparatur selbst erfahren kann. (Auch für die genaue Bestimmung eines Farbtons eignet sich der Sukzessivkontrast vorzüglich. Will man beispielsweise feststellen, ob ein Blau tatächlich den typischen Farbton, den Grundton zeigt, so braucht man sich nur das Nachbild zu erzeugen. Ist es gelblich, so handelt es sich um ein indigoartiges Blau, zu rötlich, um ein Grünblau.)

In der neueren Forschung bemüht man sich, die Kontraste vorwiegend auf die Beziehung der Farben zum Gegenstand bzw. zum Hinter- oder Untergrund zurückzuführen, oder man begnügt sich mit physiologischen Vermutungen und spricht von Netzhauteinflüssen. So schreibt Donald Brinkmann (1947):

„In prinzipieller Hinsicht ... besteht zwischen den beiden Arten des Kontrastes kein Unterschied. In beiden Fällen handelt es sich um dieselbe Beziehung von Farbenqualitäten, die jeweils anders erscheinen, je nach dem Gegenstand, dem sie angehören, oder dem Grund, von dem sie sich abheben. Eine psychologische Erklärung des Kontrastes über diesen Wesenszusammenhang hinaus gibt es nicht? Alles, was die psychologische Theorie zu leisten imstande ist, besteht darin, die zunächst kuriosen Einzelerscheinungen in den Gesamtzusammenhang einzuordnen und sie als Ausdruck eines durchgehenden Wesenszuges der Wahrnehmungsphänomene darzustellen. Physiologisch gesehen, sind diese Phänomene vielleicht als Wirkungen einer Beeinflussung benachbarter Netzhautelemente oder verschiedener Nervenelemente im Großhirn zu deuten."[7]

Welche Anstrengungen werden hier gemacht, ein so eindeutiges und einfaches Phänomen zu komplizieren und diese „Kontraste" als kuriose Einzelerscheinungen zu isolieren! Dabei sind sie eben doch nichts anderes als unmittelbarer Ausdruck der im Farbenpaar manifestierten Farbeneinheit und schließlich der gesamten Farbgemeinschaft.

Ist die Komplementaritätsordnung die Grundbasis der Farbenordnung, so ist die Polarität und ihre stufenweise Steigerung Ausdruck der dynamischen Struktur, in engster Wechselwirkung mit der Komplementarität. Daher wollen wir uns jetzt auf die Polaritäten einlassen.

3. Polaritätsstufenordnung

Um die Farben nach Polaritäten zu ordnen, bietet sich die Analogie zwischen der Weiß/Schwarz- und Gelb/Blau-Polarität an. Goethes Farbenordnung baut auf diesem polaren Gegensatz auf, der über die Steigerungsstufe – Gelbrot-Blaurot – in Purpur kulminiert. Danach entfaltet sich die Farbenordnung als eine zielgerichtete Bewegung. Gemessen an dieser dynamischen Orientierung als einem prozeßhaften Verlauf zeigen die herrschenden Farbenordnungen einen toten Schematismus. Nur Adolphe Bernays hat sich in der neueren Forschung um eine als Bewegungsvorgang verstandene, polare Stufenordnung bemüht, ohne daß man seinen Versuch sehr beachtet hätte. Er stützt sich auf die Heringsche Gegenfarbentheorie. Seine „Polaritätstheorie" zielt auf einen aus drei Polaritäten gestaffelten Buntheitsgrad ab, den er auch für die einzelnen Farben ableiten wollte (vgl. S. 87). Schwarz und Weiß bilden die erste, Gelb und Blau die zweite und Rot/Grün die dritte Polarität. Von der 1. bis zur 3. Polarität finde „eine Bewegung von der Helligkeit zur Buntheit" statt, die bei Grün/Rot „vollendet" sei.[8] Man sieht, daß er sich nur nach dem allgemeinen Hell-Dunkel-Gegensatz ausrichtet. Aber richtig ist, daß Rot/Grün – wenn man sie als Polarität bezeichnen will – eine stärkere, vollere Buntheit zeigen als Gelb/Blau.

---

[7] „Psychologie der Farbe" in „Einführung in die Farbenlehre", a.a.O. S. 118, Anm. 1 und S. 119.

Für Brinkmann scheint es schließlich, seinen Ausführungen nach überhaupt keine elementaren Farbwahrnehmungen zu geben. Die Kontrasterscheinungen haben aber doch mit der Gegenständlichkeit tatsächlich überhaupt nichts unmittelbar zu tun, ja, eigentlich nicht einmal mittelbar! Aber Brinkmann beschreibt auch den Simultankontrast so, daß sich „als Folge ... das Aussehen von nebeneinander befindlichen Flächen so ändert, als ob (von mir unterstrichen) sich zu jeder Farbe einer Fläche noch die Komplementärfarbe zur Farbe der benachbarten Fläche geselle". Dabei ist das eben doch kein ‚als ob', sondern faktisch der Fall. Gerade davon sollte man in der Farbenlehre endlich ausgehen, anstatt diese elementaren, physiologischen Kontrasterscheinungen als spezielle Sonderfälle zu buchen!

[8] A.a.O. S. 171.

Verfolgen wir genauer das Bewegungs- und Steigerungsprinzip, so ist eine Polarität ganz unberücksichtigt, die auch Goethe nie genannt hat: *Rot/Blau.* Gerade diese Polarität ist aber die stärkste und insofern die eigentlich bunte. Bernays behauptet, daß die „polare Zusammengehörigkeit von Rot und Grün für die Vorstellung nicht mehr zwingend gegeben" sei, weil die „Charakteristika der ersten Polarität verschwunden" wären. Hier wird der folgenschwere Irrtum seiner Ableitung offenkundig, weil er damit die Art der Buntheits-Polaritäten nur an der ‚neutralen Polarität' Schwarz/Weiß mißt. Dann ist es auch klar, daß er die Rot/Blau-Polarität nicht eingliedern kann. Wenn bei Rot/Grün der Eindruck der Polarität nicht mehr zwingend herrscht, dann kann das nicht als Folgerung eines durchgehenden polaren Bewegungsverlaufs verstanden werden, sondern stimmt deshalb, weil wir in Rot/Grün den Buntheits-*Ausgleich* wahrnehmen. Die Bewegung hätte dann streng genommen nur zwei bunte Stufen, eine der Polarität und eine der angenäherten Komplementarität.

Während die Gelb/Blau-Polarität wirklich der Weiß/Schwarz-Polarität nahesteht, so verhält es sich gänzlich anders mit der Polarität Rot/Blau. Sie zeigt durchaus einen reinen polaren Kontrast, der aber so sehr voller *Buntheits*-Gegensatz ist wie der von Gelb und Blau vornehmlich *Farbhellen*-Gegensatz, den wir bei Rot und Blau nicht bemerken.

Was aber die *Rot/Grün*-Spannung betrifft, so muß erst erläutert werden, um welches Rot es sich hier handelt. Hätte Bernays zwischen den Rotstufen und Purpur qualitativ unterschieden, so hätte er vielleicht auch für Blau/Rot einen Platz gefunden.[9] Um eine „Vollendungsstufe" handelt es sich nur dann, wenn wir unter Rot/Grün das *Purpur/Grün* begreifen. Dann fällt auch die Doppeldeutigkeit von Rot bei Grün/Rot und Blau/Rot fort.

Ich werde nun versuchen in etwas anderer Weise, aber doch im gleichen Grundgedanken, den Stufenprozeß der Farben zu demonstrieren.

4. Die vierstufige Farbenordnung

Zunächst gebe ich eine Übersicht der Stufen. Unterschieden sei die *allgemeine* Farbenpolarität Schwarz/Weiß als die den Hell-Dunkel-Gegensatz repräsentierende Elementarstufe, von vier bunten Stufen. Beide Arten lassen sich so unterscheiden, daß die allgemeine Grundstufe Schwarz/Weiß eine statische und die vier bunten Stufen dynamische Stufen sind, indem sie über sich selbst hinausweisende Spannungen ausdrücken. Von der Schwarz/Weiß-Polarität findet keine Bewegung zur Buntheitsstufung statt, sondern diese beginnt erst bei *Gelb/Blau* als der 1. Buntheitspola-

[9] A.a.O. S. 172. Bernays registiert die Kenntnis vom Rot-Blau-Gesetz, den er nicht als Rot/Blau-Polarität aufführt, um zu ganz anderen Schlüssen zu kommen: „Es gehören ... Weiß, Gelb und Rot einerseits, Schwarz, Blau und Grün anderseits zusammen; – gewiß keine überraschende Gruppierung." (S. 172) Nun, überraschend ist sie nicht, aber wer sich damit abfindet, daß man Schwarz und Grün in ein und derselben Gruppe unterbringt, der besitzt nicht gerade viel Farbgefühl.

rität. In Gelb/Blau bildet sich der allgemeine Farbgegensatz als Buntheitsgegensatz ab, d. h. der allgemeine Hell-Dunkel-Gegensatz zeigt sich als spezieller, qualitativer Farbton-Gegensatz in der bunten Farbengemeinschaft.

Auf der folgenden Seite habe ich die vier gemeinten Stufen zusammengestellt. Betrachten wir die Stufen I und III, so unterscheiden sie sich deutlich von den Stufen II und IV. Denn jene zeigen polare, diese komplementäre Gegensätze. Von Stufe zu Stufe aber bemerken wir eine *kontinuierlich stärker werdende Buntheitskraft*. In ihrer Steigerung *wechselt* sie demnach zwischen beiden Gegensatzarten ab, ist zwischen Polarität und Komplementarität rhythmisiert.

Zwischen der III. und IV. Stufe könnte noch eine weitere angesetzt werden, nämlich *Rot/Grün*. Sie ist weder rein polar noch rein komplementär und insofern als Zwischenstufe und Übergangsstufe zu Purpur/Grün anzusehen. Die eigentliche Bedeutung der Rot-Grün-Spannung beruht auf dem polar-zentralen Gegensatz (s. S. 135).

Im einzelnen verfolgt, ergibt sich folgendes Gesamtbild:

1. Die allgemeine Farbenpolarität *Weiß/Schwarz* zeigt als die statische Grund- oder Elementarstufe den positiv-negativen Hell-Dunkel-Gegensatz als maximale Spannung der Polarität schlechthin.

2. Die 1. Buntheitspolarität *Gelb/Blau*, die Elementarstufe der Buntheit, kann als Entwicklungsstufe, als Aufbruch der Buntheit gelten. In Gelb/Blau setzt sich die Buntfarbigkeit in polarer Aufteilung auseinander.

3. Auf der II. Stufe *Orange/Blau* hat sich die Buntheit von Gelb her gesteigert und konsolidiert, indem im Orange die Bewegung zum Bunten als die Bewegung zum Roten vollzogen ist. Aus der Polarität ist ein komplementärer Gegensatz geworden. In Orange/Blau wiegen sich beide Farben miteinander gegen-seitig aus.

4. Durch die weitere Buntheitssteigerung von Orange zu Rot wird das auf der II. Stufe erreichte Gleichgewicht wieder aufgehoben. Wie Orange den Übergang zwischen Gelb und Rot bildet, vermittelt die II. Stufe als Steigerungsstufe zwsichen der 1. und 2. Polarität.

Die 2. Polarität *Rot/Blau* ist als Hauptspannungsstufe die eigentliche, erfüllte Buntheitspolarität gegenüber der 1. Polarität, die ihren elementaren Charakter in der Hell-Dunkel-Buntfarbigkeit ausdrückt. Die Spannung, der ‚Konflikt' ist in der Unvereinbarkeit des Gegensatzes zwischen dem aktiven und warmen Rot und dem kühlen, passiven Blau.

Wir können diese Spannung auch an der Farbe abmessen, die aus Rot und Blau ‚zusammengesetzt' ist, d. h. die Rot/Blau-Spannung abbildet: *Violett*. Die Zwiespältigkeit dieser Farbe ist wiederum antithetisch zu *Grün*, welche die Gelb/Blau-Polarität in sich eint und verschließt, während Violett die Rot/Blau-Polarität uneinig in sich offen läßt. So ermessen wir an dem verschiedenen Charakter von Grün und Violett auch den Spannungsunterschied zwischen der 1. und 2. Polarität.

5. Auf der letzten, der IV. Stufe wird in *Grün/Purpur* die Buntheitssteigerung vollendet, gewinnt den höchsten Ausdruck ihrer Macht. Mit Grün als stabiler Basis bildet Purpur die Kulminationsstufe im Endkomplement. Wie sich in Grün Gelb und Blau ineinander setzen, so wird in Purpur Rot und Blau geeint.

Damit ist der Stufenprozeß der Buntheitsentwicklung abgeschlossen.

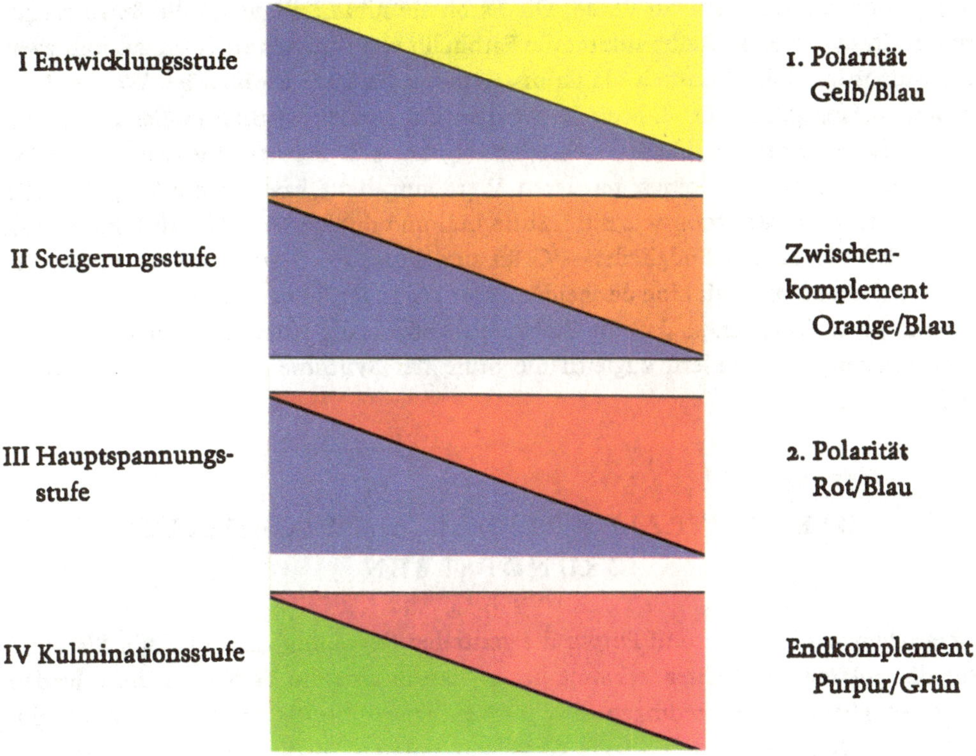

Polar-komplementäre Stufenordnung

Abb. 4 a–d

Der Überblick über die Stufen läßt erkennen, daß die Zunahme an Buntheit vor allem an die kontinuierliche Steigerung von Gelb zu Rot und Purpur gebunden, daß *Rot* also die Leitfarbe der Buntheitsentwicklung ist.

Wir sind durch Goethes Interpretation gewohnt, von Plus- und Minusfarben, warmen und kalten zu sprechen. Die Aufteilung nach diesen Gruppen zeigt sich, wenn wir das abgebildete Schema auftrennen und der Diagonallinie nach in zwei Farbenhälften gliedern. Die unteren Farben, hintereinandergesetzt, sind:

(Schwarz), Blau – Blau – Blau – Grün

und die oberen:

(Weiß), Gelb – Orange – Rot – Purpur.

Die untere Reihe hat eines gemeinsam: die kalte bzw. kühle Passivität oder Inaktivität (Grün), die obere zeigt umgekehrt positiv-aktive bzw. inaktive Farben (Purpur), von Gelb bis Rot ständig wärmer werdend, bis in Purpur eine dem Grün entsprechende, aber positiv wirkende Abkühlung auftritt.

Ferner beobachten wir: die Buntheitszunahme ist dem Farbhellengrad umgekehrt proportional in der positiven Reihe: Die Farbhelle nimmt ab, wenn die Buntheit zunimmt. In der unteren Reihe nimmt die Farbhelle von Blau bis zu Grün zu, und zwar hier proportional der Buntheit, da Grün etwas buntfarbiger als Blau ist. Während die beiden Anfangsglieder der I. Stufe den vollen Gegensatz zwischen großer und geringer Farbhelle zeigen (Farbhelle – Farbdunkel), hat sich bei den Endgliedern der IV. Stufe die Farbhelle auf einen mittleren Wert aufgehellt bzw. verdunkelt, d. h. die letzte Stufe ist so sehr bunt wie die I. Stufe hell und dunkel ist. Schließlich kann man sagen, daß die beiden Endglieder – Grün und Purpur – jeweils als die Einigungs- und Ausgleichsfarben für eine der beiden Polaritätsstufen bilden: Grün für die 1., Purpur für die 2. Polarität, so daß die Endstufe nicht nur die Kulminationsstufe der Gesamtbewegung ist, sondern zugleich die Stufe der *Synthese der gesamten Buntfarbigkeit*.

C. DIE ZENTRALEN FARBEN ALS EIGENTLICHE GRUNDFARBEN

Nachdem wir in *Grün* und *Purpur* die zentralen (bipolaren) und in *Gelb, Blau* und *Rot* die polaren Buntheiten erkannt haben, lassen sich die Farben in diese beiden Gruppen gliedern. Sie bedingen sich notwendig gegenseitig, erklären sich auseinander. Zur zentralen Gruppe wäre *Grau*, zur polaren *Weiß* und *Schwarz* hinzuzurechnen.

Man könnte es nun damit bewenden lassen, daß beide Farbengruppen von gleichem Rang sind. Jedoch fordert gerade der charakteristische Unterschied zwischen Zentralität und Polarität zu der Frage heraus, ob nun die eine oder die andere Gruppe die ontologisch eigentlichere sei! Damit treffe ich nochmals auf die Frage nach den Grundfarben.

Von welcher Argumentation könnten wir ausgehen, um das zu beurteilen?

Wir können sagen: ‚Vor' und ‚hinter' der *Zweiheit* steht die *Einheit*. Als erstes Kriterium kann dann gelten, daß die Farben, welche die Einheit repräsentieren, sich zumindest dadurch auszeichnen müssen, daß sie von gleichem Rang wie diejenigen Farben sind, welche einseitig, polar oder uneinheitlich sind. Darüber hinaus aber müßten sie umgreifende und übergreifende Bedeutung haben, d. h. Einheit als ihr eigenes Wesen ausdrücken und in ihren Funktionen präsentieren. Daraus ergibt sich ein spezielleres Kriterium: Eigentliche Grundfarben müssen in der Lage sein, alle anderen in sich aufzunehmen und für sie zu stehn. Dagegen darf dann nicht der umgekehrte

Fall wahr sein, daß sie in anderen Farben aufgehen können. Das erste aber trifft gerade und das zweite eben auch nicht für Grün und Purpur zu.

Versuchen wir eine allgemeine Definition, so dürfen wir sagen:

Grundfarben sind solche Farben, die übergreifende, bipolare Funktionen haben. Als Farben bipolarer Einheit sind es solche der Zentralität.

Damit haben wir Grau, Grün und Purpur als Grundfarben bestimmt. Es ist möglich, die These von den drei zentralen Grundfarben durch weitere Überlegungen zu erhärten.

Als Grundfarben kommen vornehmlich solche in Betracht, die auch unter verschiedenen Umständen beständig sind. Gerade deshalb können es nicht die Farben sein, welche einen spezifischen, nach einer bestimmten Seite gerichteten Ausdruck haben, so wie Gelb und Blau. Diese Farben sind – wie Weiß und Schwarz – einfach in ihrer Einseitigkeit und führen uns unmittelbar in die Gegensätzlichkeit, so wie Gelb unbedingt auf Blau, und Blau auf Gelb oder Rot angewiesen sind. Grün und Purpur sind dagegen primär auf keine anderen Farben angewiesen!

Die klassische Definition der Grund- oder Urfarben nach dem Maß der Eigenwertigkeit, der Farbindividualität scheint mir den eigentlichen Sprachsinn des Ausdrucks Grundfarbe gerade umzukehren. Denn die Immunität gegenüber einseitigen, polaren Spannungen und autonomer Eigenwertigkeit in einem Teilbereich wären gerade entscheidende Merkmale einer ‚Urfarbe'. Kann dann Rot eine sein? Rot ist nicht wie Gelb und Blau auf eine andere Farbe angewiesen, wäre also insofern eher als sie eine Grundfarbe. Doch vermag auch das Rot nicht gänzlich für sich allein zu stehen, so wenig wie wir es als in sich selbst ganz erfüllt erfahren – und ertragen – können. Seine aktivierende ‚Extraversion' sind Eigenschaften seiner polaren Spannung. Erst im Purpur wird das Rote eigentlich ausgesteigert und erfüllt. Die Nähe zwischen Rot und Purpur verweist beide zueinander.

Grau, Grün und Purpur bilden als die in sich geeinten, stabilsten Farben die eigentliche Grundtriade: Tafel 2.

Die interne Einheit dieser Grundtriade als *Gemeinschaft* zeigt sich einmal in der ziemlich gleichen Farbhelle – einem mittleren Quantum, das weder als hell noch als dunkel anzusprechen ist – vor allem aber in der gegenseitigen Ergänzung: Grün und Purpur vereinigen sich zu Grau bzw. zum reinen Licht. Als Grundtriade, verglichen mit anderen Farbentriaden – wie *Gelb/Grün/Blau, Gelb/Rot/Blau* – zeichnet sich *Grau/Grün/Purpur* dadurch aus, daß wir in ihr latent sämtliche Farben vorfinden können oder Hinweise auf deren Existenz: Grün erinnert uns zumeist entweder an Gelbgrün oder an Blaugrün, Purpur an Rot oder Violett, Grau an Schwarz, allerdings kaum an Weiß. Schließlich erscheint uns das Bild dieser Triade als befriedigende, *erfüllte* Farbenharmonie, zeigt die volle *Farbentotalität.*

In der psychologischen Forschung habe ich nur bei Heinrich Frieling (1939 und 1956) eine besondere Berücksichtigung des Purpur und Grün gefunden. Seine Erklärungen berühren sich zum Teil sehr eng mit meinen:

„Die ursprünglichste Buntheit in der Finsternis", so sagt er, „ist das Purpur..." Dabei mißt er aber den Purpur–Grün-Gegensatz wie den von Schwarz–Weiß als Polarität, indem er betont: „Daß sich das urlebendige Licht immer in polaren Gegensätzen offenbart: 1. in Weiß–Schwarz, 2. entsprechend in Grün–Purpur."[10]

Das trifft nicht zu. Nur Gelb-Blau können mit Weiß-Schwarz verglichen werden. Vor allem hat die unbunte Polarität nichts mit dem Licht – mit dem „urlebendigen Licht" – zu tun.

„Purpur stehe Grün" gegenüber „als Bild und Ausdruck von Lebenskräften ... ist überhaupt die Krönung aller Buntheiten. In ihm erfüllt sich das Blaue, das Gelbe und das Rote ... Purpur ist das Ruhende im Reich der sich zusammenziehenden, nach innen weisenden Kräfte, – Grün das Ruhende im Reich der nach außen sich verstreuenden Kräfte des Lichts."[11]

Dem ersten Teil dieser trefflichen Formulierungen kann ich nur zustimmen. Doch fällt auf, wie Frieling in Grün und Purpur das von Gelb und Blau her begründete polare Sehen in diese Farben projiziert. Purpur und Grün lassen sich eben nicht nach „Innen" und „Außen" aufgliedern, heben gerade diesen Richtungsgegensatz ebenso in sich auf wie die positiv-negative Spannung. So wirkt Purpur durchaus auch stark nach außen, Grün aber weder nach außen noch nach innen! Wohl aber kann man sagen: Purpur hat bei weitem die größere Dimension, die größere Tiefe und Höhe, Grün ist vergleichsweise flacher, oberflächlicher! Wir dürfen auch nicht Grün und Purpur einfach auf dieselbe Stufe wie *Grau* stellen, indem wir sie als „ruhende" Farben bezeichneten. Das aber tut Frieling, wenn er die Farben durch die Begriffe ‚statisch' und ‚dynamisch' gruppiert:

„Gelb, Blau und Rot haben... eine gewisse innere Bewegtheit. Sie sind dynamische Farben im Gegensatz zu den vergleichweise statischen: Schwarz, Weiß, Purpur und Grün."[12]

An anderer Stelle nennt er Grau mit Grün und Purpur zusammen „statische Farben". Dadurch werden aber bunte und unbunte Farben ungemäß gleichgesetzt. Nur die letzteren können als statische gelten. Und wo bliebe eine echte Übereinstimmung mit seinen früheren Darlegungen über Purpur als „ursprünglichste Buntheit"?

Es will mir scheinen, daß sich die Diskrepanz auflöst, wenn die Unterscheidung zwischen polaren und zentralen Farben verbindlich wird. Denn sie gestattet dann eine genauere Charakterisierung: Als zentrale Farben bilden Grün und Purpur mit der statischen Farbe Grau eine Dreiergemeinschaft, als polare Farben ebenso Gelb, Blau und Rot zusammen mit Weiß und Schwarz. Alle Buntfarben sind grundsätzlich dynamischer Natur, ihrem Herkommen gemäß so wie nach ihrem jeweiligen Ausdruck, der immer eine bestimmte Spannung verrät. Dabei ist es intern gewiß so, daß Rot und Gelb spannungsvollere, dynamischere Farben als Blau, – Grün und Purpur sind und schließlich die zentralen Farben Grün und Purpur notwendig statischer als die polaren Buntheiten.

---

[10] „Sprache der Farben" (1939) S. 41.

[11] Ebenda, S. 55.

[12] „Mensch – Farbe – Raum" (1956), S. 54.

Welches Verhältnis nun herrscht zwischen der zentralen und der polaren Dreiheit? Die *polare Triade* Gelb/Blau/Rot kann als Aufbruch, als Aufteilung der zentralen Triade verstanden werden, und zwar ganz im Sinne Frielings:

„Die Bewegung des Gelben liegt im Ausstrahlenden, die des Blauen im Einstrahlenden (Mitnehmen, in die Ferne tragen), und das Rot kommt auf uns zu. Man kann fast sagen: Blau = Einatmen, Gelb = Ausatmen, Rot = tätige Handlung."[13]

Frieling folgert dann: „In jedem Falle wird die Dreiheit dieser Hauptfarben zu einem Kräftedreieck." (Und so stellt er sie auch in der bekannten, Goethe verpflichteten Doppelsternfigur vor.) Indem ich mich aber auf das Farbendreieck Gelb – Purpur – Blau bzw. Gelb – Grün – Blau – Purpur beziehe und damit die Verwechslung von Rot und Purpur berichtigen will, kann ich auf Grün und Purpur als Farben der Einheit hinweisen: *Grün* ist die Basisfarbe für das *Ein* und *Aus* von *Blau* und *Gelb*. *Purpur* eint sowohl das Ein und Aus von Blau und Rot wie ihr *Fern* und *Nah*, *Kalt* und *Warm*.

Die *Spannung* zwischen den Farben der zentralen und der polaren Dreiheit ist spezifisch zwischen *Rot und Grün* ausgeprägt, insofern Rot der vornehmlichste, stärkste Repräsentant der polaren Farben ist und Grün als zentrale Farbe zu Rot die größte Distanz hat.

Zusammenfassend möchte ich auf das der Farbenordnung zugrunde liegende Prinzip verweisen: *Der Farbenprozeß wird beherrscht von der polaren Teilung und Ergänzung der Einheit zur Zweiheit und Dreiheit.* Daß zwischen Teilung und Ergänzung, zwischen Aufspaltung und Wiedervereinigung die *Steigerung* waltet, versteht sich dabei von selbst.

Zur weiteren Erläuterung sind auf der Farbtafel 3 die drei Polaritäten abgebildet. Tafel 4 zeigt die zentral-polare Aufgliederung von Grün und Purpur auf.

D. VERANSCHAULICHUNG DER FARBENORDNUNG IM FARBENDREIECK UND FARBENRHOMBOID

1. Übersicht der Ausgangsbedingungen

Nach dem Stand der bisherigen Untersuchungsergebnisse zeigen sich folgende Regeln und Bedingungen als Voraussetzungen für die formale Demonstration der Farbenordnung:

a) Jede bunte Farbe ist durch ihren *Buntheitsgrad* oder *Farbhellengrad* charakterisiert, es sei denn beide Merkmale fallen in ihrer Wirkung zusammen, so wie bei Grün. Gelb und Blau aber unterscheiden sich von der Gruppe der Rotfarben (innerhalb der Gesamtheit der Buntfarbigkeit) so wie hell und dunkel von bunt. Die Farben stärkster Buntheit sind *Rot* und *Purpur*, die Farbe der stärksten Farbhelle ist *Gelb*,

[13] Ebenda.

der geringsten *Blau*.[14] Die äußerste Farbhelle, die notwendig dann nicht zugleich bunt sein kann, ist *Weiß*, so wie das Farbdunkel in *Schwarz* erscheint.

b) Die bunten Farben, Mitglieder, qualitative Elemente des Lichts, messen wir auch am Licht, an der Beleuchtungshelle oder am Weiß und Schwarz als Grenzfarben. An der Lichthelle gemessen ist *Gelb* die Farbe der geringsten positiven Buntheit. *Blau*, am Dunkel gemessen, Farbe der geringsten negativen Buntheit. Aber in der Tageshelle erscheint Blau durch seinen Dunkelkontrast als stärkste negative Buntheit, ist also wesentlich farbstärker, aber nicht bunter als Gelb. *Gelb* nimmt eine besondere Stellung ein, weil es die eigentlich steigerungsfähige Farbe ist, entfaltungsfähig, in sich Buntheit zu aktivieren. *Blau* ist nicht steigerungsfähig, sondern kontraststark, ist das beharrende ‚Gegengewicht' der Buntheitsstufung zu *Rot*.

c) Je zwei Komplementärfarben bilden als Farbenpaar eine Farbeneinheit. In diesen Einheiten herrscht ein ausgewogenes Verhältnis sowohl der Buntfarbigkeit als auch der Farbhellen. In ihnen beschließen sich jeweils die polaren, positiv-negativen Spannungen, so daß sie die Totalität der Buntfarbigkeit repräsentieren. Die Farbhellengrößen ergeben in jeder Farbeinheit nahezu dieselbe Summe der Gesamthelle, so daß man von der Konstanz der Lichtquantität in den Farbenpaaren sprechen kann.

d) Zur Bestimmung der größten Distanzen, d. h. der größten Spannungsweiten, ist das Verhältnis zwischen den Farben stärkster und geringster Farbhelle zur mächtigsten Buntheit maßgebend. Die dadurch als Grenzfarben bestimmten Qualitäten sind *Gelb, Blau und Purpur*.

Die maximale Buntheitsspannung muß der maximalen Hell-Dunkel-Spannung dann entsprechen, so daß für *Gelb–Blau* sich die gleiche Distanz ergibt wie für *Gelb–Purpur* und *Blau–Purpur*. Nicht die Farbnähe und Farbverwandtschaft bezeichnen hier die Entfernung voneinander, sondern der Weg des Anstiegs von Gelb zu Rot und zu Purpur entspricht notwendig dem Weg des Abstiegs von Purpur über Violett zu Blau: Die Buntheitszunahme von Gelb (als Farbe der stärksten bunten Farbhelle und geringsten positiven Buntfarbigkeit) zu Purpur ist gleich der Buntheitsabnahme von Purpur zu Blau (als der Farbe geringster bunter Farbhelle und stärkster negativer Buntfarbigkeit).[15]

Diese Annahme rechnet mit dem Gleichgewicht der Kräfte. So würde dann auch das gesamte Quantum zwischen maximaler Farbhelle und maximalem Farbdunkel,

---

[14] Violett erscheint wohl noch etwas dunkler als Blau. Ich habe hier aber zunächst zwei Skalen im Auge, – Farbhelle einerseits, Buntheit andererseits. Violett liegt wie stets ‚dazwischen'. Auf der Farbhellenachse aber führt eindeutig die Skala von Gelb über Grün zu Blau als ‚Dunkelfarbe', die gleichsam homogen ins Schwarz verdunkelt werden kann, was für Violett nicht gilt.

[15] Obwohl sich Purpur und Blau näher sind als Purpur und Gelb, entspricht doch die Strecke Gelb–Rot–Purpur der Strecke Purpur–Blau! Das ist durch das Verhältnis zwischen Farbverwandtschaft und Farbspannung bedingt: Die augenscheinlich größere Distanz von Gelb über Rot zu Purpur ist so sehr durch die kontinuierliche Beziehung und Stufung verkeinert, wie die augenscheinlich engere Entfernung von Purpur zu Blau durch die Rot-Blau-Spannung vergrößert wird!

zwischen Weiß und Schwarz dem Verhältnis zwischen unbunter, allgemeiner Farbigkeit und der Buntfarbigkeit zu entsprechen haben, d. h. die quantitative Hell-Dunkel-Distanz in Weiß und Schwarz wäre gleich der Distanz zur maximalen Buntfarbigkeit in Purpur. Es entsprechen sich dann auch *Weiß—Purpur, Schwarz—Purpur* und *Weiß—Schwarz.*

2. Farbendreieck und Farbenrhomboid

Von den besprochenen Voraussetzungen habe ich das auf der folgenden Seite abgebildete Schema eines Farbendreiecks abgeleitet. Es soll als Grundfigur für die Farbenordnung gelten. Tafel 5 zeigt den endgültigen Entwurf. Die Strecke Weiß-Schwarz wird als Hypotenuse eines den angenommenen Bedingungen nach notwendig gleichseitigen Dreiecks gewählt. Sie bedeutet dann die Farbhellenachse. Die Strecke Gelb—Blau von den Endpunkten aus nach oben genommen, führt zur Dreiecksspitze, zu Purpur. Die Mittellinie oder Höhe des sich so ergebenden Dreiecks Gelb—Purpur—Blau wäre dann die Buntheitsachse. Nach gleich großen qualitativen Distanzen gegliedert zeigt die linke Kathete die positiven Farben, die kontinuierliche Buntheitssteigerung von Gelb zu Orange, Rot, Karmin und Purpur, die rechte Kathete die diskontinuierliche Reihe der negativen Farben bis zu Blau (Abb. 5).

Von Gelb und Blau aus lassen sich dann Weiß und Schwarz bestimmen. Da Grün für Gelb und Blau dasselbe bedeutet wie Grau für Weiß und Schwarz, kann es in der Mitte der Strecke Gelb—Blau plaziert werden. *Grau, Grün und Purpur* liegen demnach gemäß ihrer zentralen Positionen auf einer Linie, die das Dreieck in zwei Hälften gliedert, in den positiven und den negativen Farbbereich. (Bei solcher Einbeziehung der unbunten Farben wäre die Buntheitsachse als Farbigkeitsachse zu bezeichnen.)

Wenn *Grün* zwar mit seiner Farbhelle wirklich in der Mitte liegt, dem Grau entspricht, so ist das Verhältnis zwischen Grün, Gelb und Blau aber damit noch nicht genügend begriffen. Denn wir haben den Buntheitsgrad einer Farbe so definiert, daß er desto größer ist, als die Buntheit einer Farbe von der Farbhelle, also von der spezifischen Helligkeit unabhängig erscheint, so wie es vor allem für Rot gilt. *Grün ist demnach bunter als Gelb und Blau.*

Ist Gelb immer eine helle, Blau in seinem Grundton eine dunkle Farbe, so Grün im Grundton ‚nur' eine bunte Farbe. Von allen drei Farben hat Grün auch den größten Spielraum heller oder dunkler zu werden, ohne in eine seine Qualität verhüllende Nähe zu den unbunten Farben zu geraten. (Ich erinnere an den Unterschied zwischen Farbkraft und Buntkraft.) Dieses muß im Farbendreieck zum Ausdruck kommen. Es kann nur dadurch geschehen, daß für Grün ein höherer bzw. höher aufgestufterer Platz angesetzt wird als für Gelb und Blau. Ich habe daher für Grün einen Buntheitsraum bis zum Abstand einer Stufe von Gelb bzw. Blau aus angenommen. Grün hätte dann einen ungefähr gleich großen Buntheitsgrad wie Orange. Eine präzise Stelle soll damit nicht gemeint sein. Es könnte sowohl noch etwas höher, als vielleicht auch etwas tiefer begrenzt werden. Darauf kommt es hier nicht so sehr an. Das Farbendreieck soll nicht einer genaueren Ortung der Farben in punktuellen Plätzen dienen, sondern die etwaigen Verhältnisse veranschaulichen und insofern einen möglichst realen Wahrscheinlichkeitsgrad ausdrücken. Wesentlich ist aber, daß Grün ein besonders großes Gebiet beherrscht, was nur der Tatsache gemäß ist, daß der Umfang des von Gelbgrün bis zu Blaugrün reichenden Gebietes Ausdruck der großen Spannweite der Qualität Grün ist.

Wenn Grün seinen formalen Platz als Basisfarbe findet, dann scheint es mir zuzutreffen, daß Purpur als Kulminationsfarbe seinen Platz in der Dreiecksspitze hat und dadurch seinen Charakter als „Mündungsfarbe", als Gipfelfarbe veranschaulicht. So würden sich die formalen Funktionsplätze im Dreieck mit dem Wesensausdruck der Buntheiten Grün und Purpur etwa decken. Das quantitativ kleinere Gebiet des Purpur nimmt andererseits einen besonders ausgezeichneten Platz ein. Auch gleicht Purpur nicht wie Grün Buntheits- *und* Farbhellengegensatz aus, sondern auf der hohen Buntheitsstufe von Rot und Violett fast ausschließlich die Buntheitsdifferenz.

Das Farbendreieck veranschaulicht die Farbenordnung in einem positiv-negativen Bewegungsverlauf, der durch die zentralen Farben Grau—Grün—Purpur stabilisiert und geeint ist. Es läßt die Farbenordnung als organisch-rhythmisch strukturierte Ordnung erkennen. Die Plus- und Minusfarben verhalten sich so zueinander, daß sie auf gleicher Höhe der Buntheitsachse auf die zentralen Farben bezogen sind. Das läßt sich dadurch leicht erfassen, daß man die beiden Katheten des Dreiecks zueinander hin bewegt denkt bzw. abliest, welche Farben jeweils aus den sich gegenüberliegenden Qualitäten bei ihrer Verbindung entstehen würden. Ich möchte das nicht im einzelnen verfolgen, aber mit diesem Hinweis erklären, daß eine ganze Reihe von gegenseitigen Beziehungen die grundsätzliche Einheit der im Dreieck demonstrierten Ordnung bezeugen.

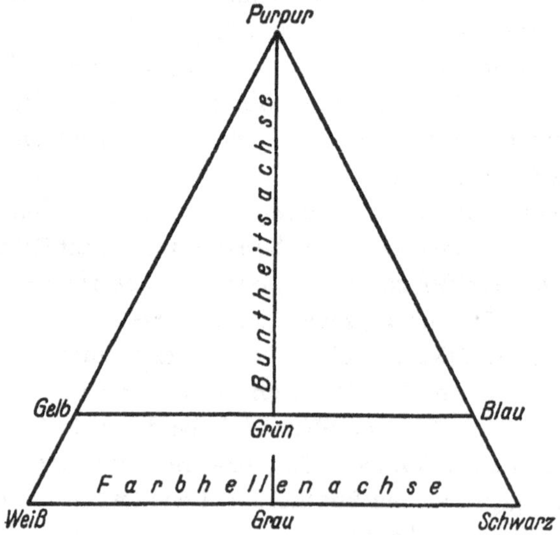

Abb. 5. Schema des Farbendreiecks

Die Dreiecksfigur kann nur als Grundgerüst der Farbenordnung richtungsweisend sein, denn jede Linearität preßt das natürliche Kontinuum der Farbenwelt in ein unnatürliches Schema. Wir werden aber Schritt für Schritt zu gemäßeren Strukturfiguren gelangen. Sie ergeben sich zunächst schon durch einige Modifikationen. Denn man kann, um lineare Härten auszugleichen, statt der geraden Verbindungslinien zwischen Gelb–Purpur–Blau und Gelb–Grün–Blau auch kurvige einzeichnen und dadurch auch den Unterschied zur eindimensionalen Gruppe der unbunten Farben sichtbar machen (Abb. 6).

Außer zu einer allgemeinen Übersicht der Farbenordnung eignet sich die Figur auch zur Darstellung verschiedener spezieller Ordnungsfaktoren. Damit meine ich
die Messung des Farbhellen- und Buntheitsgrades;
die Demonstration der Komplementärfarbenpaare;
die Darstellung der verschieden großen Machtbereiche der Farben;
die Abbildung der Mischungsverhältnisse und des durch Braun repräsentierten Farbausgleichsbereichs.

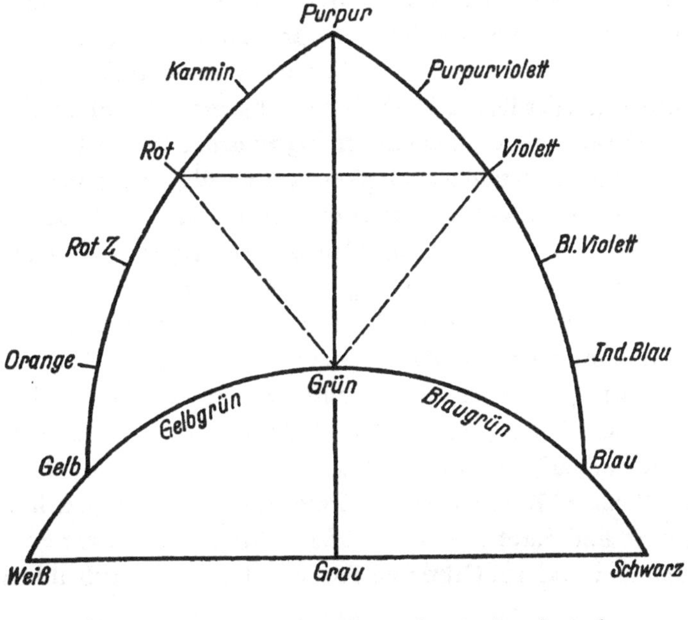

Abb. 6. Kurvige Darstellung des Farbendreiecks

3. Messung des Farbhellen- und Buntheitsgrades

Direkt kann der Farbhellengrad nur auf der Farbhellenachse, also zwischen Gelb und Blau bzw. Weiß und Schwarz abgelesen werden und an den dazwischen liegenden Farben des Grün- und Graubereichs. Jedoch zeigt sich annähernd dasselbe Verhältnis auch im gesamten Farbendreieck, weil die Beziehung zwischen zunehmendem oder abnehmendem Buntheitsgrad und dem Farbhellengrad im ganzen Dreieck dieselbe ist wie im Teildreieck Gelb—Grün—Blau.

Im positiven Teil, von Gelb bis zu Purpur dominiert mit zunehmendem Buntheitsgrad die Buntkraft über die Farbhelle, ähnlich wie von Gelb zu Grün. Im negativen Teil nimmt mit abnehmendem Buntheitsgrad auch die Farbhelle ab, von Purpur bis Blau so wie von Grün zu Blau. Auf der einen Seite dominiert die Buntheit über die Helle – von Gelb bis zu Rot und über Purpur als ‚Umschlagszentrum' auf der anderen Seite über das Dunkel, bis zu Blau.

Die *Kontinuität* von Buntheit und Helle bei den positiven Farben wird aber zur *Diskontinuität* in der Reihe der dunkleren, weil *Buntheit und Dunkel miteinander konkurrieren* und Kontrastspannungen hervorrufen. Am Farbendreieck läßt sich gut ablesen, wie sich der Umschlag von der Buntheitssteigerung aus der Helle ins Dunkel vollzieht. Denn hat im Rot die Buntkraft ihren stärksten Grad erreicht, ist wirklich frei geworden von der Bindung an die Farbhelle, so herrscht in Purpur die Buntkraft über die sich bemerkbar machende negative, d. h. abgedunkelte Farbhelle. Diese Spannung steigert nicht eigentlich die Buntfarbigkeit sondern die *Farbmacht* über Rot hinaus, d. h. die Rotkraft triumphiert in Purpur über das Dunkle, in eben dem Sinne, wie sich negative und positive Buntfarbigkeit in Purpur gegenseitig steigert und eint (Blau im Rot). Der im Purpur vom Rot durchdrungene Blauanteil tritt im Purpurviolett und Violett dann *gegen* das Rot auf. Die Einheit ist gebrochen. Mit stark abnehmender Farbhelle zeigt sich im Violett mit der Spannung zwischen Rot und Blau auch die Konkurrenz zwischen Buntheit und Farbdunkel, welche über die durch Gelb und Blau gesetzte Spannweite hinausgeht. Violett ist dunkler als Blau. Und doch ist der Abstand zu Schwarz merklich größer als der von Blau zu Schwarz, weil wir einerseits im eindeutigen Blau die unmittelbare Beziehung zu Schwarz spüren, andererseits im zweideutigen Violett die wegen der Rotanteiligkeit stärkere Buntfarbigkeit. Die Quantität der Farbhelle ist demnach nicht ohne weiteres für den Buntheitsgrad entscheidend sondern das Verhältnis, die jeweilige Spannung der Farbhelle zur Buntheit.

Der gesamte Verlauf der prozeßhaften Entfaltung der Buntfarbigkeit kann im Farbendreieck in der aufsteigenden und absteigenden Reihe aus den Beziehungen zwischen Gelb, Blau und Rot so abgelesen werden, daß damit zugleich das Verhältnis zwischen Buntheit und Farbhelle ausgedrückt wird: 1. Rot nimmt zu und Gelb ab. 2. Rot nimmt ab und Blau zu. Grün und Purpur bilden die in sich ruhenden Zentralgebiete.

Eine indirekte Farbhellenmessung ist durch die Komplementarität möglich, insofern auf Grund der bereits erwähnten Farbhellenkonstanz in jedem Farbenpaar als Farbeinheit die jeweiligen Differenzen der Farbhellen erscheinen.

Schließlich sei noch darauf aufmerksam gemacht, daß die mögliche objektive Messung der quantitativen Helligkeit jeder Farbe direkt nichts mit der Bestimmung des Farbhellengrades zu tun hat, der eben in der Buntheitsqualität integriert ist.

So wie wir den Farbhellengrad in seiner Verbindung zum Buntheitsgrad zu beurteilen haben, so auch den Buntheitsgrad in seinem Verhältnis zur gesamten Buntfarbigkeit. Verbindliche Maßstäbe für die Messung gradueller Stufen und Ränge werden wir nicht von außen her, sondern nur innerhalb der Buntfarbigkeit selbst gewinnen können.

Soweit das Farbendreieck die Farbenordnung demonstrieren kann, bestehen zwei Möglichkeiten, den Buntheitsgrad abzulesen: 1. die Abmessung einer Farbe an der Buntheitsachse, wenn wir dabei sowohl das positive Aufsteigen wie das negative Abfallen des Buntheitsgrades berücksichtigen. Wir hätten dann von einem positiven *oder* negativen Grad zu sprechen. Denn haben Rot und Violett dieselbe Gradhöhe, so doch einen sehr verschieden großen Buntheitsgrad. Eine kontinuierliche Messung ist nur zwischen Gelb und Purpur möglich! Von diesem eigentlichen, durch die positive Entfaltung erreichten Buntheitsgrad kann man dann die gradweise Abnahme in der negativen Reihe feststellen, nicht aber aus dem direkten Vergleich zwischen zwei auf gleicher Höhe liegenden Farben.

Buntheitsgrad der Farbeinheiten

Eine andersartige Messung des Buntheitsgrades ist möglich, wenn wir wieder das Zusammengehören der Komplementärfarben in ihrer Farbengemeinschaft ins Auge fassen. Dann löst sich das Problem insofern auf, als ebenso wie beim Farbhellengrad dann die positiv-negative Ergänzung auch das jeweilige Gleichgewicht zweier Buntfarben abbildet: Die Position von Rot z. B. wird durch Blaugrün, die von Violett durch Grüngelb ‚aufgehoben' (Abb. 7).

Messen wir also den Buntheitsgrad an den Farbeneinheiten selbst ab, dann zeigt sich gemäß der Auf- und Abstufung auch ein einheitliches Bild: Von *Gelb-Blau* bis zu *Purpur-Grün* steigert sich der Buntheitsgrad und von Purpur-Grün bis zu Ind. Blau-Gelb fällt er ab.

Zusammengestellt ergibt sich dann diese Staffelung:

Zunehmender Buntheitsgrad ↓	Abnehmender Buntheitsgrad ↓
Gelb—Ind. Blau	Purpur—Grün
Orange—Blau	P. Violett—Gelbgrün
Rot Z—Grünblau	Violett—Grüngelb
Rot—Blaugrün	Bl. Violett—Gelb (grünlich)
Karmin—Grün (bläulich)	Ind. Blau—Gelb
Purpur—Grün	

Zwischen der Messung des Buntheitsgrades der einzelnen Farben von Gelb bis zu Purpur und von Purpur bis zu Blau besteht hier der Unterschied, daß wir bei der Messung an den Farbeneinheiten den Grünbereich berücksichtigt haben und dadurch ein präziseres Gesamtbild vorfinden.

4. Demonstration der Komplementärfarbenpaare (Farbeneinheiten)

Im Farbendreieck kann die Buntheitsachse auch als *Licht-Ausgleichsachse* (bzw. *Grau-Achse*) bezeichnet werden, da sich auf ihr die Verbindungslinien zwischen den komplementären Farbenpaaren kreuzen. Diese Schnittpunkte wären als die sich aus der Addition bzw. Subtraktion ergebenden Licht- bzw. Graupunkte zu verstehen.

Die komplementäre Symmetrie (Abb. 7) veranschaulicht auch das Verhältnis der einzelnen Farbdistanzen: Man kann nämlich die verschiedene Lage der ‚Graupunkte' so interpretieren, daß sie das verschiedene ‚Gewicht', den Bedeutungsrang der Farbenpaare für die Buntfarbigkeit zeigen, analog der Buntheitsgrade. Die Staffelung der Buntheitsgrade der Farbenpaare als Farbeneinheiten bildet sich in der Folge der Graupunkte ab und läßt sich auch an der verschiedenen Winkelstellung der Farbenlinien ablesen.

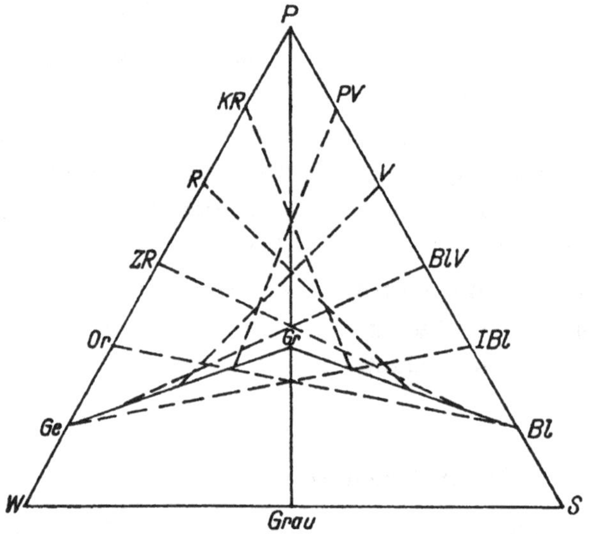

Abb. 7. Komplementäre Farbensymmetrie

5. Die verschiedenen Machtbereiche der Hauptfarben

Die Farben haben verschieden große Macht- oder Herrschaftsbereiche. Neben dem spezifischen Farbausdruck hat jede eine geringe oder große *Assimilationsfähigkeit* zu ihren Nachbarfarben. Diese bestimmt wohl in erster Linie den Umfang, die quantitative Größe des Machtbereichs. Gelb hat beispielsweise nur einen geringen, Grün einen großen Machtbereich. In einem zutreffenden Strukturbild der Farbenordnung müßten sich die Machtbereiche eigentlich unmittelbar darstellen. Prüfen wir das Farbendreieck daraufhin – oberer Teil von Tafel 5 –, so nehmen *Rot, Grün und Violett* den größten

Farb*raum* ein. Es fragt sich, ob die quantitative Größe zur Bestimmung des Machtbereichs ausreicht. ‚Machtbereich' ist ein ziemlich komplexer Begriff, der nicht vom Buntheitsgrad und von der Stellung der einzelnen Qualitäten isoliert werden kann. Halten wir uns an das Farbendreieck, so nehmen *Gelb, Blau und Purpur* ausgezeichnete *Plätze* ein. Das entspricht ihrer Bedeutung als Anfangsfarben der elementaren Buntheits-Polarität (Gelb/Blau) und der Buntheitssynthese, der Endfarbe der Kulmination (Purpur).

Man könnte daher zwischen einem *quantitativen* (absoluten) und *qualitativen* (funktionalen) Machtbereich unterscheiden. *Purpur* hat einen großen funktionalen Machtbereich, *Rot* den größten absoluten Machtbereich, *Grün* hat sowohl einen großen absoluten als auch funktionalen Machtbereich. Der für *Blau* in Betracht kommende absolute Machtbereich ist wiederum größer als der von *Gelb*, während beide Farben funktional etwa gleichwertig sind.

Es ist nun sicher kein Zufall, daß die beiden Gruppen, die in ihren Machtbereichen etwa ähnlich sind, gerade den Farbentriaden gemäß sind, welche als Grundfarben von Helmholtz bzw. von Goethe aufgefaßt wurden. Es scheint mir für die Richtigkeit des entworfenen Farbendreiecks zu sprechen, daß sich gerade diese beiden, ihrem Herkommen nach so grundverschiedenen Grundfarbenordnungen zugleich zeigen. Die Helmholtzschen, auf der additiven Farbenmischung basierenden Farben Grün, Rot und Violett erscheinen als die größten quantitativen Machtbereiche und die von Goethe phänomenal im Sinne von Polarität und Steigerung bestimmten Grundfarben Gelb, Blau und Purpur als die qualitativ wesentlichsten Buntheiten – wobei unter ‚qualitativ' hier stets der funktionale Wert für das ganze Gefüge gemeint ist. Ist es dann nicht bemerkenswert, daß das von Goethe vernachlässigte Grün als vierte, funktional wesentliche Farbe auch dieser Gruppe zuzurechnen ist?

Die beiden Gruppen erscheinen im Farbendreieck als Farben des äußeren und des inneren, eingeschriebenen Dreiecks. Zwischen ihnen vermittelt Grün. (Abb. 6)

Auch die Beziehungen für die Farbenmischung zeigen sich im Farbendreieck: Den Seiten des eingeschriebenen Dreiecks Rot–Grün–Violett liegen jeweils die aus ihren Farben hervorgehenden Qualitäten gegenüber: Purpur gegenüber Rot und Violett, Blau gegenüber Grün und Violett und Gelb gegenüber Grün und Rot.

So erscheint im ganzen schließlich die gegenseitige Durchdringung der beiden Machtbereichs-Gruppen: Aus den Farben der größten absolut-quantitativen Machtbereiche entspringen bei ihrer Verbindung die Farben der bedeutendsten qualitativ-funktionalen Machtbereiche.

Bei der subtraktiven Mischung von Rot und Grün ergibt sich bekanntlich *Braun* (bzw. Braungelb bei Rot Z), das sich mit Blau zum Grau ausgleicht. So zeigt sich auch hier die stabile Ordnung.

Diese Hinweise auf die im Farbendreieck sich ausdrückenden genetischen Beziehungen möchte ich nun noch in der Zusammenfassung des bereits besprochenen bunt-unbunten Farbausgleichsbereichs vervollständigen.

6. Darstellung des bunt-unbunten Farbausgleichsbereichs

Der Farbausgleichsbereich wird durch *Braun* beherrscht, so wie Braun das Wesen seiner Farbqualität in seiner speziellen Farbausgleichsfunktion demonstriert. Den Umfang des Braunbereichs deutet Abb. 8 an. Er umgreift nahezu alle Verbindungen zwischen den positiven Farben und Grau-Schwarz, drückt also die zwischen den Rotfarben und Grau-Schwarz waltende Spannung aus, welche in Braun stabilisiert, zentriert wird. Zur einen Seite hin schließt Olivbraun bis Olivgrün, zur anderen Purpurgrau an. Der Grünanteil im Oliv und der Purpuranteil im Purpurgrau zeigen wiederum die Nähe des komplementären Ausgleichs an, und beide Mischungen vereinigen sich ebenfalls zu Braun.

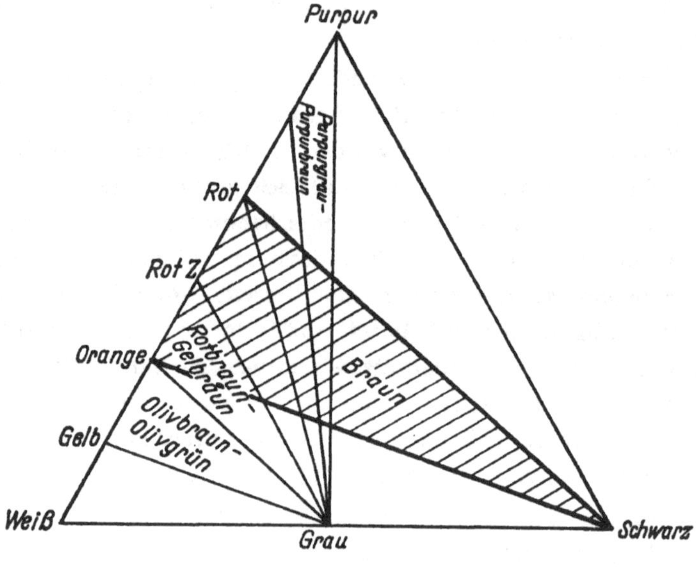

Abb. 8. Umfang des Braunbereichs

Aus der Verbindung zwischen den negativen bunten und den unbunten Farben gehen keine weiteren Qualitäten hervor (Graublau–Grauviolett). So grenzt sich der Braunbereich bei Gelb und Purpur ab, einigt aber auch noch diese Grenzfarbenmischungen – Olivgrün und Purpurgrau – im Braun.

Man kann das zur kurvigen Form modifizierte Farbendreieck durch sein Gegenbild so ergänzen, daß sich eine rhomboide Figur ergibt, dessen unterer Teil die Farben des Farbausgleichsbereichs darstellt: Tafel 5.

Von besonderer Bedeutung ist das Verhältnis zwischen *Grau und Grün*, auf deren Verwandtschaft ich schon hinwies. Grün verhält sich zu *Rot* so wie Grau zu Rot. Für den Farbausgleich zu Braun bedeuten daher Grau und Grün dasselbe: Die Ergänzung zwischen Blau und Braun zu Grau einigt wiederum den Braunbereich mit dem negativen Buntfarbenbereich.

Berücksichtigen wir die Parallelität zwischen Grau und Grün (allgemeine und bunte Neutralität), so werden die Beziehungen zwischen *Gelbgrün* und *Olivgrün* sehr viel verständlicher, ebenso wie die zwischen *Blaugrün* und *Blaugrau*. Andererseits erklärt sich die Verwandtschaft zwischen *Braun* und *Violett* aus der Nähe der Verbindungen von *Blau* und *Schwarz* mit *Rot*.

E. DIE LICHTORDNUNG DER FARBEN IM LICHT — FARBEN — KREISLAUF

1. Die Farben als Lichtfunktionen

Der Entwurf einer Allgemeinen Psychologischen Farbenordnung kann als abgeschlossen betrachtet werden, soweit wir die Farben, wie sie uns unmittelbar erscheinen, verstehen. Als Buntheiten sind sie aber auch die Erscheinungsbilder des Lichts, sind seine wesenhaften Funktionen. In einer vollständigen phänomenologischen Farbenordnung muß daher die Lichtordnung der Farben als Farbenordnung des Lichts zu erkennen sein.

Suchen wir nach einem äquivalenten Formbild für die Farben als Lichtfunktionen, so können wir davon ausgehen, daß sie der farbige Ausdruck von Kräften, von energetischen Schwingungen sind. Unabhängig davon, mit welcher Art physikalischer Energien wir es bei den spektralen Lichtstrahlungen zu tun haben, interessiert der Charakter der Farbe als Energie und Strahlung ganz allgemein. Wenn ich versuche, die Farben in einem Kreislaufbild, in einem Schwingungsfeld darzustellen, dann soll dieses Formbild einmal die dynamische Struktur der Farbenordnung ausdrücken, die dynamische Kontinuität der Buntheiten mit ihren spezifischen Spannungen. Diese in der Buntfarbigkeit zur Erscheinung kommende qualitative Kontinuität, die ein in sich geschlossenes Strukturbild verlangt, verweist dann zugleich auf den realen, seinsmäßigen Bestand der Farben in der energetischen Strahlungskontinuität des Lichts.

Die Organisation des Kreislaufes selbst beruht auf der gegenseitigen Ergänzung und den verschiedenen Spannungsphasen der Kreislaufbewegung, ganz im Sinne des zuvor besprochenen Prinzips der polaren Teilung und Ergänzung. Der Kreislauf kann einerseits in seinem einheitlichen Gefüge betrachtet werden. Von dieser Gesamteinheit können wir zurückschließen auf die einfache Einheit, d. h. die *Lichteinheit als paarweiser Farbeneinheit*. Andererseits besteht der Kreislauf in der Folge seiner funktional verschiedenen Phasen.

2. Aufteilung der vollen Lichteinheit in zwei Komplemente

Einheit der Vielfarbigkeit ist das reine farbausgeglichene Licht. Die jeweils aus zwei ‚Farbgeschlechtern' bestehenden Farbenpaare bilden die partiellen Einheiten. Indem sich aus ihrer Summe in der Farbengemeinschaft die volle Lichteinheit ergibt, ist diese auch selbst als ‚gepaarte Einheit' zu begreifen. Wenn wir die Farben in zwei augenscheinlich äquivalente Kompartimente aufteilen, ergänzen sich beide komplementär als kontinuierliche Gruppen, in der Folge ihrer spektralen Nachbarschaften. Es handelt sich um die bereits beschriebene Gruppierung, die uns zunächst nur in ihrer einzelnen, paarweisen Zusammengehörigkeit interessiert hatte:

Gelb	Grüngelb	Gelbgrün	Grün	Blaugrün	Grünblau	Blau
I. Blau	Violett	Purp. Viol.	Purpur	Rot	Rot Z	Orange

Als paraboloide Kurven gezeichnet, ergeben sich zwei Halbkreise, die vom Zentrum (Grün/Purpur) aus gegeneinanderlaufen und als *polare Aufteilungskreise der Lichteinheit* bzw. des Lichtkreises bezeichnet werden können. *Oben* und *unten* bedeuten dann wie üblich den positiv-hellen und den negativ-dunklen Sektor (Abb. 9).

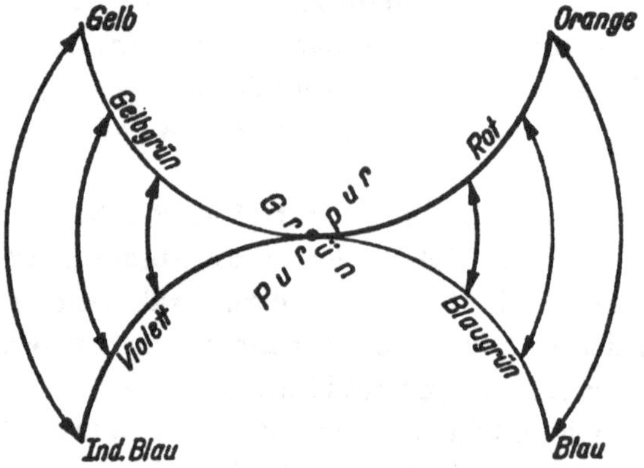

Abb. 9. Ableitungsfigur für den Licht-Farben-Kreislauf

Rechts und *links* liegen sich, jeweils oben und unten, die einander zugehörigen, komplementären Gruppen gegenüber:

Rechts oben: Orange–Rot Z – Rot – Purpur
unten: Blau–Grünblau–Blaugrün–Grün

Links oben: Gelb–Grüngelb–Gelbgrün–Grün
unten: I. Blau–Violett–Purp. Viol.–Purpur

Oben die hellen, aktiv-warmen Farben, unten die dunklen, passiv-kühlen. Je näher sich die Farbenkurven dem Zentrum nähern, gleichen sich ihre gegensätzlichen Spannungen aus. Grün und Purpur sind inaktiv, weder kühl noch warm. Es muß auffallen, daß die polaren Spannungen auf der rechten Seite wesentlich eindeutiger gerichtet sind als auf der linken, nicht so sehr hinsichtlich des Hell-Dunkel-Gegensatzes – der links sogar intensiver ist als rechts – aber wohl in den Gegensätzen positiv–negativ, aktiv–passiv, kalt–warm. Man möchte hier auf den regulären Unterschied zwischen Rechts und Links hinweisen. Sicher würde uns eine umgekehrte Anordnung der Farbengruppen – Austausch zwischen rechter und linker Seite – kaum geeignet erscheinen, weil wir gewohnt sind, ‚rechts' mit der positiven, Lebens- und Lichtbejahung zu verbinden.

Vielleicht ist es nützlich durch die folgenden Staffelungen die Spannungsverhältnisse zwischen den Farben anzugeben, damit die Struktur des Licht-Farben-Kreislaufes (Lichtkreislauf der Farben – Farbenkreislauf des Lichts) genügend verständlich wird:

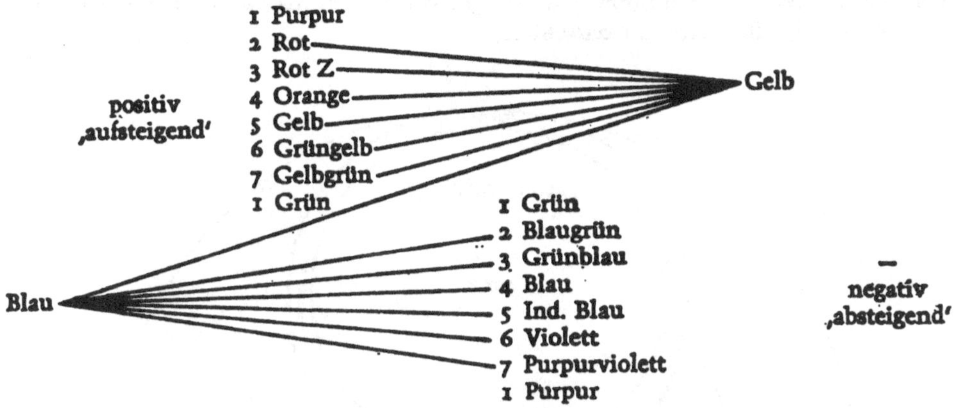

Beide Farbenreihen, jeweils von Grün bis Purpur, sind sich komplementär als positiver und negativer Komplex. (Gleiche Zahlen bedeuten die Komplementärfarben, d. h. ein Farbenpaar.) Außerdem addieren sich nun die zwischen Grün und Purpur liegenden Farben zu *Gelb* (Gelb–Orangegelb) bzw. zu *Blau* (Blau–Indigoblau). Gelb und Blau aber kompensieren sich wieder zum *Licht* oder zu *Grau*.

3. Vereinigung der polaren Halbkreise zum Schwingungsfeld des Lichtfarbenkreislaufes

Lassen wir die aus der zentralen Aufspaltung abgeleiteten Ausschwingungen sich zusammenschließen – Gelb mit Orange und Blau mit Indigoblau – so erhalten wir die Figur einer Doppelschwingung, eines 8förmigen Schwingungskreises: Abb. 10.

Beide Feldabschnitte würden sich zum Lichtkreis der vollen Einheit vereinigen, bringt man sie miteinander in Kongruenz.

Versuchen wir nun vom Zentrum aus die gesamte Kreislaufbewegung zu beschreiben:

‚Naturgemäß' beginnen wir bei *Grün* als Anfangsfarbe, positiv polwärts zu Gelb–Gelbrot (Orange), gesteigert, bis zu *Rot* und wieder ins Zentrum einschwingend, kulminierend im Purpurrot (Karmin) und *Purpur*, der zentralen ‚Endfarbe' und dann von Purpur aus abwärts in den dunklen, negativen Bereich, über *Violett* zu *Blau*, dem passiven Lichtgrund, aus dem dann das Licht im *Blaugrün* wieder ‚aufsteigt'.

Die positiv-hellichtige Phase sei als Licht-Ausschwung, die negativ-dunkellichtige als Licht-Einschwung charakterisiert. In der zentralen Zone findet dann der Licht-Umschwung statt.

Die grau gezeichneten Kreise und Kreisbögen sollen die komplementären Verhältnisse verdeutlichen. Dem zentralen Lichtkreis Grün/Purpur entspricht der periphere Gelb–Orange/Blau. Die symmetrisch ausgewogene, stabile Konsistenz dieses Kreislaufsystems zeigt sich auch darin, daß die Verbindung der sich in den beiden Schwingungskreisabschnitten gegenüberliegenden Farben jeweils den zugehörigen ‚Polfarben' entspricht: Grün und Orange bzw. Rot Z vereinen sich (als Lichtfarben) zu Gelb, Grün und Violett zu Blau.

(Die beschriebene Kreislaufform soll weniger ein Modell als vielmehr ein Symbolbild der prinzipiellen Struktur darstellen.)

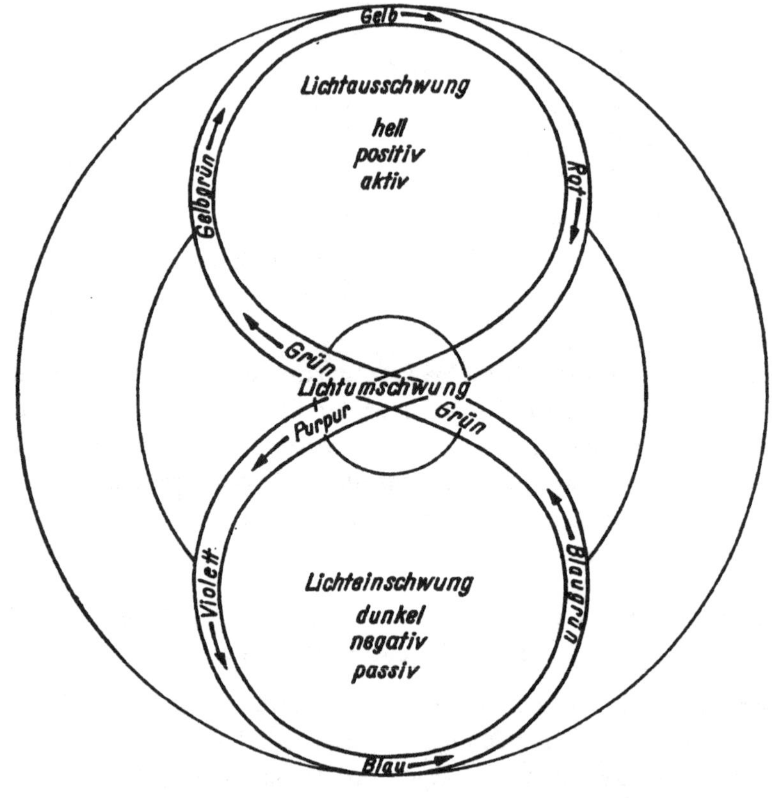

Abb. 10. Ausgangs- und Normlage des Licht-Farb-Kreislaufes

Aus dem Strukturbild des Schwingungsfeldes erkennen wir, daß gemäß der zentralen Aufteilung das Licht aus einer Zentrumsfarbe schwingt, Grün oder Purpur. Um dieses Phasenverhältnis in seiner Dynamik noch augenfälliger zu machen und die prozeßhafte Natur des Kreislaufes aufzuzeigen, habe ich auf Tafel 7 zwei Figuren gezeichnet: spiralige Wirbelformen in der Torsion. Im einen Fall fehlt Grün, im anderen Purpur, damit sich diese spiralige Bewegung in sich selbst schließen könnte. Die Figur kann gerade deshalb sinnvoll sein, weil sie polar aufgebrochen ist und sich in dieser Offenheit die entgegengesetzten Kräfte äußern können.

4. Der axial gerichtete Kreislauf als dynamisches Schwingungsfeld

In der achtförmigen Darstellung des Licht-Farbenkreislaufes (Abb. 10) besteht keine axiale Gliederung. Man kann diese Form als die normative Lage verstehen, als statische Nullstellung, in der vollkommene Ausgeglichenheit zwischen den beiden sich im Zentrum kreuzenden Kreislaufhälften herrscht.

Ein anderes Strukturbild ergibt sich, wenn wir uns diese Achtform nach rechts gedreht vorstellen, so wie es Tafel 6 zeigt. Dann bildet sich eine axiale Gliederung: von Blaugrün bis Gelbgrün in der Vertikalen eine polare und von Rot bis Violett in der Horizontalen eine äquatoriale Schwingungsachse. Das bedeutet eine koordinative Ausrichtung und würde uns ermöglichen, den Kreislauf nach gewohnter Orientierung (Oben–Unten, Rechts–Links) abzulesen. Die in der ungerichteten Nullstellung bestehende statische Ausgeglichenheit ist aufgehoben, indem die Farben in ihrer Verlaufsfolge jeweils verschiedene Bewegungsrichtungen angeben, deren Ausdruck sie selbst abbilden. Dadurch gewinnt der Kreislauf die *dynamische Spannung eines Schwingungsfeldes*.

Diese Rechtsstellung zeigt eine sehr bestimmte Position: Scheint hier nicht jede Farbe den ihrem Farbausdruck gemäßen ‚richtigen' Platz einzunehmen? Die Gelb/Blau-Polarität beansprucht die Vertikale und bezieht sich auf Grün als neutrale Mitte. Rot als stärkste Steigerung der Buntheitsbewegung von Gelb aus über Orange, erscheint als Farbe des größten Ausschwungs rechts und mündet ins Purpur, das die Vollendung des positiven Schwingungsverlaufs und damit zugleich den Spannungsausgleich anzeigt. Dem entspricht die Plazierung in der äquatorialen Mitte.

Wie *Rot* die positive Aktionskraft der Rechtsschwingung darstellt, so *Violett* die ins Negative weisende Spannungskraft in dem rotabgewandten, linksgerichteten Einschwung zu Blau hin.

Der Unterschied zwischen rechts und links hat qualitative und auch anthropozentrische Bedeutung, nämlich im gleichen Sinne, wie wir gewöhnt sind rechts als eindeutig, sicher und positiv, dagegen links als zweideutig, unsicher und negativ – Position und Opposition – zu verstehen. Wir könnten dann sagen, daß Rot als die rechte, Violett aber als die linke Seite des Purpurs gelten kann.

Im rechtsgerichteten Farbkreislauf wird erst vollends sichtbar, was es mit dem Verhältnis zwischen Ein-, Um- und Ausschwung des in den Farben integrierten Lichts auf sich hat: Denn nun läßt sich der Licht-Einschwung – als Entwicklung – vom dunklen Unten (Blau) her über die Mitte (Grün) zum hellen Oben (Gelb) verfolgen, wie von Pol zu Pol, und der Licht-Ausschwung (Gelb–Rot) wird wirklich unmittelbar sinnfällig so wie der Licht-Umschwung in der Schwingungskurve, die von rechts oben über die Mitte als Umschwungszentrum nach links unten (Violett–Blau) führt.

5. Sukzessive und simultane Betrachtungsweise des rechtsgerichteten Kreislaufes

Der axial gerichtete Kreislauf als dynamisches Schwingungsfeld kann sowohl sukzessiv-kontinuierlich als auch simultan abgelesen werden, wenn man das gegenseitige Zusammenwirken der sich ergänzenden Schwingungsfeldhälften als rhythmisch aufeinander angewiesenen Bewegungsvorgang auffaßt.

In *sukzessiver Betrachtung* kann die Farbenfolge als Aufgang, Hoch-, Nieder- und Untergang des Lichts bestimmt werden. Grün bildet dabei das Entwicklungszentrum, Purpur das Vollendungszentrum.

Dieser kontinuierliche Bewegungsvorgang ließe sich auf den jahreszeitlichen Rhythmus der kalt—warmen, negativ—positiven Folge des Erd-Sonnen-Kreislaufes beziehen (s. a. unter 8.: Organische Bezüge des Kreislaufes).

Die Bewegung erfolgt stufenweise als Aufschwung = Auflichtung in Grün bis Gelb, Steigerung im Ausschwung = Auslichtung in Gelb—Rot, Umschwung = Umlichtung in Karminrot — Purpur, Abschwung = Ablichtung in Violett — Blau und dem Einschwung = Einlichtung in die Auflichtung bei Blaugrün — Grün.

In *simultaner Betrachtung* können wir den Kreislauf aus dem Zusammenwirken zweier Bewegungsvorgänge beschreiben:

1. in der Aufdämmerung in Grün und der polaren Entwicklungsteilung: der Auflichtung in Gelb und Ablichtung in Blau,
2. in der Auslichtung und dem Spannungs-Ausgleich, der Umlichtung in Rot bis Purpur, die aus der gegenseitigen Anziehung und Abstoßung der intensivsten (gesteigerten) Polarität Rot/Blau gefordert wird. Ausdruck dieser Spannung selbst ist Violett.

Der Bewegungsverlauf verliefe demnach entgegengesetzt: einmal rechts herum, ‚mit dem Strom', kontinuierlich (Grün—Gelb—Rot—Purpur) und einmal links herum, gegen den Strom (gegen die Uhrzeigerdrehung) diskontinuierlich (Grün—Blau—Violett—Purpur). Die Bewegung zur Lichteinheit ist vollendet, indem sich Purpur und Grün ergänzen und einander aufheben.

Man kann die simultane Betrachtungsweise des Kreislaufes auch auf die Funktionen von elektrischen Schaltvorgängen beziehen, insofern es sich um eine dem Prinzip des elektrischen Stromkreises ähnliche positiv—negative Spannungsschaltung handelt. Bildeten Gelb und Blau die Spannungspole, so beschlössen die Zentrumsfarben Grün und Purpur vergleichsweise die Kontaktspannung in sich und bildeten damit die ‚Lichtquelle', in der sich der Stromkreis beschließt und ausleuchtet.

6. Doppelseitiger Kreislauf

Wenn wir zur rechtsgerichteten Kreislaufform das linksgerichtete Gegenbild zeichnen, wie zum Rechtsprofil das Linksprofil, dann erhalten wir ein vollsymmetrisches, an Sinusschwingungen erinnerndes Strukturbild, das uns an organische Gestaltformen denken läßt: Abb. 11.

Abb. 11. Doppelseitiges Kreislaufbild

Erst in dieser *Vollfigur* des Kreislaufes erscheinen die Polfarben und Zentrumsfarben wirklich als solche, d. h. es zeigen sich Pol- und Zentrumsgebiete auch formal. Das Schwingungsfeld gewinnt hier den Charakter eines *Kraftfeldes*. Nach beiden Seiten (stellvertretend für alle Seiten) vollzieht sich derselbe Bewegungsvorgang. Dabei wird dann aber der qualitative Unterschied zwischen Links und Rechts ausgeschaltet. Der Kreislauf hätte dadurch eine allgemeingültigere Bedeutung gewonnen. (Diese doppelseitige Form wäre auch verräumlicht vorstellbar: indem wir sie uns nach allen Seiten – radial – gezeichnet denken, bei gleichbleibender ‚Stromrichtung'. Jedoch wäre zu fragen, ob eine solche Verräumlichung in der Art eines klassischen Modells dem sich in diesem Kreislauf ausdrückenden Schwingungsprozeß entsprechen kann. Ich möchte das bezweifeln.)

Ist nun die im rechtsgerichteten Kreislauf offenkundige Sinnfälligkeit von Rechts- und Linksfarben bzw. von Rechts- und Linksbewegungen nur eine nebensächliche Erscheinung? Ich möchte glauben, daß es sich um einen sehr wesentlichen Hinweis auf die Sprache, die Grammatik der Farben handelt: Die doppelseitige Kreislauffigur bezieht sich gerade wegen des Fortfalls der Rechts-Links-Differenz auf die Struktur eines zentrierten, *allgemeinen* Kraftfeldes. Dagegen gründet die rechts-links-orientierte Form in der Physis des Menschen! Geht es uns nur um die Farbenordnung als Sachbestand, so haben wir dem doppelseitigen Schwingungsfeld eine größere Objektivität zuzubilligen. Beziehen wir aber unsere eigene Lebenserfahrung ein, insoweit die Farbenordnung im rechtsgerichteten Kreislauf die charakteristische Besonderheit des Unterschieds von Rechts und Links zum Ausdruck bringt, so handelt es sich ja nicht eigentlich um eine nachträgliche Zuordnung zum Orientierungbewußtsein des Menschen, sondern wir finden umgekehrt diese unsere Lebenserfahrung in der Farbenordnung wieder: als sinn-bildliche Entsprechung in einer Leitbildordnung.

Trifft das zu, dann fragt es sich, ob nicht eine Vollfigur des Kreislaufes als Schwingungsfeld denkbar wäre, in der das Verhältnis zwischen Rechts- und Linksläufigkeit erhalten bleibt.

Das ist der Fall, wenn wir statt der Wiederholung der rechtsseitigen Form nach links wieder von der Normlage ausgehen und die Achtform einerseits nach rechts, andererseits nach links drehen. Die Farbenverlaufsfolge bleibt dann auf beiden Seiten dieselbe, dagegen ändert sich die Lage der Zentralfarben. Denn es zeigt sich nun eine wechselseitige Entsprechung zwischen der polaren und äquatorialen Schwingungsebene, da Grün und Purpur ihre Stellung gegenseitig wechseln. Bei der linksseitigen Form fällt dabei aber gerade die Funktion von Grün als Entwicklungszentrum in der Polachse und die von Purpur als Vollendungs- und Ausgleichszentrum in der äquatorialen Ebene fort.

Statt des *Grün—Purpur-Kreislaufes* hätten wir es dann mit einem *Purpur—Grün-Kreislauf* zu tun, der zunächst kaum verständlich ist, zumal statt des Ausschwungs von Gelb zu Rot nun ein Einschwung bis zu Purpur von oben nach unten stattfindet.

Demnach läßt sich diese Kreislauflage nicht aus unserer gewöhnlichen Orientierung und Farbenerfahrung verstehen. Welche Bedeutung kann sie dann haben, da doch nicht ohne weiteres angenommen werden kann, die nach links gedrehte Normlage sei sinnlos. Gerade die wechselseitige Entsprechung fordert dazu heraus, hier einen gemeinsamen Sinnzusammenhang zu vermuten. Er erschließt sich vielleicht erst dann, wenn wir für jede Seite einen verschiedenen Bezug des Kreislaufes finden.

Eine Antwort auf diese Frage fand ich. als ich nach den emotionalen Funktionsbegriffen der Farben fragte und sie auf das Kreislaufsystem bezog. Daher möchte ich die Frage bis zur Besprechung der Emotionalen Farbenordnung (spezielle psychologische Ordnung) im V. Teil zurückstellen.

7. Offenes, unterbrochenes Schwingungsfeld

Das Schwingungsfeld in seiner harmonischen Ausgewogenheit und der Rhythmik seiner Schwingungen existiert durch seine Geschlossenheit, so wie ein Kraftfeld nur durch seine Geschlossenheit funktionsfähig ist. Wird die Stabilität beeinträchtigt, indem eine Farbe, eine Lichtpotenz ausfällt, so bleiben die dem Feld innewohnenden Spannungen offen, werden nicht aufgehoben, können sich nicht erfüllen. In den Figuren der beiden Farbenspiralen (Tafel 7) habe ich zwei im Zentrum unterbrochene

Schwingungsfelder dargestellt. Die Unterbrechung in Purpur verhindert die Erfüllung im eigentlichen Sinn, da dann gerade die Farbe fehlt, welche selbst ihr Ausdruck, die Synthese der gegensätzlichen Kräfte ist.

Versuchen wir das im Kreislaufbild abzubilden, so verwandelt sich die ‚Achtform' in eine S-Form. Um sich selbst bewegt, zeigt sich uns ein vertrautes Urbild: das *‚Sonnenrad'*: Abb. 12.

Man muß fragen, ob dieses Bildzeichen, das sich hier ganz ungewollt ergibt, nicht tatsächliches Sinnbild der offenen Farbenordnung als Lichtordnung ist, Symbol der Dynamik des Lebens – und ich erinnere daran, daß Purpur im Spektrum sich nicht zeigt! Die Spannungsoffenheit ist ja gerade das entscheidende Merkmal des Lebendigen! Nur im offenen Spannungskreis des aufgebrochenen Lebens kann Leben wesen, kann sich Lebensentwicklung vollziehen. Daher möchte ich meinen, daß *das purpurlose Schwingungsfeld Symbol des offenen Lebensfeldes* sein kann, aber zugleich die Frage nach dem Beschluß stellt, d. h. auf den zentralen Beschluß in Purpur als Erfüllung bezogen ist.

Wenn statt Purpur *Violett* zwischen Rot und Blau steht, fungiert Violett als zwiespältige Endfarbe, so daß der Farbkreis selbst im *Spannungszwiespalt* bleibt und die Rot/Blau-Spannung nicht zum Ausgleich gelangt. So erscheint Purpur aufgespalten in einen negativen und einen positiven Teil: Violett und Rot.

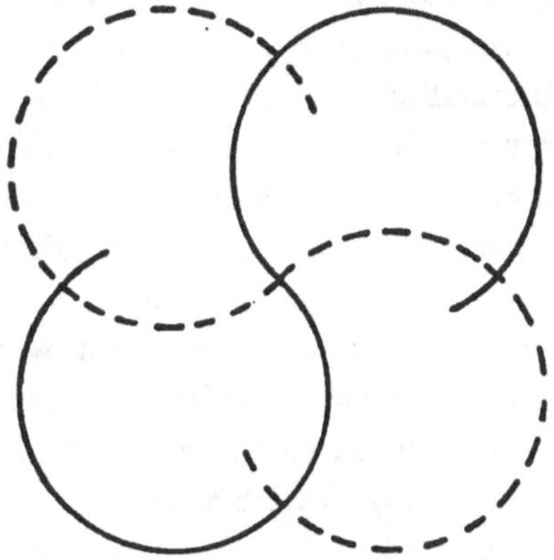

Abb. 12. Offenes, unterbrochenes Schwingungsfeld

8. Organische Bezüge des Kreislaufes

Das Ordnungssystem des Licht-Farben-Kreislaufes läßt lich in seiner inneren und äußeren Struktur auf den organischen Naturkreislauf beziehen. Mit dem jahreszeitlichen Zyklus, sowohl in seinen Phasen als auch im Verlauf der Farbfolgen und Temperaturen besteht eine so enge Verwandtschaft, daß man versucht ist zu sagen, daß der Licht-Farben-Kreislauf nur das abstrakte Strukturbild der im Jahreszeitenzyklus zutage tretenden Ordnung ist und damit das Grundbild, das die Idee dieser Ordnung spiegelt. Nun hat mir gewiß eine naturalistische Ableitung der Farbenordnung genau so fern gelegen wie die Verwendung des Jahreszeitenzyklus als Vorbild oder Urbild für die Kreislaufstruktur. Aber anstatt hier um die Frage evtl. Subsumierung zu streiten, ist es ja viel wesentlicher sich darüber klar zu sein, daß wir gar nicht anders können als die *Natur in der Natur* wiederzufinden, wenn wir nach der Farbenordnung fragen. Wir befassen uns um so wahrhaftiger mit dem Licht und den Farben, als wir uns der Wirklichkeit bewußt bleiben, der wir selbst teilhaftig sind. Finden wir die Regeln einer phänomenal aufgefundenen Ordnung in der Lebenswirklichkeit in gewissem Umfange wieder, so ist die Bestätigung der Wirklichkeit für den Wahrheitsgehalt der Ordnung (ob wir sie nun unter normativem oder geschichtlichem Aspekt begreifen wollen) nicht zu unterschätzen. So weit der Grad einer Kontrolle der Wirklichkeit reicht, so weit mag dann auch der Abstraktionsgrad reichen, der sich von ihr entfernt und entfernen muß, um die geistige Sinnwirklichkeit aufzuhellen. Allerdings stellt sich dann ein so umfangreiches Phänomen wie das des farbigen Lichts in den Gesamtzusammenhang der Natur ein, der es angehört und die es vertritt. Das zeigt die Möglichkeiten, aber auch die Grenzen für das Fragen und Antworten.

Zunächst bleibt es immer maßgebend, daß sich das Phänomen der Farben notwendig einer rationalen Deutung entzieht, daß wir den augenscheinlichen Bezug zur Wirklichkeit ebenso notwendig brauchen, wie wir Farben nicht ‚an sich' beurteilen können. Sind es unsere Augen, die uns sehen lassen, was Farben sind, so leben und wachsen wir eben innerhalb der jahreszeitlichen, durch die Ekliptik geregelten irdischen Natur, empfangen Licht und Farben als Geschöpfe dieser Natur, deren Gesetz wir austragen. Die uns gemäße Licht- und Farbenordnung kann daher notwendig nicht der Objektivität der Naturordnung widersprechen und umgekehrt gilt dasselbe. Einzig die Frage, ob wir wesentlich genug die uns *gemäße Ordnung* finden, ob wir die Welt der Farben wesenhaft genug erfahren, muß der dauernd wirksame kritische Maßstab bleiben. Mir erschien es als sich ständig erweiternde Bestätigung, daß zwischen der aus der unmittelbaren Farbenerfahrung resultierenden Ordnung und der allgemeinen — tellurisch-solaren — Naturordnung gesetzlich faßbare Gemeinsamkeiten bestehen, über deren grundsätzliches Vorhandensein ja niemand zweifeln würde. Anschauliche ersichtliche Analogien werden schließlich immer sinnvoll sein, wenn sie zwanglos erfahren werden können.

Die Farbverlaufsfolge des Licht-Farben-Kreislaufes wird uns besonders sinnvoll erscheinen, wenn wir sie als organische Farbenfolge der Natur verstehen: *Grün* ist die erste zentrale Farbe der Natur. Es ist sehr aufschlußreich, daß das grüne Chlorophyll, wie sich im Absorptionsspektrum zeigt,[16] vor allem die blauen und violetten Lichtwellen verschluckt, also braucht, dagegen nur kleine Teile im roten,

---

[16] Bei Eduard Ruchard, „Sichtbares und unsichtbares Licht", 1952, S. 99 (mit Abb.).

gelben und grünen Spektralbereich. Das scheint mir ein Beleg dafür zu sein, daß die im Kreisverlauf vermittelte Bewegungsrichtung auch insofern sinnfällig ist, als Grün im Naturprozeß gleichsam an Blau und Violett anknüpft, daß also der ‚Lichteinschwung' zur Entwicklung dem dargestellten Schwingungsverlauf wirklich entspricht: Die Bewegung nach außen zum ‚Lichtausschwung' setzt bei den ‚inneren Farben' – Blauviolett–Indigoblau–Blau–Grünblau – an.

Der weitere Verlauf der Farbigkeit im Kreislauf entspricht der *Reifeentwicklung* in der Natur: *Grün* zu *Gelb* und *Rot*, zeigt die Kraftzunahme und Erfüllung. (Man denke z. B. an die Obstfarben.) Im *Braunen Herbst* (Zeit des bunt-unbunten Ausgleichs) kommen in den Blättern die Farben zum Vorschein, die während des Wachstums- und Reifeprozesses gebraucht wurden, wie das gelbe Xanthophyll und das orangerote Karotin.

Der gesamte Kreislauf in der organischen Natur vollzieht sich im Prozeß jener zentralen Aufteilung des Lichts in das grüne Lebensgebiet (‚Blutfarbe' der niederen Natur) und das rote (Blutfarbe der höheren Natur). Der gesamte Ausgleich – im *Grau* – vollzieht sich in der Zeit mit den Farben des Winters, im farblosen Dämmerlicht zwischen Tod und Geburt, zwischen Schneeweiß und Schwarz, wenn von innen her der Kreislauf aufs neue beginnt.

9. Zusammenfassung der Ergebnisse

1. Der Licht-Farbenkreislauf kann in seiner zyklischen Ordnung als geschlossenes Schwingungsfeld begriffen werden, in dem sich der positiv-negative Rhythmus der in den Farben sich äußernden Bewegung des Lichts als dynamischer Prozeß vollzieht. Der Kreislauf beruht auf dem Prinzip der Teilung und Ergänzung und ist in seiner Spannung zwischen Polarität und Zentralität stabilisiert.

2. Alle positiv–negativen Spannungen der Farben sind im Kreislaufsystem durch das komponentale Zusammenwirken bis zum komplementären Ausgleich harmonisiert. Der Kontinuität der Farbwelt entspricht die Strukturform des Schwingungsfeldes als Sinnbild lebendiger Harmonie in organisch konstruktiver Ordnung der Farben als den Lebenskräften des Lichts.

Die Funktionen jedes einzelnen Farbenpaares in ihrer komplementären Ergänzung von Satz und Gegensatz sind in der Farbengemeinschaft zusammengeschlossen, so daß sich die beiden Kreislaufteile ebenso wie ein einzelnes Farbenpaar als Einheiten erweisen. Der Rhythmus als organischer Bewegungsvorgang, vom Lichteinschwung bis zum Lichtausschwung – als das ‚Ein- und Ausatmen des Lichts' – ergibt sich aus dem wechselseitigen Takt des Lichtumschwungs im Kreislaufzentrum.

3. Durch die bipolaren Zentralfarben Grün und Purpur ist eine Mitte als zweifach ausgerichtetes Zentrum (Entwicklung und Vollendung) wirksam, in dem sich die polaren Spannungen (Gelb/Blau und Rot/Blau) regulieren und ausgewogen werden. Alle gegenseitigen Herausforderungen werden im Verlauf zwischen Aus-einandersetzung

und In-einandersetzung aufgenommen und erfüllt. Durch die Zentralität ist für jede Spannungsphase eine bestimmte Grenze gesetzt. Jede Farbe vertritt im Kreislauf zugleich mit ihrer Selbständigkeit als Ausdruck einer bestimmten Lichtfunktion auch die Farbgemeinschaft als Ganzes. Keine Farbe kann auf Kosten einer anderen mächtig sein.

Indem jede Farbe eine für den ganzen Kreislauf notwendige Funktion erfüllt, sind alle Hauptfarben pinzipiell gleichwertig und vertreten verschiedene Rangstufen nur insofern, als die Funktionsränge verschieden groß sind.

4. Der Kreislauf als Sinnbild der Farbenordnung des Lichts wie der Lichtordnung der Farben erklärt sich in seinen vier Stufen oder Modi:

a) in der *bipolaren Einheit* des Licht-Entwicklungszentrums: Grün;

b) in der *polaren Aufteilung* dieses Zentrums und der daraus hervorgehenden Spannung, die sich positiv-aktiv zur Helle und Kraft ausweitet und steigert (Grün—Gelb und Blau; – Gelb—Orange—Rot);

c) in der *polaren Vereinigung* – Ineinandersetzung nach erfolgter Auseinandersetzung – im bipolar-zentralen Ausgleich zwischen der sich aus der Steigerung von Gelb zu Rot ergebenden Rot/Blau-Polarität in Purpur.

d) In der *bizentralen Vereinigung* von Grün und Purpur zum Licht.

5. Je nach seiner Stellung hat der Kreislauf verschiedene, spezielle Bedeutungen:

a) Abb. 10: Die Achtstellung (8) kann als normative Ruhelage gelten, in welcher der Kreislauf ungerichtet und statisch ausgeglichen erscheint.

b) Tafel 6: Die nach rechts verschobene Lage zeigt in der axialen Gliederung den koordinativ gerichteten Bewegungsverlauf. In dieser Stellung erscheint der Kreislauf erst eigentlich ‚in Bewegung versetzt', als dynamischer Prozeß. Der rhythmische Gegensatz zwischen Rechst- und Linksläufigkeit wird deutlich, und es zeigt sich ein äquivalentes Verhältnis zwischen den rechts- und linksgerichteten Farben zur qualitativen Erfahrung von Rechts und Links.

c) Abb. 11: Die nach rechts verschobene Stellung kann durch die ihr entsprechende Linkslage ergänzt werden. Die sich dann ergebende symmetrisch ausgewogene Vollfigur des Kreislaufes zeigt ein vollständigeres Bild der axialen Gliederung und der Gebiete der Pol- und Zentrumsfarben.

Zugunsten eines nach beiden oder allen Seiten gleichgeschalteten Bewegungsverlaufs fällt in dieser Vollfigur der Unterschied zwischen der Rechts- und Linksorientierung fort. Ähnlich wie in einem elektromagnetischen Kraftfeld mündet der ‚Farbverlauf' von einem Pol aus und zum anderen ein. In seiner zentralen Beschlossenheit unterscheidet sich das Licht-Farben-Kraftfeld grundsätzlich von anorganischen Kraftfeldstrukturen.

Könnte die Vollfigur des Kreislaufes als Idealbild harmonisch stabilisierter Lebensordnung im Spiegel der Farbenordnung des Lichts verstanden werden, so wäre das im Zentrum unterbrochene, unbeschlossene Schwingungsfeld als das offene Spannungsfeld des ständig mobilen Lebensprozesses zu beurteilen. Es entspricht darin der urbildhaften Bedeutung des um sich selbst kreisenden Sonnenrades.

F. ENTWURF EINES DREISTUFIGEN FARBEN-KRAFTFELDES[17]

1. Der Licht-Farben-Kreislauf und die Allgemeinen Farben

Haben wir im Licht-Farben-Kreislauf eine geeignete Strukturform gefunden, um die Farben des Lichts in einer organisch organisierten Verlaufsordnung darzustellen, so fragt es sich, ob diese Strukturform sich auch dazu eignet die allgemeinen Farben Weiß, Grau und Schwarz aufzunehmen.

Zunächst besteht die bekannte Korrespondenz zwischen Gelb und Weiß, Grün und Grau, Blau und Schwarz. Würden wir statt Gelb Weiß als obere, statt Blau Schwarz als untere Polfarbe einsetzen, so zeigt sich, daß die Kontinuität der Buntheiten in zwei Hälften aufgeteilt werden müßte, wenn sie erhalten bleiben soll. Denn 1. können wir über *Gelb – Grün und Blau nach Schwarz* gelangen und von dort aus zu Grau, so wie wir auch von Weiß zu Grau kommen können. Es ergibt sich dann eine Hälfte der Kreislaufform aus Buntfarben, während die andere die allgemeine, unbunte Farbigkeit zeigt: Abb. 13a.

Wir können aber 2. über *Gelb auch zu Rot, Purpur, Violett und Blau zu Schwarz* kommen: Abb. 13b. Die eine Verlaufsform schließt die andere aus!

Wie ließe sich der Gesamtzusammenhang bunter und unbunter Farben ausdrücken? Dazu müssen wir auf den Braunbereich eingehen.

2. Die Farben des Dritten Farbbereichs

Wir hatten den *Braunbereich* als den dritten Farbbereich bezeichnet. Innerhalb der Kreisordnung zeigt er sich, wenn wir die unbunten Farben mit einbeziehen. Im einen Fall, beim Verlauf von Weiß über Grün nach Schwarz erhalten wir den dazu sich ergänzenden Verlauf von Schwarz über Blaugrau, Grüngrau, Olivgrün bis Weiß, d. h. aus der Verbindung zwischen den bunten Farben dieses Teils und den unbunten tritt hier nur Olivgrün als Farbe des bunt-unbunten Zwischenbereichs auf, während sonst nur quantitative Veränderungen stattfinden. Im anderen Fall, beim Verlauf von Weiß zu Gelb über Rot und Purpur zu Blau und Schwarz erscheint bei der Verbindung mit den unbunten Farben der Braunbereich bis zu Olivgrün.

Die beiden Typen dieser Ordnung zeigen statt des bunten Licht-Farben-Kreislaufes den bunt-unbunten Farbenkreislauf und repräsentieren als Ordnungsformen den dritten Farbbereich.

---

[17] Dieser von mir zunächst nicht beabsichtigte Entwurf eines dreistufigen Farbenkreislaufes wurde durch die Frage W. Schönes angeregt, ob es nicht möglich sei, auch die unbunten Farben in diesem Strukturbild zu berücksichtigen. Die Idee des Kreislaufes gehört eigentlich nur in den Bereich der Farben des Lichts bzw. der Buntfarben. Es zeigte sich aber, daß das, was hier im Besonderen gilt, im Allgemeinen sich auch in der Reihe der allgemeinen Farben und der des bunt-unbunten Zwischenbereichs widerspiegelt. So mag dieser Entwurf gerechtfertigt sein, um den Gesamtzusammenhang aufzuweisen.

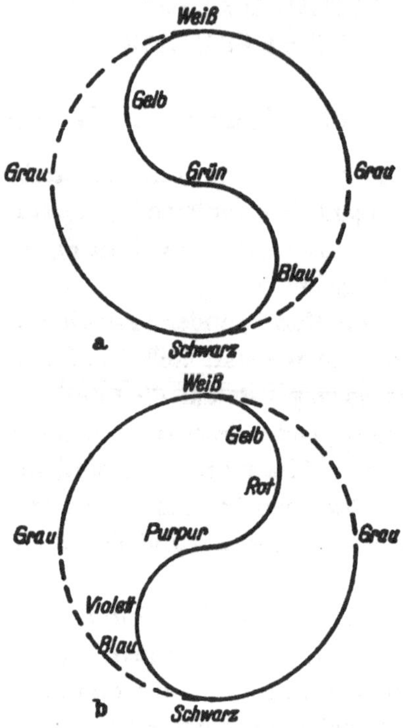

Abb. 13 a–b. Ableitungsfiguren für ein dreistufiges Farbenkraftfeld

3. Der dreistufige Farbkreislauf

Man kann den unbunten Farbbereich und den bunt-unbunten Zwischenfarbenbereich dem Licht-Farben-Kreislauf so zuordnen, daß sich eine dreiteilige Kreislaufform bildet, welche die drei Farbbereiche als drei Stufen differenzert: Abb. 14.

Alle drei Kreislaufstufen bilden zusammen dann ein Kontinuum, wenn man von innen nach außen oder von außen nach innen die jeweiligen ‚Bahnen' der Kreislaufform nachgeht. Ihre Zusammengehörigkeit im Sinne der Analogie und der Korrespondenz zeigt sich dadurch, daß grundsätzlich dasselbe Spannungsverhältnis in der Verlaufsfolge in allen drei Stufen gegenwärtig ist:

Der Farbigkeitsanstieg von *Gelb zu Rot* beispielsweise zeigt sich in der zweiten Stufe entsprechend zwischen *Olivgrün und Braun*. Die Hell-Dunkel-Werte entsprechen sich ebenso.

Vollzieht man die Kreislaufordnung phasenhaft von außen nach innen, so sieht man, daß sich das allgemeine Verhältnis der Verlaufsfolge von Hell-Dunkel-Quantitäten ständig mehr zu qualitativen Farbwerten differenziert und im Buntfarbenbereich seine Vollendung findet.

In diesem Kontinuum bildet sich unmittelbar der dreistufige Weg vom Besonderen zum Allgemeinen ab: von der Individuation der Farbe in der Buntheit – Farbindividualität – bis zur Farbe als allgemeiner (undifferenzierter) Gattung.

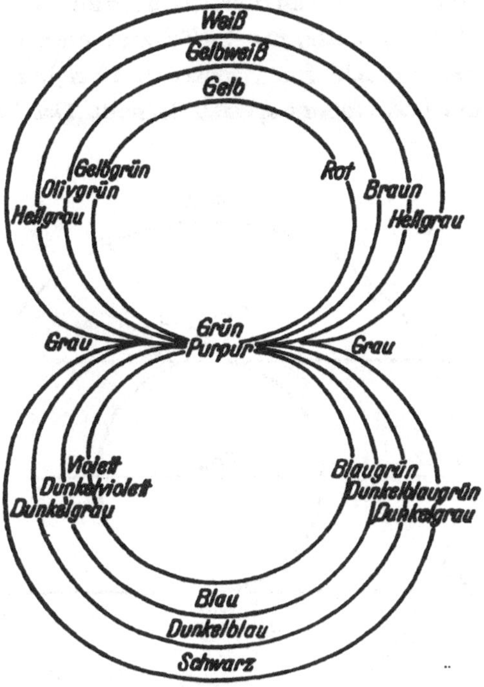

Abb. 14. Dreistufiges Farbenkraftfeld

4. Braun als Zentrumsfarbe des bunt-unbunten Farbaustauschkreises

Obwohl Braun als Farbe und als Farbklasse einen eigenen Farbbereich darstellt, ist es eigentümlich, daß wir für alle Farben einen spezifischen Platz auffinden konnten, nur nicht für Braun. Im dreistufigen Farbenkreislauf kann Braun keinen bestimmten, eigenen Ort einnehmen, da es den gesamten Rotbereich im bunt-unbunten Zwischengebiet vertritt. Braun hat überdies soviel verschiedene Vermittlungsfunktionen; es gibt keine Farbe, die so sehr als umgreifende Kompensationsfarbe bezeichnet werden kann, weil sie alle Farbbereiche angeht und miteinander vermittelt. Erinnern wir uns daran, daß Braun immer auch dann erscheint, wenn sich zwei Farben nicht ganz ausgleichen (wie Grün und Rot, Gelb und Violett usw.).

Man kann nicht sagen, daß Braun deshalb, weil es keine Polarfarbe ist, eine Zentralfarbe wäre. Beiden Kategorien gegenüber ist es eigentlich *indifferent*. Will man für Braun einen spezifischen Ort finden, so kann es nur möglich sein, wenn wir jeweils eine bestimmte Situation, eine bestimmte Aufgabe von Braun meinen, d. h. es gibt mehrere Orte, die für Braun in Betracht kommen. Im dreistufigen Farbenfeld liegt Braun beispielsweise an der Stelle, wo „Graurot" liegen würde, erscheint statt Graurot, weil es dies nicht gibt. Die wichtigste Funktion von Braun ist die *Vermittlung von Rot und Schwarz*, den dominierenden Farben des bunten und des unbunten Bereichs. Hier hat Braun durchaus eine zentrale Funktion. Es übernimmt, ähnlich wie Violett und Purpur für den Rot/Blau-Gegensatz, für Rot/Schwarz dieselbe Aufgabe. Daher kann Braun in einem solchen Farbfeld einen zentralen Platz beanspruchen, das die Vermittlung zwischen Bunt und Unbunt speziell darstellt. Das habe ich auf der Abb. 15 aufzuzeigen versucht.

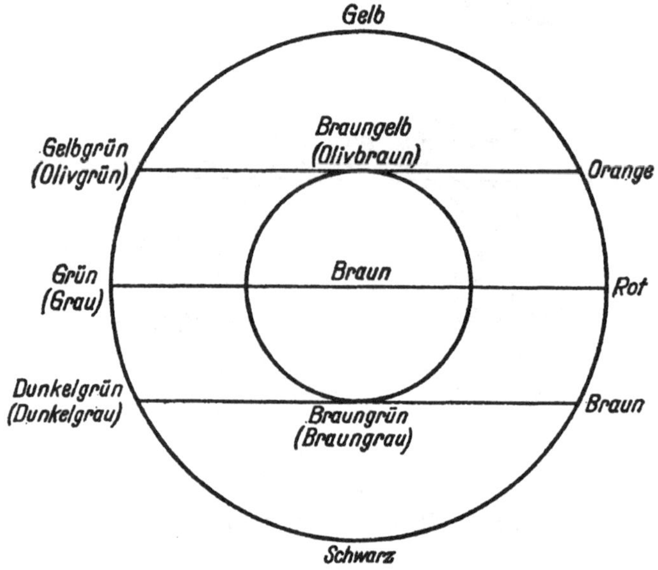

Abb. 15. Farbaustauschkreis mit Braun als Zentrumsfarbe

Dieser *Farbausgleichskreis* zeigt alle drei Farbbereiche in einem Kreis, d. h. in gegenseitiger Durchdringung. Es fehlt Blau, an dessen Stelle Schwarz rückt. Fällt Blau fort, können auch Purpur und Violett nicht erscheinen. An ihre Stelle treten Schwarzbraun und Braun, das dann zu Rotbraun und Rot bis zu Gelb führt. Auf der anderen Seite gelangen wir von Gelb zu Gelbgrün (oder Olivgrün) Grün (oder Grau) zu Dunkelgrün (oder Dunkelgrau) bis zu Schwarz. Braun liegt dann in der Mitte zwischen Rot und Grün (oder Grau). Als Zentrumsfarbe steht es für das Grau im Buntfarbenkreis (aus Purpur-Grün). Es scheint mir hier nicht angemessen, die 8förmige Kreislaufform zu wählen, da man in solchem bunt-unbunten Farbaustausch von keinem Bewegungsverlauf sprechen kann.

Die spezifisch zentrale Position von Braun kann, auf eine Formel gebracht, etwa so definiert werden: Wie Purpur den positiven und negativen Buntfarbenbereich ausgleicht und in sich zentriert, so Braun den positiven Buntfarbenbereich und negativen unbunten Farbbereich in den Hauptspannungsstufen: Rot/Blau-Purpur, Rot/Schwarz-Braun. Außerdem gleicht Braun in beiden Fällen, also sowohl im Buntfarbenbereich wie im bunt-unbunten Farbausgleichsbereich die polar-zentrale Hauptspannung aus: Rot-Grün und Rot-Grau.

Zum Abschluß möchte ich nochmals auf das grundsätzliche Verhältnis zwischen zentraler und polarer Orientierung eingehen.

5. Zentrale und Polare Orientierung des Farbenkreislaufes als Farbenkraftfeld

Wir können die als Doppelschwingungskreis dargestellte Kreislaufstruktur als ein zentrales Kraftfeld bezeichnen. Maßgebend sind die zentralen Farben *Grau, Grün und Purpur*, welche das Zentrum bestimmen. Da beide Kreishälften sich gegenseitig ergänzen, bildet die Dreiheit die Mitte der beiden zusammengehörigen Teile, den Spannungsumschlag und -ausgleich.

In der Normlage dieses zentralen Kraftfeldes erscheinen die Polfarben ihrer Funktion nach oben und unten, innerhalb der kontinuierlichen Folge, d. h. nicht als Pole des Eingangs und Ausgangs, wie etwa in einem magnetischen Kraftfeld.

Es ist aber auch eine Darstellung möglich, die im Sinne eines magnetischen Kraftfeldes auf die Polfarben bezogen ist und dafür kein Zentrum besitzt. Ein solches *polares Kraftfeld* entspricht weitgehend der klassischen Farbenordnung, wie wir sie im üblichen Farbenkreis kennen: Abb. 16. Hier liegen Purpur und Grün als „Übergangsfarben" äquatorial auf den ‚Farbfeldbahnen', die man vielleicht vergleichsweise als Farbfeldlinien kennzeichnen könnte. Maßgebend ist die Polachse mit den Farben Weiß, Gelbweiß, Gelb und Blau, Blauschwarz, Schwarz, die sich zu Grau und Grün oder zum Licht ergänzen.

Zwischen diesen beiden Arten des Farbenkraftfeldes besteht ein reziprokes Verhältnis: das eine schließt das andere aus.

In der doppelseitigen Vollfigur des Farbenkraftfeldes erscheinen beide Orientierungen. Es bildet ein *zentral-polares Kontinuum* (Abb. 11). Diese Form, erweitert zum dreistufigen Kraftfeld, würde ich als erfülltes Strukturbild der zentral-polar geeinten Farbenordnung auffassen. (Endgültiges Formbild: Tafel 8.)

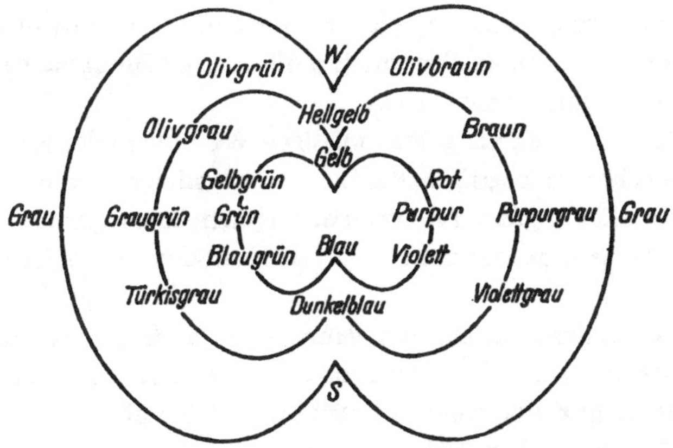

Abb. 16. Polares Farbenkraftfeld (Vergleichsfigur)

VIERTER TEIL

SPEZIELLE FARBENPSYCHOLOGIE MATERIALIEN UND STUDIEN

A. GRUNDLAGEN FÜR EINE EMOTIONALE FARBENORDNUNG

1. Ästhetische und emotionale Farbenwahrnehmung

Unter der Ästhetik der Farben versteht man heute nicht nur die Bedeutung der Lehre von der Schönheit, des Geschmacks oder der Lust an der Farbe und ihrer künstlerischen Wirkung, sondern ganz allgemein alle gefühlsmäßig faßbaren Erscheinungsweisen und Erscheinungsmerkmale der Farben, also nicht nur ihr grobes, feines, freundliches oder sympathisches Aussehen, nicht nur den Kalt-Warm-Kontrast, sondern auch die Kraft oder Schwäche einer Farbe, die Kontrastwirkungen aller Art und schließlich überhaupt ihre jeweilige qualitative Beschaffenheit. Damit ist die eigentliche Bedeutung des Begriffes der Ästhetik – nach A. Baumgarten, der sie als die Lehre vom Schönen im 18. Jahrhdt. philosophisch begründete und wie sie von Kant in der „Kritik der praktischen Vernunft" in ihren verschiedenen Kategorien des Wohlgefallens, des Geschmacks und des Zweckmäßigen als Definitionen für das Schöne analysiert wurde – zumindest in der Farbenlehre völlig nivelliert worden. Hier betrifft er heutzutage das Erleben von gefühlsmäßigen Werten schlechthin. Das mag eng damit zusammenhängen, daß man die Farben nach Wohlgefälligkeitsregeln zu ordnen suchte, damit aber keinen Erfolg hatte, so daß für eine eigentliche Farbenästhetik keine normativen Maßstäbe in Betracht kamen. Anstatt daraus die Konsequenz zu ziehen, nämlich ästhetische Urteile als konventionelle Verabredungen bzw. individuelle Wertungen zu begreifen – in ähnlicher Weise, wie Schönheitsideale oder die Schönheit in der Kunst sich mit dem geschichtlichen Bewußtsein wandeln und keine klassisch-zeitlose Verallgemeinerung zulassen – hat man gerade umgekehrt den Begriff Ästhetik verallgemeinert, indem man ihn auf Urteile und Ordnungskategorien übertrug, die damit direkt gar nichts zu tun haben.

Es wäre deshalb sinnvoller, die gefühlsmäßigen Wirkungen der Farben nicht einem also konturlos erweiterten Begriff Ästhetik zu subsumieren – unter dem wir dann nichts mehr bestimmtes begreifen – sondern vielmehr konsequenter von der Emotionalität der Farbenwahrnehmung, von der emotionalen Wirkung der Farben zu sprechen.

Innerhalb der Gefühlswirkungen hat dann gewiß auch die Farbenästhetik ihren Platz, aber eben keinen, der sich wirklich objektivieren ließe. Nur unter diesen Voraussetzungen scheint mir eine unmißverständliche Behandlung der psychologischen Beurteilung der Farben möglich. (Es wird mir im einzelnen aber nicht möglich sein, bei der Besprechung der experimentellen Untersuchungen ständig die Verwendung des Ästhetischen entsprechend zu korrigieren. Der Leser möge das berücksichtigen.)

2. Empfindung — Wahrnehmung — Gefühl

Nicht jede Farbe, die unser Auge sieht, sehen wir wirklich. Erst dann, wenn wir hinsehen oder wenn sie sich uns aufdrängt, sehen wir die Farbe eigentlich, d. h. dann wird sie uns bewußt, indem wir sie bemerken. Beim bewußten Wahrnehmen spielt die Bereitschaft und die *Intention* – das auf die Farbe gerichtete Erleben – entscheidend mit. Wie aber ist es mit der Empfindung? Vom Farbempfinden sprechen wir gewöhnlich in ähnlicher Bedeutung, wie wir Stimmung, Freude oder Leid empfinden, Kälte oder Wärme, aber auch Schönes und Häßliches.

Empfindung, ein sehr komplexer Begriff, wird also offensichtlich sehr vieldeutig für psychophysische Vorgänge verwandt, sowohl als Gefühl, wie in unserer gewöhnlichen Umgangssprache (‚ich empfinde' etwas im Sinne von ‚ich fühle'), als auch rein physiologisch. Denn wenn ich eine Farbe empfinde, so bedeutet das eigentlich nicht, einen Stimmungswert zu erfahren, sondern es ist, wissenschaftlich begriffen, damit ja der physiologische Reiz gemeint, der die Netzhaut trifft.

Da nun sowohl Physiker – wie Helmholtz – als auch Psychologen – wie Wundt – von Farbempfindungen sprachen, wandte sich Ewald Hering in seiner „Lehre vom Lichtsinn" gegen die Vieldeutigkeit des Begriffes.

„Es steht nicht im Einklang mit dem ursprünglichen Sinne des Wortes Empfindung", so stellt er fest, „wenn man die Farben als Empfindungen bezeichnet. ... Empfindungen sind in unserer Sprache etwas, was man in oder an seinem Leibe spürt, die Farben aber erscheinen stets außerhalb unseres Leibes und insbesondere außerhalb unseres Auges".[1]

Demnach könnte man wohl Kälte- und Wärmeempfindungen oder einen Wundschmerz z. B. für wirkliche Empfindungen halten, nicht aber sinnliche Erscheinungen oder gar Gefühlswerte. Der allgemeine Sprachgebrauch macht hier aber keine klaren Schnitte. Das ist verständlich, wenn man an die Ganzheitlichkeit des psychophysischen Zusammenwirkens der Phänomene denkt. Deshalb hat sich Herings so berechtigte Kritik nicht durchsetzen können.

Wenn man einerseits bemüht ist die Empfindung gegen das Gefühl abzusetzen, so andererseits gegen die Wahrnehmung. Die allgemeine Definition lautet:

„Empfindung (ist eine) ... Erregung in den Sinnenszentren der Großhirnrinde, die gewöhnlich durch die Erregung eines Sinnesnerven hervorgerufen wird. ... Sobald der Empfindungszusammenhang die Schwelle des Bewußtseins überschreitet, wird er ... Teil einer Gestalt und Teil einer Wahrnehmung."[2]

Aber, wie schon früher bemerkt, beginnt die Wahrnehmung nicht erst mit dem Bewußtsein, sondern fungiert schon in einem unterschwelligen Zwischenbereich, z. B.

---

[1] A.a.O. S. 4.

[2] Unter ‚Empfindung' im „Philosophischen Wörterbuch", 11. Aufl., von Justus Streller, 1951, S. 125 (Kröners Taschenausgabe, Bd. 13).

bei ‚begleitenden Farbeindrücken'. Die Voraussetzung zum eigentlichen Farbgefühl und zur Beurteilung der Stimmungswerte ist natürlich die bewußte, gerichtete Wahrnehmung.

Man kann wohl sagen, daß die Empfindung als ein psychophysischer Grenzbegriff das noch undifferenzierte Geschehen (entsprechend den Zuständen in anderen Sinnesgebieten, wie im Tast-, Geruch- und Gehörsinn) treffend bezeichnet.

Gefühl ist im Vergleich zur Empfindung ein im Wesensbereich, im seelischen Raum stattfindendes Geschehen. Empfindung vermittelt zwischen sinnlichen und seelischen Erfahrungen, in eingeschränktem Sinne zwischen äußerem und innerem Geschehen.

David Katz ist der Auffassung, daß man auf die Empfindung als psychologischen Begriff schließlich nicht verzichten könne, und er meint:

„Zwischen Empfindung und Wahrnehmung gibt es keine scharfe Grenze. Man muß sich darüber klar sein, daß der Empfindungsbegriff nur ein psychologischer Grenzbegriff ist. Als solcher kann er indessen gute Dienste leisten und ist geradezu unentbehrlich."[3]

Dieser Ansicht möchte ich mich anschließen und von Empfindungen in diesem Sinne gesprochen haben und auch weiterhin sprechen.

3. Farbenansprache und Beurteilung

Die Emotionale Farbenordnung — als spezielle psychologische — hat es mit der inneren Farbenerfahrung und Beurteilung zu tun und fragt nach dem Ordnungssinn, der sich aus dem Sinngehalt des Farbausdrucks erschließt.

Die von Goethe verwandte Gruppierung in warme und kalte, aktive und passive Farben der „Plus- und Minusseite" bezeugt eine erste Gliederung durch die emotionale Farbenerfahrung. So unvollständig sie auch ist, sie bleibt die Grundlage für jede gefühlsmäßige Gliederung der Farben.

Man muß sich darüber klar sein, daß die allgemeinen Ordnungsprinzipien mit solchen Kategorien der gefühlsmäßigen Beurteilung eng zusammenhängen. Herrscht das Polaritätsprinzip wie bei Goethe allein vor, so werden Gelb und Blau auch bei der spezifisch gefühlsmäßigen Erklärung einen ausgezeichneten Rang einnehmen, im Unterschied z. B. zu Grün. Das fällt bei Goethe ebenso auf wie bei Kandinskys Analysen (s. u. E.).

Es sind sehr verschiedene Wege beschritten worden, um den Ausdruckscharakter der Farben emotional zu bestimmen. Während sich Goethe mehr nach den allgemeinen Naturelementen richtete, haben zahlreiche Wissenschaftler versucht, die ästhetischen Kontrastwirkungen und Stimmungsfaktoren zu gliedern, nach Gegensätzen wie schön-häßlich, Lust-Unlust usw., so vor allem Wilhelm Wundt in seinen „Vorlesungen über die Menschen- und Tierseele". F. Stefanescu-Goanga hat sich 1911 dem Thema von

[3] „Handbuch der Psychologie", 1951, unter „Die Wahrnehmungswelt als Gegenstand der Psychologie", S. 115.

der grundsätzlichen Frage her zugewandt, ob überhaupt und dann welche psychologischen Kategorien ausreichen können, um etwa allgemeingültige Farbgefühle zu erfassen. Die ausführlichsten und für den Stand der Forschung zunächst bedeutendsten Untersuchungen stammen von G. J. von Allesch: „Die ästhetische Erscheinungsweise der Farben" (1925). Diese Arbeit gilt gemeinhin als maßgebend für die Frage, ob eine wirkliche Übereinstimmung in der ästhetischen Beurteilung des Farbeindrucks besteht.

Im vorigen Jahrhundert hat man die tatsächliche Erscheinung der Farbe viel zu wenig berücksichtigt und sie gleichsam aus ‚idealer Schau' zu begreifen gesucht. Gegenwärtig scheint es so, daß man dem anderen Extrem zu verfallen droht, indem die Farbe als eigenes Element der Gegenstandswelt gegenüber relativiert, nur als Eigenschaft materieller Zustände aufgefaßt wird. Donald Brinckmann behauptet in seiner Abhandlung über „die Psychologie der Farbe", daß die Farbe als Qualität von dem Gegenstand abhänge, dessen Eigenschaft sie ist. In dieser Verallgemeinerung ist das gewiß falsch. Ein optischer Selbstwert der Farbe existiert danach nicht.

„Angleichung und Kontrast", schreibt er, sind „zwei Phänomene, die deutlich zeigen, daß wir die Farben nicht als selbständige Einheiten erleben, sondern als Qualitäten von Gegenständen und Weltausschnitten (Hintergrund), von denen her sie erst in ihrer speziellen Erscheinungsweise bestimmt werden. Qualität heißt ja nichts anderes als von etwas anderem abhängig sein, zu etwas anderem gehören, von etwas anderem her bestimmt werden."[4] (1947)

Dieser, in einem Handbuch vertretenen Auffassung können wir nicht zustimmen.

Weder die faktische Abstraktion der Farbe *vom* Gegenstand, noch ihre Unterordnung *zum* Gegenstand führt uns zum Wesen der Farbe, sondern nur die Wahrnehmung in der lebendigen *Spannung* zwischen unserem und ihrem Dasein.

Verschiedene Ausgangspositionen und Untersuchungsmethoden haben verständlicherweise einen verschiedenen Gültigkeitswert. Es fragt sich deshalb, welche von ihnen besonders geeignet sind, um unseren Ansprüchen gerecht werden zu können. Wir wollen deshalb prinzipiell zu der Frage Stellung nehmen, welche psychische Ausgangsposition wir eigentlich den Farben gegenüber einzunehmen haben, wenn wir sie näher bestimmen wollen. Es gibt zwei völlig verschiedene Einstellungen der Wahrnehmung:

1. Zu den Farben inmitten der ganzen Fülle ihrer natürlichen Erscheinungsarten, im Zusammenhang mit den Gegenständen, mit und an denen sie erscheinen, einschließlich ihrer symbolischen Bedeutungen in den verschiedenen Lebensbereichen.

2. Zu den Farben als autonomen, assoziationsfreien und an kein Objekt gebundenen Erscheinungen, in ausschließlicher Beobachtung des reinen Farbwerts.

Im ersten Fall treffen wir die Farben in ihrer *natürlichen, dynamischen Daseinsform* an, im komplexen Zusammenwirken mit allen räumlichen, materiellen Elementen und im dauernden Wechselspiel des sich verändernden Lichts bzw. der Beleuchtung. In der Vielfalt ihres Auftretens – wir leben dauernd in einer Welt von Farben – finden wir sowohl die Lichtfarben (farbiges Licht) wie die Körperfarben. Sämtliche Er-

---

[4] A.a.O. S. 117

scheinungsarten *wechseln* ständig vor unserem Auge. So fassen wir, grob gesagt, die lebendige Farbe.

Im zweiten Fall, wenn wir z. B. ein genügend großes Farbpapier in ausreichender Entfernung so vor unser Auge bringen, daß das ganze Gesichtsfeld ausgefüllt ist, oder wenn wir vor neutralem Hintergrund eine Farbe auf einem sich drehenden Farbenkreisel beobachten – möglicherweise durch eine Röhre, wie es auch geschieht – dann haben wir die Farbe isoliert, von aller materiellen Bindung gelöst, zur autonomen „freien Erscheinung" gebracht, in eine statische Beharrung, unter ganz bestimmten, berechenbaren Bedingungen. So wie die Farbe dann in einer Ausnahmesituation erscheint, indem außer ihr nichts mehr sichtbar ist, nichts anderes existiert, befinden wir uns selbst auch der Farbe gegenüber in einem Ausnahmezustand, haben die Farbe tatsächlich allein vor uns. Wir stehen ihr dann in einer künstlichen, konstruierten Position gegenüber, experimentieren mit Farben im Laboratorium, um den „reinen Fall" der objektiven Farbe konstatieren, um Farbe „exakt", „objektiv" messen zu können.[5] Solcher objektiv dargebotenen Farbe entspricht die experimentelle Test-Methode, indem man aus dem Querschnitt verschiedener Urteile ein „statistisches Simple" ermittelt. Soweit sich keine Gemeinsamkeit bzw. Dominanz bestimmter Urteile ergibt, gilt das Ergebnis als *negativ*.

Die psychologische Forschung hat sich bis zur jüngsten Zeit fast ausschließlich der experimentellen Methode unter den eben besprochenen Umständen bedient. Da die Ergebnisse stets (mehr oder weniger absolut) als statistisch-allgemeingültige Schlüsse vertreten werden, schien es mir wichtig, darauf aufmerksam zu machen. Ein wesentliches Kriterium für die Bewertung dieser Untersuchungsmethode ist die Bedeutung des Momentaneffekts.

Außer den genannten grundsätzlichen Arten der Farbenerscheinung wäre auch noch auf die *Gedächtnis-* oder *Vorstellungsfarben* aufmerksam zu machen, die aus dem Querschnitt unserer Farbenerfahrungen resultieren und unser Farbniveau sehr bestimmen. Insofern sie für das persönliche Farbgefühl maßgebend sind, bilden sie einen wichtigen – bisher kaum untersuchten Bereich, der die Differenz zwischen der einen und anderen Art der genannten Farbenerscheinungen (der konkreten und der abstrakten) in sich aufhebt.

Bei unbefangener Überlegung wird man jedenfalls einsehen müssen, daß ‚reinrassig' gemachte farbenästhetische Untersuchungen von sehr zweifelhaftem Wert sind und kaum lebendige Wirklichkeit erfassen. Darauf aber wird es gerade ankommen müssen, wenn man emotionale Qualitäten, also höchst lebendige Kräfte, untersuchen und begreifen will.

---

[5] Um solche Objektivität zu gewinnen, wurde z. B. „das Leben der Versuchspersonen", die Allesch zu experimentellen Untersuchungen über die Gefühlsbestimmung der Farben heranzog, „unter strenge Regeln gestellt (soweit sie sich dazu herließen), die mögliche Gleichheit der inneren Lage bei zusammengehörigen Versuchen angestrebt" (Allesch, a.a.O. S. 2).

4. Bemerkungen zur „ästhetischen Erscheinungsweise" der „Freien Farbe"

Wir leben mit den Farben so wie wir atmen. Ihr mehrfacher Erscheinungscharakter tritt uns überall entgegen: einmal als Eigenschaft, als Beschaffenheit von Dingen, so wie hart, weich, hell und dunkel, oder in der Farbmaterie als Farbstoff, oder auch als elementare Lichterscheinung usw.

Beim ästhetischen bzw. emotionalen Beurteilen der Farben kann man sich natürlich auf eine bestimmte Erscheinungsweise konzentrieren. Es liegt nahe, dazu die von D. Katz definierte *freie Farbe* zu wählen: die gegenstandslose Farbenerscheinung, ohne materielle Struktur, unbestimmt lokalisiert, von lockerem, diffusem Gefüge. Die „freie Farbe" erscheint zweidimensional, also frontparallel zum Beobachter. Katz hat sie daher auch als „Flächenfarbe" gekennzeichnet.

Nun sind aber die verschiedenen Erscheinungsweisen, ob Flächenfarbe oder gegenstandsgebundene Oberflächenfarbe, nur Komponenten unserer Farbenwahrnehmung. Ihr dauerndes Zusammenwirken *bildet* erst den Wahrnehmungskomplex.[6]

Da wir in jeder Wahrnehmungssituation mit einer der Erscheinungsweisen (zu der auch die „Raumfarbe" gehört) zu tun haben, fragt es sich, wie wir denn die Farbe als autonomen Wert bezeichnen wollen, der die verschiedenen Erscheinungsweisen übergreift und, entsprechend dem Begriff der Vorstellungsfarbe, das Wesenhafte der Farbenexistenz meint. Dafür möchte ich den Ausdruck *Elementare Farbe* einführen, die zwar faktisch mit der Erscheinungsweise der ‚Freien Farbe' identisch sein *kann*, aber eben nicht eine bestimmte Erscheinungsweise meint.

Allesch hat in seinen Untersuchungen festgestellt – und damit die Auffassung von Katz bestätigt – daß „die spezifisch ästhetische Erscheinung einer Farbe die der Flächenfarbe (der Freien Farbe) ist".[7] Soll das heißen, daß wir Aussagen über die Farben, hinsichtlich ihrer emotionalen Wirkungen, nur an *faktisch* freien Farben machen können oder dürfen? Allesch hat sich nicht nur auf die gegenstandsfreien Farben beschränkt. „Zahlreiche Spezialversuche und Beobachtungen von Naturgegenständen und Gemälden", so teilt er mit, „ergaben, daß die spezifisch ästhetische Erscheinung einer Farbe die der Flächenfarbe ist, die auch dort eintritt wo ein farbiger *Gegenstand* möglichst rein auf seine Farbigkeit hin beurteilt wird."[8] Diese Tatsache, daß die freie Farbe für das Erlebnis nicht an die faktische Erscheinungsweise „Freie Farbe" gebunden ist, soll der Ausdruck „Elementare Farbe" (bzw. elementare Farbwahrnehmung) kennzeichnen. Denn der Schwerpunkt für die autonome Farbenwahrnehmung wird ein anderer, wenn man bedenkt, daß wir durch unsere eigene *psychische Aktion*, durch

---

[6] Eine gute, knappe Zusammenfassung der Katzschen Begriffe der Erscheinungsweisen, ihrer Charakterisierung und Anwendung bei W. Schöne, a.a.O. Anhang, 93, S. 231.

[7] A.a.O. S. 22.

[8] Ebenda.

unser jeweiliges Gerichtetsein, welches die Absicht, das Sehenwollen leitet, in der Lage sind – und dies fast ständig tun – uns *den* Eindruck innerhalb des Gesamtkomplexes der Farbenerscheinung zu verschaffen, den wir *wollen*, der uns interessiert.

Es ist ein fundamentaler Aspekt, wie weit wir bei der Beurteilung des Farbensehens die aktive Beteiligung primär berücksichtigen oder aber diese nur sekundär gegenüber der ‚Macht der Objekte' werten, die uns ins Auge fallen. Denn auch hier führt eine Abstraktion von der psychischen Handlung zu einer statischen Registration von Befunden, die für sich selbst versachlicht werden und für die realen Vorgänge, die ganz und gar dynamisch ablaufen, nicht verbindlich sein können.

Es ist nicht damit getan, die Tatsache der psychischen Reduktion von Gegenstandsfarben zu Freien Farben – zu elementaren Farben – nur als „auch möglich" zu bezeichnen, auf Grund von „mehr oder weniger beherrschbaren inneren Umstellungen", wie es Katz, auf Alleschs Feststellungen Bezug nehmend, ausdrückt.[9] Dann ist es schon notwendig hinzuzufügen, daß diese inneren Umstellungen *dauernd* vor sich gehen, und zwar so, daß wir sie keineswegs als besondere Umstellungen registrieren. Sie gehören zu unserem normalen Verhalten.

W. Schöne, der sich bei der Farbenwahrnehmung in der Malerei ausführlich auch mit dem Problem der Erscheinungsweisen befaßt hat, deutet Alleschs oben zitierte Auffassung über die psychische Reduktion der gegenständlichen Farbwahrnehmung zur Freien Farbe so, daß wir durch den „wirklichkeitsverlorenen Blick"[10] – gemeint ist gegenstandsverloren – in der Lage wären, die Oberflächenfarben auf die Erscheinungsweise der Freien Farbe zu reduzieren. Als Beispiel führt Schöne an:

„Wenn wir auf die Farbe einer Blume als Farbe blicken, ohne sie klassifizieren zu wollen, nur um ihrer Schönheit willen, dann löst sich auch die Blumenfarbe von ihrem Gegenstand, wird frei." (Dieses ‚Freisein' ist mit ‚elementar' gemeint.) „Kommen wir nach solchem Genuß wieder zu uns, ... dann bemerken wir, daß unser Blick auf die Blumenfarbe ein wirklichkeitsverlorener gewesen war."[11]

Man könnte dazu ergänzend sagen, daß zwischen der gegenständlichen und der vom Gegenstand losgelösten Farbwahrnehmung ein reziprokes Verhältnis besteht: Im einen Fall ist der Blick *gegenstandsentschlossen* – und die Farbe ist dann Teil und Merkmal des Gegenstandes – im anderen Fall *farbentschlossen*, und der Gegenstand gilt dann nur als Träger der Farbe.

5. Hinweise zur Praxis der Farbenwahrnehmung

Es scheint mir nützlich, noch über einige Zustände und Wirkungen bei der Farbenwahrnehmung nachzudenken.

---

[9] „Aufbau der Farbwelt", 1930, S. 123.

[10] Nach Othmar Sterzinger, „Die Gemäldeoptik des inneren Auges", Ztschr. f. Ästhetik und allg. Kunstw. XXIV, 1930, S. 310–17.

[11] A.a.O. S. 250.

Wir werden zunächst zwischen Gegenstand und Farbe im materiellen Bestand und zwischen Gegenstands*form* und Farbe zu unterscheiden haben. Ob ich z. B. die Oberflächenstruktur des Gegenstandes oder speziell die der Farbmaterie, des Farbstoffes wahrnehme, das ist eine Frage der Beziehung zwischen Material- und Farbstoffstruktur, Gegenstandsgröße und Abstand. Eine allgemeine Regelung kann es da nicht geben. Man kann nur sagen: je feinkörniger die materielle Struktur des jeweiligen Gegenstandes als Farbträger ist, desto mehr kann man selbst bei kleinem Abstand die Farbe autonom wahrnehmen; um so grobkörniger (materieller) sie erscheint, ist, desto mehr bleibt bei geringer Entfernung die Farbe an die Gegenständlichkeit gebunden und vertritt damit deren Struktur. Da die Körnigkeit, das materielel Gefüge, unendlich viele Abstufungen hat, da unendlich viele Gestaltgrößen und Entfernungsstufen möglich sind, ist allein die jeweilige Situation des Beobachters und der Komplex der angeführten Bedingungen, zu denen die optischen, wie Belichtung, hinzuzählen, maßgebend.

Gegenstands- und Farbmaterie können sich gegenseitig überdecken, je nach der Art des Materials und seiner Dichte oder der Art des Farbstoffs. Man denke allein an die Unterschiede zwischen Aquarell-, Öl-, Kreide-, Pastellfarben und Tinten. Hier ist es auch aufschlußreich, an den Unterschied zwischen dem Original eines gemalten Bildes und seinen gedruckten Reproduktionen zu denken, wie sie heute so sehr verbreitet sind. Ich will darauf nicht weiter eingehen.

Da sich zumindest der Betrachter frei bewegen, eine geeignete Stellung beziehen kann, kommt grundsätzlich jeder farbige Gegenstand als Beispiel für die Möglichkeit der Wahrnehmung der elementaren Farbe in Betracht.

Richtet man sein Augenmerk auf diejenigen Farben, die von Natur aus, d. h. ihrer charakteristischen Erscheinung nach ‚frei' sind, und das sind eigentlich nur die Lichtfarben, so muß man sich darüber klar sein, daß sie unsere Gefühlswelt anders stimmen als die vergleichsweise irdischeren Farben unserer gegenständlichen Welt. Sie sind, weil sie lichter und unmateriell erscheinen, auch nicht eigentlich greifbar, weil nicht tastbar. Sehen wir die Farbe im Licht und als Licht (ob nun im Regenbogen, in der Morgenröte oder in der dem modernen Städter vertrauten Neon-Reklamebeleuchtung), so erscheint der Farbwert reiner und autonomer, da die Farbe ganz unmittelbar leuchtendes Licht ist, aber dafür auch sehr viel ‚leichter', wie schwerelos.

Im Unterschied zur Materialstruktur kann man von der Gestalt und Form eines Gegenstandes nicht ohne weiteres absehen, wenn man die Farbe elementar erfahren will. Bekannt sind die so verschiedenen Wirkungen zwischen bestimmten Farben und Formen, etwa zwischen einem blauen und roten Kreis oder Dreieck. Kandinsky hat dem Problem Farbe und Form ausführliche Studien gewidmet.[12] Je komplizierter die Formen sind, je mehr sie aus den gewohnten Normen herausfallen, desto mehr ist die Farbe auch durch den Gegenstandscharakter bestimmt.

---

[12] s. „Über das Geistige in der Kunst" (1911/12), und „Punkt und Linie zu Fläche" (1926).

Die Reduktionsfähigkeit der Wahrnehmung zur elementaren Farbe hat insofern bestimmte Grenzen und ist bei regelmäßigen, einfach gegliederten Gestalten natürlich sehr viel leichter anzuwenden. Man wird sich aber ja nicht an den einzelnen, so und so geformten Gegenstand halten, sondern Summen ziehen; es sei denn, man hat klare, ebene Oberflächen vor sich, wie Wände und Tafeln, die ja nicht selten sind. Jede momentane Festlegung ist fragwürdig. Die Kompensation verschiedener Formen und Gestalten, wie wir sie täglich sehen, bewirkt von selbst eine relative Unabhängigkeit von bestimmten Formen bei der Farbenbetrachtung.

Auch bei Farbkreiselversuchen ist ja eine bestimmte Form, wenn auch keine Gestalt, wirksam, sei es nun die kreisrunde Form oder die des Schirmausschnitts hinter einem Rahmen. Wenn aber zu einer also isolierten Farbenerscheinung, bei der Freien Farbe, auch noch die Formlosigkeit, die Unbegrenztheit hinzukommt, beim Betrachten durch einen Lochschirm z. B., so daß die Farbe unser ganzes Gesichtsfeld ausfüllt, so entstehen Effekte der Farbaufdringlichkeit, die nur zu leicht zu überspannten Urteilen führen.

Ein entscheidender Gesichtspunkt schließlich ist das Gleichbleiben der Gegenständlichkeit bei veränderter Farbgebung. Die Pluralität vieler Gegenstände, ja der allermeisten, ihr serienmäßiges Vorkommen, bedingt, daß man deren verschiedene Farben gerade als freie, elementare Farben auffaßt und also zwischen Farbe und Farbe und nicht zwischen Gegenstand und Gegenstand vergleicht: gleiche Stoffe, gleiche Blumen (Tulpen, Rosen, Nelken usw.), gleiche Dächer, Hauswände, gleiche Schuhe, Papiere, Geschirre usw. unterscheiden sich doch tatsächlich nur durch ihre Farben! Weil wir von der Gegenstandsform und dem Stoff vielfarbig erscheinender Gegenstände *wissen*, sie kennen, erleben wir ihre Farben auch autonom, wenn wir es wollen. So sehen wir die *rote* oder *gelbe* Rose. Zwar bleibt die Farbe natürlich dabei die Rosenfarbe, erscheint als Ausdruck ihrer Gestalt und ihres Stoffes. Aber wenn auch diese Stofflichkeit im Farbausdruck mitwirkt, so nehmen wir doch mühelos das Rosenrot oder Rosengelb als elementaren Farbwert wahr. Und ähnlich ist es bei allen eben genannten Gegenständen.

Anders ist es dann, wenn wir es mit Dingen zu tun haben, die nur in einer bestimmten Farbe erscheinen, wie z. B. viele Nahrungsmittel, Blumen (wie die Kornblume, der Mohn, die Sonnenblume, die Kirschblüte), Obstsorten, Hölzer usw. oder Körper, deren Farben durch ihren jeweiligen physikalisch-chemischen Zustand geprägt sind, wie Metalle, Edelsteine und dergleichen. In allen diesen Fällen wird die Farbe zum absoluten *Merkmal*, so wie wir von der Orange sprechen.

Unsere Farbenerfahrung gewinnen wir primär von bestimmten Gegenständen oder Naturerscheinungen her, welche sie repräsentieren. Im Laufe des Lebens und der geschichtlichen Epochen wechselt mit der Farbenkenntnis auch das Farbniveau. Die Farbenerfahrung wird reichhaltiger und differenzierter. Da es schließlich aber doch immer wieder dieselben Farben sind, die uns in den verschiedensten Variationen begegnen, löst sich auch der jeweils erfahrene Farbenschatz von den Gegenständen, welche ihn erzeugten. Die Farben werden frei im Bewußtsein ihres Bestandes, so daß keine bestimmte Gegenstandsbindung maßgebend bleibt, auch dann nicht, wenn wir im einzelnen Fall an bestimmte Gegenstände denken mögen, welche uns die Farben vorführen und als ‚Musterbeispiele' für unser Farbengedächtnis gelten.

Entweder wir betrachten also verschiedene Farben gleicher Gegenstände, dann tritt die Farbe als Unterscheidungsmerkmal auf, tritt autonom, frei in Erscheinung, so etwa wie beim Aussuchen einer Kleiderstoffarbe, wenn wir uns über die Stoffart bereits entschieden haben. Oder aber wir betrachten die charakteristische Farbe eines bestimmten Gegenstandes, wie z. B. einen roten Rubin oder eine gelbe Banane. Dann bleibt die Farbe Repräsentant der Gestalt und der Bedeutung des Gegenstandes, bleibt Ausdruck seines Daseins. Wegen der Eigenart oder Einmaligkeit solcher Gegenstände gelten sie uns aber auch gerade selbst als vorzügliche Repräsentanten und Symbole ihrer Farben.

6. Gibt es eine verbindliche emotionale Farbenerfahrung?

Wie können wir nun den Farben im lebendigen Zusammenhang ihrer Erscheinungsformen zugewandt bleiben und sie dennoch nach ihrem speziellen Ausdruckscharakter befragen? Dazu müssen wir uns in wechselseitiger Bewegung auf die Farben in ihrem dinglichen, konkreten Dasein und davon abstrahiert, auf ihr eigenes, allgemeines Sosein einlassen. Dazu müssen wir uns in die Farben *versetzen*, einfühlend erfahren, was sie sagen.

Goethes Aussagen z. B. über die sinnlich-sittliche Farbenwirkung resultieren aus solchem dauernden Umgang mit ihnen und aus der Verarbeitung vieler historisch überlieferter Fakten. Sie wollen daher nicht als persönlich gebundene verstanden werden, sondern als aus der Lebenserfahrung gewonnene Einsichten. Desto mehr sowohl seine Gliederung als auch die oft zitierten Beschreibungen der einzelnen Farben im Laufe der Jahrhunderte immer wieder angenommen und bestätigt worden sind, haben sie den Wert mehr oder weniger allgemein verbindlicher Aussagen gewonnen (innerhalb der Grenzen des abendländisch-neuzeitlichen Bewußtseins). Seine Urteile sind daher *vertikal* getestet, durch viele Generationen hindurch. Sie sind frei von jeder momentanen, auf Anhieb geforderten Beurteilung.

Im Laufe der Zeit haben immer wieder Künstler und Wissenschaftler ähnlich wie Goethe Farben ästhetisch beurteilt. Eine Auswahl solcher phänomenologischer Analysen habe ich zusammengestellt (s. S. 197 f.). Der Leser möge nachprüfen, wie weit die Beschreibungen in den wesentlichsten Grundzügen übereinstimmen. Sind auch im einzelnen die Urteile verschieden, es kommt darauf an, ob sich nicht die verschiedenen Gefühlswirkungen auf allgemeine Gefühlsqualitäten zurückführen lassen, die entweder immer wieder genannt werden oder den Aussagen zugrunde liegen.

Jedermann weiß, wie variabel die individuellen Stimmungswerte beim Farbenerlebnis sind, wie gewichtig, aber unbestmmt, situationsbedingte und symbolische Assoziationen, persönliche, intime Beziehungen („Lieblingsfarbe") mitwirken.

Bei der Begründung einer Emotionalen Farbenordnung hängt alles davon ab, auf welcher Ebene wir eine solche Ordnung suchen und erwarten. Der Ebene der sogenannten *Gefühlstöne,* wie fröhlich, traurig, abstoßend, anziehend usw. wird eine emotionale Ordnung nicht entsprechen können. Auch geht es nicht um individuell-übertragbare Aussagen, sondern um normative Maßstäbe für Gefühlsqualitäten, die diesseits und jenseits des persönlichen Erlebens gelten und die Fülle der Bedeutungen übergreifen, die auf Farben durch die sie tragenden Gegenstände übergehen. Dieses gilt in besonderem Maße für die Farbensymbolik, wie z. B. bei der roten, gelben oder blauen Fahne, der roten Rose usw. Von der religiösen, kultischen Symbolik sehe ich ab, da dafür besondere Ansprüche bestehen.[18]

Wenn wir die Sinnbeziehungen zwischen Farbe und Mensch erkennen wollen, so handelt es sich um das Aufnehmen einer sich vorwiegend im Unbewußten abspielenden Bewegung und Steuerung des seelischen, genauer: psychosomatischen Geschehens durch die Farben. Sie sind zuletzt selbst *Bildsymbole der psychischen Struktur.* Jede Farbe als bestimmter Typ kann als bildhafter Ausdruck für bestimmte seelische Begebenheiten verstanden werden. Andererseits bilden sie oft deren Motive ab und können selbst bekanntlich unsere Stimmungen sowohl wie unser Handeln motivieren. Unser Verhältnis zur Farbe ist daher äußerst vielschichtig.

Wir werden daher zwei Stufen der Emotionalen Farbenordnung unterscheiden, die aufeinander angewiesen, abgestimmt sind: 1. die *Erlebnisstufe,* 2. die *Elementarstufe,* In der dem reflektierenden Bewußtsein bei der Farbenwahrnehmung zugänglichen Erlebnisstufe ist die Farbe vornehmlich als gegenständliches Bild gemeint, dem wir begegnen als einem Objekt unserer Sinneserfahrung. Wird sie begrifflich fixiert, so handelt es sich um ein Aneignen von Gefühlserregungen in ihrer jeweiligen Äußerung und Spannungsrichtung. Diese Erlebnisstufe umfaßt nicht nur die traditionell überlieferten farbenästhetischen Analysen, sondern reicht bis in die *Motivsphäre* der Farben, über deren Steuerungsfunktionen wir uns vergewissern wollen. Die Erlebnisbereiche sollen durch *Erlebnisbegriffe der Farben* aufgewiesen werden (s. S. 210). Als Erlebnisbegriffe sollen sie oberhalb individuell-subjektiver Gefühlsbestimmungen verbindliche Bedeutungen ausdrücken können. Vergleichsweise würde ich sagen, wenn auch das Bild etwas hinkt: Jedermann wird den einmal erfahrenen charakteristischen Geschmack von Kaffee oder Tee bewahren und auch nicht bestreiten, daß Kaffee und Tee goldbraun-goldgelb ist. Ob aber und wie jemandem diese Getränke schmecken, darüber kann es keine allgemeine Auskunft geben, wohl aber darüber, daß jeder den Kaffee am charakteristischen Geruch erkennen wird. Die verschiedenen Geschmacksmöglichkeiten nun könnte man den ‚Gefühlstönen' gleichsetzen – zumal sie durch ähnliche Prädikate, wie ‚aufregend', ‚beruhigend', ‚süßlich' o. ä. bezeichnet werden –, und es fragt sich dann, ob es ähnlich wie bei charakteristischen Gerüchen auch charakteristische Farbgefühle für die Hauptqualitäten gibt.

---

[18] s. S. 195 u. Anm. 27.

Die zweite, die elementare Stufe, welche darzustellen, das eigentliche Ziel unserer Fragen ist, hat allgemeinere, ursprünglichere Bedeutung, weil sie die Voraussetzung für das Farbenerlebnis (im neuzeitlichen Sinne dieses Begriffes) ist. Hier sollen die Farben als *ontische, elementare Funktionen des Lichts* begriffen werden, vermittelt in *Grundgefühlen* als ihren Aussagen, insofern sie urbildhafte Leitbilder der Lebensordnung sind (s. S. 222). Damit reicht diese Stufe über den emotionalen Existenzbereich in den Raum hinein, den wir hinsichtlich der Allgemeinheit als Seinsbereich der Farbenwelt oder, hinsichtlich seiner Bezogenheit auf das Lebewesen, auf den Menschen, als Lebensbereich bezeichnen wollen.

In den folgenden Kapiteln gebe ich einen kritischen Überblick der experimentellen Untersuchungen und Testverfahren zur Gefühlsbestimmung der Farben, die für den derzeitigen Stand der Forschung mehr oder weniger maßgebend sind. Zusammen mit den daran anschließenden Ergebnissen phänomenologischer Gefühlsbestimmungen gewinnen wir die Grundlage, um die erste Frage, die nach typischen Erlebnisbegriffen, beantworten zu können.

B. EXPERIMENTELLE UNTERSUCHUNGEN ZUR GEFÜHLSBESTIMMUNG DER FARBEN

1. Untersuchungen von F. Stefanescu-Goanga

Unter den zahlreichen experimentellen Untersuchungen, die sich im Anschluß an J. Cohns um die Jahrhundertwende durchgeführten und für den damaligen Stand der Forschung vorbildlichen Arbeit (über das Verhältnis zwischen den Gefühlstönen zu den gesättigten und ungesättigten Farben und ihren verschiedenen Helligkeiten), der Gefühlsbestimmung der Farben widmeten, scheinen mir vor allem die Untersuchungen von F. Stefanescu-Goanga (1911) und G. J. von Allesch (1925) von grundsätzlicher Bedeutung zu sein.[14]

Stefanescu-Goanga (Schüler Wundts) griff das Problem in seinem ganzen Umfang auf, indem er gegenüber der verbreiteten Auffassung, die Farben nach bestimmten Kategorien ordnen zu können, eine kritische Haltung einnahm. Es dürfe nicht vergessen werden, „daß es sich um ästhetische Gefühle und damit um ziemlich komplizierte psychische Erlebnisse handelt; Klarheit über deren Zustandekommen wird sich aber erst aus der Kenntnis der zugrunde liegenden elementaren psychischen Elemente ergeben, und aus dem Bestreben, diese in ihren Eigenschaften und in der Art ihres

[14] Stefanescu-Goanga, „Experimentelle Untersuchungen zur Gefühlsbestimmung der Farben", in: „Philosophische Studien", Bd. VII, 1912, – S. 284–335.
Allesch, „Die ästhetische Erscheinungsweise der Farben", in Ztschr. für Psychol. Forschung, Bd. VI, 1925, S. 1–91 u. 215–281.

Zusammenwirkens zu erklären. Das kann man aber nur durch eine eingehende psychologische Analyse erreichen.[15]

Für die technische Durchführung seiner Experimente wählte er, um „ganz gleichförmige, glanzlose, farbige Flächen von ziemlich großer Ausdehnung" zu erhalten, farbige Gelatineplatten, die er vor eine Projektionslampe brachte und in verdunkeltem Zimmer sehr gesättigte Farben in großer räumlicher Ausdehnung erzeugte. Um Blendungen zu vermeiden und jeder Farbe ihren bestimmten, freien Spielraum zu verschaffen, stufte er die Zimmerbeleuchtung durch elektrische Lampen ab (z. B. arbeitete er bei gelbem Licht mit relativ stärkster Beleuchtung, bei Violett mit der geringsten.) Während der Versuche wurde alles Erdenkliche getan, um störende Einflüsse zu verhindern und die Versuchspersonen in möglichst großer Unbefangenheit zu prüfen. Die Versuchspersonen drehten den Apparaten den Rücken zu und sahen die Farbe auf einem 3 m entferntem Schirm nach Pausen von 5 Minuten, um chromatische Umstimmungen zu vermeiden. Jede Versuchsperson wurde nur in ausgeruhtem Zustand und zur gleichen Tageszeit geprüft und saß in einem Liegestuhl. Es wurde dann über alle gewonnenen Eindrücke genau Protokoll geführt. Die Person des Experimentators wechselte, um Einflüsse des Beobachters auszuschalten. Sehr wesentlich war bei den Versuchen auch, daß nicht nur die Eindrücke gemessen, sondern auch die Atmung und Herztätigkeit registiert wurden, um auch Ausdruckssymptome zu berücksichtigen. Dazu wurden Pneumographen, Sphygmographen und ein Kymographion benutzt. Mit 9 bzw. 6 Versuchspersonen wurden insgesamt 240 Versuche durchgeführt. Die Reizwirkung der jeweiligen Farbenerscheinung dauerte 15 Sekunden. Die Reihenfolge der Farben wurde bei jedem Versuch verändert.

Über die Gefühlswirkungen der Farben teilt Stefanescu-Goanga zusammenfassende Ergebnisse seiner Untersuchungen mit, die hier auszugsweise wiedergegeben sind:[16]

Rot: „Die Wirkung der roten Farbe wurde in den weitaus meisten Fällen als *stark erregend, erwärmend, belebend* angegeben. Nicht selten lauteten die Aussagen auch: ‚Diese Farbe ruft eine leidenschaftliche Erregung hervor'; ‚Man fühlt sich unter ihrer Einwirkung willenlos, als stünde man unter einem Zwang, widerstandsunfähig'; ‚Ich fühle mich nach vorwärts gedrängt'; diese Farbe hat eine anspornende, angreifende Wirkung. Fast immer war die erregende Gefühlsbetonung mit Lust, in einem einzigen Falle ausgesprochen mit Unlust verbunden. ... Die assoziativen Einflüsse traten ziemlich selten auf. Etwas häufiger am Anfang, nahmen sie mit der Zeit und der Gewöhnung der Versuchsperson allmählich ab. Die meisten Assoziationen betrafen Glut und Feuer, selten Blut ..."

Orange: „Seine Wirkung wurde im allgemeinen als *anregend, lebhaft, heiter, erregend, warm freudig* angegeben. Das reine erregende Gefühl kam hier weniger als bei Rot vor. Gewöhnlich war es mit einem *heiteren Lustgefühl* verbunden ... Die Assoziationen traten etwas häufiger auf, aber unregelmäßig ... gewöhnlich betrafen sie Apfelsinen, südländische Landschaften, Sonnenuntergang ..."

Gelb: „Die Wirkung des Gelb wurde übereinstimmend als *erregend, warm, heiter* bezeichnet. Einige Versuchspersonen ... behaupteten, daß die Erregung ... stärker als diejenige sei, welche unter der Einwirkung des Rot entsteht. Sie fügten aber hinzu, daß

---

[15] A.a.O. S. 286.

[16] Ebenda, S. 303–313.

sie von ganz anderer Natur sei ... Aus den Augen der Beobachter ergab sich, daß dieses spezifische Erregungsgefühl des Gelb nicht immer rein zum Ausdruck kam. Gewöhnlich gab man als seine begleitenden subjektiven Erlebnisse Lust, seltener Unlust, und nur einige Male Spannung an ... Assoziaten traten nur selten auf; einige Male wurde uns von solchen mit Sonnenstrahlen, Gold, Gestirnen, Kleidern berichtet ..."

Grün: „Die Gefühlswirkung dieser Farbe wurde in der Mehrzahl der Fälle als *beruhigend, sanft, freundlich, ruhig, heiter* bezeichnet. Aus den Aussagen ... ging aber hervor, daß die Gefühlswirkung des Grün *nicht so einheitlich* wie bei den anderen Farben ist. Obwohl seine Wirkung fast immer von einem beruhigenden Gefühlszustand begleitet wird, tritt doch dieser Zustand nur selten rein auf ... Einen großen Raum nahmen bei dieser Farbe auch die Assoziationen ein ... Die gewöhnlicheren betrafen Vegetation, Landschaften, Wiesen, blühende Natur, Meer; ..."

Blau: „Die Gefühlsbetonung des Blau wurde einstimmig als *beruhigend, etwas deprimierend, friedlich, ruhig-ernsthaft* charakterisiert. Bezeichnungen wie: sehnsüchtig, melancholisch, ruhig-kalt, träumerisch kamen auch öfter vor ... ‚Man fühlt sich unter der Einwirkung dieser Farbe sozusagen verlockt, ihr nachzugehen', das Blau bringt mit sich etwas Geheimnisvolles, man fühlt sich leicht und träumerisch gestimmt' ... Die assoziativen Vorgänge ... tauchten ... nicht so häufig auf. Das Blau erinnert am meisten an Himmel und See. Aus den Aussagen ergibt sich, daß die spezifische Beruhigung ... gewöhnlich mit einem schwachen Lustgefühl, zuweilen mit einer inneren Beunruhigung verbunden ist ... Die Fälle, in denen das Lust- und Unlustgefühl als herrschender Zustand sich einstellte, waren selten. Einige Male wurde die innere Beunruhigung in einen erregenden Zustand umgewandelt ..."

Indigoblau: „Aus den Aussagen ... war zu schließen, daß die Einwirkung dieser Farbe der des Blau ziemlich ähnlich ist ... In der Mehrzahl der Fälle aber wurde die Einwirkung mehr als *deprimierend, ruhig, ernst, traurig* charakterisiert ... Während der Beruhigungszustand, den das Blau hervorruft, gewöhnlich mit einem schwachen Lustgefühl bei allen Beobachtern verknüpft war, mischte sich die stark deprimierend gefärbte Beruhigung des Indigoblau am meisten mit einem schwachen Unlustgefühl. Niemals erzeugte diese Farbe ein Lustgefühl. Von assoziativen Einflüssen war nur selten die Rede. Einige Male wurde uns von solchen mit Meer und Abenddämmerung berichtet ..."

Violett: „Seine Wirkung wurde meistens als *deprimierend, niederdrückend, sehnsüchtig, traurig, sehr melancholisch* bezeichnet. Häufig wurde uns auch von einer inneren Beunruhigung, manchmal sogar von einer ganz spezifischen Erregung berichtet. Manche Aussagen lauteten: ‚Diese Farbe versetzte mich in einen düsteren melancholischen Zustand, ich fühlte mich unruhig und im ganzen stark deprimiert', ‚... Gedanken an Tod und Weltvernichtung kamen mir unwiderstehlich'. Übereinstimmend fanden alle Beobachter, daß die Wirkung des Violett ganz eigentümlich aber sehr schwer näher zu bestimmen ist. Es ist eine *Mischung* von Depression und Beunruhigung ... Gewöhnlich schließen sich Unlust- und nur sehr selten Lustkomponenten als Nebenwirkungen an ..."

Purpur: „Der Gefühlszustand, den das Purpur erweckt, nähert sich dem der *positiven Farben*; er wurde als *aufregend, warm, würdig, stolz-erregend* bezeichnet. Die Beobachter berichteten ... daß diese Farbe die Aufmerksamkeit sehr stark in Anspruch nimmt, daß ihre Wirkung immer kräftig, energisch ist und gewöhnlich mit einem Gefühl von Ernst und Würde verbunden zu sein pflegt. Nicht minder bemerkten sie, daß neben dieser spezifischen Erregung, die öfter auch als Lust als Nebeneinfluß vorkommt, die in manchen Fällen so stark war, daß die Erregung allmählich zurücktrat, und nur sie als hauptsächlicher Gefühlszustand blieb ..."

Alle Versuche, auch die paarweisen Vergleichungen (sukzessiv und simultan), führten zu dem Ergebnis, daß als eigentlicher Maßstab der Beurteilung der Gefühlswirkungen nur der Gegensatz *Erregung-Beruhigung* wirklich angewendet werden könne. Die Resultate der Ausdrucksmessungen — Atmung und Pulsschläge — stimmten damit überein und sind ergänzend von sehr aufschlußreicher Bedeutung, vor allem weil sie ganz objektiven Anspruch haben. (Stefanescu-Goanga gibt die Resultate der Ausdrucksmessungen im einzelnen tabellarisch an.)

Zusammenfassend stellt Stefanescu-Goanga fest:

„Für Rot, Orange, Gelb und Purpur ist Erregung, für Grün, Blau, Indigo und Violett Beruhigung als konstanter und Hauptgefühlswert anzusehen, die Verbindungen mit Lust–Unlust sind variabel und für die einzelnen Beobachter gelegentlich verschieden. ... Die Assoziationen, sofern sie nur als wirkliche Erinnerungsbilder aufgefaßt sind, können in keinem Fall als die Ursache dieser Gefühle angesehen werden ... sie sind von dem durch die direkte Einwirkung der Farbempfindung schon entstandenen Gefühl wachgerufen ..."[17]

Für unsere Polaritätsordnung der Farben ist Stefanescu-Goangas Hinweis eine Bestätigung, daß „die Erregung am reinsten im *Rot* auftritt ... ebenso wird innerhalb der Beruhigungsgefühle die reinste Form in *Blau* zu suchen sein". Gelb steht seinen Untersuchungen nach dem Rot nahe, Grün nimmt eine mittlere Stellung ein. Bei Violett herrscht im ganzen eine negative und auch zwiespältige Wirkung vor. Diese Experimente bestätigen weitgehend unsere gewöhnliche Erfahrung. Die Gruppierung nach Erregung und Beruhigung entspricht der Goetheschen Gliederung in die positiven und negativen Farben.

2. G. J. v. Alleschs Untersuchungen über „Die ästhetische Erscheinungsweise der Farben"

Die sich über mehrere Jahre erstreckenden Untersuchungen Alleschs, die umfangreichsten, die wohl je in diesem Gebiet durchgeführt wurden, gelten als maßgebend für die Frage, ob eine objektive gefühlsmäßige Beurteilung der Farben möglich ist. Da Allesch mit einer Gruppe von Versuchspersonen in seinem Institut den ganzen Problemkreis systematisch durchforschte, haben die Ergebnisse der Experimente die Farbenpsychologie sehr beeinflußt. Auch in der kunstgeschichtlichen Forschung wurden

[17] Ebenda, S. 331 f.

sie – von H. Sedlmayr 1932 und W. Schöne 1954 – als gültige Grundlagen herausgestellt.[18]

Den Versuchspersonen wurden hauptsächlich „Freie Farben" vorgeführt. Sehr sorgfältig wurden deshalb bestimmte Beobachtungsbedingungen geschaffen, ein von allen gegenständlichen Einflüssen „gereinigtes" Klima.

Durch Rahmen und Schirme von verschiedener Abstufung und durch Beleuchtungsumstände, die zu beschreiben hier zu weit führen würde, wurde für einen möglichst neutralen Hintergrund gesorgt. Allesch benutzte sogenannte Musilsche Farbenkreisel, bei denen während der Rotation Verstellungen vorgenommen werden können. Die Farben erschienen dann in wechselnder Folge hinter einem Ausschnitt des Rahmens, vor dem neutralen Schirm, in einem Abstand von 1,5 m vom Beobachter, jeweils 7 sec lang. Nach jeder Exposition wurde durch das Vorziehen eines weißen Vorhangs für eine neutrale Stimmung des Auges gesorgt, bei entsprechender Pause.

Aus der von Stefanescu-Goanga (dessen Arbeit Allesch nicht erwähnt) bewußt als unfruchtbar ausgeklammerten „Frage nach der Schönheit" ergaben sich nur negative Ergebnisse: „Selbst bei größter Sorgfalt und großem technischen Aufwand ist keinerlei Übereinstimmung zu erreichen." (S. 9 f.) Eine Regel für angenehme oder unangenehme, schöne oder häßliche Farben besteht also nicht.

Die wichtigste Aufgabe für die Vp bestand in der genauen Bestimmung des Farbausdrucks, der Qualität und des Farbeindrucks, der gefühlsmäßigen Einwirkung. Nach den Ergebnissen besteht keine Übereinstimmung zwischen der „objektiv gegebenen" Farbe und ihrer Beurteilung, sondern eine weitgehende *„Inkonstanz"*. Allesch stellt u. a. fest:

> „Eine durch 957 Urteile behauptete Qualität wurde 661 mal, also in über 40% aller Beobachtungen bestritten, kann also unmöglich den Anspruch erheben, als eine Grundstimmung aufzutreten" (S. 16).

Allesch hat sich bei diesen Experimenten besonders auf das Verhältnis zwischen der „physikalischen und phänomenalen" Farbe konzentriert und weist „die Inkonstanz des Zusammenhangs" zwischen beiden nach. Es sei auffallend, „daß dieselbe objektive Reizkonstellation", auch beim farbigen Licht, durchaus nicht immer als derselbe Farbeindruck bezeichnet wurde" (S. 23). Ich erwähnte bereits, und Allesch hebt es im weiteren Verlauf seiner Untersuchungen auch hervor, daß eine bestimmte Variationsbreite bei der Farbenwahrnehmung hinsichtlich ihres ‚physikalischen Wertes' naturgemäß ist. Wenn der Experimentator ein bestimmtes Rot einstellt, das er für besonders ‚rein', für besonders typisch hält, dann muß das nicht auch bedeuten, daß die Vp das ebenso empfindet und auch als reines Rot anspricht.

---

[18] H. Sedlmayr, Referat über Alleschs Untersuchungen, in: „Kritische Berichte zur kunstgeschichtlichen Literatur", Jg. 1931/32, S. 214–224.
W. Schöne, a.a.O. § 6, „Die ästhetische Erscheinungsweise der Farben", S. 239 f.
Schöne gibt einen Überblick der Ergebnisse und bezieht sich dabei auf das Referat von Sedlmayr.

Da es keine exakten objektiven Wellenlängengrößen für die jeweilige Farbe gibt[19], fragt es sich, nach welchem Maßstab Allesch beispielsweise ein *,objektiv reines Rot'* bestimmt? Streng genommen kann sich der Experimentator doch auch nur auf sein Auge verlassen. Oder er müßte, sofern er sich nach Wellenlängenangaben anderer Beobachter richtet – und das hat Allesch auch getan – eine Farbe als objektiv rein vorstellen, die er evtl. bei eigener Beurteilung auch nicht als vollkommen rein auffassen würde. Das heißt aber doch, daß grundsätzlich zwischen der Möglichkeit, die die Vp hat und der des Experimentators prinzipiell kein Unterschied besteht! Die Sache ist auch keineswegs so einfach, wie sie Sedlmayr beschreibt, wenn er sagt: „Was ein reines Rot ist, läßt sich immerhin mit einiger Präzision festlegen – nämlich ein Rot, das nichts von fremdem Licht enthält."[20] Ein solches Rot muß erst einmal gefunden werden. Das kann nur durch genaue Vergleiche zwischen den verschiedenen Rot- und Purpurfarben geschehen. Der Farbton, der weder gelblich, noch bläulich ist, ‚Mittel-Rot' – (zwischen Karmin und Zinnober) ist eine spezifische Qualität. Allesch spricht aber stets nur vom *Rot;* von Purpur, Zinnober oder Rosa etc. ist nicht die Rede! Die Inkonstanz zwischen objektiver Farbe und Farbausdruck wird aber gerade vornehmlich am Rot nachgewiesen:

„Wenn man z. B. im einen Fall einen im Groben zweifellos rot erscheinenden Licht eine große Menge zweifellos blau erscheinenden Lichtes hinzumischen kann, und trotzdem bei mancher Betrachtung der Eindruck des reinen Rot entsteht", oder „daß im andern Fall demselben Rot nur ganz wenig vom selben Blau oder gar nichts oder sogar Gelb beigemischt wird und daß es trotzdem bläulich erscheint." (S. 27)

Prüft man dieses Beispiel genauer, so ergibt sich gerade wegen der verschiedenen Rottöne, daß es eine offene Frage bleibt, welches Rot ‚objektiv' als das reine gemeint ist! Jede Vp wird sich verschieden verhalten, je nachdem, welche Rotvorstellung die ausgeprägte ist, je nachdem, welches individuelle Erfahrungsverhältnis zur Farbe – welches Farbniveau – besteht. Andererseits aber führt ja die Mischung von Rot und Blau zu sehr verschiedenen Ergebnissen, je nachdem, um welches Rot es sich handelt. Für denjenigen, der sich das reinste Rot mehr in der Nähe des Zinnober- oder Kadmiumrot (Spektralrot) vorstellt, kann das Heringsche ‚Urrot' (das ich als Purpurrot ansprechen würde und mit dem Allesch vermutlich gearbeitet hat), dann durchaus als etwas bläulich erscheinen, umgekehrt als gelblich, wenn sich jemand am Purpurrot orientierte und das Spektralrot beurteilt.

Allesch erwähnt in einer Anmerkung, daß sich gar nicht feststellen lassen könne, wo der spezifische ‚Reinheitspunkt' liegt, weil wir ja das spezifische Licht gar nicht kennen! Wenn das und da das der Fall ist – ein ‚spezifisches' Licht einer Buntfarbe als

---

[19] D. h. geben kann. Man hat sich lange krampfhaft bemüht, sie genau zu ermitteln, z. B. 512 mμ für ‚Urgrün' oder ein Spektralrot von 642 mμ als ‚Urrot'! (s. bei Westphal, vgl. Anm. 56, II. Teil).

[20] A.a.O, S. 217. Wäre ein reines Rot also dann das spektrale, dem Zinnober verwandte Rot? Und was wären das für sehr viel ‚rötere' Rotfarben, die zwischen diesem Spektralrot und dem Purpur liegen?

punktuelle Messung gibt es eben gar nicht – kann man auch nicht erwarten, daß eine Vp in ihrem Urteil den ‚objektiven' spezifischen ‚Reinheitspunkt' einer Qualität trifft.

Diese Kritik betrifft direkt weniger Alleschs Auffassung, als vor allem die Ewald Herings, der annahm, man könne die Qualitäten, die ‚Urfarben' genau und eindeutig festlegen, nach „ausgezeichneten Punkten" im Farbenkreis. Allesch legt mit Recht besonderen Wert auf die Feststellung, daß das durchaus nicht wirklich möglich sei. Aber wenn es zweifellos Alleschs besonderes Verdienst ist, darauf hingewiesen zu haben, dann geht er viel zu weit, wenn er deshalb meint, es bestehe eine wirkliche Inkonstanz zwischen der gebotenen Farbqualität und dem Urteil der Vp. Nur an den Maßstäben der Heringschen Auffassung gemessen, würde das zutreffen. Ist aber dessen Ansicht bei der Festlegung der spezifischen Qualitäten zu eng und zu starr, dann heißt das doch, sie entspricht unserer Wahrnehmungsweise nicht. Eine allgemeine Inkonstanz aber würde weit mehr aussagen. Sie würde schließlich bedeuten, daß wir uns auf unser Auge – sofern es farbentüchtig ist – nicht wirklich verlassen könnten.

Die Farben des Farbenkreises werden wir ohne weiteres qualitativ richtig benennen. Das ist leicht innerhalb solcher Farbengemeinschaft. Bei der unbefangenen Beurteilung einer einzelnen Qualität dagegen muß man bei ungeschulten Beobachtern aber doch von einer Variationsbreite einer Farbqualität *ausgehen*. Benutzt man wie Allesch allerdings die „voraussetzungslose Methode" rein objektiver Fragestellungen, so werden diese notwendigen Bedingungen erst auf Grund der negativen Ergebnisse *entdeckt und gefordert*.

Ist es überhaupt berechtigt anzunehmen, daß jeder Mensch ‚von Natur aus' eine ausreichende oder gar gleiche Farbenkenntnis besitzt? Ist das nicht eine Frage der Erfahrung, also der *entwickelten* Farbenkenntnis? Wie wohl die Untersuchungen verlaufen wären, wenn vor den Experimenten allen Vp eine möglichst umfassende Farbenskala vorgelegt worden wäre? Hätte man zunächst versucht, das Farbniveau der Vp jeweils festzustellen und evtl. dadurch einander anzugleichen, daß man ihnen die Grundwerte der verschiedenen Buntheiten gezeigt hätte, als die aus Durchschnittswerten ermittelten objektiven Farbtöne, mit entsprechender Kennzeichnung durch Farbnamen, dann hätte sich m. E. doch gezeigt, daß Divergenzen bei der Beurteilung der Farbqualität nur gradueller Natur gewesen wären. Immerhin ist durch Alleschs Untersuchungen evident geworden, daß eine genaue Farbenkenntnis keinesfalls zur natürlichen Veranlagung gehört, sondern erst erworben werden muß.

Die Variationsbreite für den Grundton einer Farbe wird desto mehr verkleinert, je differenzierter die Farbenkenntnis des einzelnen ist, d. h. die Vielzahl erkannter und ins Bewußtsein übernommener Farbtöne. Innerhalb eines Personenkreises, der über einen annähernd gleichen ‚Farbvorrat' verfügt, ein gleiches allgemeines Farbniveau besitzt, müßte sich weitgehende Übereinstimmung bei der Farbenbeurteilung in der Konstanz zwischen der gebotenen und beurteilten Qualität zeigen.

Es ist also eine ungemäße Überforderung, wenn man davon ausgeht, daß ein beliebiger Kreis von Individuen von vornherein eine ausreichende Farbenkenntnis mitbringt. Die Ergebnisse, soweit sie die Inkonstanz betreffen, sind nur dann verwunderlich, wenn man es für ‚normal' hält, daß jeder Farbentüchtige über ein wirklich ausreichendes Farbniveau verfügt.

Es erwies sich denn auch bei den Untersuchungen, daß wenn das Niveau der Vp durch bestimmte, plötzlich auftretende Farben und ‚Sprünge' weiter ausgebaut wurde, die erwähnte Inkonstanz sehr viel geringer war, vor allem dann, wenn ein Farbton ‚eingeordnet' werden sollte. Der Ausdruck ‚objektive Farbe' ist, ohne genauere Interpretation und Beziehungsangabe, völlig unklar. Die Objektivität einer Farbqualität ist primär gar nicht *gegeben*, sondern resultiert erst aus dem übereinstimmenden Urteil von Beobachtungen, die dann einen objektiven Bestimmungsgrad festsetzen. Wenn, um ein abstraktes Beispiel zu nennen, die Spektrallinie des Natriumlichts als Gelb bezeichnet wird, dann heißt das: man hat Übereinstimmung erzielt, daß sie gelb aussieht. Ähnlich ist es bei allen normativen Festlegungen. Welche andere ‚Objektivität' sollte es denn auch geben?

Mit der qualitativen Bestimmung der Farben des Farbenkreises verhält es sich ähnlich. Auch er ist aus Kollektivurteilen hervorgegangen und gilt insofern für jedermann. Man bedenke fernerhin, daß bei Experimenten mit einzelnen oder paarweisen Farbvorführungen die durch Farbpapiere oder auch durch farbiges Licht vermittelten Farben an Intensität und ‚Reinheit' nicht unbedingt dem Vorstellungsvermögen oder der Erfahrung und dem Farbniveau einer Vp entsprechen müssen, weil sie evtl. ihrem Anspruch nicht genügen. Außerdem bleibt bei aufgehellten oder verdunkelten Farben der sich qualitativ bemerkbar machende Einfluß des Weiß oder Schwarz (hier besonders bei Rot!) zu berücksichtigen. Allesch erwähnt zwar die Farbtonveränderung des Gelb durch Verdunkelung, aber von anderen ähnlichen Farbtonveränderungen (wie zu Braun) ist nicht die Rede.

Auch bei der gefühlsmäßigen Bestimmung charakteristischer Grundstimmungen des Farbeindrucks hat sich bei den Reihenuntersuchungen keine verbindliche Übereinstimmung gezeigt. Die verschiedenen „Gefühlstöne" kämen für alle vorgestellten Farben (Rot, Orange, Gelb, Grün, Blau, Violett) in Frage. Daher könnten den einzelnen Buntheiten keine bestimmten Stimmungswerte zugeordnet werden! So weitreichend ist diese Konsequenz, daß selbst die allgemeinsten Gruppierungen in „kalte" und „warme" Farben in Zweifel gezogen wurden. Prüft man Alleschs Angaben genauer nach, dann zeigt sich, daß seine Annahme nur dann zutrifft, wenn man alle Stimmungsfaktoren, ohne jede Ranggliederung miteinander gleichsetzt, also Stimmungsmomente wie „eindringlich" mit Eigenschaften wie „aktiv" auf einer Ebene sieht.

Fast sämtliche Prädikate, wie ‚eindringlich, tief, milde, roh, feurig, voll' usw. wurden für alle Farben verwandt. „Starkes Rot" (welches?) „wird neben aggressiv, roh, voll ... ebenfalls als tief, dann als vollkommen, klar schwer, feierlich, strahlend, trocken, langweilig" angesprochen; „starkes Grün neben aktiv, roh usw. wiederum als milde, klar, unbeweglich, tief, feierlich und scharf. Gelb neben voll, groß, eindringlich, aktiv usw. als ruhig, festlich, beglückend, Orange neben wüst, feindlich, als voll leuchtend, unbeweglich, erdig; Gelbgrün als frisch, saftig. Violett als strahlend, ruhig, groß, freundlich." (S. 226)

Sondern wir einmal aus der Fülle der Prädikate die verschiedenen Klassen voneinander, dann erscheint die Variabilität der Urteile in einem ganz anderen Licht. Sicher kann jede Farbe – schon der gewöhnlichen Erfahrung nach – eindringlich, strahlend, tief, klar, roh, trocken, unbeweglich oder frisch erscheinen. Solche Gefühlstöne haben doch mit dem besonderen Charakter der einzelnen Farben gar nichts zu tun! Sie bedeuten nicht mehr als sekundäre Wirkungsmerkmale auf Grund momentaner Reaktionen, je nach der Situation des Beobachters und dem durch den jeweiligen Eindruck der Farbe – während einer Expositionszeit von nur 7 sec – vermittelten Kontakt. Etwas anderes bedeuten schon Bezeichnungen wie *aggressiv, ruhig, aktiv*, Prädikate, die neben den sekundären Faktoren auf gleicher Ebene genannt werden. Daß *Rot* als aggressiv aufgefaßt wird, wäre verständlich, daß es aber ‚langweilig' wirke, ist bestimmt nicht anzuerkennen (es sei denn, eine Vp hat zu Rot überhaupt kein Verhältnis). Denn Rot ist nun einmal die vitale Lebensfarbe schlechthin. Dasselbe gilt für *Gelb*, wenn es auch als *ruhig* bezeichnet wurde. Bei *Violett* vermißt man umgekehrt eher einige negative Prädikate. Denn daß es *ruhig* und *freundlich* wirke, ist doch sicherlich nicht Ausdruck seines Wesens, es sei denn, es handelt sich um ein Blauviolett (Veilchenblau).

Selbst die trivialsten Gewißheiten des Farbausdrucks wurden in Frage gestellt und dann bestätigt. So berichtet Allesch z. B., daß „am häufigsten ... allerdings das gesättigte Blau in einer dem Grell entgegengesetzten Weise erlebt" worden sei.

Immerhin hebt Allesch auch die Grenzen der divergierenden Urteile hervor, und darauf kommt es schließlich an:

„Bei *Warm und Kalt*" aber ist „doch eine Gliederung vorhanden, die für das erstere das Gelbrot, für das letztere das Blau gewissermaßen zum Zentralgebiet macht". „Freilich kommt es unzählige Male vor, daß dieselbe Farbe einmal als warm oder in verwandter Weise ein anderes Mal als kalt oder kühl beurteilt wird ... *Es zeigt sich, daß ein voll gesättigtes Rot, Orange und Gelb niemals als kalt bezeichnet wird* ... „Bei Wärme und Kälte liegt, dem Feurig verwandt, eine Gliederung der Farbtöne als solcher vor. *Das aufgehellte oder grauverhüllte Blau ist die ausschließliche Domäne des Kühlen, das starke Rotgelb die des Warmen. Die Zwischenstufen können in der einen oder der anderen Richtung erlebt werden.*" (S. 235)

3. Kritische Auswertung

Messen wir die Untersuchungsergebnisse von Allesch an der eingangs diskutierten Ausgangsposition für eine emotionale Farbenordnung, so wird es uns nicht verwundern, wenn sich kaum allgemeine objektive Übereinstimmungen bei der von Allesch verwandten Methode ergeben haben. Sehen wir davon ab, so konnten wir nachweisen, daß die Ergebnisse selbst höchst zweifelhaft sind. Dadurch verlieren auch die weitreichenden Folgerungen ihre Gültigkeit.

Allesch hat seinerseits ausführlich die offensichtliche Inkonstanz bei der ästhetischen Farbenbeurteilung erläutert. Die negativen Resultate beim Versuch, verbindliche Regeln nachzuweisen, werden positiv angesichts der bei den Versuchspersonen unmittelbar mitbestimmenden persönlichen psychischen Bedingungen. Denn nun siegt die Erkenntnis, daß „das Erfassen der Farbe jedenfalls etwas Dynamisches ist, ein Geschehen, an dem Beobachter und Farbe teilnehmen."

„... Die ästhetisch zu beurteilende Farbe hat etwas Dinghaftes, sie wird zu einem Wesen mit Ausdruck und Lebendigkeit, sie ist im eigentlichen Sinne des Wortes gestaltet. ... Es ist ein Ineinander und Durcheinandergegebensein des Farbigen und Ausdrucksmäßigen. ... Jeder Eindruck hat ein gewisses Maß an Ergiebigkeit, jeder Beobachter hat ein gewisses Maß an Reaktionsfülle, und jeder Versuch hat seine besonderen Umstände, die dem Eindruck ein Maß der Entwicklungsfähigkeit vorschreiben(!)" (S. 45 f.).

Damit hat Allesch erstmalig in der psychologischen Forschung auf das lebendige Miteinander, auf den sich wechselseitig beeinflussenden *Verkehr* zwischen Mensch und Farbe hingewiesen. Er räumte mit dem statischen Schematismus der älteren „physikalistischen" Forschung entschieden auf und stellt sich mit Recht gegen die Auffassung Herings über die objektive Beurteilung der „Urfarben".

Er hebt besonders die Intention und das aus dem Farbenerlebnis sich aufbauende spezielle Farbniveau hervor (zu unterscheiden vom allgemeinen Farbniveau als dem jeweils vorhandenen Farbenvorrat, der ‚Farbenbildung', die Allesch leider gar nicht berücksichtigt hat). Er erklärt,

„daß es einen Vorgang des willkürlichen und unwillkürlichen Heraussehens eines Farbentons, des aktiven oder passiven Tendierens des Farbeindrucks nach bestimmter Richtung gibt und daß Intentionen nicht nur bei gegenständlich gebundenen, sondern auch bei freien Farben vorhanden sind, ... daß die Intention der Farbe ... zugleich das Drängen des Eindrucks, sein Meinen, eine so bestimmte Farbigkeit und damit eine so bestimmte Bedeutung zu sein" umfaßt (S. 39 f).

Im Farbenerfassen, als einem Geschehen, werde „eine Richtung deutlich, ein Drängen, ein Wollen, ein Meinen, das zugleich das Meinen einer bestimmten Farbigkeit und in dieser Farbigkeit das Meinen eines bestimmten Ausdrucks ist ..." (S. 43).

Es hängt sehr viel davon ab, ob man diese Erklärungen, so weitgehend wie Allesch sie hier gibt, zu akzeptieren hat. Denn damit steht und fällt schließlich die Frage verbindlicher Urteile über Farben. Gewiß wird ein Drängen und Meinen mitwirken. Aber es liegt nahe, vom einen Extrem ins andere zu verfallen: an die Stelle fehlender Übereinkunft in allgemeinverbindlichen kollektiven Regeln nicht weiter normfähige individuelle Maßstäbe des einzelnen zu setzen, aus *pointierter objektiver Erwartung zu pointiert subjektiver*, unkontrollierbarer Deutung zu gelangen. Damit wäre die Aussicht auf verbindliche emotionale Urteile erst recht verdunkelt.

Allesch hat zwar der neueren Forschung den Weg gewiesen, nämlich die Farben im direkten Zusammenhang mit der Analyse der urteilenden Persönlichkeit zu erforschen. Der „Farbpyramiden-Test" ist ein hervorragendes Beispiel dafür. Aber damit hat auch zugleich eine Resignation vor der Möglichkeit stattgefunden, das Verhältnis von Farbe und Mensch über die personalen Bedürfnisse und deren unbewußte Motivierung hinaus zu klären.

Es ist mir daher wichtig festzustellen, daß die Erläuterungen, die Allesch über die Rolle der Intention und vor allem über das personale Farbniveau gibt, ebenso übertrieben und einseitig bewertet sind wie bei den experimentellen Untersuchungen die Inkonstanz. Nur weil Allesch sich nicht um das allgemeine Farbenniveau, und eine differenzierte Gliederung der Qualitäten (man denke nur an Rot) samt der Mischungsverhältnisse (z. B. Braun aus verdunkeltem Rot) gekümmert hat, Grün nur als Grün vorstellte usw. *scheint* es so zu sein, als wenn eine Farbenbeurteilung stets von der Intention und psychischen Situationsbedingungen abhängig ist. Das wird bei Alleschs Deutung, daß sich „bei der ästhetischen Betrachtung der Farbigkeitsausdruck immer von einer bestimmten Seite her aufbaut", sehr deutlich. Er sagt:

„Wir sehen entweder ein dunkles Violett, oder wir sehen vor allem eine Dunkelheit, die Violett getönt oder durchleuchtet ist. Wir sehen ein Blau, das einen grünlichen Schimmer hat, oder wir sehen ein Grün, das einen bläulichen Schimmer hat. Eine Komponente steht im Vordergund des Erlebnisses, die andere im Hintergrund. ... Ein Violett kann als ein Blau gesehen werden, in dem es rot aufleuchtet. Das Blau ist (dann) der Hintergrund, sozusagen die Sphäre, in der das weitere stattfindet. Das Rot ist das Aktive, das Richtunggebende." Ähnlich sei es bei allen Farben, z. B. Grün, wenn beim grünlichen Gelb der Akzent auf dem Gelb liegt oder beim gelblichen Grün auf dem Grün. Gelb bildete dann im letzten Fall den ‚Hintergrund', der, so betont Allesch, „in der Beschreibung als das Wesentliche hervortreten kann", je nachdem von welchem speziellen Niveau aus Grün beurteilt wird.

Das *kann* zwar alles so sein, aber ist doch unserer Erfahrung nach keinesfalls die übliche oder gar vorherrschende Weise der Farbenansprache, jedenfalls sicher nicht, wenn man über die Differenzen zwischen Blauviolett, Violett, Rotviolett – Gelbgrün, Grün, Blaugrün usw. orientiert ist. Mag es bei Grün gewiß besonders schwierig sein, Blau als Blau zu erkennen, sollte immer gelingen, und bei Rot kommt es ebenso darauf an, die Stufen zwischen Zinnober und Karmin zu unterscheiden. Wenn natürlich jemandem ohne ausreichende Farbenkenntnis Orangerot etwa als reines Rot erscheint, versteht er Orange als Orangegelb und Rot vom Niveau des Blauroten aus, Purpur wird ihm dann vielleicht als Rotviolett gelten, oder wenn jemandem ein Violett als besonders rot, also als Rotviolett erscheint, dann betrachtet er Violett vom Niveau des Blauvioletts her. Manche Menschen wiederum haben für Violett überhaupt keine eigene Farbkategorie. Sie werden jeweils von Blaurot oder Rotblau sprechen, anderen ist es eine sehr spezifische Kategorie, und ich bin überzeugt, daß jeder Farbentüchtige nach geeigneter Farbenausbildung die ihm bis dahin noch nicht bewußten Qualitäten so registrieren wird, daß er sie dann stets spezifisch genug unterscheiden kann! Das ist ausschließlich eine Frage der Erfahrung und Sensibilität. Blau und Grün z. B. werden von vielen Primitiven, wie Magnus nachgewiesen hat,[21] qualitativ nicht durch verschiedene Farbnamen ausgedrückt, obwohl sie durchaus beide Farben unterscheiden

---

[21] l. bei Hugo Magnus, „Über ethnolog. Untersuchungen des Farbensinns", 1883, in „Slg. gemeinverständl. wiss. Vortr. Serie 18, H. 420. Er weist u. a. auf eine fast „gesetzmäßig" scheinende Verwechslung zwischen Blau und Grün bei Naturvölkern hin und gibt überdies über alle Farben die Ergebnisse eingehender Forschungen bekannt.

können, d. h. beide ja sehr verwandte Farben bilden einen noch nicht differenzierten Komplex. Die Ausbildung und Veränderung des Farbniveaus ist also primär ein bewußtseinsgeschichtliches Phänomen. Es genügt an die – seit der modernen, mit sehr gesättigten Farben arbeitende Malerei geschaffene – Veränderung und Kultivierung unseres Farbenbewußtseins zu denken. Tag für Tag wird die Alltagswelt buchstäblich bunter, und in den zurückliegenden Epochen war es ebenso verschieden (denken wir nur an Volkstrachten, Ständefarben und Uniformen). Allesch betont diesen „öffentlichen Wandel der Farbe", dem sich niemand entziehen könne, die „auch den gänzlich Unbeteiligten ... langsam auf ein anderes Niveau schiebt".[22] Gerade deshalb wäre es notwendig gewesen, das allgemeine Modeniveau und das bei jeder Vp vorhandene spezielle Farbniveau *vor* den Untersuchungen gründlich zu prüfen. Geschieht das nicht, und weiß man nicht, welche Farben wem *fremd* sind, so ist klar, daß „Inkonstanzen" unter einer beliebigen Gruppe von Individuen ganz naturgemäß sind, und nichts weiter als das!

Beim gefühlsmäßigen Urteilen über Farben dürfte man grundsätzlich nicht anders vorgehen wie bei der Begutachtung anderer sinnlicher Wahrnehmungen und Kenntnisse. Man wird beispielsweise das Urteil eines Laien, der ab und zu Musik hört, oder ab und zu Wein trinkt, oder ab und zu mit verschiedenen Papiersorten zu tun hat, nicht für maßgebend halten, gemessen am Urteil eines ausgezeichneten Musikkenners, Weinkenners oder Papierfachmanns. Statt beliebiger Versuchspersonen sollte man also Fachleute auf diesem Gebiet, wie Kunsthistoriker, Farbenhändler und Färber zu den Experimenten heranziehen. Dann ist erst die Gewähr dafür vorhanden, daß ein ausreichendes allgemeines Farbniveau von vornherein gegeben ist.

Soweit Allesch auf seine Untersuchungsmethoden angewiesen war, um nachzuweisen, daß sich die ältere Forschung geirrt hat, sind sie nötig und wesentlich. Die darüber hinausgehenden Folgerungen, die bisher die allgemeine Auffassung in der Wissenschaft anscheinend bestimmen, scheinen mir dagegen nicht berechtigt zu sein.

Mögen auch die experimentellen Ergebnisse als Material für die psychologische Beschreibung des Wahrnehmungsvorgangs in Frage kommen, im Grunde bilden sie keinesfalls dazu die notwendige Voraussetzung. Die gewöhnlichen Lebenserfahrungen beim Umgehen mit den Farben in der Natur, im Alltag und in der Malerei, zusammen mit dem bereits genannten allgemeinen Wissen über das persönlich und zeitlich bedingte verschiedene Farbenerleben stellen bereits sehr reichhaltiges Material zur Auswertung zur Verfügung.

Darin sehe ich geradezu einen circulus vitiosus des ganzen Problems, daß es zum großen Teil eigentlich erst durch die psychologische Forschung und die Methodik experimenteller Sachlichkeit unter dem Vorzeichen exakt verstandener Objektivität zum Problem *gemacht* worden ist. Denn in dem krampfhaften Bemühen um objektive Sachlichkeit hat man gerade elementar organische, wesenhafte psychische Fak-

[22] A.a.O. S. 268.

toren ausgeklammert, vom Menschen abstrahiert, auf daß er sich vergleichsweise wie ein ‚objektives Instrument' verhalten soll.

Hier zeigt sich die ganze Tragweite der klassischen Physik, indem man den physikalischen Begriff der Exaktheit direkt übernahm, und damit auch experimentelle Methoden, die – für die geisteswissenschaftliche Forschung – nicht übertragbar sind.

C. FARBEN – TESTVERFAHREN ZUR ANALYSE DER PERSÖNLICHKEITSSTRUKTUR

1. Das Farbenwahl-Testverfahren nach Max Lüscher

Max Lüscher hat 1949 mit seiner Dissertation „Die Farbe als psychologisches Untersuchungsmittel" den Versuch unternommen, „die objektive, psychologische Bedeutung der Farben zu erkennen, um mit Hilfe eines auf Grund entwickelter psychologischer Kategorien aufgebauten Farbentestes" – die Farbenwahl als Testmethode – „die Erforschung der Persönlichkeit zu unterstützen" (S. 9).

Lüscher operiert vor allem mit vier Begriffen (S. 57 f.):
Autonomie, Heteronomie, Aktivität, Passivität.

„Die beiden autonomen Verhaltensweisen sind", so führt er aus
aktiv: Beherrschungsstreben
passiv: Beharrungsstreben oder Selbstbehauptung.

Die „beiden heteronomen Verhaltensweisen" sind dann
aktiv: Erlebnisstreben oder Neugier, Ausgelassenheit
passiv: gemütsmäßige Selbsthingabe.

Er wechselt dann das Verhältnis und sagt: „Die beiden aktiven Verhaltensweisen sind:
autonom: Beherrschungsstreben
heteronom: Erlebnisstreben.

Die passiven sind dann:
autonom: Beharrungsstreben
heteronom: Selbsthingabe.

Nachdem er die gegenseitigen Beziehungen und Verhältnisse gesondert betrachtet, nennt er die doppelte Funktion der Ordnungsbegriffe „Beziehungsverhältnisse". Es ergibt sich aus ihnen das folgende Schema:

	aktiv	passiv
autonom:	Beherrschungsstreben	Beharrungsstreben
heteronom:	Erlebnisstreben	Selbsthingabe

Die Begriffe aktiv, passiv, autonom und heteronom werden näher definiert, z. B. autonom als gespannt, fest, intensiv, bestimmt, endlich usw. oder heteronom als gelöst, fließend, extensiv, unbestimmt, unendlich usw.

Die Farben werden nun den Begriffen zugeordnet:

Gelb – heteronom aktiv – Erlebnisstreben, Ausgelassenheit
Rot – autonom aktiv – Beherrschungsstreben
Grün – autonom passiv – Selbstbewahrung, Beharrungsstreben
Blau – heteronom passiv – Gemütsmäßige Selbsthingabe.

Lüscher bezieht sich bei dieser Zuordnung auch auf Beurteilungen von Kandinsky und Koch.[23] Sein Ordnungssystem hat trotz der deduktiven Konstruktion viel für sich. Es ist ihm zum Teil gewiß gelungen, die psychischen Funktionen der Farben Gelb, Rot, Grün und Blau mit den Begriffen zu erfassen. Doch bleibt diese schematische Ordnung gezwungen und viel zu eng. Ist es z. B. etwa richtig, *Grün* als „autonom passiv" einzustufen?[24] Es ist kein Zufall, daß sich Lüscher dabei nur auf Kandinsky bezieht, dessen einseitige Bestimmung des Grün keineswegs als typisch gelten kann (vgl. S. 203). Und gilt nicht etwa für *Rot* auch das Erlebnisstreben, wenn es gar nicht weiter differenziert wird? Wie soll in diesem engen Schema der so wichtige Unterschied zwischen Zinnober und Karmin, oder der zwischen dem vollen Mittelrot und *Purpur* gefaßt werden? Und wie ist es mit *Violett?* Der Ausdruck „gemütsmäßige Selbsthingabe" für *Blau* ist viel zu einseitig.

Viel scheint deshalb mit diesem System nicht gewonnen.

Nun bleibt aber die gesamte Farbenordnung Lüschers an die vier Begriffspaare gebunden, so daß er bei den ‚Zuordnungen' von Orange, Violett und weiteren Farben nicht ohne vergewaltigende Konstruktionen auskommen kann. Er geht überhaupt nicht eigentlich von den Farben selbst aus, sondern von Kategoriebegriffen und allgemeinen optischen Faktoren wie Helligkeit und Dunkelheit, auf die er dann die Buntheiten bezieht, und zwar in folgender Weise:

„Im Dunkeln bestehen die endlichen Grenzen und damit der Widerstand und Gegenstand (Objekt) nicht mehr. ... Im Dunkeln herrscht unendliche, grenzenlose Einheit. ... Wenn (der Mensch) das Dunkle wählt, so strebt er nach dieser objekt- und widerstandslosen Einheit. Das Dunkle bedeutet folglich für das Subjekt Passivität."

Es ist bezeichnend für Lüschers Vorgehen, daß er nicht etwa auf den qualitativen Unterschied zwischen einer bunten Farbqualität und ihrem Helligkeitsgrad aufmerk-

---

[23] W. Kandinsky, „Über das Geistige in der Kunst, besonders in der Malerei" (Übersetzung), 1913, 4. Aufl. 1952.

Walter Koch: „Psychologische Farbenlehre, – die sittlich-sinnliche Wirkung der Farben", Halle 1931 (Koch bringt vorwiegend eine Zusammenfassung der Ansichten anderer Autoren seit Goethe und zeigt einen interessanten Überblick über die Bedeutung der Farbe in den verschiedenen Kultur- und Lebensbereichen).

[24] Man überlege, welchen Wert die folgende Auslegung des Grün hat: „Wer nach Grün strebt, versucht in eine Festung zu gelangen; wer von der Stimmung des Grün erfüllt ist, fühlt sich hinter der Mauer und dem verschlossenen Tore sicher" (S. 108). Nur für Dunkelgrün könnte das zutreffen! Das reine, mittlere Grün aber ist eine sehr viel differenziertere und reichhaltigere Farbe, die – man denke an die grünende Natur – ebenso anregend wie beruhigend, niemals aber eine abschließende, sondern offene, wenn auch bergende Farbe ist.

sam macht, sondern er setzt Blau dem Dunklen einfach gleich, indem er unmittelbar fortfährt:

„Blau wählen bedeutet, nach Passivität, nach ‚innen', in die ‚Tiefe' (Depression) streben." Blau „bedeute für das Subjekt deshalb passiv, weil im Dunklen widerstands- und grenzenlose Einheit herrscht" (S. 6).

Blau ist demnach für Lüscher nichts anderes als eine Symptomfarbe des Dunklen, und Schwarz wäre dann also nur eine Steigerung des Blau oder Blau nur ein geringerer Grad der intensiven Dunkelheit von Schwarz.

So wie er (nach Goethe) Blau vom Dunklen aus versteht, so Gelb von der Helle: „Weil durch die Helligkeit die Gegen-stände ent-stehen, nach Gegenständlichkeit strebt, wer helle Farben wählt." Man beachte, wie unzulässig vereinfachend Lüscher vorgeht.

„Wer also Blau wählt, zieht die Passivität, und wer Gelb nimmt, zieht die Aktivität vor. ... Rot erscheint als ‚verdichtetes' Gelb und ist durch diese Verwandtschaft zu Gelb ebenfalls aktiv." (S. 61)

Das autonom aktive Rot soll also durch seine Verwandtschaft mit dem heteronomen Gelb aktiv sein, und das nur, weil Gelb so hell ist und Helligkeit von Lüscher einfach der Aktivität gleichgesetzt wird. Die Röte, das Gelbe sind also nur sekundäre Merkmale!

Seine Argumentation ist eine reine Gedankenkonstruktion, die je nachdem, auf welche Kategorien es Lüscher ankommt, auf der Zusammensetzung einzelner Merkmale und Komponenten einer Farbqualität beruht. Er teilt auf, um dann neue Summen herzustellen.

Da er bestrebt ist, die Ordnung seines engen Systems zu erhalten, werden seine weiteren Folgerungen immer unhaltbarer:

„Blau ist die dunkelste bunte Farbe" (Violett ist zumindest ebenso dunkel, in gleicher Intensität mit Blau aber noch dunkler) „und Gelb die hellste; diese Beziehung, das Dunkelste und das Hellste zu sein und durch keine noch dunklere Farbe bzw. noch hellere begrenzt zu werden, ist eine Eigenart, die einer Beziehung von psychischen Verhaltensweisen zugeordnet werden kann. ... Bildlich gesprochen wählt derjenige Blau, der sich im Dunklen (passiv) immer tiefer versinken ... läßt (heteronom), und derjenige Gelb, der im Hellen (aktiv) immer weitere neue (heteronom) Objekte sucht." (S. 62) Später führt er aus: „Die beiden Kategorien Gelb und Blau sind wohl deshalb heteronom, weil sie als äußerste farbige Gegensätze durch keine hellere bzw. dunklere Farbe begrenzt werden und daher in dieser Beziehung unbestimmt bleiben" (S. 68).

Weiß und Schwarz, die Grenzfarben von Gelb und Blau, werden als Farben negiert: „Schwarz, Weiß und Grau werden als ‚unbunte Farben' bezeichnet, was etwa soviel wie farblose Farben heißt" (S. 75). An anderer Stelle aber, etliche Seiten vorher, hieß es: „Weiß und Schwarz besitzen psychologisch eine selbständige Eigenart wie die Urfarben!" (S. 22).

Was Lüscher im Grunde macht, ist eine *Reduktion der Buntfarben auf farbtonfreie Hell-Dunkel-Qualitäten*, d. h. er definiert sie so, als seien es Stufen des Hell-Dunkel, der *Grau-Skala*. Umgekehrt kann er dann natürlich die unbunten Farben nicht verwenden.

Auch das gefühlsmäßige Verhalten zu Grün und Rot beurteilt Lüscher von der Helligkeit her.

Rot und Grün werden von Gelb und Blau dadurch unterschieden, daß sie eine „mittlere Helligkeit" haben, „weil sie von Gelb und Blau begrenzt werden. In der Wahl dieser Farben äußert sich daher kein grenzenloses, unendliches, unbestimmtes Streben, sondern ein bestimmtes, autonomes. In der Wahl von Rot und Grün erkennen wir deshalb die Autonomie des Strebens; sei es ein Streben zum Objekt (aktiv) oder zu sich selbst (passiv)" (S. 75).

Diese Beurteilung ist gar nicht so unrichtig, aber was hat diese ganze Analyse mit dem Helligkeitswert zu tun? Was von der Buntheit herkommt, das definiert Lüscher hier so, als käme es von dem Helligkeitsgrad her, und das ist völlig falsch.

Seine Ordnungsmethode — die ich nicht gerade als eine ordentliche Methode anerkennen kann — vergewaltigt die qualitative Erscheinungsweise der Farben, indem er versucht, nun auch den anderen Buntheiten „gerecht" zu werden, die er einfach als „Variationen" von Gelb, Rot, Grün und Blau begreift, den als Kategorien verstandenen Hauptfarben. Solche Variationsfarben sind Gelbrot, Braunrot, Blaurot, Rotblau, Grüngelb, Braungelb, Braungrün, Blaugrün, um einige zu erwähnen. Er will sie „derjenigen Kategorie, ... der sie bedeutungsmäßig entsprechen", zuordnen. Um zu geeigneten Resultaten zu kommen, stellt Lüscher folgende Logik auf: „Die Eigenart und die Bedeutung der Variationen ist für die Vp unbemerkter als die der Kategorien." Das ist eine geradezu unwahrscheinliche Behauptung. Denn sie heißt nicht weniger, als daß eine Versuchsperson Gelbrot, also Orange oder Blaurot, also Violett usw. weniger bemerkt, also erkennt, als die von Lüscher als Kategorien begriffenen Farben Gelb, Rot, Blau und Grün. Aus der rein theoretischen „Feststellung", daß es sich bei den anderen Farben nur um Variationen dieser vier Farben handele, folgert er, daß sie deshalb auch weniger bemerkt werden! Diese Folgerung hat eine gar nicht abzuschätzende Tragweite, wenn man bedenkt, daß es sich um einen Test zur Beurteilung der *Persönlichkeitsstruktur* handeln soll. Er sagt z. B. „In der Annahme, daß die Bedeutungen der Variationen unbemerkter bleiben als die der Kategorien, bezeichnen wir die *Wahläußerungen bei den Variationen als unbemerktes Verhalten*" (S. 68, 108).

Ohne Rücksicht auf die ganz verschiedenen Ränge der ‚Variationsfarben' (etwa Blaurot und Braunrot, Blaugrün und Braungrün usw.) werden sie alle als eigenartige Qualitäten aufgelöst:

„Gelbrot wirkt gegenüber dem reinen Rot als ungebunden, es verliert seine ‚Dichte', es beginnt auszuströmen und sich aufzulösen, es wird also wie das Gelb heteronom ... es entspricht also verhältnismäßig der Kategorie Gelb. ... Das orange Gelb entspricht dem autonom aktiven Rot, denn es zeigt dieselbe innerlich glühende Dichte wie Rot." (S. 69)

Es ist schon erstaunlich, wie sich Lüscher über die verschiedenen Farbgrenzen einfach hinwegsetzt und sie aufspaltet. Wie kann man z. B. ein oranges Gelb der glühenden Dichte des Rot einfach gleichsetzen? Andere Farben werden ähnlich behandelt:

„Das dunkle Blaurot wirkt gegenüber dem reinen Rot zurückhaltender, kühler und hat deshalb wie Grün die verhältnismäßige Bedeutung des autonomen passiven Beharrens. ...

Braungelb entspricht durch seine dunkle weiche Tiefe dem heteronom passiven Blau. ... Das weiche, dunkle Braungrün entspricht aus denselben Gründen wie Braunrot und Braungelb dem heteronom passiven Blau. ... Das dunkle Blaugrün als die kühlste und festeste Farbe entspricht dem autonom passiven Grün. ... Rotblau entspricht in seiner drängenden ‚Unruhe' dem ‚innerlich glühenden' autonom aktiven Rot. ..." (S. 69).

Es fällt schwer, soviel Unsachlichkeit, soviel willkürliche Vergewaltigung sachlich zu diskutieren. Daß Lüscher keine Grenze für diese Atomisierung der qualitativen Farbeinheiten kennt, zeigt sich schließlich in einer Behauptung wie dieser: „Den Gegensatz zum dunklen heteronom passiven Blau bildet das durch seine Helligkeit aktiv gewordene *Hellblau*, das dem *Gelb* entspricht" (S. 70).

Ebenso fragwürdig bleibt seine kategoriale Systematisierung, wenn er später auch acht Kategorien aufstellt. Es treten dann Violett (vorher nur als Blaurot und Rotblau bezeichnet), Grau, Braun und Schwarz – das ihm zuvor als farblos galt – als Kategorien hinzu.

Er fragt nach der „Eigenart, also dem Beziehungsverhältnis von Weiß und Schwarz und von beiden zu Grau, sowie von allen drei zu den anderen Farben" und behauptet mit einer seine fehlende Farbenkenntnis wieder bestätigenden Selbstverständlichkeit:

„Nun besteht ihre Eigenart darin, daß sie zu keiner der anderen Farben in einer besonderen Beziehung stehen. (S. 75) Es sei ganz gleich: „Weiß und Schwarz können ihnen allen in gleicher Weise fehlen oder beigemischt sein und haben insofern, als sie kein besonderes Beziehungsverhältnis besitzen, auch keine besondere Gestalt oder Eigenart." Ich kann mir ersparen, darauf einzugehen.

„*Schwarz* soll als das ‚Nein' und der ‚Tod' verhältnismäßig dem Beharrungsstreben des *Grün*" entsprechen.

„Grün ist das ... Beharen innerhalb der Farbengemeinschaft, Schwarz hingegen steht ... für sich beharrend außerhalb von ihr." (S. 100) „Wer Schwarz wählt", so folgert Lüscher konsequent, „lehnt daher den Kontakt überhaupt ab".

Ich bin auf Lüschers Arbeit deshalb so ausführlich eingegangen, weil sie in der experimentellen Psychologie, als häufig verwendetes Testverfahren, eine ziemlich bedeutende Stellung einnimmt (und auch in der Öffentlichkeit durch die Presse bereits ausgewertet wurde).

Die vorliegende Kritik wird sicher nicht dem ganzen Stoff gerecht. Manche Vorbehalte Lüschers blieben unberücksichtigt, doch erwähne ich weiter unten die wesentlichsten. Ich glaube aber nachgewiesen zu haben, daß die besprochenen Komplexe deutlich machen, daß seine Theorie, abgesehen von vielen Widersprüchen, ein rein rational gefaßtes System ist, das den Phänomenen nicht gerecht werden kann und daß seine Farbanalysen und Zuordnungen zum großen Teil unserer Farbenerfahrung zuwiderlaufen. So kann das Ergebnis seiner Arbeit, die mit dem Anspruch auftritt, auf einer objektiven psychologischen Farbenordnung aufzubauen, unseren Ansprüchen nicht genügen. Auch muß ich ein erhebliches Mißtrauen gegen seine Verfahrensweise anmelden, die an vielen Stellen zur suggerierenden psychologischen Taktik wird.

Es wäre ungerecht zu übersehen, daß Lüscher sich der Diskrepanz zwischen seinen Definitionen und der praktischen Verwendung seiner Begriffe doch bewußt gewesen ist. Nur scheint mir, eine Begriffsordnung, die nur in ihrer ‚logischen' Richtigkeit verwendet werden darf, nicht geeignet zu sein als Begriffsordnung für die psychologische Farbenbeurteilung, schon prinzipiell nicht, weil logische Maßstäbe im Sinne rationaler Schlüssigkeit gerade dem irrationalen Charakter der Farben nicht entsprechen können. Aber hören wir Lüschers Ansicht darüber selbst:

„Wir werden eine Sprache schaffen, deren definierte Begriffe die logischen Beziehungen anzeigen sollen. Diese Beziehungsbegriffe ordnen wir dann sowohl Farbbeziehungen und Umweltbeziehungen, als auch den Beziehungen psychischer Verhältnisse zu. Die Begriffe sollen die logischen Beziehungen ‚begreifen'. Sobald wir sie aber realen Beziehungen, Verhältnissen zuordnen, darf ihnen nur noch eine ‚hinweisende' Bedeutung zugemessen werden. Um Mißverständnisse zu vermeiden, sei deshalb ausdrücklich gesagt, daß nur die Begriffe, nicht aber reale, psychische Erlebnisse definiert werden können. ... Reale, psychische Verhältnisse sind ... Verhältnisse, die sich in zeitlicher Dauer ständig vollziehen und daher nur qualitativ, aber nicht punktuell bestimmt werden können. Deshalb gründet jeder Versuch, reale, psychische Vollzüge durch quantitativ begrenzte Typologien fassen zu wollen, auf einem grundsätzlichen Irrtum." (S. 49)

Das Farben-Wahrnehmen ist ein durchaus realer psychischer Vollzug und Voraussetzung für die Analyse und das ‚Begreifen'. Eine nur im Rahmen begrifflich gefaßter Operationen gemeinte Farbenordnung kann dann auch nicht verbindlich für das Erleben sein. Sofern Lüscher auf diese Verwendung seines Systems – Gültigkeit für psychologische Wahrnehmungskategorien – verzichtet, bleibt seine Ordnung eine reine Begriffstheorie, nicht mehr. Man muß dann fragen, wozu der große Aufwand? Er selbst ist ja durchaus n i c h t bei einer hinweisenden Funktion seiner ‚Sprache' geblieben. Oft genug war in den Analysen zu lesen: „Wer diese Farbe *wählt*, wählt damit" eine ganz bestimmte Haltung und offenbart damit auch ganz bestimmte *Charakterzüge*.

Übersieht man die Tragweite der Lüscherschen Arbeit im Blick auf die praktische Verwendung in seiner Testmethode, dann gleichen die Vorbehalte leider der theoretischen Bedeutung seines ganzen, an Halbwahrheiten reichen Systems. Selbst in den von Lüscher veröffentlichten Protokollen läßt sich das mit aller Deutlichkeit nachweisen, und andere Farbenpsychologen, wie z. B. Heinrich Frieling, ziehen Lüschers Verfahren als Beispiel dafür heran, daß „Farbtestverfahren Charakterdiagnosen von einer Treffsicherheit liefern, welche oft die der graphologischen Analyse noch übersteigen können"![25]

Hier liegt der tiefere Grund meiner Beunruhigung. Man muß sich einmal sehr ernstlich darüber klar werden, was es bedeutet, wenn jedes untersuchte Individuum, je nach den ausgewählten Farben und dabei wiederum nach der Reihenfolge ihrer Wahl eingestuft und charakterisiert wird – und zwar mit erschreckenden Konsequenzen.

---

[25] s. „Mensch, Raum und Farbe", S. 13.

Ich kann es daher nur als eine verschleiernde Unkenntnis begreifen, wenn Lüscher bemerkt: „Aus demselben Grunde" – wie der oben zitierte über die Bedeutungsgrenze der Begriffe – „berechtigen auch die gewählten Farben nicht zur quantitativen Typisierung der Versuchspersonen" – aber zur qualitativen Charakterisierung? – sondern zeigen nur deren Strebensrichtung an. Nur die systematisch geordneten Beziehungs-Begriffe sind also typisierend bestimmt, nicht aber die realen, psychischen Erlebnisse (S. 50). Wo sind aber da klare Grenzen? Ich kann nicht umhin, das als einen Kommentar zu bezeichnen, der einer Spiegelfechterei von abstrakter Folgerichtigkeit sehr ähnlich sieht.[26]

2. Der Farbpyramiden-Test von Max Pfister

Als Gemeinschaftsarbeit des Instituts für Psychologie und Charakterologie an der Universität Freiburg i. Br. wurde 1951 der von Max Pfister entworfene „Farbpyramiden-Test" von Robert Heiss und Hildegart Hiltmann veröffentlicht. Es handelt sich nicht nur um die Darstellung des Testverfahrens, sondern um die Bekanntmachung der Ergebnisse nach der experimentellen Erprobung und Auswertung.

Im Farbpyramiden-Test dienen eine Anzahl von Farben (bei den Freiburger Untersuchungen wurden zehn in verschiedenen Nuancen verwendet) in Verbindung mit der Pyramide als Formbild dazu, psychologische Analysen und Deutungen der Persönlichkeitsstruktur durchzuführen. Aus der Art der Zusammensetzung des Formbildes, das die Versuchspersonen jeweils aus 15 kleinen, farbigen Papierquadraten bauen, ließ sich auf bestimmte psychische Faktoren, Anlagen und Verhaltensweisen schließen.

Von 826 Versuchspersonen, die sich aus allen Altersgruppen und Berufen zusammensetzten und sowohl Gesunde wie Kranke umfaßten, wurden 2210 Pyramiden gebaut. Die Ergebnisse, die in vorbildlicher Weise aus den Verrechnungen des Untersuchungsmaterials erarbeitet wurden, zeigen einen erstaunlichen Reichtum an tiefenpsychologischen Aussagen. Uns interessieren hier aber weniger die speziellen Ergebnisse als charakterologische Deutungen, als vielmehr die eigentlich sekundären Resultate, nämlich die Bedeutungen der Farben für das Erlebnis schlechthin, soweit die Experimente darüber Auskunft geben. Denn für den Test selbst sind ja die Farben nur Mittel zum Zweck. Dennoch läßt sich die Farbauswahl auch für sich selbst berücksichtigen, und Heiss und Hiltmann berichten auch darüber. Soweit sich die speziellen Analysen zu gewissen normativen Angaben zusammenfassen ließen, können sie uns für die Beantwortung der Frage wichtig sein, inwieweit die einzelnen Farben sich auf bestimmte psychische Funktionen beziehen lassen oder diese ‚symbolisieren'.

Grundsätzlich hat der Farbpyramiden-Test gegenüber den üblichen Testmethoden mit Farben den entscheidenden Vorzug, daß er nicht auf momentane Reaktionen ange-

[26] Auch diese Bemerkung, die er anschließt, kann das nicht aufheben: „Neben den praktischen, methodischen Vorzügen verleiten sie" – die Begriffe – „aber zu abstrakten Konstruktionen und halten vom vertiefenden Erleben und dem stets frischen Einsatze ab." Um das zu verhindern, hatte sich Lüscher darauf ja mit den Farben im einzelnen befaßt.

wiesen ist, sondern zur eigenen Aktion auffordert, also von vornherein vom persönlichen, bewußten Verhalten ausgeht. Da dieser Test auch das Gestaltungsprinzip berücksichtigt, ein „projektiver Gestaltungstest" ist, ist seine produktive Lebendigkeit hoch einzuschätzen.

In den gebauten Farbpyramiden galten drei Stellen als ausgezeichnete Punkte: die Spitze, die Mitte (das ‚Herz') und die Mitte der Basis, der ‚Achsenpunkt'. Für diese Stellen wurden prozentual folgende Farben verwandt:

Spitze		Herz		Achsenpunkt	
Gelb	25%	Rot	22%	Blau	24%
Blau	18%	Blau	17%	Rot	20%
Rot	16%	Gelb	15%	Grün	15%
Grün	13%	Grün	11%	Gelb	9%

Zwischen Farbwahl und Platzfunktion besteht demnach ein bestimmter Zusammenhang, der durchaus mit der phänomenalen Farbenanalyse übereinstimmt. Denn *Gelb* als häufigste Farbe der Spitze ist die exklusive Farbe, *Rot* im Zentrum hat die stärkste Kraft und beherrschende Stellung, *Blau* als Farbe der Ruhe erscheint am häufigsten als Basisfarbe, dem Platz von Gelb so entgegengesetzt wie die beiden Farben sich gegenseitig ausschließen.

Die Rangfolge bei „der ersten und letzten Plazierung" zeigt ähnliche Resultate, aber Grün bleibt dabei hinter Schwarz. Die Häufigkeitsskala ist hier: Rot, Blau, Gelb, Schwarz, Grün, Orange, Violett, Braun, Weiß, Grau (S. 37 f.).

Diese und andere Einzelergebnisse führten zur Annahme einer „Psychischen Farbfolge", einer *„Normfolge"*, die der auf S. 76 wiedergegebenen Aufstellung entspricht. Die Farben wurden so gruppiert:

1. stabile Erstfarben: Blau, Rot, Grün, Gelb;
2. bewegliche Zweitfarben: Orange, Violett, Braun;
3. Drittfarben: Schwarz, Weiß, Grau.

Die Gruppierung ist die übliche Gliederung in Grundfarben, Mischfarben und Unbunte Farben.

Gegenüber den Wahlverhältnissen bei „Normalgesunden" verschoben sich die Prozentsätze der Hauptfarben bei Stimulierten und Geisteskranken erheblich, und zwar traten *Grün* und *Violett* sehr viel häufiger auf. Man kam zu dem Ergebnis, daß *Blau die Farbe der durchschnittlich Angepaßten* sei, *Rot die Farbe der Stimulierten* und *Grün die der mangelhaft bzw. anomal sich Verhaltenden*! Für die sehr befremdende Beurteilung des Grün – die doch wohl aller gewohnten Erfahrung widerspricht – ist die Bedeutung dieser Farbe für Geisteskranke und Künstler maßgebend gewesen.

Die Bedeutung und Funktion der einzelnen Farben wurden wie folgt charakterisiert (S. 91 ff.):

Rot als Farbe der stärksten Außenzuwendung, da es bei Stimulierten sehr ansteigt und bei Geisteskranken zurücktritt bzw. bei Gehemmten. „Mit dem Sinken von Rot tritt die Fähigkeit der unmittelbaren Abreaktion und Entladung von Reizen zurück."

Blau als Farbe für „gute reizadäquate und reizregulierende Verarbeitung", wurde auch im Zusammenhang mit „zunehmender Vernunft" gewertet. (Die Gruppe der 10- bis 14jährigen Knaben zeigt jahrgangsweise ein Ansteigen der Blau-Häufigkeit, die bei den 14jährigen ein starkes Übergewicht erlangt.") [Vgl. die Angaben von A. Martin.] „In der Gruppe der ‚Neurotiker' fällt Blau in den Einzeltests dann, wenn Rot steigt, und steigt, wenn Rot fällt. Bei den Knaben treten starke Blau-Gelb-Häufungen auf.") ... Blau erscheint im Testergebnis „als Farbe der Introversion, als Farbe der affektiven Regulation und Steuerung ..."

Grün zeigte ein „Doppelgesicht" und sinkt in der Häufigkeit bei verstärkter Außenzuwendung und Reizaufnahme, hat also eine „reizdämpfende Funktion", bedeutet „sensiblen Kontakt". (Auf Grund der Untersuchungen mit Geisteskranken will Heiß aber Grün die reizregulierende und reizverarbeitende Wirkung wieder abspechen.) Grün hat eine „Mittelstellung zwischen Rot und Blau". Bei ansteigendem Grün wird stärkeres Kontaktbedürfnis und -suchen angenommen, sinkt diese Farbe, deutet dies auf Abschließung hin, – was, so verallgemeinert, sicher nicht stimmt. Bei durchschnittlichem Prozentwert bedeutet Grün eine ausgleichende, stabilisierende Funktion, tritt es überhöht oder vermindert auf, deutet es Reizabsperrung oder überhaupt Reizempfindlichkeit an.

Gelb „weist auf die Seite der lebhaften, weniger triebgebundenen Extraversion und auf allgemeine Stärke des Antriebes und der Aktivität ..."

Orange steht „als Farbe der Extraversion gleichsam in der ‚zweiten Front', hinter Gelb und Rot. Im Gegensatz zu Gelb scheint es weniger von lebhafter Extraversion zu zeugen und ist doch mehr triebgebunden. Es mag auf einen Bereich weisen, der mit Leistungs- und Geltungsstreben angedeutet werden kann."

Violett „scheint Träger einer mehr sekundären affektiven Ausgleichsfunktion zu sein. Bei einem stärkeren Ansteigen kann es mgölicherweise Anzeiger für eine ‚Störung' innerhalb des effektiven Bereichs sein ..."

Braun, das in den Tests entwicklungsgestörter Mädchen zu den bevorzugten Farben gehört, auch mit Rot zusammen „in den Pubertätsjahren stets der 13jährigen Knaben überwiegt, ... steht dem Bereich der Triebsphäre nahe und scheint in Verbindung damit eine entwicklungsspezifische Bedeutung zu haben".

Schwarz, das in der Gruppe der Neurotiker besonders stark ansteigt, „weist auf einen ‚dunklen', ungelösten Innenbereich".

Weiß gilt im Test nur wenig und „hat den Charakter der ‚Leere' ...".

Rot, *Blau* und *Grün* wurden ihrer hervorragenden Bedeutung wegen zum allgemeinen *Normsyndrom* zusammengefaßt. Die Funktionen dieser Farben wurden begrifflich so fixiert:

Rot bedeutet Reizaufnahme,
Reizzuwendung,
Reizbereitschaft,
Reizempfänglichkeit,
Reizentladung.
Farbe der psychischen Verarbeitung

Blau bedeutet Reizmäßigung,
Reizsteuerung,
Reizausgleich.
Farbe der regulativen Fähigkeit

Grün bedeutet Reizempfindlichkeit
Reizgeöffnetheit
Reizverdichtung
Reizhäufung
Reizsperrung
Farbe des psychischen Kontakts

Besonders aufschlußreich ist die Funktion von *Violett* als *Störfarbe*. Als Kinder aufgefordert wurden, ‚häßliche' Pyramiden zu legen, wurde Violett die Leitfarbe! *Orange* verhält sich gerade umgekehrt wie Violett. So beunruhigend Violett wirkt, so fördernd für die Enthemmung und das Freiwerden nach außen wirkt Orange.

Als Farben der Kompensierung der Stimulation mit „introvertiertem Einschlag" wurden *Blau – Grün – Violett* bezeichnet, mit „extravertiertem Einschlag" dagegen *Rot – Gelb – Orange – Braun*. Das entspricht ganz der Gruppierung in die positiven und negativen, mehr nach außen bzw. mehr nach innen bezogenen Farben.

Violett und Orange wurden als die „Drehpunkte" und „Angelpunkte" der „meisten Verschiebungen" gewertet, als die beiden empfindlichsten Stellen des Gefüges. Ein „überhöhtes" Violett wies auf innere starke Unruhe und Unrast; Rot, Gelb und Orange wurden immer vermehrt gewählt bei Stimulierten, stark Extravertierten oder nach Anwendung pharmakologischer Stimulationsmittel. Diese drei Farben faßte man zum *Stimulationssyndrom* zusammen.

Die hier mitgeteilten Ergebnisse werden uns für vergleichende Betrachtungen mit den aus phänomenaler Analyse gewonnenen „Erlebnis-Begriffen" der Farben wertvoll sein.

D. PHÄNOMENOLOGISCHE BEURTEILUNG DER FARBEN

Als phänomenologische Farbenbeurteilung ist die Beschreibung der gefühlsmäßig faßbaren Eigenarten der Farben gemeint, die wir die ‚ästhetische' zu nennen gewohnt sind. In solchen Analysen wird die Farbe als eigener, elementarer Wert erfaßt und gedeutet.

Wenn wir uns nun einen Überblick zeitlich verschiedener Beurteilungen verschaffen wollen, um zu sehen, ob und welche übereinstimmenden Aussagen vorliegen, so möchte ich an den Anfang einige Überlegungen stellen, die nach der grundsätzlichen Herkunft der ja erst im vorigen Jahrhundert entstandenen ästhetischen Charakterisierung der Farben fragen. Mehr, als wir uns heute gemeinhin bewußt sind, wirken anonym überlieferte Bedeutungen aus der Farbensymbolik im Farbenerlebnis und seiner emotionalen Bestimmung mit. Daher sollten die Beziehungen zwischen symbolischen und ästhetisch-emotionalen Inhalten berücksichtigt werden.

1. Symbolische und ästhetische Funktionen

Die volkstümliche, sittengebundene Farbensymbolik, bestimmt durch das kultur- und zeitgeschichtliche soziale Milieu, schließt überliefertes Brauchtum der kultischen, sakralen Farbensymbolik in sich ein. Die sehr verschiedenen Inhalte und Symbolstufen durchdringen sich und beeinflussen die allgemeineren emotionalen Funktionen, ein Vorgang, der sich je nach dem geschichtlichen Lebensbewußtsein vollzieht. Wer sich einmal mit der Farbensymbolik befaßt hat, weiß, welch unabsehbare Fülle der Motive und Assoziationen sich vorfindet. Um das so komplexe Gesamtbild etwas aufzugliedern und Abgrenzungen für unsere Untersuchungen zu zeichnen, möchte ich zunächst auf die verschiedenen *Ebenen* der Farbensymbolik hinweisen und an einer Farbe exemplarisch klarmachen, wie vielschichtig das Problem einer phänomenologischen Gefühlsbestimmung der Farben ist, die wir ja nur aus dem Bewußtsein der geschichtlichen Situation vollziehen können.

Die Vielfalt der Farbensymbolik läßt sich wohl von drei verschiedenen Bedeutungsebenen aus betrachten, die sich zwar gegenseitig übergreifen, aber doch ihre eigene Wesentlichkeit und Aussage haben: erstens die *kultische* Symbolik, die von der Farbenmagie bis zur mythisch-weltanschaulichen Symbolik reicht. Sie ist die wesentlichste und geschichtlich primäre, aus der die zweite und dritte Ebene, die *Brauchtumssymbolik* und die *ästhetische* hervorgegangen sind. Wir könnten noch eine weitere, im heutigen Leben aktuelle nennen: die *sachsymbolische*, welche die Verwendung bestimmter und nach einem Gebrauchskodex festgelegter Farben für verschiedenste Kennzeichnungen in Betrieben und im öffentlichen Leben wäre (Leitungen, Stoffmarkierungen, Verkehrszeichen u. a.).

Wollten wir der bewußtseinsgeschichtlichen Wandlung voll gerecht werden, so wäre es nötig, von der kultischen Farbensymbolik auszugehen.[27]

Als Kultfarbe hat die Farbe keinen eigenen Objektwert, sondern ist auf einen geistigen Inhalt bezogen, den sie sinnenhaft-anschaulich v e r t r i t t. Indem sich die Kultfarbe also nicht selbst vertritt, sondern als Sinnbild Medium eines selbst unsichtbaren Wesens, einer Macht oder Idee ist, hat sie lebendige Kraft als *aktives Symbol.* Diese Symbolkraft ist notwendig an die Existenz des Kults gebunden und erlischt mit seinem Zerfall. Als Beispiel dafür und für die weitere Wandlung sei *Purpur* erwähnt.

[27] Auf die zunächst geplante Übersicht der Kultfarben in der altägyptischen, altchinesischen, israelitischen, christlichen und buddhistischen Religion habe ich verzichtet. Zumal jede Kultfarbe spezifischer Ausdruck des Kultgehaltes ist und dessen Kenntnis voraussetzt, würde eine ausreichende Besprechung dieses Zusammenhangs den ohnehin weit abgesteckten Umfang meiner Arbeit sprengen. Ich beabsichtige, später darüber gesondert zu berichten. Quellenliteratur zur Farbensymbolik s. Literaturverzeichnis (Kees, Groot, Haupt, Kranz, Seckel, Wunderlich u. a.).

Im griechisch-römischen Altertum, im israelitischen Kult sowohl wie im christlichen, vertrat Purpur die göttliche Macht, höchste Würde und Gerechtigkeit.[28]

Für das Kaiser- und Königtum, mit der höchsten weltlichen Macht zugleich Repräsentant der göttlichen Macht, unmittelbar als Cäsarentum oder mittelbar im Kaiser ‚von Gottes Gnaden', galt Purpur als Majestätsfarbe schlechthin. Löst sich die kultische Bindung, bleibt der Symbolsinn meist erhalten. Als ‚bloße' Kaiser- und Königsfarbe hat sich die Purpurfarbe nach und nach verweltlicht und ist damit, unter Einbuße der geistigen, transzendenten Symbolkraft, Brauchtumssymbol geworden. Schließlich wird der symbolische Wert in der Allegorie eliminiert und steigt damit wieder eine wesentliche Stufe herab, um ihn ganz zu verlieren. Da, wo der Kult weiter währt, bleibt der alte Symbolsinn erhalten, so wie im Kardinalspurpur.

Ist die Stufe der Allegorie erreicht, gewinnt die Farbe mehr und mehr an *Selbstwert* und wird der ästhetischen Betrachtung zugänglich, die wir als die moderne kennzeichnen können und deren Grundlagen Goethe schuf. Jetzt hat die „Würde" des Purpur einen unverbindlichen abstrakt-humanen Charakter gewonnen.

In unserem Jahrhundert ist der Selbstwert des Purpur nahezu erloschen. Purpur gilt als eine der Rotfarben. Wir haben uns an anderer Stelle ausführlich damit befaßt, welche Konsequenzen gerade die Aufhebung des qualitativen Unterschieds zwischen Rot und Purpur nach sich gezogen hat. Tatsächlich kann man wohl an keiner anderen Farbe die Wandlung des Symbolsinns der Farben so deutlich machen wie beim Purpur. Andererseits spiegelt sich in dem ganzen Verlauf von der kultischen bis zur ästhetischen Bedeutung der Farben der geistes- und gesellschaftsgeschichtliche Wandel wider. Man kann die Farbenästhetik bzw. die emotionale Erfahrung der Farben in ihrem phänomenalen Bestand als *Reduktion* der vielseitig gebundenen dinglichen und symbolischen Funktionen auf grundsätzliche Gefühlswirkungen kennzeichnen, die ihnen eignen.

Bei den nun folgenden auszugsweise zitierten Gefühlsbestimmungen, denen ich meine eigenen vorangestellt habe, sind direkte Wiederholungen möglichst vermieden worden, zugunsten eines sich aus den einzelnen Beiträgen abbildenden Querschnitts der charakteristischen Wesenszüge der Farben.

Über das persönliche Farbenerleben hinaus haben die Analysen ihre eigenen Schwerpunkte in der Einstellung zur Farbwelt, wenn wir an Goethe als Dichter, aber auch als Maler denken, an Kandinsky als hervorragenden Vertreter der modernen, abstrakten Malerei oder an Köstlin, der die Farben mit den Augen des philosophierenden Ästheten betrachtet.[28a] Damit machen sich zugleich auch die verschiedenen Zeitstimmungen bemerkbar, die Spanne zwischen Goethe, dem Naturalismus des 19. Jahrhunderts und der gegenwärtigen Epoche. So fällt bei Kandinskys Aussagen das persönliche,

---

[28] Näheres dazu bei E. Wunderlich, „Die Bedeutung der roten Farbe im Kultus der Griechen und Römer" (1925) und G. Haupt, „Die Farbensymbolik in der sakralen Kunst des abendl. Mittelalters" (Diss. 1940), S. 84 u. a.

[28a] Kandinsky. s. Anm. 23. Karl Köstlin, „Ästhetik", 1869.

man möchte wohl sagen, existentielle Urteil und die eigentümliche Deutung des elementaren Wesens der Farben auf, die er mit der Eigenart musikalischer Instrumente vergleicht. Schließlich spielt auch Sympathie oder Antipathie zu einzelnen Farben eine nicht zu übersehende Rolle.

2. Die einzelnen Hauptfarben

a) Weiß

Die Farbe der ungetrübten, reinen Helle symbolisiert die Reinheit. Nicht nur in der christlichen Anschauung, sondern auch in der griechisch-römischen Antike ist Weiß als Farbe von apotropäischer Kraft, als Schutzfarbe von unheilvollen, bösen Mächten überliefert.

Im mittelalterlichen Volksbrauch wurde Weiß als die Tugend- und Keuschheitsfarbe angesehen. „In der Zeit um 400 n. Chr., in dem allegorischen ‚Gastmahl' des Methodius trägt die Tugend, die Arete, ein weißes Kleid."[29] In einem Gedicht aus dem 15. Jhdt. heißt es: „Mit Weiß gewert bedeut keusch und züchtige Lieb an alles geteuch." Als Geburts- und Hochzeitsfarbe, Farbe der himmlischen Liebe und des göttlichen Friedens, die das Kind bei der Kommunion wie der zu Gott heimkehrende Tote trägt, als die Farbe der Seligen ist Weiß im christlichen Kulturraum eindeutig charakterisiert. In der weißen Lilie vereinen sich Reinheit und Frieden mit dem Anspruch überweltlicher Hoheit. Im Kultsymbol der weißen Taube offenbart sich der heilige Geist Gottes.

So bestimmt Weiß als Symbolfarbe verstanden werden kann, so unbestimmt, ja neutral und im eigentlichen Sinne nichts-sagend ist der ästhetische Eindruck des Weiß. Es ist die ‚unbeschriebene', allen Wirkungen offene, ungerichtete und in keinen Dienst gestellte Farbe, die kein Gesicht zeigt, aber dafür bereit, sich allem hinzugeben und keine Macht zu beanspruchen. Weiß ist die Farbe ohne Ton und bietet gerade dadurch, wie ein weißes Papier, allen anderen Farben die Möglichkeit ihre Farbtöne zum Sprechen zu bringen.

Kandinsky sieht Weiß „als Symbol einer Welt, wo alle Farben, alle materiellen Eigenschaften und Substanzen verschwunden sind. Diese Welt ist so hoch über uns, daß wir keinen Klang von dort hören können. Es kommt ein großes Schweigen von dort, welches materiell dargestellt, wie eine unübersteigliche, unzerstörbare, ins Unendliche gehende kalte Mauer uns vorkommt. Deswegen wirkt auch das Weiß auf unsere Psyche als ein großes Schweigen, welches für uns absolut ist". Das ist sicher nicht so zu verallgemeinern. So verabsolutiert, isoliert er das Weiß aus dem Leben, deutet es zu sehr aus der ‚ewigen Weiße' der Gletscher und Eisgipfel, vom Schnee des Winterschlafes. Aber Weiß sei „ein Schweigen, welches nicht tot ist, sondern voll Möglichkeiten ... Es ist ... ein Nichts, welches vor dem Anfang, vor der Geburt ist. So klang vielleicht die Erde zu den weißen Zeiten der Eisperiode".

b) Schwarz

Schwarz, Gegenfarbe des lebensoffenen Weiß, wie in der Finsternis verschlossen, wie verkohltes Leben, erscheint uns als die Todesfarbe, aber auch als die Farbe der

---

[29] Bei O. Lauffer, „Farbensymbolik im deutschen Volksbrauch", 1948, S. 29.

dunklen Geheimnisse, des Tabu, der Magie. Gilt Weiß als das Gute, steht Schwarz für das Böse, ist das Nein zum weißen Ja.

Aber es ist nicht nur Ausdruck des tödlichen Ernstes, sondern auch der ernsten Feier und stolzen Vornehmheit. Doch seine Pracht eignet sich vorzüglich zur Einkleidung kalter Gewalt und radikaler Macht. Es hat eine große Spannung, zeigt aber stets eine anspruchsvolle Distanz und verlangt Respekt vor seiner Macht. Als Farbe des absoluten Herrschaftsanspruchs war es die Wahlfarbe der spanischen Könige und der Inquisitoren. Im ‚schwarzen Korps' der nationalsozialistischen SS zeigt Schwarz seine düstere Despotie. So reicht seine Macht vom Stolz aristokratischer Würde bis zum Schrecken der Piraten.

Als einzige Gegenfarbe des Lichts, äußert das Schwarz die Stärke rebellischer Lebenskraft gegen alles Bunte. So ist Schwarz die Gegen-Farbe im eigentlichen Sinn autonomer Gegenkraft, die es wagt, volle Konkurrenz zu bieten. In seiner Beharrung, als das ganz Unbewegte, hat Schwarz eine stabile Position als Negation alles Fließenden und Veränderlichen. In dieser Selbstbehauptung waltet die Absage an jede Gemeinschaft mit den Freuden der Welt. So ist Schwarz auch Farbe der Buße und weltabgewandter Geistlichkeit und kann ebenso als Gerichtsfarbe Symbol der Unabhängigkeit sein.

Kandinsky beurteilt Schwarz nur negativ:

„Und wie ein Nichts ohne Möglichkeit, wie ein totes Nichts nach dem Erlöschen der Sonne, wie ein ewiges Schweigen ohne Zukunft und Hoffnung klingt innerlich das Schwarz ... Das Schwarz ist etwas Erloschenes, wie ein ausgebrannter Scheiterhaufen, etwas Unbewegliches wie eine Leiche, was zu allen Ereignissen nicht fühlend steht und alles von sich gleiten läßt ... Das ist äußerlich die klangloseste Farbe, (?) auf welcher deswegen jede andere Farbe, auch die am schwächsten klingende, stärker und präziser klingt." (S. 98.)

Ich würde eher umgekehrt sagen, daß Schwarz eine sehr klangstarke Farbe ist, der gegenüber sich längst nicht jede bunte Farbe durchsetzt und eigentlich nur Rot sich voll behauptet.

c) Grau

Wenn in Weiß alle bunten Farben *auf*gehen, in Schwarz *unter*gehen, so werden sie in Grau geeint und neutralisiert.

Grau als die Farbe der Dämmerung, des Nebels, des Ungewissen und Rätselhaften, gilt als die Farbe der Mystik, als Urgrundfarbe: Aus Grau kommt alles, und ins Grau kehrt alles wieder zurück. Grau ist die allgemeinste Farbe, jenseits aller Gegensätze, gleichgültig, eintönig, spannungslos.

„In der altgermanischen Symbolik versinnbildlicht (Grau) das Heimtückische, Hinterlistige, Feindselige und Gespensterhafte oder ganz allgemein das Böse."[30] Diese Bedeutung gilt in der Neuzeit wohl kaum noch. Aber nicht nur für Goethe ist Grau die charakterlose Farbe. Umfaßt sie im Unterschied zum eindeutigen Weiß und Schwarz die ganze Skala vom Hellen bis zum Dunklen, so hat das mittlere Grau eine zentrale

[30] Bei O. Lauffer, a.a.O. S. 15. Er führt das auf das Nebelgrau zurück (vgl. ‚Erlkönig').

Stabilität, indem es die absolute Neutralität repräsentiert. Von dieser Neutralität her besteht die Beziehung zur unvoreingenommenen, nüchternen Sachlichkeit und Abstraktheit des theoretischen Denkens: „Grau, treuer Freund, ist alle Theorie ..."

Grau ist immer unbestimmt; erst wenn es sich im Hellgrau dem Weiß oder im Dunkelgrau dem Schwarz nähert, weiß man eigentlich, woran man ist. Das Mittelgrau selbst zeigt paradoxe Züge, weil es so betont unentschieden, fade und nichtssagend zu sein scheint, andererseits aber eine Einheit verbirgt, das noch Ungeteilte, Ungeschiedene, bevor sich das Licht von der Finsternis schied, und darin ist es sowohl neutral wie unheimlich, da es alle Möglichkeiten hat, so oder so ent-schieden zu werden.

Kandinsky hat für Grau nur ablehnende Gedanken übrig:

„... Grau ist klanglos und unbeweglich. Diese Unbeweglichkeit ist aber eines anderen Charakters wie die Ruhe des Grün, welches zwischen zwei aktiven Farben (?) liegt und ihr Produkt ist. Das Grau ist deswegen die Unbeweglichkeit, die trostlos ist. Je dunkler dieses Grau wird, desto mehr Übergewicht bekommt das Trostlose, kommt das Erstickende zur Geltung. Bei Aufhellen kommt eine Art Luft, Möglichkeit des Atmens in die Farbe, die ein gewisses Element von versteckter Hoffnung enthält ..." (S. 96.)

Bernstein zieht einen interessanten und zutreffenden Vergleich zwischen *Grau und Braun:*

„... Dieselbe Rolle, die das Braun als warme Farbe spielt, spielt das Grau als kalte ... Es gibt Blaugrau, Grüngrau, Braungrau oder Violettgrau; es sind also hauptsächlich kalte Farben, mit denen es gebildet wird. Es ist, ebenso wie das Braun, eine Farbe, an die wir in unserer Umgebung gewöhnt sind und die wir weiter nicht beachten ... das Braun ist eine Erdfarbe, das Grau dagegen ein Luftton, bleibt das eine schwer am Boden, so steigt das andere leicht hinauf. Während das Braun die anderen Farben zu einer festen Masse verbindet, löst das Grau sie auf ..."[31]

d) Braun

Braun repräsentiert die feste, materielle Realität. Wie es als Feldfarbe auftritt, wird es aus Erden gewonnen (Ocker, Umbra, Sepia, Siena). Braun ist nie kühl, hat eine prosaische aber wärmende, Geborgenheit gewährende Kraft. Es vermittelt zwischen den Farben des starken, brennenden Lebens, Rot und Gelb und dem Schwarz des ausgeglühten Lebens, so wie es die Haut bräunt, aber auch das sterbende Herbstlaub färbt und bis zur Farbe des Moors die ganze Skala des Holzes umfaßt, sein Leben und Sterben bis zur Braunkohle und im Schwarz untergeht.

Braun ist so sehr erdhafte Schwere wie Blau – einzige Farbe mit der sich Braun nicht verbindet – die Schwerelosigkeit des Himmels, das Immaterielle und Irreale.

e) Rot und Purpur

Wenn wir unter Rot alles Rote zusammenfassen, dann ist Rot der farbige Klang der vollen Lebenskraft, Herrschaft und Gewalt, Liebe und Macht. Blut und Feuer sind

[31] In „Die Schönheit der Farbe in der Kunst und im täglichen Leben", 1925, S. 44 ff.

die Elemente, die dem Rot in allen Zeiten und Kulturen den Reichtum seiner Symbolik verleihen. Wie Grün die gemäßigte, gebundene, so ist Rot die mächtige, freie Energie. Nur wenn wir es in seiner Spannung zwischen dem gelbnahen und blaunahen Rot klassifizieren, können wir seine Vieldeutigkeit aufschlüsseln:

Im Zinnober drängt Rot nach außen, laut und ungehemmt, ist „das unerträglich Gewaltsame", daß sich „wirklich ins Organ zu bohren scheint" (Goethe). Das blaunahe Karminrot zieht nach innen, ist beherrscht, gesammelt.

Zwischen diesen beiden Rotfarben – zwischen rohem Aufruhr und dem Ernst der Stärke, hitzigem Lodern und kühler Reserve – ist das von mir als Mittelrot bezeichnete eigentliche Rot die Farbe, welche die beiderseitige Spannung in sich zentriert, warm und aktivierend, aber ohne Triebhaftigkeit, die in sich selbst gehaltene aktuelle Kraft.

Erfährt das Mittelrot im Karmin seine Vertiefung und Verdichtung, die seine positive Aktionskraft aufhebt, beruhigt, so führt Karmin ins Purpur.

Im Purpur steigert sich die ernste Haltung des Karmin zur Würde, und wir spüren die Distanz und Absage an das Drängen zu äußerer Herrschaft. Was sich im Karmin anbahnt, vollendet sich im Purpur, in dem alle Kraft des Rot seinen Grund findet. So ist Purpur seit jeher Majestätsfarbe, Erhabenheit und Gerechtigkeit. Es enthält, wie Goethe sagt „teils actu, teils potentia alle anderen Farben". Sein würdiger Ernst wird im aufgehellten Purpur, im Rosa Ausdruck der „Huld und Anmut".

Kandinsky zieht keine qualitativen Grenzen, sondern geht aus vom „idealen Rot" und betrachtet Zinnober, Saturnrot (entspricht einem hellen Kadmium), Krapplack (Karmin) als Variationsstufen.

„Das Rot, so wie man es sich denkt, als grenzenlose, charakteristisch warme Farbe, wirkt innerlich als eine sehr lebendige, lebhafte, unruhige Farbe, die ... trotz aller Energie und Intensität eine starke Note von beinahe zielbewußter immenser Kraft zeugt.

Es ist in diesem Brausen und Glühen, hauptsächlich in sich und sehr wenig nach außen eine sozusagen männliche Reife. Dieses ideale Rot kann aber in realer Wirklichkeit große Änderungen, Abschweifungen und Verschiedenheit dulden."

Saturnrot erwecke „Kraft, Energie, Streben, Entschlossenheit, Freude, Triumph ... Es erinnert an den Klang der Fanfaren, wobei die Tuba mitklingt – hartnäckig, aufdringlicher, starker Ton".

Im Zinnober gewinne das Rot „an Beständigkeit des scharfen Gefühls: es ist wie eine gleichmäßig glühende Leidenschaft, eine in sich sichere Kraft ... Nur durch das Eindringen in ein höheres Milieu bekommt dieses Rot einen tiefen Klang. Das Vertiefen durch Schwarz ist gefährlich, da das tote Schwarz die Glut löscht und auf das Minimum reduziert. Es entsteht dabei das stumpfe, harte, wenig zur Bewegung fähige Braun, in welchem das Rot wie ein kaum hörbares Brodeln klingt".

Zinnober klingt wie die Tuba und kann in Parallele gezogen werden mit starken Trommelschlägen.

Im „kalten Rot" entstehe „der Eindruck des tiefen Glühens, das Aktive verschwindet aber allmählich ganz, ... läßt (aber) eine Ahnung, ein Erwarten eines neuen energischen Aufglühens wie etwas was sich in sich zurückgezogen hat, auf der Lauer liegt und die versteckte Fähigkeit in sich birgt oder hatte, einen wilden Sprung zu machen ... Es erinnert an ein Element von Leidenschaften tragende, mittlere und tiefe Töne des Cello".

Rosa sei durch „höhere, klarere, singende Töne der Geige zu musikalischem Ausdruck zu bringen" (S. 99 ff.).

f) Orange

Eine Farbe, die wohltut, weil sie alle Konflikte entspannt, leicht und heiter die frohe Seite des Lebens zeigt wie Blau, seine Gegenfarbe, den Ernst. Der grelle, hemmungslose Aufschrei des Gelb und der heiße Drang des Rot vermählen sich im Orange zu sanfter Glut. Es ist eine oberflächliche Farbe, nur bunter Schein: Kein Herrschen, kein Streben, kein Sichaufdrängen, nur Genuß von eigentümlich sinnlicher Frische, ganz fruchtbare Anregung wie der Geschmack der Frucht, die ihr den Namen gab.

Kandinsky: „... Das warme Rot, durch verwandtes Gelb erhöht, bildet Orange. Durch diese Beimischung wird die Bewegung des Rot in sich zum Anfang der Bewegung des Ausstrahlens, des Zerfließens in die Umgebung gebracht. Das Rote aber, welches eine große Rolle im Orange spielt, erhält dieser Farbe den Beiklang des Ernstes." (Wenn eine Farbe frei von jedem Ernst ist, dann Orange. Hier kann ich Kandinsky nicht zustimmen.) „Es ist einem von seinen Kräften überzeugten Menschen ähnlich und ruft deswegen ein besonders gesundes Gefühl. Wie eine mittlere Kirchenglocke, die zum Angelus ruft, klingt diese Farbe, oder wie eine starke Altstimme, wie eine Largo singende Altgeige ..." (S. 102). (Diese musikalische Korrespondenz überzeugt mich nicht. Orange widerspricht m. E. sowohl dem Ernst dieser Instrumente und Stimmen als auch ihrem geistigen Klima. Mir fällt eher das unbeschwerte, körperliche Singen eines Saxophons ein.)

g) Gelb

Im Gelb triumphiert das Licht in der Farbe, und Farbe befreit sich lichttrunken aus jeder Bindung, verströmt über alle Grenzen, will sich ausbreiten und verflüchtigen. Reines Gelb ist aufreizend und zudringlich, ist der optische Schrei eines unverschämten, irren Gelächters. Sein hochmütig rücksichtsloses Wesen mag schon früh die Frage herausgefordert haben, ob Gelb eine ‚anständige' Farbe sei. Es sind wohl die extremen, maßlosen Eigenschaften, die Gelb zum Symbol des Neides und der ‚Falschheit' werden ließen. Unsere Epoche scheint von dieser Erfahrung nichts mehr zu halten, sondern zeigt eher eine Vorliebe für Gelb. Das ließe sich wohl durch die zeitgeschichtliche Situation psychologisch verstehen und deuten.

Andererseits besitzt keine Farbe auf so engem Spielraum soviel gegensätzliche Spannung: Zwischen dem scharfen, grünlich kalt schimmernden Zitronengelb und dem wärmenden, weichen Goldgelb klafft ein großer Raum: der Gegensatz seiner Nachbarn, Grün und Orange, die sich besonders fremd sind. Das stechende grünliche Gelb als Symbol der Eifersucht und Mißgunst ist von der sonnenhellen Heiterkeit des Goldgelb durch jene im reinen Gelb aufgehobene Spannung geschieden.

In der mittelalterlichen Farbensymbolik scheinen denn auch zwei Auffassungen über Gelb miteinander konkurriert zu haben. O. Lauffer berichtet darüber: „Gelb galt als Farbe für Gebrandmarkte und Ausgestoßene: z. B. schrieb eine Hamburger Ordnung von 1445 den Prostituierten vor, als sichtbares Zeichen ein Kopftuch mit einem gelben Querstreifen zu tragen ... Für das Abzeichen ‚gemeiner Frauen' wird im Meraner Stadtrecht bestimmt: diese ‚sullent ouch uf irn schuchen tragen ein gelwes vänle, da mit man si erkenne'. ... In Freiburg i. Br. mußten auch die Mütter unehelicher Kinder gelbe Hauben tragen." Lauffer versucht nachzuweisen, daß aus der Kennzeichnung als Dirnenfarbe Gelb dann eine erweiterte Bedeutung erhielt für das Ausgestoßensein im allgemeinen. Gelb wurde die Farbe für Bettler, Henkersfrauen, Ketzer und Juden. Berthold von Regensburg sagt: „Ez ... solten ouch niwan die jüdinne unde die pfeffine unde die boesen hiute tragen, die ûf dem graben dâ gênt, die süln gelwez gebènde dâ tragen, daz man sie erkenne ..."

Als Liebesfarbe aber bedeutet Gelb gemeinhin Gewährung, ‚der Minne Sold'. Im 14. Jahrhdt. lesen wir in Hadamar von Labers „Jagd" (247): „Gel sî gewert, sie sprechen. Waz ist, durch recht geweren? Swâ sunder êren brechen zwei herzen lieblich eines willen geren." Oder im Fastnachtsspiel von den sieben Farben: „Gel ist der minne solt und reich als das minniglich golt, gel kündet, das ich pin gewert des ich an die minne han begert."[32]

Gelb ist auch die Schleierfarbe für Hochzeiter gewesen, war als Frauenfarbe ein Zeichen dafür, „daß die Trägerin ihre Virginität bereits verschenkt habe". Erst nachträglich habe sich, so meint Lauffer, Gelb erst zur Schandfarbe entwickelt.

Wenn Gelb in der abendländischen Farbensymbolik offensichtlich eine so extravagante Rolle als ‚Außenseiter' spielt und als Schand- oder Neidfarbe so negative Funktionen ausübt, so ist es in Ostasien bekanntlich die vornehmste Farbe! In goldgelbe Gewänder kleidet sich der buddhistische Mönch, und im altchinesischen Taoismus ist Gelb die Farbe der Mitte, des Zentrums und des Kaisers als Himmelssohn, des Herrschers der Erdmitte (resp. des ‚Landes der Mitte'). Wie hier das Gelb, so hat im christlichen Abendland das Gold zentrale Bedeutung. Es wäre sicher sehr reizvoll und aufschlußreich, die Frage näher zu untersuchen, ob nicht hier eine Analogie besteht zwischen dem Gelb als zentraler Kultfarbe im ostasiatischen Raum und dem Gold als ‚Farbe' des göttlichen transzendenten Weltgrundes, wobei ich zunächst an den mittelalterlichen Goldgrund in der Malerei denke.

Kandinsky unterscheidet zwei ‚Bewegungen':

„... die erste Bewegung von Gelb, das Streben zum Menschen, welches bis zur Aufdringlichkeit erhoben werden kann und auch die zweite Bewegung, das Springen über die Grenze, das Zerstreuen der Kraft in die Umgebung sind gleich den Eigenschaften jeder materiellen Kraft, die sich unbewußt auf den Gegenstand stürzt und ziellos nach allen Seiten ausströmt. Andererseits das Gelb, wenn es direkt betrachtet wird (in irgendeiner geometrischen Form), beunruhigt den Menschen, sticht, regt ihn auf und zeigt den Charakter der in der Farbe ausgedrückten Gewalt, die schließlich frech und aufdringlich auf das Gemüt wirkt. (Als Anmerkung: Es ist interessant, daß die Zitrone gelb ist – scharfe Säure –, der Kanarienvogel gelb ist – scharfes Singen –) ... Diese Eigenschaft des Gelb, welches große Neigung zu helleren Tönen hat, kann zu einer dem Auge und dem Gemüt unerträglichen Kraft und Höhe gebracht

[32] A.a.O. S. 24. Auch in der gr.-röm. Antike soll Gelb als Dirnenfarbe gegolten haben.

werden. Bei dieser Erhöhung klingt es, wie eine immer lauter geblasene scharfe Trompete oder ein in die Höhe gebrachter Fanfarenton ...

Gelb ist die typisch irdische Farbe (?). Gelb kann nicht weit in die Tiefe getrieben werden. Bei Abkühlung durch Blau bekommt es einen kränklichen Ton.

Verglichen mit dem Gemütszustand des Menschen könnte es als die farbige Darstellung des Wahnsinns wirken, aber nicht der Melancholie, Hypochondrie, sondern eines Wutanfalls, der blinden Tollheit, der Tobsucht. Der Kranke überfällt die Menschen, schlägt alles zugrunde und schleudert seine physischen Kräfte nach allen Seiten, verbraucht sie plan- und grenzenlos, bis er sie vollständig verzehrt hat ..." (S. 91).

(Die letzten Deutungen Kandinskys stimmen mit psychiartrischen Erfahrungen überein, da Gelb besonders von Schizophrenen bevorzugt wird (s. S. 234 f.).

h) Grün

Im Grün erscheint das Bunte in seiner stabilsten Realität, zeigt im Gleichmaß nüchterner Gültigkeit Geborgenheit, die das Leben sichert, erhält. Da es kaum Spannungen verrät, ist es gerade in diesem Sinn des Bewahrenden die Zufluchtsfarbe des ungesicherten Rot. Wir brauchen das Grün, um Ruhe zu finden, und es ist die überwältigende Vorherrschaft des Grün in der Flora unserer Welt, das es uns anzieht, weil es Bleiben und Frieden verspricht, aber es ist ebenso die anfängliche, keimende Farbe, Hoffnung auf Werden und Wachsen, ist Basis des Lebendigen, von dem aus der Anstieg und Absprung ins Gelb und Rot geschieht.

Was es in sich eint, zeigt sich im *Gelbgrün* und *Blaugrün*. Was im Grün anregt, ist seine Offenheit zum Licht, die im Gelbgrün aktiviert ist und die Erwärmung ins leichtere, hellere Dasein bringt. Was uns beruhigt, ist seine Gebundenheit im Lebensgrund. Im Blaugrün beginnt es sich, dunkler werdend, passiv zu verschließen, wird kühl und schwer, entzieht sich dem Leben ins Ungreifbare.

Ähnlich weit ist die Spannung zwischen Hell- und Dunkelgrün. Je heller, desto beweglicher, je dunkler, desto fester. Tiefes Dunkelgrün ist starr und stumpf, wirkt so abgestanden wie eine alt gewordene, unwandelbare Welt, die nur halten will, was sie besitzt.

Kandinsky behandelt Grün mit auffallender Ablehnung. Seine Beurteilung ist eher eine Verurteilung. Was er über das „absolute Grün" sagt, kann eigentlich nur für *Dunkel*grün zutreffen, obwohl er das anscheinend doch nicht meint.

„... Absolutes Grün ist die ruhigste Farbe, die es gibt: sie bewegt sich nach nirgend hin und hat keinen Beiklang der Freude, Trauer, Leidenschaft, sie verlangt nichts, ruft nirgend hin. Diese ständige Abwesenheit der Bewegung ist eine Eigenschaft, die auf ermüdete Menschen und Seelen wohltuend wirkt, aber nach einiger Zeit des Ausruhens leicht langweilig werden kann. Die in grünen Harmonien gemalten Bilder bestätigen diese Behauptung.

Wie das in Gelb gemalte Bild immer eine geistige Wärme ausströmt, oder ein blaues zu abkühlend erscheint ... so wirkt das Grüne nur langweilend (passive Wirkung). Die Passivität ist die charaktervollste Eigenschaft des absoluten Grün, wobei diese Eigenschaft von einer Art Fettheit, Selbstzufriedenheit parfümiert wird. Deshalb ist das absolute Grün im Farbenreich das, was im Menschenreich die sogenannte Bourgeosie ist: es ist ein unbewegliches, mit sich zufriedenes, nach allen Richtungen beschränktes Element. Dies Grün ist eine dicke, sehr gesunde, unbeweglich liegende Kuh, die nur zum Wiederkäuen fähig, mit blöden, stumpfen Augen die Welt betrachtet.

Grün ist die Hauptfarbe des Sommers, wo die Natur die Sturm- und Drangperiode des Jahres, den Frühling überstanden hat und in eine selbstzufriedene Ruhe getaucht ist" (?) (S. 90 f.).

Es ist gewiß kein Zufall, daß Grün in Kandinskys Farbenlehre so benachteiligt ist wie auch bei Goethe. Auch er geht in seiner Farbenlehre von der Gelb/Blau-Polarität aus. In seiner Malerei verwendet er Grün übrigens nur selten. Wenn er Grün als bewegungslos, passiv, langweilig und gleichgültig bestimmt, so könnte das, abgesehen von Dunkelgrün, höchstens für *Grau* zutreffen.

„Wenn das absolute Grün aus dem Gleichgewicht gebracht wird, so steigt es zu Gelb, wobei es lebendig wird, jugendlich und freudig. Es ist wieder durch Beimischung von Gelb eine aktive Kraft eingetreten. Ins Tiefe sinkend, bei Übergewicht von Blau, bekommt das Grün einen ganz anderen Klang: es wird ernst und sozusagen nachdenklich. Da tritt auch ein aktives Element ein, aber vollständig anderen Charakters wie beim Erwärmen von Grün."

(Die innere Aktivität im Blaugrün beruht aber doch sicher nicht auf der Annäherung des Grün an Blau, sondern ist doch wohl auf die Spannung zwischen dem passiven Blau, das durch Grün aktiviert wird, zurückzuführen.)

„Bei Übergang ins Helle oder Dunkle behält das Grün den ursprünglichen Charakter der Gleichgültigkeit und Ruhe (?), wobei im Hellen die erstere, im Dunkeln die letztere stärker klingt, was auch natürlich ist, da diese Änderungen durch Weiß und Schwarz erzielt werden. Musikalisch möchte ich das absolute Grün wohl am besten durch ruhige gedehnte mitteltiefe Töne der Geige bezeichnen ..."

Andere, wie Bernstein, verfallen ins andere Extrem, sehen in Grün die bewegungsreichste Farbe, was möglich ist, wenn man alle Grünstufen, vom Gelb- bis zum Blaugrün unter Grün verstehen will. Jedenfalls sieht man an den verschiedenen Beschreibungen, wie schwierig es ist, gerade Grün klar genug zu bestimmen.

Wegen der fließenden Übergänge ist eine allgemein verbindliche Vorstellung des Grundtons kaum möglich. Außerdem gilt Grün vielen Menschen nicht als „Grundfarbe". Auch das wirkt sich aus. Es kommt aber jedenfalls darauf an, Grün als Farbe der Mitte, zwischen allen Gegensätzen, zu erkennen, es ist weder kalt noch warm, aktiv noch passiv, gerade seine inaktive Wirkung ist typisch. So wie Rot, muß Grün genügend differenziert werden, indem man Gelbgrün und Blaugrün selbständiger begreift, dann läßt es sich ziemlich eindeutig begrenzen. Sonst bleibt es bei der Fülle seiner Variationen, vom wohltuenden Laubgrün bis zum giftigen, eifersüchtigen Grüngelb und zum traumschweren Blaugrün eine vieldeutige „Mischfarbe".

i) Blau

Als Himmels- und Meeresfarbe zeigt Blau bereits seine wesentlichste Eigenart: Unbegrenzte Ferne und Tiefe. Gegenüber den aktiven Naturelementen wie Feuer und Blut, sind Wasser und Luft passiv, jene zeigen sich Rot, diese Blau und Grau.

Symbolische Bedeutungen, wie die „blaue Blume" der Romantik, knüpfen wie Formeln des Volksbrauchs – der „blaue Zustand", ins „Blaue fahren" – an die irreale Ungreifbarkeit des Blau an, das uns anzieht, indem es vor uns zurückweicht, Reiz und Nichts in Einem, ein Widerspruch, den Goethe sah. Es versinnbildlicht wohl das, was wir Sehnsucht nach dem Wunderbaren nennen, ist die Farbe, die uns nach dem Grund ruft und doch so grundlos ist, vielleicht, weil wir im Blau die tiefe seelische Hinweisung zu einer Welt spüren, die nicht irdisch ist, „Himmel" in seinem unendlichen, ernsten Klang, der mit dem „himmlischen" Hellblau des Himmels, den wir sehen, nichts zu tun hat, das nur eine Ahnung hervorrufen kann. Jenes Blau, wie es Giottos und Raphaels Bildgründe zeigen, ist gemeint, kühl, weltabgewandt und dunkel, aber Licht, das durch das Dunkle blaut, *gegen* die Finsternis gestellt, die es auslöschen will. So gesehen, ist Blau gerade nicht die negative, aus dem Dunkel kommende Farbe, die uns an Kälte und Schatten erinnert, wie Goethe meinte.

Blau ruft so sehr nach innen wie Rot nach außen, ist so sehr Empfangen wie Rot Geben, so kühl und weltabgewandt wie Rot warm und weltzugewandt. Unter allen bunten Farben übt Blau den geringsten sinnlichen, aber den stärksten geistigen Farbreiz aus.

Man könnte sich vorstellen, daß Blau die letzte Lebensfarbe ist, die übrigbliebe, wenn die Bewegung des Lebens erlösche, aber auch die erste, in der sich Leben ankündigt.

Unter allen Buntheiten scheint nur Blau tief in sich selbst zu ruhen, *allein* zu sein. Wenn Blau im mittelalterlichen Volksbrauch, aber auch wohl heute noch als Farbe der Treue gilt, dann mag es diese unverrückbare Beständigkeit sein, das ferne tiefe Dauern, das keine Bewegung ausführt, aber in dienender Hingabe aller Bewegung offen ist.

Blau ist passiv, gemessen an Gelb und Rot, aber der Begriff bleibt unzureichend, weil die innere Anziehung eine mediale Spannung verrät, die unser inneres Leben aktiviert. So müßte man vielleicht von einer Passivität sprechen, die potentiell innere Aktivität ist, während im Rot alle Aktivität aktuell wird.

Kandinsky beschreibt Blau ziemlich in der gleichen Weise:

„Die Vertiefungsfarbe finden wir im Blau und ebenso erst theoretisch in ihren physischen Bewegungen 1. vom Menschen weg und 2. zum eigenen Zentrum. Und ebenso, wenn man das Blau (in jeder gewünschten geometrischen Form) auf das Gemüt wirken läßt. Die Neigung des Blau zur Vertiefung ist so groß, daß es gerade in tieferen Tönen intensiver wird und charakteristischer innerlich wirkt. Je tiefer das Blau wird, desto mehr ruft es den Menschen in das Unendliche, weckt in ihm die Sehnsucht nach Reinem und schließlich Übersinnlichem. Es ist die Farbe des Himmels, so wie wir ihn uns vorstellen bei dem Klange des Wortes Himmel.

Blau ist die typisch himmlische Farbe. Sehr tiefgehend entwickelt das Blau das Element der Ruhe. (Als Anmerkung: Nicht wie Grün – welches ... irdische, selbstzufriedene Ruhe ist – sondern feierliche, überirdische Vertiefung. ...)

Zum Schwarzen sinkend, bekommt es den Beiklang einer nicht menschlichen Trauer. Es wird eine unendliche Vertiefung in die ernsten Zustände, wo es kein Ende gibt und keines geben kann.

Ins Helle übergehend, wozu das Blau auch weniger geeignet ist, wird es von gleichgültigerem Charakter und stellt sich zum Menschen weit und indifferent, wie der hohe hellblaue

Himmel. Je heller also, desto klangloser, bis es zur schweigenden Ruhe übergeht – weiß wird. Musikalisch dargestellt ist helles Blau einer Flöte ähnlich, das dunkle dem Cello, immer tiefer gehend in den wunderbaren Klängen der Baßgeige; in tiefer, feierlicher Form ist der Klang des Blau dem der tiefen Orgel vergleichbar ..." (S. 92 f.).

k) Violett

Es ist die uneinheitlichste, zwiespältigste Farbe. Das gilt auch darin, daß der Streit um die Frage, ob Violett als eigene Farbqualität aufzufassen sei, wohl nie ganz beendet sein wird. Es scheint mir, als äußere sich in diesem Streit der Wunsch, sich mit dieser Zwiespältigkeit des Violett nicht abfinden zu wollen, sondern sie eben dadurch aufzulösen, daß man Violett aufteilt (Blau- und Rotviolett) und dadurch eindeutiger erfassen kann. Der scheinbar nur formale Unterschied in der Ansprache beeinflußt aber doch zu sehr unsere Vorstellung und unser Farbgefühl. Man kommt dem Wesen des Violett nur dann wirklich nahe, wenn wir davon ausgehen, daß der ungelöste Konflikt das spezifische Kennzeichen dieser Farbe ist. Violett stellt eher nur eine Frage, als daß es eine Antwort gibt.

Im Violett setzen sich Rot und Blau nicht ineinander – so wie Gelb und Blau im Grün –, sondern betont aus-einander. Dieser intensive, polare Gegensatz zwischen der roten und blauen Komponente, die sich nicht gegenseitig kompensieren, bestimmt die zwitterhafte Unruhe, die ungelöste Spannung des Violett. Keine andere Farbe bewohnt so sichtbar den Zwischenbereich von Dunkel und Licht, Tod und Leben. Als selbstleuchtende Spektralfarbe hat Violett eine geradezu magische Ausstrahlung, die das Denken und den Willen lähmt.

Die gefühlsmäßige Reichweite dieser antinomischen Farbe reicht von harmloser, dienender Bescheidenheit zu melancholischer Unlust und Beschwerung (Violett–Blauviolett) bis zur giftigen Aufdringlichkeit (Purpurviolett).

Goethe beurteilt Violett allein aus der ‚Steigerung' des Blau ins Rot:

„... Das Blaue steigert sich sehr sanft ins Rote und erhält dadurch etwas Wirksames, ob es sich gleich auf der passiven Seite befindet. Sein Reiz ist aber von ganz anderer Art, als der des Rotgelben. Er belebt nicht sowohl, als daß er unruhig macht.

So wie die Steigerung selbst unaufhaltsam ist, so wünscht man auch mit dieser Farbe immer fortzugehen, nicht aber wie beim Rotgelben, immer tätig vorwärtszuschreiten, sondern einen Punkt zu finden, wo man ausruhen könnte.

Sehr verdünnt kennen wir die Farbe unter dem Namen Lila; aber auch so hat sie etwas Lebhaftes ohne Fröhlichkeit.

Jene Unruhe nimmt bei weiterschreitender Steigerung zu, ... Indem die hohe Geistlichkeit diese unruhige Farbe sich angeeignet hat, so dürfte man wohl sagen, daß sie auf den unruhigen Staffeln einer immer vordringenden Steigerung unaufhaltsam zu dem Kardinalspurpur hinaufstrebe."

Unter allen Beschreibungen, die ich kenne, scheint mir die von Köstlin die zutreffendste zu sein:

„... Das Violett ist lichtarmes Blau, von intensiv rotem Schein erleuchtet, rote Helle durch Blau verdunkelt; diese Verbindung von Blau und Rot ist keine wirkliche Verschmelzung, sondern sie ist eine Vereinigung, in welcher die beiden Farbenenergien sich nebeneinander behaupten und daher ebensosehr selbständig zusammenwirken, als auch, weil Blau und Rot schlechthin verschieden sind, einander bekämpfen.

Das Wesentliche des Violetten ist einerseits ein kräftiger Schein, welcher spezifisch Röte hat und wie diese spezifisch an Erhellung der Materie, an Lichtwerdenwollen des Dunklen gemahnt, andererseits aber ein bläuliches Dunkel, welches die Helle bricht und in Finsterniß zurückhält durch dieses Zusammensein von beidem ist Violett zuvörderst energisch, ... das die Finsterniß bereits siegreich erhellende Leuchten und die stets noch kräftig in sich zusammgehaltene Dunkelheit. Nach dieser Seite ist Violett eine prächtige ‚superbe' Farbe. Es ist nichts weniger als leer, matt und fade, und es nicht so einfach wie Grün, Rot usw. ... es leuchtet so gewaltig wie von dampfenden Massen, und es hält in so kräftigem Dunkel jeden oberflächlich angenehmen Farbenreiz von sich, daß es anziehend und zurückweisend, nach außen wirksam und in sich gekehrt, lebensvoll und gemessen ernst zugleich ist.

Aber ebensosehr ist in ihm ein Streit der Elemente und daher eine Gebrochenheit, ein Mißklang, eine ... Bitterkeit, eine Schroffheit; denn die energisch aus der Dunkelheit hervortretende, aber ebenso entschieden wiederum ins Dunkel sich hüllende Farbenhelligkeit stößt ab und zurück; das Violett will sich nicht ganz geben, es ist verschlossen im äußersten Grade, es will sich nicht erwärmen lassen und nicht erwärmen ... es ist ein in seinem Hervordringen gewaltsam gehemmtes Leben, es ist finsteres Licht, kalte Wärme, erstarrte Lebendigkeit ... das Violett steht sehr schön am Ende des Spektrums; nach Grün und Blau leuchtet mit ihm, dem die Farbenreihe eröffnendem Vollrot entsprechend, noch einmal rötlicher Lebensschein hervor, aber es reicht nicht mehr zum Vollen zu, Licht und Wärme wagen sich noch einmal heran, aber sie kehren um, ziehen den Vorhang zu und hüllen sich in Finsterniß ..." (S. 488 f.).

Kandinsky mißt Violett nur am Rot und dessen Abkühlung durch Blau, sieht es also nicht eigentlich als Spannungsfarbe, als Konfliktverhältnis, sondern nur als traurige Farbe des verlöschenden Rot.

„... Wie Orange durch das Näherziehen des Rot zum Menschen, ebenso entsteht durch das Zurückziehen des Rot durch Blau das Violett, welches die Neigung hat, vom Menschen sich wegzubewegen. Dieses im Grunde liegende Rot muß aber kalt sein, da das Warm des Rot mit dem Kalt des Blau sich nicht mischen läßt (durch kein Verfahren), was auch auf dem Gebiet des Geistigen stimmt. Violett ist also ein abgekühltes Rot im physischen und psychischen Sinne. Es hat deswegen etwas Krankhaftes, Erlöschtes (Kohlenschlacken!), hat etwas Trauriges in sich. Diese Farbe wird nicht umsonst als passend für Kleider alter Frauen gehalten" (S. 102).

l) Rot und Blau

Als Ergänzung des Überblicks über die Gefühlswirkungen der Farben möchte ich auszugsweise einen Aufsatz von Ernst Jünger über „Die blaue Farbe" (1938) wiedergeben,[33] in dem er sich besonders dem Verhältnis von Blau und Rot widmet, welches ja als die stärkste Polarität, die Gesamtspannung des Bunten unmittelbar zum Ausdruck bringt.

„... Rot ist unser irdischer Lebensstoff; wir sind ganz und gar ausgekleidet von ihm. Die rote Farbe ist uns daher nahe — so nah, daß zwischen uns und ihr kein Raum zur

[33] In „Das Abenteuerliche Herz", 8. Aufl. S. 153 ff.

Überlegung besteht. Sie ist die Farbe der reinen Gegenwart; unter ihrem Zeichen verständigen wir uns auf sprachlose Art.

Zugleich aber sind zu unserem Heile auf diese Farbe starke Siegel gelegt. Wir begrüßen sie heftig, und wir schrecken ebenso heftig vor ihr zurück; sie läßt den Lebensatem schneller, aber zugleich ängstlicher wehen. Sonst würde die Welt einen Anblick bieten wie Blaubarts Kammer und als Schauplatz wahlloser Durchdringung vom Schein immerwährender Brände erleuchtet sein. Hiervor bewahren uns die hütenden und richtenden Mächte, der fürstliche Purpur und die reine Flamme im vestalischen Herd.

Diese Sparsamkeit, die uns zum Ruhme gereicht, setzt indessen das Prinzip des hohen gesetzgebenden Geistes voraus, dem die blaue Farbe zugeordnet ist. In dieser Farbe deuten sich die beiden Flügel des Geistes an: das Wunderbare und das Nichts. Sie ist der Spiegel der geheimnisvollen Tiefen und der unendlichen Entfernungen.

So ist uns das Blau vor allem als die Himmelsfarbe vertraut. Blasser und kühler, oft an das Graue oder auch an das Grüne streifend, ruft es in unseren Breiten das Gefühl des leeren und grenzenlosen Raumes hervor. Erst nahe dem Wendekreise strahlt das ewig heitere atlantische Blau, von dem man wahrhaft als von einem Zelte sprechen darf. Jenseits des irdischen Dunstes aber leuchtet das Gewölbe in seinem tiefsten, sich dem Schwarz nähernden Glanz, und es ist wohl möglich, daß die gewaltige Macht des Nichts sich dort dem Auge sichtbar offenbart. In ihm schweben Sterne, wie der Kristall in der Mutterlauge schwebt.

Die tiefen Meere fangen diese Farbe in sich ein und spiegeln sie mannigfaltig zurück, vom stumpfen Kobalt bis zum lichten Azur. Es gibt Meeresweiten von dunkel seidigem oder saphirenem Glanz; dann wieder Flächen von kristallischer Helle über dem leuchtenden Grund. ...

Blau ist die Farbe der äußersten Orte und der letzten Grade, die dem Leben verschlossen sind, so des Dunstes, der in das Nichts verfliegt, so des Firneises und der Kerne der Stichflammen. Ebenso dringt sie in die Schatten, die Dämmerungen und die fernen Linien der Horizonte ein. Sie nähert sich dem Ruhenden und weicht vor dem Bewegten zurück.

Wenn die rote Farbe erscheint, verspüren wir eine Annäherung und Beschleunigung der Beziehungen – das Blaue dagegen ruft das Gefühl der Entfernung und Verzögerung hervor. ... Die blaue Farbe besitzt für das Herz eine heilsame Kraft. ... In der Tat erscheint das Blau, im Gegensatz zum polarisierenden Rot, als die angemessene Farbe der Bündnisse, als die universale Farbe schlechthin. Ebenso deutet es das geistliche und, insbesondere in seinen violetten Schattierungen, das im Fleische unfruchtbare Leben an.

Die blaue Farbe deutet auf den geistigeren Zustand hin, nicht aber auf den vornehmeren, wie er sich in der roten Skala abwandelt, die im Purpur dominiert. Sie nimmt an den Sonderungen nicht teil – ihr Ort darf dort vermutet werden, wo das Gesetz beheimatet ist, nicht, wo es regiert. Das Verhältnis von Blau und Rot bietet Stoff zur hohen Meditation: Im Kosmischen über Himmel und Erde, im Menschlichen über priesterliche und königliche Macht."

E. AUSWERTUNG DER EXPERIMENTELLEN UND PHÄNOMENOLOGISCHEN GEFÜHLSBESTIMMUNG ZU ERLEBNISBEGRIFFEN

1. Klärung des Erlebnisbegriffes

Lassen sich nun für jede Farbe typische Kollektivbegriffe des Farbenerlebens finden? Wenn man eine Farbe „erlebt", so versteht man offenbar zunächst darunter die vom erlebenden Individuum vollzogene Selbstaneignung der Farbe als dem Erlebnisgegenstand. Man erlebt sie als bewußt gewordenes Ereignis im Zusammentreffen, im „Begegnen" mit der Farbe und ihrem jeweiligen dinglichen oder abstrakten Auftreten. Im Erlebnis herrscht daher ein zweiseitiges, dialogisches Verhältnis: Die Farbe zeigt sich, spricht mir zu, und ich erlebe sie, indem sie mich zu bestimmten Gefühlen affiziert. Dieses Farbenerleben mißt sich an der Selbstvergewisserung des Menschen über die Wirkung und Bedeutung der Farben für das eigene Erleben. Die Art solcher psychologischen Farbenübersetzung kann als spezifisch neuzeitliche gelten. Ich möchte den Ausdruck Farbenerlebnis da abgrenzen, wo Farbe als Farbe nur in ihrem sich selbst vertretendem Dasein gemeint ist, die Selbstvergewisserung des erlebenden Menschen also dem Selbstwert der Farbe entspricht.

In früheren Zeiten einer anderen Bewußtseinslage hat solches Farbenerleben gewiß nicht bestanden. In der kultischen Farbenerfahrung ist eine gänzlich andere, symbolgesättigte Farbenwirklichkeit anwesend, die ausschließt, daß die Farbe nur für sich selbst – als eigene Sache – gilt. Der hier gemeinte, grundsätzliche Unterschied zwischen dem verdinglichten Farbenerleben und einem Erfahren und Deuten der Farben im *Bedeuten* für etwas anderes, dem sie transparent sind, für das sie fungieren, spricht sich im geschichtlichen Wandel der abendländischen Malerei aus.

Die auf den folgenden Seiten entwickelten Erlebnisbegriffe weisen in das unreflektierte, unbewußt stattfindende Geschehen, das die Farbenerlebnisse motiviert und steuert. Sie sind also auch als durch die Farben erregte Motivbegriffe des allgemeinen Erlebens zu verstehen. Hier herrscht kein zweiseitiges Begegnungsverhältnis, sondern eher ein kommunikatives Bestimmungsverhältnis. Die Erlebnisbegriffe der Farben sollen daher auch als Motiv- und Steuerungsbegriffe für das durch die Farben ausgelöste Erleben gelten, dessen elementare, ontologische Gründe noch behandelt werden.

Als allgemeine Erlebnisbegriffe sind sie zu unterscheiden von Gestaltbegriffen und Naturelementen, die durch ihre bestimmten Farben als Motivgestalten das Farbenerlebnis bestimmen können, so wie z. B. der blaue Himmel. (Es kann sowohl der Himmel für das Blau stehen als auch Blau für „Himmel".) Ich sehe von solchen Gestaltbindungen ab, weil diese dem wechselnden Bewußtsein ihrer verschiedenen symbolischen Bedeutung unterliegen und nur im Zusammenhang mit dem jeweiligen kulturellen Weltbild erläutert werden können. (Vgl. dazu die Bemerkungen zu „archetypischen Farben", S. 217 u. Anm. 34 a.)

2. Erlebnisbegriffe der Farben

Nachstehend fasse ich in kurzen Übersichten die aus experimentellen und phänomenologischen Untersuchungen hervorgegangenen Gefühlsbestimmungen zusammen, um die Materialsammlung auszuwerten.[34] Meine eigenen Beurteilungen habe ich dabei nicht nochmals berücksichtigt.

Anschließend versuche ich, für die bunten Hauptfarben Erlebnisbegriffe anzugeben, welche als Ergebnis der Auswertung verstanden sein sollen.

Jeder Versuch, verbindliche Erlebnisbegriffe aufzufinden, muß mit der Schwierigkeit rechnen, daß Begriffe, welche emotionale Qualitäten typisieren sollen, für so vieldeutige und vielschichtige psychische Vorgänge nur in sehr beschränktem Umfang gezielt genug sein können. In den meisten Fällen bieten sich mehrere Begriffe von gleichem Rang an, die erst zusammen die nötige Aussage bilden. Ich habe versucht mit möglichst wenigen Begriffen auszukommen, bin mir aber bewußt, daß sie nur ungefähre Gültigkeit haben. Versteht man sie in diesem mehr hinweisenden als ausdeutenden Sinne, dann mögen sie wohl geeignet sein, als ‚Schlüsselbegriffe' verwandt zu werden.

Zur Bestimmung solcher Begriffe kommen eine ganze Reihe verschiedener Aspekte in Betracht, z. B. die *Bedeutung* (wie und als was wird der Ausdruck einer Farbe erlebt?) oder die effektive *Wirkung* (wie wirkt eine Farbe auf das Gemüt, in welchen Zustand versetzt sie mich?) oder die Ebene der *Auswirkung*, des Resultates der Einwirkung. Ich habe mich mit den drei genannten begnügt und versucht, für sie verschiedene Ausdrücke zu finden, wenngleich auch sprachliche Bedingungen eine solche Differenzierung erschweren, weil sich nicht für alle Ebenen gleichartige verbale und adjektivische Funktionen substantivieren lassen. Die Aufgliederung der Begriffe dient weniger der Absicht einer verselbständigten Rubrizierung, als vielmehr der Detaillierung des Gesamterlebens. Für sich isoliert verwendet, verführen sie zu einseitiger Sicht.

Wesentlich scheint mir, daß die vorgeschlagenen Begriffe assoziationsfrei sind und sich nicht direkt auf Naturobjekte unseres gegenständlichen Lebens beziehen. Daher sind sie soweit abstrakt formuliert, daß sie auch als *Grenzbegriffe* aufgefaßt werden können. Sie sind Grenzbegriffe des Erlebens, insofern sie zum Teil bereits weiterweisen und die ‚Brücke' zu elementaren Grundgefühlen bilden.

Ich komme nun zur Auswertung und Ableitung der Begriffe:

Rot:

„stark erregend, erwärmend, belebend" (St)

„Farbe der stärkeren Außenzuwendung – Reizaufnahme, Reizzuwendung, Reizbereitschaft, Reizempfänglichkeit, Reizentladung, Farbe der psychischen Verarbeitung" (HH)

Eine Farbe, die „trotz aller Energie und Intensität eine starke Note von beinahe zielbewußter immenser Kraft zeugt. Es ist in diesem Brausen und Glühen, hauptsächlich in sich und sehr wenig nach außen, eine sozusagen männliche Reife". (Ka)

---

[34] Abkürzungen: B = Bernstein, F = Frieling, G = Goethe, HH = Heiß/Hiltmann, Ka = Kandinsky, Kö = Köstlin, St = Stefanescu-Goanga.

„Es ordnet sich nicht bald den anderen Farben unter, bald dominiert es, sondern wo es ist, herrscht es immer, gleichgültig, in welcher Nuance und gleichgültig in welcher Menge es vorhanden ist." (B)

„Das reine Rot ist nicht mehr ausgesprochen warm. Es kündet vor allem Kraft." (F)

(Es ist hier von dem als *Mittelrot* bezeichneten vollen Rot die Rede, obwohl man im einzelnen kaum genau weiß, welche Rotvorstellung vorliegt. Die Auswahl der Zitate geschah unter dem Gesichtspunkt des gemeinten reinen Rots. Auf Angaben über Zinnoberrot (Kadmium- und Spektralrot) und Karminrot verzichte ich hier und verweise auf die Angaben unter E. Zinnoberrot (Rot Z) bedeutet übereinstimmend eine Verstärkung der erregenden, nach außen drängenden Wirkung und der Erwärmung – umgekehrt beim Karmin.

Erlebnisbegriffe: Kraft, Erregung, Kräftigung

Für Rot Z käme als Abstufung in Frage: Krafttrieb (Triebkraft).

Orange:

„anregend, lebhaft, heiter, erregend, warm" (St)

„als Farbe der Extraversion gleichsam in der ‚zweiten Front', hinter Gelb und Rot. ... Es mag auf einen Bereich hindeuten, der mit Leistungs- und Geltungsstreben angedeutet werden kann". (HH)

„... gibt dem Auge das Gefühl von Wärme und Wonne" (G)

„... eine wenig besagende, aber äußerst gemütliche, weiche, lebensfrohe Farbe; ... Farbe des hellen Überflusses, ..." (Kö)

„... es ist einem von seinen Kräften überzeugten Menschen ähnlich und ruft deswegen ein besonders gesundes Gefühl." (Ka)

Erlebnisbegriffe: Lust, Freude / Genuß / Entspannung, Erleichterung, Zerstreuung

Gelb:

„erregend, warm, heiter ..." (St)

„weist auf die Seite der lebhaften, weniger triebgebundenen Extraversion und auf allgemeine Stärke des Antriebes und der Aktivität." (HH)

„führt in ihrer höchsten Reinheit immer die Natur des Hellen mit sich und besitzt eine heitere, muntere, sanft reizende Eigenschaft." (Goldgelb) (G)

„Farbe prangender Fülle der Existenz ... aber es ist auch aufdringlich, unbescheiden, grell, stolz, und es ist äußerlich, ohne Tiefe und Wärme, ..." (Kö)

„... die erste Bewegung von Gelb, das Streben zum Menschen, welches bis zur Aufdringlichkeit erhoben werden kann ... und auch die zweite Bewegung, das Springen über die Grenze, das Zerstreuen der Kraft in die Umgebung sind gleich den Eigenschaften jeder materiellen Kraft, die sich unbewußt auf den Gegenstand stürzt und ziellos nach allen Seiten ausströmt. Andererseits das Gelb, wenn es direkt betrachtet wird ... beunruhigt den Menschen, sticht, regt ihn auf." (Ka)

Erlebnisbegriffe: Übersteigerung, Leichtsinn / Aufregung / Befreiung, Verausgabung, Verschwendung

Grün:

„beruhigend, sanft, freundlich, ruhig, heiter, ... aber nicht so einheitliche Gefühlswirkung wie bei den anderen Farben." (St)

„zeigt ein ‚Doppelgesicht' ... hat eine ‚reizdämpfende Funktion', bedeutet ‚sensiblen Kontakt', ... – Reizempfindlichkeit, Reizgeöffnetheit, Reizverdichtung, Reizhäufung, Reizsperrung, – Farbe des psychischen Kontakts." (HH)

„... durchaus die Farbe rechter Sattheit der Existenz, (vgl. Orange und Gelb) ... es gibt ebenso nichts Wohltuenderes als Grün, weil es in das Auge einfließt mit einer milden Fülle, die nicht etwa bloß ruhig läßt, sondern positiv beruhigt ... durch Entfernung allen ... aufreizenden Lichtreizes ... Freudigkeit des Habens, des Besitzens, eine so behagende Entfernung jedes Gefühls des Mangels, ..." (Kö)

„... ist die ruhigste Farbe, die es gibt, ... verlangt nichts, ruft nirgends hin, ... wirkt nur langweilend. Die Passivität ist die charaktervollste Eigenschaft des absoluten Grün, wobei diese Eigenschaft von einer Art Fettheit, Selbstzufriedenheit parfümiert wird." (Ka) (Angaben können nur für ein ausgesprochenes Dunkelgrün gelten.)

„Keine Farbe ist so beweglich wie das Grün, keine hat eine so unbegrenzte Skala ... zwischen dem äußersten Gelbgrün und dem äußersten Blaugrün liegt ein so weiter Zwischenraum, daß schon beinahe eine Kontrastwirkung zustande kommt. Auch zwischen dem hellsten und dem dunkelsten Grün liegt ein weltenweiter Unterschied." (B)

Erlebnisbegriffe: Hoffnung — Zufriedenheit — Gelassenheit / Anregung — Beruhigung — Sicherung / Bindung, Bergung, Bewahrung

Blau:

„beruhigend, etwas deprimierend, friedlich, ruhig-ernsthaft, ... sehnsüchtig, melancholisch, ruhig-kalt", bei Indigoblau: „stark deprimierend gefärbte Beruhigung, ... ernst und traurig ..." (St)

„Farbe für gute reizadäquate und reizregulierende Verarbeitung, ... Blau erscheint als Farbe der Introversion, als Farbe der affektiven Regulation und Steuerung und besitzt auch einen gewissen Aussagewert für die rational-geistige Entwicklung." (HH)

„... ist in (ihrer) höchsten Reinheit gleichsam ein reizendes Nichts. Es ist ein Widersprechendes von Reiz und Ruhe im Anblick." (G)

„Die Vertiefungsfarbe finden wir im Blau und ebenso erst thoretisch in ihren physischen Bewegungen, 1. vom Menschen weg und 2. zum eigenen Zentrum. ... Die Neigung ... zur Vertiefung ist so groß, daß es gerade in tieferen Tönen intensiver wird und charakteristischer innerlicher wirkt. Je tiefer ... desto mehr ruft es den Menschen in das Unendliche, weckt in ihm die Sehnsucht nach Reinem und schließlich Übersinnlichem. ... Sehr tiefgehend entwickelt das Blau das Element der Ruhe." (Ka)

Erlebnisbegriffe: Beständigkeit, Hingabe, Ernst / Ruhe, Frieden / Sammlung, Vertiefung, Zurückhaltung

Violett:

„deprimierend, niederdrückend, sehnsüchtig, traurig, sehr melancholisch, ... aber auch von innerer Beunruhigung, ... eine Mischung von Depression und Beunruhigung," (St)

„scheint Träger einer mehr sekundären affektiven Ausgleichsfunktion zu sein, ..." fungiert auch als ‚Störfarbe'. (HH)

Es „belebt nicht sowohl, als daß es unruhig macht." (G)

„Diese Verbindung von Blau und Rot ist keine wirkliche Verschmelzung, sondern sie ist eine Vereinigung, in welcher die beiden Farbenenergien sich nebeneinander behaupten, ... einander bekämpfen. ... das Violett will sich nicht ganz geben, es ist verschlossen im äußersten Grade, es will sich nicht erwärmen lassen und nicht erwärmen, ... ist ein in seinem Hervordringen gewaltsames gehemmtes Leben, es ist finsteres Licht, kalte Wärme, erstarrte Lebendigkeit." (Kö)

„Violett ist ... ein abgekühltes Rot im physischen und psychischen Sinne. Es hat deswegen etwas Krankhaftes, Erlöschtes, hat etwas Trauriges in sich." (Ka)

Erlebnisbegriffe: Spannung, Unlust, Unzufriedenheit / Beunruhigung—Beschwerung / Verschließung, Verzicht, Melancholie

Purpur:

„aufregend-warm (?), würdig, stolzerregend, ... kräftig, energisch, mit einem Gefühl von Ernst und Würde verbunden." (St)

„... gibt einen Eindruck sowohl von Ernst und Würde, als von Huld und Anmut. Jenes leistet sie in ihrem dunklen, verdichteten, dieses in ihrem hellen, verdünnten Zustande." (G)

„Das Purpur hat die Kraft und Triebhaftigkeit des Feuers überwunden. Es erhält durch den beschwerenden Blauanteil etwas Ernstes und Feierliches." (F)

Erlebnisbegriffe: Macht, Herrschaft, Würde, Ernst / Befriedigung, Erfüllung / Stärkung, Erhebung

Übersicht der Erlebnisbegriffe

	Bedeutung	Wirkung und	Auswirkung
ROT	Kraft	Erregung Antrieb	Kräftigung
ORANGE	Lust, Freude	Genuß	Entspannung Erleichterung Zerstreuung
GELB	Übersteigerung Leichtsinn	Aufregung Loslösung	Befreiung Verschwendung Verausgabung
GRÜN	Hoffnung Zufriedenheit Gelassenheit	Anregung Beruhigung Sicherheit	Bergung Bewahrung Bindung
BLAU	Beständigkeit Hingabe Ernst	Ruhe Frieden Beharrung	Sammlung Vertiefung Zurückhaltung
VIOLETT	Spannung Unlust Unzufriedenheit	Beunruhigung Beschwerung	Verzicht Melancholie
PURPUR	Macht, Herrschaft Würde, Ernst	Befriedigung Erhebung	Stärkung Erfüllung

WEISS	Offenheit
GRAU	Gleichgültigkeit
SCHWARZ	Verschlossenheit

Soweit die vorgeschlagenen Erlebnisbegriffe zutreffen, müßte sich analog des Farbenkontinuums auch ein *Kontinuum des Farbenerlebens* aufzeigen. Zur Veranschaulichung dieses Kontinuums kann die Strukturform des Farbenkreislaufes verwandt werden, wenn sie auch nicht für diesen Zweck entworfen wurde. Ich habe auf den Abb. 17 a, b zwei Versuche unternommen, solche psychischen Farbenkontinua abzubilden, einmal unter dem Aspekt *Gemüt*, und dann als Darstellung der *Erlebnis-*

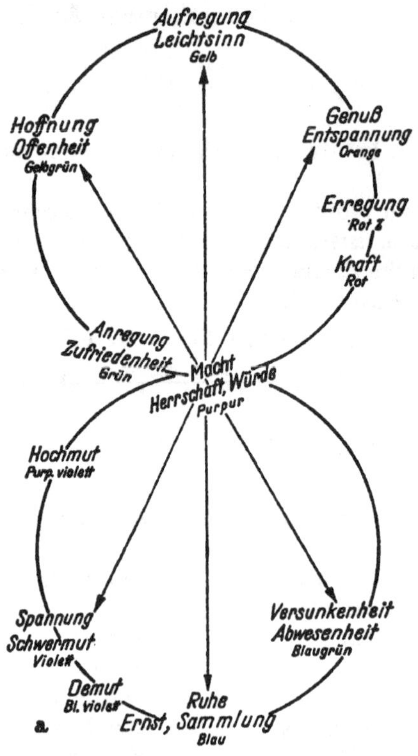

Abb. 17 a. Kontinuum des Farbenerlebens. Aspekt „Gemüt".

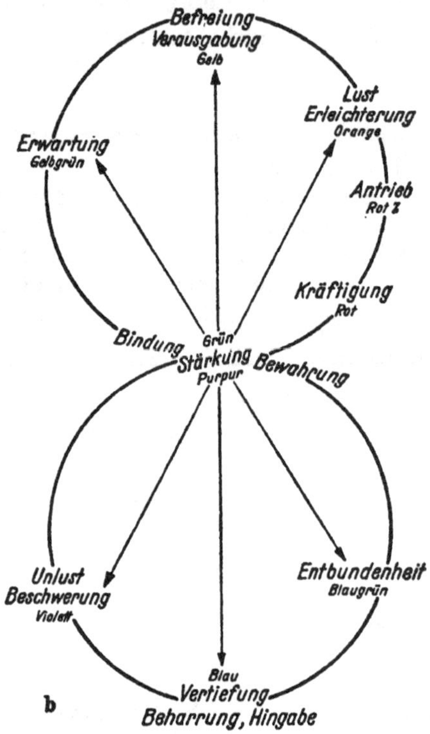

Abb. 17 b. Erlebnisspannungen und -gegensätze

spannungen und *-gegensätze.* So ist eine gewisse Kontrolle der Erlebnisbegriffe möglich. Auf der nächsten Seite gebe ich eine Übersicht.

Es zeigt sich in den Abbildungen der Kontinua, daß der Zusammenhang bestimmter Farbengruppen — wie *Gelb—Grün—Blau* oder *Gelb—Orange—Rot* — dem der Erlebnisbegriffsgruppen entspricht. Begriffe für die Zwischenstufen, wie für Gelbgrün und Blaugrün lassen sich von Grün aus bestimmen, so wie sie auch in den Begriffen für Grün schon latent enthalten sind (so weist die ‚Hoffnung' oder die ‚Anregung' auf Gelbgrün, die ‚Entbundenheit' auf Blaugrün hin).

In dieser Weise kann man wohl einen einigermaßen verbindlichen *psychologischen Farbenschlüssel* entwickeln, ein Ausdruck, den Frieling verwendet, auf dessen ganz ähnlich gerichtete Absichten ich gleich noch eingehen werde. Die Sprache der Farben könnte dadurch als Sprache der Erlebnisgefühle verdolmetscht werden.

Die Erlebnisbegriffe bestätigen weitgehend die experimentellen Ergebnisse des Farbpyramidentests in der Gruppierung verschiedener Farben: Wenn Rot, Blau und Grün das sogenannte „Normsyndrom" oder Rot, Gelb und Orange das „Stimulationssyndrom" bilden, so können die Erlebnisbegriffe dieser Farben so verstanden werden, daß sie etwa dasselbe in ihrer gruppenhaften Summe ausdrücken. Aufschlußreich ist dann auch, daß Violett und Orange als ‚Drehpunkte' der „meisten Verschiebungen" gewertet wurden, was sich gut verstehen läßt, wenn man die entsprechenden Erlebnisbegriffe übersieht.

Übersicht der Erlebnisbegriffe in ihren Gegensätzen und Spannungen

GELB	BLAU
Leichtsinn Übersteigerung	Ernst, Vertiefung
Verausgabung	Zurückhaltung
Befreiung	Beharrung
Loslösung	Beständigkeit
Verschwendung	Sammlung
Aufregung	Ruhe, Frieden
ORANGE	BLAU
Lust, Freude Entspannung Erleichterung	Ernst, Ruhe Vertiefung
Genuß, Zerstreuung	Sammlung
ROT	BLAU
Kraft	Hingabe
Erregung, Antrieb	Ruhe, Beharrung
Kräftigung	Sammlung
ROT	GRÜN
Kraft	Bewahrung
Erregung	Anregung, Beruhigung Zufriedenheit
Kräftigung	Bindung
PURPUR	GRÜN
Macht, Herrschaft	Sicherheit
Erfüllung, Befriedigung	Zufriedenheit
Stärkung	Gelassenheit Bergung
Erhebung	Bewahrung
VIOLETT	GRÜN
Spannung	Ausgeglichenheit
Beunruhigung	Beruhigung
Unlust	Anregung
Unzufriedenheit	Zufriedenheit
Verzicht	Bergung, Bewahrung
VIOLETT	GELB
Spannung	Befreiung
Verschließung	Loslösung
Melancholie	Leichtsinn
Verzicht	Verausgabung
VIOLETT	ORANGE
Spannung	Entspannung
Beschwerung	Erleichterung
Verzicht	Genuß
Unlust, Unzufriedenheit	Lust, Freude

3. Vergleiche mit bereits vorliegenden Übersichten begrifflicher Bestimmung des Farbenerlebens (H. Frieling/X. Auer, F. Birren)

Einen bemerkenswerten Versuch, die emotionalen Funktionen der Farben in einem ‚Psychologischen Farbenschlüssel' zusammenzustellen haben H. Frieling und X. Auer in dem jüngst erschienenen Buch „Mensch, Farbe, Raum" (2. Aufl. 1956) unternommen. Ich gebe ihn auf der folgenden Seite auszugsweise wieder.

Dieser Farbenschlüssel stimmt mit unseren Ergebnissen ziemlich überein, enthält aber zuviel dingliche Assoziationen, wie Blut, Kristall, Wasser, ja sogar Geld (für Braun). Davon sollte ein psychologischer Farbenschlüssel möglichst frei sein. Überhaupt ist eine direkte Anlehnung an gegenständliche Bedeutungen bedenklich. Sicher bestimmen die Naturelemente und alle Gegenstände unserer farbigen Welt das Farbenerleben, so wie die grüne Wiese und der blaue Himmel. Aber sollten wir nicht fordern, daß das eigentliche Farbenerlebnis möglichst von allen Erlebnisobjekten befreit beurteilt wird, zumal die gegenständliche Bedeutung der augenscheinlichen Dinge dann die Begriffe selbst mitbestimmen oder gar bilden. Zur anderen Seite hin haben aber auch abstrakte Denkbegriffe oder zu allgemeine Problembegriffe meiner Ansicht nach in einer solchen Übersicht nichts zu suchen, zumal es höchst fragwürdig ist, sie bestimmten Farben zuordnen zu wollen, wie Geistigkeit und Intuition für Gelb, Philosophie und Klarheit für Blau oder ‚klarer Sinn' für Gelbgrün. Wieso kämen solche Inhalte nur für jeweils eine Farbe in Betracht bzw. wieso hätten sie überhaupt eine bestimmte Beziehung zur Farbigkeit? Man hätte allenfalls so verfahren können, daß getrennt von den spezifischen Bestimmungen der einzelnen Farben besondere Beziehungen genannt würden, in welchen sich die Gefühlsfunktion gleichsam illustriert. Aber auch das gilt ja in sehr verschiedenem Maße und bleibt ziemlich ungewiß und fraglich.

Gewiß bestehen vielfältige Entsprechungen zwischen den Farben zu den Naturelementen – die selbst wiederum als symbolische Prinzipien gelten können, soweit sie eben Lebenselemente sind – oder zu den Temperamenten, die selbst ebenso auf Naturelemente bezogen sind, wie es in der Antike und sehr viel differenzierter, im altchinesischen Taoismus üblich war, in der Analogie natürlicher Zuordnungen zu denken. Aber der Bedeutungsgehalt solcher archetypischen Farbmagie steht und fällt mit dem weltanschaulichen Bewußtsein der jeweiligen Weltorientierung und der sich darin ausprägenden Naturbeziehung des Menschen. Ich glaube nicht, daß ungeschichtlich angewandte Farbnormierungen dieser Art berechtigt sind oder gar verbindlich sein könnten. So interessant es ist, komplexen Beziehungen zwischen Farben, Typen, Elementen usw. nachzugehen, so meine ich, daß unser heutiger, abstrakter Freiheitsgrad kultleeren, restaurativen Rückbindungen entschieden widerspricht. Entfremdungen lassen sich nicht auf solche Weise rückgängig machen.[34a] Ebensowenig halte ich feste Zu-

[34a] Ich denke z. B. an Werthmüller, „Der Weltprozeß und die Farben" oder an Frielings Ausführungen über „Psychologische Elementarfarben", die ich während der Drucklegung meiner Arbeit kennenlernte (in „Studium Generale", 7, 1960, unter „Psychologie der Farben").

ordnungen von Farben zu „Archetypen" nach C. G. Jung (Denktyp-Blau, Fühltyp-Rot, Intuiertyp-Gelb, Empfindungstyp-Grün) für sinnvoll und erlaubt.

Wie Frieling angibt, sind in dem Farbenschlüssel bereits andere, vor allem amerikanische Untersuchungen ausgewertet (welche, wird zwar nicht angegeben). Diese Tatsache ist nicht unwesentlich, weil ja verschiedene Mentalitäten und die jeweilig herrschende kulturelle Tradition möglicherweise zu sehr unterschiedlichen Aussagen

Psychologischer Farbenschlüssel nach Frieling und Auer
(auszugsweise Wiedergabe)

Gelb:	anregend, befreiend, erleichternd Geistigkeit, Intuition, Kontaktaufnahme
Orange:	festlich-freudig, erwärmend, Glanz, Reichtum, Sonne, Fruchtbarkeit
Braun:	erdig-wärmend, trocken, tastbar, festigend, stabil, nüchtern, verschwiegen, Realität, Banalität, Geld, Häuslichkeit, Sparsamkeit, Solidität
Rot: (Zinnober, Kadmium)	erregend, lebhaft, hitzig, leidenschaftlich, Feuer, Eros, Gefahr, laut, Nähe
Rot: (Karmin)	kräftigend, mächtig, beweglich, stark, Blut, Kraft, Macht, Liebe
Purpur:	erhaben, würdig, prächtig, gebietend, Königtum, Hohe Rechtlichkeit, Abstand
Rosa:	zart, abstandgebietend, mädchenhaft, süßlich, zurückhaltend
Violett: (Bl. V.)	mystisch, unruhig, beschwerend Hoher Anspruch, Sorge, Besonderheit, Tiefe
Violett: (R. V.)	verzaubernd, zwiespältig, schwächlich, Magie, Unruhe, herber Duft, Rausch
Blau: (dunkel)	vertiefend, konstruktiv, beherrscht, Ernst, Philosophie, Kristall
Blau: (hell)	sehnend, gemütvoll, empfangend, Himmelsweite, Klarheit, leise
Blaugrün:	abstandgebend, empfindsam, abstrahierend, Wasser, Eis, Glätte, Kälte
Grün:	begehrend, naturhaft, aber auch giftig-triebhaft, Ruhe, Feuchtigkeit
Grün: (hell)	zart, innig, weich, besänftigend, Knospung, Schonung

---

Neben detaillierten Beschreibungen der allgemeinen psychologischen Farbenordnung befaßt sich Frieling hier mit „archetypischen Farben", die er den vier Elementen (Erde, Wasser, Luft, Feuer) als Prinzipien zuordnet. Er sucht nach einem seelischen „Tiefenschema" und meint, daß wir im Sinne von „Wunschbildern" die „Farbzuordnungen zu den alten Elementen und den Archetypen (wie Vater, Sohn, Mutter, Sonne usw.) als innere und nicht nötig als äußere Entsprechungen verstehen müssen". (S. 438)

Grün: (dunkel)	naturhaft, triebsicher, hegend, sichernd, aufnehmend, begrenzend, Mütterlichkeit, Sicherheit, Hoffnung
Gelbgrün:	aufgeschlossen, hingebend, heiter-gelöst, Bescheidenheit, klarer Sinn, Problemlosigkeit

über das Farbenerleben führen. Im großen und ganzen scheint aber zwischen den in Europa und in Amerika (USA) geltenden Deutungen kein wesentlicher Unterschied zu bestehen. Darüber kann man sich genauer informieren, wenn man die von F. Birren veröffentlichte Zusammenstellung der „modern american color associations"[35] übersieht, zu der er allerdings im Gegensatz zu Frieling keine Farbabbildungen mitgegeben hat. Daher weiß man beispielsweise nicht, welcher Farbton unter *Rot* vorgestellt ist. Da *Violett* in der Liste nicht aufgeführt ist, liegt es nahe, daß es teils dem *Purpur* und teils dem *Blau* subsumiert ist. Die wichtigsten Rubriken seiner Farbenliste finden sich auf der folgenden Seite. Der Unterschied zwischen den „objective and subjective impressions" (3 und 4) scheint mir sehr fragwürdig, nicht nur begrifflich, sondern auch wegen der Zuordnung der Assoziationen und Gefühlsqualitäten. (Mir nicht einleuchtende Angaben habe ich mit einem Fragezeichen versehen, auffallende Unterschiede in der Beurteilung sind Kursiv gedruckt.)

Zwischen dem von Frieling erarbeiteten Farbenschlüssel und dem von Birren zusammengestellten besteht eine sehr enge Beziehung. Möglicherweise hat Frieling gerade Birrens Angaben besonders berücksichtigt. Über die Beurteilung dieser amerikanischen Aufstellung würde ich grundsätzlich dasselbe sagen wie zum Farbenschlüssel von Frieling. Im einzelnen bestehen merkliche Unterschiede, besonders bei Grün und Blau. Die sehr merkwürdige Beurteilung von Blau ließe sich nur verstehen — sofern es sich nicht um ein wirklich anderes Farbgefühl handelt —, wenn unter Blau auch Blauviolett einbegriffen ist. Ähnliches gilt für Purpur, besonders bei den „subjective impressions". Es scheint mir sicher, daß *Rotviolett* zum *Purpur* gerechnet ist. Grün wird in dieser Rubrik so negativ beschrieben, daß ich mir nur ein bestimmtes Grüngelb oder ein giftiges Gelbgrün darunter vorstellen kann. Da Grün in den anderen Rubriken (ähnlich wie auch bei Blau und Purpur) ziemlich so beschrieben wird, wie wir es gewöhnt sind, läßt dies nicht die Annahme zu, daß es wirklich andersartig erlebt würde. Aber Grün scheint jedenfalls keine beliebte Farbe zu sein.

Ich möchte ergänzend zu der Liste noch auf die von Birren erwähnte „theatrical" Palette hinweisen, die W. A. Wellmann nach dem Ergebnis seiner Untersuchungen aufgestellt hat:

„R e d being the color of vigor, y e l l o w the color of warmth and joy, g r e e n of abundance and health" (bei Birren erscheint Gelb als Farbe der Gesundheit). „b l u e of spirituality and though, b r o w n of melancholy, g r a y of old age, w h i t e of zest and awareness and b l a c k of gloom."[36]

[35] A.a.O. S. 141.

[36] A.a.O. S. 143.

Diese Palette ist, abgesehen von Braun, der bei uns vorherrschenden Erlebniswirkung weitgehend gleich.

Übersicht der „modern american color associations"
nach F. Birren

ROT	ORANGE	GELB	GRÜN	BLAU	PURPUR
1. General appearance:					
brilliant	bright	sunny	clear	transparent	deep
intense	luminous	incandescent	moist?	wet?	soft
opaque	glowing	radiant			atmospheric
dry?					
2. Mental associations:					
hot	warm,	sunlyght	cool	cold	cool
fire	*metallic!*		nature	sky	darkness?
heat	*autumnal!*		water	water	shadow?
blood				ice?	
3. Objective impressions:					
passionate	jovial	cheerful	quieting	subduing	dignified
exiting	lively	inspiring	refrehing	melancholy	pompous
fervid	energetic	vital	peaceful	contemp-lative	*mournful!*
active	forceful	*celestical*	nascent		mystic
				sober?	
4. Subjective impressions:					
intensity	hilarity	high	*ghastliness*	*gloom!*	*loneliness*
rage	exuberance	*spirit*	*disease*	*fearfulness*	*desperation*
rapacity	sticky?	*health*	*terror*	furtiveness	(Rot-violett?)
fierceness			*guilt*	(Blau-violett?)	
			(Giftgrün?)		

FÜNFTER TEIL

ENTWURF EINER ELEMENTAR-ONTOLOGISCHEN FARBENORDNUNG ALS FUNKTIONSORDNUNG DES LICHTS

A. CHARAKTERISIERUNG DER LICHTFUNKTIONS-ORDNUNG

1. Definitionen und Begriffe

Im Licht-Farben-Kreislauf (III. Teil, E.) hatten wir die Farben nach der Analyse ihrer optischen Qualitäten als Lichtfunktionen begriffen. Jetzt soll versucht werden, diese Lichtfunktionen in ihrem spezifischen Sinngehalt zu erschließen und begrifflich zu benennen. Das soll unabhängig von einer besonderen Erscheinungsweise geschehen. Es sind also nicht etwa die Farben als farbiges Licht (Spektralfarben) gemeint, sondern der allgemeine in den Farben sich kundgebende Lichtcharakter als Ausdruck ihres Farbwesens. Die Farben sollen begrifflich so aufgeschlüsselt werden, daß sich die Lichtfunktionen als die ihnen eigentümlichen ontologischen Grundeigenschaften erklären. Dadurch könnten wir ihre Bildsprache in einer Art Farbengrammatik erfahrbar machen. Den Zugang zur ontologischen Lichtfunktionsordnung gewinnen wir durch die elementar-emotionale Farbenerfahrung, indem wir die *Grundgefühle* für die Hauptfarben erfassen. Insofern sie begrifflich ausgedrückt werden können, sind die Grundgefühlsbegriffe auch als die gesuchten Funktionsbegriffe zu verstehen.

Im engen Zusammenhang mit der Polaritäts-Stufenordnung und dem Licht-Farben-Kreislauf ist das Begriffsgefüge der emotionalen Licht-Funktionsordnung durch mehrere, zusammenwirkende Begriffsstufen gegliedert:

1. Die *Ordnungsbegriffe*. Sie sind – wie die ‚Polarfarben' – allgemeiner Art und dienen zur gruppenweisen Charakterisierung und zeigen dadurch auch den Kontakt mit der polar-zentralen Farbenordnung.

2. Die *Richtungsbegriffe*. Sie bezeichnen jene Gegensätze und ihre Modifikationen, die wir – wie Aktivität und Passivität – als die Spannungsrichtungen der Farben kennen.

3. Die *Funktionsbegriffe* als die Begriffe der *Grundgefühle* für die Hauptfarben. Sie wären dann auch als Funktionsbegriffe des Lichts zu verstehen.

Alle Begriffe sind orientiert nach dem *bipolar-bizentralen Teilungs- und Ergänzungsprinzip* (vgl. S. 156). Eine Übersicht des Begriffsgefüges ist auf S. 228 gegeben.

2. Übersicht der Begriffsstufen und der Einzelbegriffe

I. Ordnungsbegriffe

1. Polarfarben: Gelb – Rot – Blau
2. Zentralfarben: Grün – Purpur
   (Zentrumsfarben und zentrale Ausgleichsfarben)
3. Vermittlungs- oder Kontaktfarben: Orange – Violett

II. Richtungsbegriffe (kontradiktorische Spannungsrichtungen)

positiv	– negativ
aktiv	– passiv[1]
warm	– kühl
hell	– dunkel
nah	– fern
extrovertiert	– introvertiert
(Außenwendung)	(Innenwendung)

Diese Richtungsbegriffe sind auf die *Maximalspannung* der Buntfarbigkeit – *Rot/Blau* – bezogen.

III. Funktionsbegriffe

LICHTAUSWEITUNG (Ausweitungshelle)	– GELB
LICHTKRAFT	– ROT
Lichttriebkraft	– Rot Z
LICHTGRUND	– BLAU
Lichtgrundverdichtung	– Dunkelblau
Lichtgrundaushellung	– Hellblau
LICHTUNG	– GRÜN
Lichtgrundauflichtung (Lichtungsgrund)	– Blaugrün
Lichtungsweitung	– Gelbgrün
LICHTGRUNDKRAFT (Lichtkraftgrund)	– PURPUR

[1] Passivität wie Aktivität sind in ihrer wechselseitigen Gegenfunktion verstanden, ebenso negativ und positiv. Für Blau gilt bei gewisser äußerer Passivität eine innere, ‚nach innen ziehende Kraft'. Deshalb wäre es falsch, bei Blau von reiner Passivität zu sprechen, so als sei Blau eine spannungslose Farbe. Wirklich passiv sind eigentlich nur die unbunten Farben. Die Begriffe reichen nicht aus, sonst könnte man vielleicht sagen, daß der Innen-Außen-Kontrast – der sich ja auch zwischen Rot als hervortretender und Blau als zurückweichender Farbe äußert – für Blau innere und für Rot äußere Aktivität bedeutet. Wir messen eben gewöhnlich Aktivität wie Passivität am nach außen hin agierenden Effekt.

Über das Phänomen des Hervortretens und Zurückweichens bei Rot und Blau s. Sophie Belaiew-Exemplarsky: „Über die sogenannten ‚hervortretenden' Farben", in Ztsch. f. Psychol. 96. Bd., 1925 (S. 400–429), mit zahlreichen Tabellen auf Grund experimenteller Untersuchungen.

LICHTGRUNDSPANNUNGSKRAFT – VIOLETT
(Lichtkraftspannungsgrund)
LICHTKRAFTENTSPANNUNG – ORANGE
(Lichtausweitungskraft)

3. Erläuterungen der Funktionsbegriffe, — der Grundgefühle

Die Funktionsbegriffe für die sieben Hauptfarben sind zunächst intuitiv bestimmt worden. Dabei mußte sich notwendig ergeben, daß sich die Farbenkontinuität und damit auch die verschiedenen Verwandtschaftsgrade in den Begriffen ausdrücken. Nur dann können diese Begriffe der Grundgefühle verbindlich sein, wenn das dialektische Verhältnis zwischen der Selbständigkeit der Farbqualität und ihrem Wert (Funktionswert) als Glied der Farbengemeinschaft begriffen wird. So sollen die Funktionsbegriffe sowohl für sich selbst stehen – stellvertretend für die Farben – als auch im Zusammenwirken ihrer Gesamtheit die gegenseitigen Beziehungen erkennen lassen.

Der Bedeutungsumfang der Begriffe ergibt sich aus der ‚emotionalen Reichweite', d. h. die Grundgefühle beinhalten keine spezifischen Aussagen, sondern sollen vom unmittelbaren Wahrnehmungseindruck der Farben als Lichtfunktionen bis zur Bedeutung der Begriffe in ihrer eigenen Sinnwirklichkeit gelten. Als Elementarbegriffe sind sie transformierbar, von der augenscheinlich sinnlichen Erfahrung zur sprachlichen Begriffsbedeutung. Dieser Bedeutungsumfang entspricht schließlich der Transformationsfähigkeit der Farben in der Sprache ihrer Symbolik. Die eigentliche Bedeutungsgrenze der Begriffe befindet sich daher da, wo Farben als Sinnbilder transparent sind für Inhalte, die wir als transzendent zu bezeichnen pflegen und die Ebene der kultischen, sakralen Symbolsprache treffen.[2]

Erprobungen des Verwendungswertes der Funktionsbegriffe werden weiter unten folgen.

Da die allgemeinen (neutralen) Farben Weiß, Grau und Schwarz und die bunt-unbunte Ausgleichsfarbe Braun keine Lichtfarben sind, lassen sie sich nicht innerhalb dieser durch Lichtfunktionen bestimmten Farbenordnung wirklich einordnen. Doch können diese Farben als Grenzfarben gelten. Eine solche Zuordnung ist auf S. 227 aufgeführt.

Ich möchte nun jeden Funktionsbegriff näher erklären:

I. *Lichtgrund: Blau*

Im Blau scheint das Licht ganz nach innen gewandt oder von innen her, aus ferner Tiefe aufzustrahlen: wie aus seinem Grunde. In dem kühlen Schweigen dieser Farbe

[2] Um das zu untersuchen, habe ich einmal versucht, die Begriffe mit den Begriffsinhalten der christlichen Farbensymbolik in Beziehung zu setzen. Es zeigte sich ein mich sehr überraschender Zusammenhang. Ich möchte aber darauf nicht weiter eingehen. Es wäre einer Nachprüfung wert, was ein solcher Zusammenhang bedeuten würde und ob er nur für die christliche Kultsymbolik der Farben in Betracht käme.

erscheint das Licht in sich zurückgezogen, verborgen. Das dem Schwarz nahe Dunkelblau (Marineblau) kann dann als *Lichtgrundverdichtung*, das Hellblau als *Lichtgrundaushellung* begriffen werden.

Das Dunkel, die Ferne, die Tiefe und die Ruhe des Blau lassen uns an Welt- und Raumgrund denken. Was der Meeresgrund (Meerestiefe) für die See, ist der Lichtgrund fürs Licht.

II. *Lichtkraft: Rot*

Rot ist die kräftigste, stärkste Farbe. Als Kraft (Aktionskraft), spüren wir das Licht unmittelbar nur im Rot. Für die verschiedenen Rotstufen muß der Begriff Lichtkraft differenziert werden. Trifft er direkt für das eigentliche, volle Rot (Mittelrot) zu, dann kann das dem Orange nahe Zinnoberrot (bzw. Kadmium-, Scharlach- und Spektralrot) als Licht*triebkraft* verstanden werden, weil sich hier die Kraft intensiver nach außen entlädt, zur treibenden Kraft wird, aber weniger konzentriert, weniger dicht ist als im Mittelrot. Die Verwandtschaft dieses helleren und wärmeren Rot mit Gelb entspricht der zwischen den Funktionsbegriffen Lichttriebkraft und Lichtausweitung. Umgekehrt ist die Wirkung des dunkleren, kühleren Karmin. Die Lichtkraft hat sich verdichtet, hat eine blauverwandte Innen- und Tiefenrichtung. Karminrot ist ein *grundgebundenes* Rot. Es ist die im Lichtgrund gehaltene Kraft.

Zwischen Zinnober- und Karminrot zeigt sich graduell der Gegensatz zwischen Gelb und Blau: sich verstreuende, ungesicherte Außenkraft und gesammelte, gesicherte Innenkraft, die dem Purpur nahe ist, — der Grundkraft.

II a. *Lichtkraft/Lichtgrund: Rot/Blau*

In der Spannung zwischen der Licht*kraft* und dem Licht*grund* kommt die in der Rot/Blau-Polarität abgebildete Hauptspannung des Lichts zum Ausdruck.

Weil gegen den Lichtgrund die Aktionskraft des Lichts gesetzt ist, erscheint dieser Gegensatz wesentlich stärker als der zwischen Lichtgrund und Lichtausweitung, der vor allem die Hell-Dunkel- und Außen-Innen-Spannung abbildet, die in der Rot-Blau-Spannung ja ebenfalls wirksam ist. Bildet Blau als passiv-beharrender Lichtgrund das innere Gegengewicht, den eigentlichen Gegen-Satz zur aktiven Aussage des Lichts in der Kraft des Rot, so herrscht zwischen ihnen eine kontradiktorische Spannung.

II. *Lichtung: Grün*

Im Grünen hat sich der Lichtgrund aufgelichtet, aufgeschlossen. Diese Grundhelle wird im reinen Grün zur Lichtung des Lichts.

Der Übergang vom Lichtgrund zur Lichtung — Blaugrün — wäre dann als *Grundauflichtung* zu verstehen oder von Grün her als *Lichtungsgrund*, Gelbgrün als die erweiterte, aktivierte Lichtung als *Lichtungsweitung*. (Hell- und Dunkelgrün ließen sich vielleicht ebenso wie Hell- und Dunkelblau bestimmen: Hellgrün als Lichtungsaufhellung bis zur -aushellung und Dunkelgrün als Lichtungsverdichtung oder -verschließung. Aber durch Lichtungsdunkel und Lichtungshelle wären Dunkelgrün und Hellgrün wohl schon ausreichend erfaßt.) Im Grün erscheint das Licht wie in seiner eigensten Mitte, zwischen dem Vermögen seiner *Ein-* und *Aus*strahlung stabilisiert, gesichert: in spannungsfreier, zentraler Beständigkeit.[3]

IV. *Lichtausweitung und Ausweitungshelle: Gelb*

Als hellste, aufgelichtetste Buntheit hat Gelb von allen anderen Buntfarben einen auffälligen Abstand. Äußert sich in seiner Helle das Licht als belichtende Helle, so im Gelb dieser Helle die aktive Ausweitung. Ist die bloße Helle, wie sie Weiß repräsentiert, neutral, so die Gelbhelle durch diesen Aktionswert positiv. Im Gelben strahlt das Licht hemmungslos aus, scheint zu verströmen.

Diese Wirkung ist gemildert, wenn sich das Gelb dem Orange nähert (Chromgelb – Goldgelb). Die Helle ist gedämpft, das Gelb wird kräftiger, schwerer und wärmer. Im Gegensatz dazu zeigt das dem Grün nahe Gelb (Zitronengelb) einen scharfen, kühlen Charakter, der seine Ausweitung verengt, zu aufdringlicher Agression zuspitzt. Im grünlichen Gelb stößt die ungebundene Ausweitungstendenz mit dem grundgebundenen Grün zusammen. Diese Spannung zwischen Licht*freiheit* und Licht*bindung* erklärt die Dissonanz.

Das Verhältnis zwischen warmem und kühlem Gelb zeigt, daß Gelb zum *Rot*, aber nicht zum Grün tendiert.

IV a. *Lichtgrund/Lichtung/Lichtausweitung: Blau/Grün/Gelb*

Der Bedeutungszusammenhang dieser drei Begriffe entspricht der Folge der durch sie definierten Farbfunktionen des Lichts; das sich vom Grund aus auflichtet, in der Lichtung frei setzt und sich schließlich ausweitet, – aus seiner Verborgenheit nach außen drängt, aus dem Fernlicht zum Nahlicht, aus kühler Ruhe zu wärmendem Lichtdrang, aus dunkler Tiefe zu heller Weite verwandelt.

Diese Begriffsfolge ist nicht umkehrbar, d. h. die ‚Bewegung' des Lichts fließt von Blau zu Grün zu Gelb. Die umgekehrte Folge verliefe ‚gegen den Strom' des Lichts.

V. *Lichtausweitungskraft oder -kraftentspannung: Orange*

Orange verbindet Gelb mit Rot. Von Gelb aus gesehen, wird im Orange die Lichtausweitung in ihrer hellen Verströmung gemäßigt, aber zugleich auch gekräftigt, da die Röte die freie Ausstrahlung des Gelb verdichtet und den Lichtdrang bindet. Diese Verdichtung hebt nicht die Ausweitung selbst auf, sondern bewirkt ihre Kraftzunahme als Konzentration. Dem ist die positivere Wirkung des Orange in seiner milden, warmen Leuchtkraft gemäß.

---

[3] Indem sich darin das Wesenhafte des Grün ausspricht, ist es, wie ich meine, die Wesensfarbe par exellence, – die Farbe des Lichtwesens und des Lebendigen, des Lebe(ns)-Wesens. Es ist nicht, wie es bei dualistischer Betrachtung scheinen möchte, die Farbe der Synthese zwischen Licht und Finsternis (Martius), sondern der Synthese der polaren Lebensspannungen des Lichts selbst.

Kann insofern Orange als Kraft der Ausweitung angesprochen werden (die Ausweitung der Kraft würde dem Zinnoberrot entsprechen: Triebkraft), so mag der Begriff Ausweitungskraft geeignet sein.

Von Rot aus betrachtet, verhält es sich gerade umgekehrt. Denn im Orange ist die Kraft des Roten soweit abgeschwächt, daß seine aktive Spannung nahezu ganz entspannt ist, zugunsten geöffneterer, geweiterter Verstrahlung. Von Rot aus ist Orange daher als Kraftentspannung zu begreifen. Beide Begriffe können nebeneinander verwandt werden, je nachdem, ob die Funktion des Orange mehr von Gelb oder mehr von Rot aus in Betracht kommt.

VI. *Lichtgrundspannungskraft oder -kraftspannungsgrund: Violett*

Violett steht zwischen Rot und Blau, genauer: zwischen Purpur und Blau: inmitten des bipolaren Zwiespaltes, den es selbst ausdrückt. Violett ist die Farbe des unerfüllten, unbefriedigenden Ausgleichs zwischen der Antithese der Buntheit, zwischen der Kraft- und Grundfarbe des Lichts. Es erscheint als eine ‚mißlungene' Vereinigung von Rot und Blau und insofern als Mischung (im Sinne der chemischen Bedeutung der Mischung im Unterschied zur Verbindung). Aktivität und Passivität, Position und Negation des Lichts, Wärme und Kühle durchdringen sich ohne Einigung.

Der Begriff Grundspannungskraft will das deutlich machen, d. h. er soll die zwischen Grund und Kraft waltende Spannung bedeuten. Der Akzent des Begriffes liegt auf ‚Spannung': Da Blau und Rot die stärkste Spannung ausdrücken, ist Violett die eigentliche Spannungsfarbe des Lichts.

Man kann nun entweder mehr die Spannungs*kraft* im Auge haben, die zum Lichtgrund besteht (Grundspannungskraft) oder den Spannungs*grund* für die Kraft (Kraftspannungsgrund). Vielleicht kann man sagen, daß dann für *Blauviolett* der Begriff Grundspannungskraft in Frage kommt, als Spannungskraft des Lichtgrundes und für *Rotviolett* der Begriff Kraftspannungsgrund als Spannungsgrund der Lichtkraft. Diese Differenzierung scheint erforderlich, weil gerade im Verhältnis zwischen Blau und Rot zu Violett einerseits Purpur und Violett andererseits die größte Komplikation der bunten Ordnung des Lichts besteht. (Die Bestandteile der Begriffe reichen auch aus, um die Beziehung Purpur-Violett gesondert auszudrücken) (s. unter Purpur.)

VII. *Lichtgrundkraft oder Lichtkraftgrund: Purpur*

Die Spannung zwischen Kraft und Grund des Lichts, die sich selbst im Violett abbildet, ist im Purpur ausgeglichen. Dieser Ausgleich neutralisert nicht, sondern hebt die Spannung in sich auf, beschließt sie. Indem im Purpur aus der Vereinigung von Blau und Rot etwas anderes, neues hervorgeht, kann gesagt werden, daß Rot und Blau in Purpur sublimieren. Im Unterschied zum Violett handelt es sich bei Purpur nicht um eine Vermischung, sondern um eine Verbindung.

In Purpur sind Blau und Rot vereinigt und geeint, zur Synthese gebracht. Da Purpur, so verstanden, aus der stärksten Lichtspannung ‚hervorgeht', so ist Purpur, und das bestätigt der mächtige Ausdruck dieser Farbe, die höchste Lichtpotenz als umgreifende Ganzheit: die *Farbmacht des Lichts.*

So äußert sich einmal im Purpur die Macht der im *Rot* aktivierten Kraft, zugleich aber auch die tief begründete Ruhe eben dieser Macht im eigenen *Grund.*

Der Begriff *Grundkraft* will diese stabile, positive Ruhe der im Grund verankerten Kraft kennzeichnen, der Begriff *Kraftgrund* den Grund als stabile Basis der Kraft.

So ist Purpur zugleich die Kraft des Lichtgrundes wie der Grund der Lichtkraft. (Vergleichsweise darf man wohl sagen, daß sich im Purpur potentielle und kinetische Energie die Waage halten.)

Die Begriffe vermögen selbst etwas vom Verhältnis zwischen Blau und Rot zu Purpur auszusagen, indem die Vereinigung mehr ist als eine Summierung. Denn Grundkraft oder Kraftgrund bedeuten ebenso mehr und etwas anderes als Kraft + Grund.

Es soll aber auch die Wesensverwandtschaft zwischen Purpur und Rot, Purpur und Blau im Blick auf die Kontinuität der Farbengemeinschaft ersichtlich bleiben. Ist es sicher auch gerechtfertigt, für Purpur einen Begriff wie Lichtmacht zu verwenden[4] oder auch *Machtgrund* bzw. *Grundmacht* des Lichts zu sagen, so wird der Zusammenhang, der in den Begriffen Kraftgrund und Grundkraft zum Ausdruck kommt, undeutlich. Dadurch würde Purpur auch wohl zu sehr verselbständigt oder isoliert begriffen. Man kann jedoch wohl sagen, daß Grundkraft und Kraftgrund im Sinne von Lichtmacht gemeint sind, da Kraft und Grund die wesentlichsten Elemente einer stabilen Macht bilden.

Von Purpur her gesehen kann *Violett* etwas anders definiert werden als vom Blau-Rot-Gegensatz aus, da im Purpur das erreicht ist, was im Violett wie ‚als zu leistende Aufgabe' erscheint: die Einigung, die Synthese. So kann dann die Funktion von Violett als *Grundkraftspannung* oder auch als *Kraftgrundspannung* gefaßt werden.

Können wir Purpur einmal, wie hier beschrieben, als Farbe der Kulmination der Buntheitsspannungen begreifen, so ist auch eine andere Deutung möglich, — wenn wir die ‚zentrale Betrachtungsweise' anwenden (also von den Zentralfarben ausgehen) — als Ausgangsfarbe, als die *grundlegende,* elementare Lichtmacht, als Grundkraft und Kraftgrund des Lichts. Dann bekommen die Begriffe einen etwas modifizierten, konsequenteren Sinn, nämlich derart, wie wir vom Grundsätzlichen sprechen, wie vom Grundrecht, der Grundregel oder von der Grundlage.

Im einen Fall ist Pupur die letzte, aus der Hauptspannung hervorgehende Lichtfarbe. Im anderen Fall ist sie die erste, welche die Spannungen potentiell in sich trägt und hervorgehen läßt: wenn es sich aufgliedert und die grundlegenden Elemente der Lichtnatur sichtbar werden, Kraft und Grund. Die Freisetzung der Energie, die kinetische Aktionskraft des Lichts erscheint im *Rot,* die potentielle Energie im *Blau* und die Spannung zwischen beiden im *Violett.*

---

[4] Diesen Begriff legte mir W. Schöne nahe. Um so länger ich darüber nachdenke, erscheint er mir besonders wertvoll, weil er im Unterschied zu Grundkraft oder Kraftgrund ein Begriff vollkommener Einheit ist, der Kraft und Grund übergreift.

Um es zusammenzufassen: 1. kann Purpur als Grundkraft die Einigungsfarbe von Blau und Rot, von Lichtgrund und Lichtkraft sein. 2. kann Purpur auch als Grundkraft des Lichts schlechthin begriffen werden, aus der sich einerseits die Lichtkraft ‚entwickelt', frei wird (über Karmin zu Mittelrot) und der Lichtgrund andererseits sichtbar wird, d. h. also durch die Aufteilung der purpurnen Zentralität des Lichts. Der Verwandtschaft zwischen Kraft und Grundkraft — oder auch zwischen Kraft und Macht — entspricht auf der anderen Seite die Spannung zwischen Kraft und Grund, die im Violett als Grundspannungskraft sichtbar wird.

VII a. *Lichtung und Grundkraft: Grün* und *Purpur*

Indem diese beiden zentralen Farben des Lichts in sich die bi-polaren Spannungen (Gelb/Blau, Rot/Blau) aufheben, sind sie sich in ihren Funktionen unmittelbar verwandt. Geht Grün aus dem Grunde gleichsam hervor, so ist Purpur umgekehrt im Grund begründet. Lichtet sich im Grün das Licht auf, so zeigt es in Purpur seine verdichtete, gesammelte Macht. In der *Grün-Purpur-Paarung vollendet sich das Wesen des Lichts als Lichtung und Grundkraft des Lebens.*

4. Zuordnung der Allgemeinen Farben

I. Ordnungsbegriffe:

Polare Farben:	Weiß und Schwarz
Neutrale Zentral- und Ausgleichsfarbe:	Grau
Allgemeine Vermittlungs- und Ausgleichsfarbe:	Braun

II. Richtungsbegriffe: bezogen auf Weiß/Schwarz

allgemein positiv — allgemein negativ
hell — dunkel

Braun ist, gemessen an Schwarz und Weiß eine positive und warme Farbe, ist entsprechend seiner Stellung zwischen Rot und Schwarz, Bunt und Unbunt ungerichtet, wenngleich nicht indifferent wie Grau.

III. Funktionsbegriffe:[5]

Helle	— Weiß
Dunkelgrund	— Schwarz
Lichtgrundverschlossenheit	
Dunkelgrundlichtung	— Grau
Lichtverbergung	
Lichtkraftbergung	— Braun
Lichtkraftverbergung	

[5] Für die Allgemeinen Farben können als Licht-Funktionen definierte Begriffe nicht eigentlich in Betracht kommen. Zum Operieren mit den Funktionsbegriffen der Buntfarben ist es aber vorteilhaft, ihnen analoge Begriffe auch für die unbunten Farben verwenden zu können, um die jeweiligen Beziehungen auszudrücken.

5. Übersicht des Begriffsgefüges

Farbe	Ordnungsbegriff	Richtungsbegriffe	Funktionsbegriffe
Rot	Polarfarbe	aktiv-expansiv, frei warm-geschlossen, extravertierte Nahfarbe, Tendenz zur Helle positiv – stabil	Lichtkraft – Lichttriebkraft
Orange	Vermittlungsfarbe (Entspannung)	aktiv-extensiv, warm-offen, extravertierte Nahfarbe, Tendenz zur Helle positiv – labil	Lichtkraftentspannung, Lichtausweitungskraft
Gelb	Polarfarbe	aktiv-extensiv, frei warm-offen bis kühl-offen, extravertierte Nahfarbe, exklusive Tendenz zur Helle positiv – labil	Lichtausweitung, Ausweitungshelle
Grün	Zentralfarbe	inaktiv, bipolar gebunden, ausgleichend zwischen Extra- und Intraversion, zwischen warmer Offenheit und kühler Geschlossenheit, Indifferentes Verhalten zu Nähe und Ferne, Tendenz zu Helle und Dunkel zentral – stabil	Lichtung
Blau	Polarfarbe	passiv-intensiv, kühl – offen, introvertierte Fernfarbe, Tendenz zum Dunkel und zur Helle, negativ – stabil	Lichtgrund
Violett	Kontaktfarbe (Spannung)	passiv-aktiv: medial, bipolar aufgespalten, Spannungsumsetzung zwischen Extra- und Intraversion, zwischen kühler Offenheit und warmer Geschlossenheit, Indifferentes Verhalten zu Nähe und Ferne, Tendenz zum Dunkel, negativ-positiv – labil	Lichtgrund- Spannungskraft, Lichtkraft- Spannungsgrund

Farbe	Ordnungsbegriff	Richtungsbegriffe	Funktionsbegriffe
Purpur	Zentralfarbe	inaktiv-konzentrisch, bipolar gebunden und geeint, ausgeglichen zwischen Extra-Intraversion, zwischen warmer Geschlossenheit und kühler Offenheit, zentrierte Nahfarbe, Tendenz zum Dunkel und zur Helle, zentral – stabil	Lichtgrundkraft Lichtkraftgrund

6. Transformation der Lichtfunktionsbegriffe zu Lebensfunktionsbegriffen

Bilden die Funktionsbegriffe der Farben in ihrer Kontinuität und ihren Spannungsstufen zwischen Lichtkraft – Lichtgrund und Lichtungshelle das sinn-bildhafte Ordnungsgefüge des Lichts, so werden sie zu Lebensfunktionsbegriffen, wenn wir das Licht dem Leben gleichsetzen. Begreift man diese Analogie aus wirklicher Entsprechung, dann wären die Grundgefühle der Farben als kategoriale Lebensgefühle zu verstehen. Es spiegelt sich die zur Lebensordnung transformierte Lichtordnung in unserer oder als unsere natürliche Wesensordnung.

Es ergeben sich im einzelnen die folgenden Gleichsetzungen:

Farbe	Lichtfunktionsbegriff Grundgefühlsbegriff	Lebensfunktionsbegriff Lebensgefühlsbegriff
BLAU	Lichtgrund	LEBENSGRUND
GRÜN	Lichtung	LEBENSWESEN (WESEN)
GELB	Lichtausweitung	LEBENSAUSWEITUNG
ORANGE	Lichtkraftentspannung Lichtausweitungskraft	LEBENSKRAFTENTSPANNUNG LEBENSAUSWEITUNGSKRAFT
ROT	Lichtkraft	LEBENSKRAFT
Rot Z	Lichttriebkraft	Lebenstriebkraft
PURPUR	Lichtgrundkraft Lichtkraftgrund	LEBENSGRUNDKRAFT LENBENSKRAFTGRUND
VIOLETT	Lichtgrundspannungskraft Lichtkraftspannungsgrund	LEBENSSPANNUNG – LEBENSZWIESPALT – LEBENSKONFLIKTSPANNUNG

Die polaren Gegenspannungen des *Lebenswesens* (bzw. des Lebewesens) (Grün zu Gelb/Blau) sind *Lebensausweitung* und *Lebensgrund*, die Komponenten seiner Selbsterhaltung. Die komplementäre Beziehung zwischen Gelb-Orange und Blau können wir in ähnlicher Weise übersetzen: Lebensausweitung–Lebensausweitungskraft (Lebenslust) und Lebensgrund bedingen sich gegenseitig zum Leben.

Wenn wir von *Grün* ausgehend seine Beziehung zu Gelb und Blau als ihm verwandte verstehen wollen, können wir auch von der Spannung des *Wesens* zwischen *Wesensausweitung* (Gelbgrün zu Gelb) und *Wesensgrund* (Blaugrün zu Blau) sprechen.

Rot und *Violett* wären dann die Farben der *Aufspaltung von Purpur, der Lebensgrundkraft in die Lebenskraft und die Lebensspannung* (Lebenskonfliktspannung, Lebenszwiespalt). Die eigentliche polare Aufgliederung ist aber die in Lebenskraft und Lebensgrund (Rot und Blau), die maximale Lebensspannung.[6] Zwischen Purpur und Violett herrscht eine unerbittliche Konkurrenz: zwischen *Harmonie und Spannung, Einheit und Zwiespalt, Ausgleich und Konflikt* von Kraft und Grund. Diese Konkurrenz drückt sich unmittelbar aus in der Farbqualität, welche die Unentschiedenheit der Spannung zeigt, unter allen Farben wohl die unverträglichste: *Purpurviolett.*

Abb. 18. Purpurviolett

Wir hatten *Grün* als Farbe des ‚Entwicklungszentrums' (Wesen) und *Purpur* als Farbe des ‚Vollendungszentrums' bezeichnet – als Kulminationsfarbe. – Als Grundkraftfarbe ist Purpur aber auch, wie vorher besprochen, als Ausgangsfarbe zu verstehen und wäre dann konsequent als Symbolfarbe des ‚Ursprungszentrum' zu bezeichnen. Wie sich nun beide Zentrumsfarben im Licht beschließen, so bildet die ‚Summe' von Lebensgrundkraft und Lebenswesen die erfüllte Lebensganzheit.

B. ERPROBUNG UND VERWENDUNG DER FUNKTIONSBEGRIFFE

1. Die Begriffe der polar-zentralen Farben-Stufenordnung

Die im III. Teil behandelten Polaritäts- und Komplementstufen können durch die den Farbenpaaren zugehörigen Funktionsbegriffe benannt und ersetzt werden, so daß für alle Stufen auch in den Beziehungen der ihnen gemäßen Grundgefühle das polare oder komplementäre Verhältnis zum Ausdruck kommt:

[6] D. h. diese Aufgliederung ist so zu verstehen, daß die zentrale Farbe als die ‚Quellfarbe' für Rot und Blau Purpur ist, also der Lichtgrund Blau bei der durch Violett vollzogenen Aufspaltung des Purpurs als ‚Grund der Kraft' aus Purpur hervorgeht.

a) Statische Grund- oder Elementarstufe: Allgemeine Farbpolarität:
Weiß/Schwarz – Helle/Dunkelgrund
Lichtgrundverbergung

b) Dynamische Stufenreihe der Buntfarben:

I. St.	Entwicklungsstufe Elementarstufe der Buntheit	– 1. Polarität
	Gelb/Blau	– Lichtausweitung/Lichtgrund
II. St.	Steigerungsstufe	– Zwischenkomplement
	Orange/Blau	– Lichtausweitungskraft Lichtkraftentspannung } Lichtgrund
III. St.	Hauptspannungsstufe	– 2. Polarität
	Rot/Blau	– Lichtkraft/Lichtgrund
IV. St.	Vollendungs- oder Kulminationsstufe	– Endkomplement
	Purpur/Grün	– Lichtgrundkraft Lichtkraftgrund } Lichtung

Es ist auch zu erkennen, welche Spannungen sich harmonisch ausgleichen können und welche sich antithetisch entgegensetzen.

Auf der Entwicklungsstufe (I) fehlt die Lichtkraft ganz. Es bleibt beim reinen Gegensatz zwischen Lichtgrund und Aktionshelle des Lichts, der Lichtausweitung.

Auf der II. Stufe wird ein harmonischer Ausgleich erreicht, weil Kraft und Ausweitung zusammenwirken und dadurch ein Äquivalent zum Lichtgrund bilden. Aber es bleibt ein noch nicht erfülltes Gesamtverhältnis bestehen.

Die III. Stufe präsentiert den vollen Gegensatz von Lichtgrund und Lichtkraft in antithetischer Spannung. Es fehlt die Auflichtung in der ‚Lichtung' oder in der Ausweitung.

Die Erfüllung wird auf der IV. Stufe erreicht, wenn die beiden im Lichtgrund stabilisierten Farben der Kraft und der Lichtung zusammenwirken. (Rot/Grün bildet dazu eine Vorstufe.)

2. Die Funktionsbegriffe der Komplementärfarben

Die in den komplementären Farbenpaaren aufeinander angewiesenen Buntheiten lassen sich – verstanden als die beiden Teile der Lichteinheit – durch die Funktionsbegriffe in ihrem Sinnzusammenhang erklären. In diesen Farbenpaaren wirken *Lichtkraft, Lichtgrund* und *Lichtung* in jeweils verschiedener Anteiligkeit zusammen.

Sofern wir, wie bei Grüngelb oder Grünblau mit Zwischenfarben zu tun haben, sind die genannten Funktionsbegriffe nicht präzis genug, diese Farben für sich selbst zu fassen. Die Verwendung der Funktionsbegriffe hat verständlicherweise da ihre Grenzen. Jedoch kann man sich entsprechend der Zwischenstufen, die ja keine eigentliche Selbständigkeit ausdrücken, durch die Zusammensetzung zweier Funktionsbegriffe oder eine weitere Differenzierung behelfen. (Wegen des Zusammenhangs führe ich die bereits genannten komplementären Farbenpaare hier nochmals auf.)

Blau-Indigoblau/Gelb	— Lichtgrund-Lichtgrundspannung/Lichtausweitung
Blau/Orange	— Lichtgrund/Lichtkraftentspannung, Lichtausweitungskraft
Grünblau-Blaugrün/Rot	— Lichtgrundauflichtung-Lichtungsgrund/Lichtkraft
Grün/Purpur	— Lichtung/Lichtgrundkraft, Lichtkraftgrund
Grüngelb/Violett	— Lichtungsausweitung/Lichtgrundspannungskraft, Lichtkraftspannungsgrund

Sehen wir einmal von den genaueren Verhältnissen ab und begnügen uns mit der groberen, gemeinhin gebräuchlichen Gruppierung, dann ergibt sich folgender Zusammenhang:

Gelb—Orange	Lichtausweitung—Ausweitungskraft
| |	| |
Violett—Blau	Lichtgrundspannungskraft—Lichtgrund
Rot—Purpur	Lichtkraft—Grundkraft
\\ /	\\ /
Grün	Lichtung

Tatsächlich zeigt sich bei fast allen Komplementen, daß Lichtgrund, Lichtkraft und die Aufhellung in der Lichtung und Ausweitung zusammenwirken, bis auf die Ausnahme: *Gelb/Blau.* Sie entspricht der Empfindung, daß sich Gelb und Blau auch nicht wirklich zur Buntheitstotalität ergänzen. Es sind die Farben der ersten Polarität, grundsätzlich anders als die anderen Lichteinheiten zu verstehen (vgl. S. 130): Sie ist aus dem hellen und dunklen Extrem gebildet, d. h. die Lichteinheit teilt sich elementar in Gelb und Blau auf, zeigt ihre äußerste Spannungsweite: zwischen seiner Grund-Farbe und seiner Ausweitungshelle.

3. Deutungen der Beziehungen bei Farbmischungen durch die Funktionsbegriffe

Wie die Begriffe der Grundgefühle die Farben als Lichtfunktionen selbständig vertreten können, das erfahren wir auch bei der Farbenmischung. Man kann aus den Beziehungen zwischen zwei zu mischenden Hauptfarben auf Grund ihrer Funktionsbegriffe mit ziemlicher Sicherheit erklären oder gar vorausbestimmen, welche Farbe sich aus ihrer Mischung ergeben wird, welches Grundgefühl zwischen ihnen ‚fehlt'. Die folgenden Beispiele mögen das illustrieren.

(Die Vorsilbe ‚Licht' habe ich in den angegebenen Beispielen fortgelassen.)

Rot	+ Gelb	= Orange
Kraft	+ Ausweitung	= Ausweitungskraft Kraftentspannung
Rot	+ Blau	= Violett
Kraft	+ Grund	= Grundspannungkraft

Rot	+ Violett	=	Purpur
Kraft	+ Grundspannungskraft	=	Grundkraft
Rot	+ Grün	=	Gelb (add.) / Braun (subtr.)[7]
Kraft	+ Lichtung	=	Ausweitungshelle / Kraftbergung
Purpur	+ Gelb	=	Braun
Grundkraft	+ Ausweitungshelle	=	Kraftbergung
Violett	+ Grün	=	Blau
Grundspannungskraft	+ Lichtung	=	Grund
Blau	+ Gelb	=	Licht (add.) Grün
Grund	+ Ausweitungshelle	=	Lichtung

4. Vergleiche zwischen Funktionsbegriffen und Erlebnisbegriffen

Es war behauptet worden, daß die Grundgefühle die Voraussetzungen, die Quellen für das sich im Erlebnis vergewissernde Farbgefühl bilden. Das wird sichtbar, wenn wir die Erlebnisbegriffe mit den Funktionsbegriffen zusammenstellen.

Lichtkraft	*Rot*	Kraft / Erregung / Antrieb / Kräftigung
Lichtausweitungskraft Lichtkraftentspannung	*Orange*	Lust, Freude / Entspannung, Erleichterung / Genuß
Lichtausweitung	*Gelb*	Freude-Leichtsinn / Übersteigerung / Aufregung / Loslösung-Befreiung / Verschwendung-Verausgabung
Lichtung	*Grün*	Hoffnung-Zufriedenheit-Gelassenheit / Anregung-Beruhigung / Sicherheit bzw. Sicherung / Bergung / Bewahrung / Bindung
Lichtgrund	*Blau*	Beständigkeit-Beharrung / Hingabe / Ernst / Ruhe, Frieden / Sammlung / Vertiefung
Lichtgrundspannungskraft Lichtkraftspannungsgrund	*Violett*	Spannung / Unlust-Unzufriedenheit-Schwermut / Beunruhigung-Beschwerung /
Grundkraft Kraftgrund	*Purpur*	Macht-Herrschaft / Würde / Ernst / Befriedigung-Erfüllung / Stärkung-Erhebung

[7] Wie wäre die Differenz zwischen der additiven und subtraktiven Mischung von Rot und Grün zu deuten? Vielleicht so: Wenn sich bei der optisch-additiven Mischung Rot und Grün (hier ist das spektrale Rot gemeint, vollere Rotfarben ergeben mit Gelb gemischt Lichtgelb –) zu Gelb mischen, geht die Lichtausweitung aus der Lichtung der Kraft hervor. Bei der subtraktiven, substantiellen Mischung gelingt diese Durchlichtung der Kraft nicht, sondern die in Rot präsente Lichtkraft wird durch Grün, die Farbe der Lichtung geborgen und zugleich verborgen. Im Sinne der materiellen Durchdringung kann Braun dann zum materiellen Grund der Kraft werden, stellvertretend für Purpur, aber auch für Blau als Lichtgrund. Ich bin mir bewußt, daß diese Erklärung nur ein unzulänglicher Versuch ist, dem Phänomen Braun in diesem Zusammenhang gerecht zu werden.

5. Die Bedeutung der Ergebnisse im Blick auf Erfahrungen der amerikanischen Farbenpsychologie und -psychotherapie

Aus dem umfangreichen Gebiet der modernen experimentellen Farbenpsychologie, die sich vor allem in den Vereinigten Staaten von Amerika entwickelt hat, möchte ich einige Erfahrungen mitteilen. Ich beschränke mich auf das bereits mehrfach erwähnte Buch von Faber Birren, „Color Psychology and Therapy", weil es eine ausführliche Zusammenfassung der Forschungsergebnisse darstellt (s. auch VI. Teil, G.)

Zunächst ist es die anerkannte Bedeutung der Blau/Rot-Polarität. Sie hat sich in ganz verschiedenen Untersuchungsgebieten als schlechthin maßgebend erwiesen. Birren erwähnt u. a. die unter dem Titel „Blue and Red Light" schon 1877 veröffentlichte Arbeit von S. Pancoast, der durch seine Experimente zu diesem Ergebnis kam:

„To accelerate the Nervous System, in all cases of relaxation the red ray must be uses, and to relax the Nervous System in all cases of excessively accelerated tension, the blue ray must be used."[8]

Aus den mittlerweile erarbeiteten Resultaten der medizinischen Wirkungen des farbigen Lichts ergibt sich weit über diese allgemeine Feststellung hinaus, daß Blau und Rot die ‚Polfarben' für gegensätzliche Wirkungen sind. In der modernen Lichttherapie, ebenso wie in der Lichtdiagnostik hat man bereits für eine Fülle verschiedener Krankheiten und Organbehandlungen Farbstrahlungen verwendet und ihre spezifischen Funktionen erkannt.[9] Die Dominanz der wichtigsten Strahlungen liegt unbedingt bei Rot und Blau. (Einige grundsätzliche Ergebnisse der physiologischen und biologischen Forschung erwähne ich im VI. Teil, nachdem die physikalisch-energetischen Wirkungen des farbigen Lichts besprochen sind.)

Die psychologischen Funktionen entsprechen weitgehend denen in der medizinischen Physiologie, wenn man sie in geeigneter Weise ‚übersetzt'.

So ist u. a. die Wirkung der Farben in den psychopathischen Grenzzuständen höchst aufschlußreich. Nach einer Reihe von Untersuchungen – von Courtesy, Huber, Szondi – (die ich selbst nicht kennengelernt habe), ergeben sich für bestimmte Typen auch bestimmte bevorzugte Farben. Birren gibt dazu an: „*Manic* patients prefer *red*, a symbol of blood. *Hysterical* patients prefer *green*, perhaps as an ‚escape'. The *schizophrenics* are sensitive to *yellow*. The color associated with *paranoia* is *brown*."[10]

Verständlich wird diese Gruppierung, wenn man die kompensative Wirkung der Farben auf Grund ihrer emotionalen Funktionen zu den speziellen psychischen Konflikten ins Auge faßt. Die Frage der Kompensation bzw. der durch eine Farbe im Reiz ermöglichten Flucht in den erwünschten Kontrast zum Zustand spielt für die Beurtei-

---

[8] A.a.O. S. 65, unter „The Work of Pancoast", Chapter 5. Übersetzung: „Um das Nervensystem anzuregen, müssen in jedem Fall der Entspannung r o t e Strahlen benutzt werden und um das Nervensystem in allen Fällen übermäßiger Spannung zu beruhigen, müssen b l a u e Strahlen verwandt werden."

[9] Birren gibt darüber sehr aufschlußreiche Angaben, zur Diagnose wie zur Therapie, a.a.O. S. 109 ff.

[10] A.a.O. S. 118 f. (mit Abbildung).

lung der Farbenbevorzugungen eine entscheidende Rolle. E. P. Mosse schreibt in „Color Therapy" (1942):

„The normally balanced individuum will face, brave and adapt himself to his problems, whereas mental disease is the manifestation of different depths of escape. With this fact in mind, we automaticalliy understand why in achromatopsia of the hysterical the order in which the colors disappear is violet, green, blue and finally red. Aside and above this experience we generally found in hysterical patients, especially in psychoneuroses with anxiety states, a predilection for green as symbolizing the mentioned escape mechanism. The emotional attack of the outside is repressed, the ‚red' impulses of hatred, aggression and sex denied. ... For the same reason we will not be surprised that *red* is the color of choice of the manic and hypomanic patient giving the tumult of his emotions their ‚burning' and ‚bloody' expression. And we don't wonder that melancholia and depression reveal themselves through a complete ‚black out'. Finally we see yellow as the color of schizophrenia. ... This yellow is the proper and intrinsic color of the morbid mind. Whenever we observe its accumalative appearance we may be sure that we are dealing with a deep lying psychotic disturbance."[11]

Man wird zwischen Wesens- und Spannungsfarben zu unterscheiden haben, d. h. zwischen Farben als Ausdruck eines Zustandes oder einer Veranlagung, oder aber als Ausdruck eines Begehrens, um bestimmte Zustände zu kompensieren. So scheint mir die Bevorzugung von Gelb bei Schizophrenen auf den Wunsch nach Befreiung, nach einer Spannungslösung hinzuweisen. Es würde zu weit führen, diese Frage hier weiter zu diskutieren. Meine Kenntnisse reichen dazu auch nicht aus.

Die wenigen Erklärungen, die ich geben konnte, mögen vielleicht deutlich gemacht haben, daß die experimentell ermittelten Resultate auch hier im wesentlichen den phänomenologisch gewonnenen entsprechen, daß also beide Methoden ihre gleichberechtigte Beweiskraft für die Aufhellung der Farbenfunktionen haben.

---

[11] A.a.O. S. 161, unter „The Significance of Color", Chapter 12: Neurotics and Psychotics. Übersetzung: „Der normal ausgeglichene Mensch faßt seine Probleme mutig ins Auge und paßt sich ihnen an, während jedoch die Geisteskrankheit die Offenbarung für verschiedene Abgründe der Flucht ist. Wenn wir dies im Auge behalten, verstehen wir automatisch, warum beim Farbverlust (achromatopsia) hysterischer Patienten, die Reihe, nach der die Farben verschwinden, violett, grün, blau und zum Schluß erst rot ist. Neben dieser Erfahrung fanden wir gewöhnlich bei hysterischen Patienten, besonders bei Psychoneurosen im Angststadium, eine Vorliebe für Grün, die die schon erwähnte Fluchtvorstellung symbolisiert." (Mir ist diese Begründung nicht ganz klar geworden. Statt Flucht würde ich eher meinen, daß Grün eine kompensative Wirkung ausübte, Beruhigung und Bezug als Bedürfnis, so wie Gelb bei schizophrenen Patienten das Bedürfnis nach Befreiung, nach Loslösung symbolisieren könnte.) „Der emotionale Angriff der Außenwelt ist unterdrückt, die ‚roten' Impulse von Haß, Angriff und Geschlecht werden verleugnet. Aus dem gleichen Grunde sind wir nicht erstaunt, daß Rot die Vorzugsfarbe der manischen und psychomanischen Patienten ist, es drückt den Tumult ihrer Empfindungen, ‚das Brennen' und ‚das Blutige' aus." (Sollten diese zu sehr auf Feuer und Blut bezogenen Assoziationen nicht zu naturalistisch gedeutet sein?) „Und wir wundern uns nicht, daß sich Melancholie und Depression durch eine absolute schwarze Finsternis (black out) ausdrückt. Schließlich sehen wir in Gelb die Farbe der Schizophrenie. Dieses Gelb ist die natürliche und eigentliche Farbe des morbiden Gemüts. Sobald wir sein zunehmendes Auftreten bemerken, können wir sicher sein, daß wir es mit einer tief liegenden psychischen Störung zu tun haben."

C. DER LICHT-FARBENKREISLAUF ALS STRUKTURBILD DER FARBEN-FUNKTIONSORDNUNG

1. Zuordnung der Funktionsbegriffe (Grundgefühlsbegriffe) zum Kreislaufbild

Die Zuordnung der Funktionsbegriffe in den Licht-Farbenkreislauf ergibt sich durch die Farbenkontinuität, der ja das Kontinuum der Grundgefühle entspricht. Sind die Farben im Kreislauf jeweils nach ihrem spezifischen Ausdruckswert plaziert, so gewinnen bei solcher Zuordnung auch die Funktionsbegriffe ihren bestimmten Ort, indem sie den Funktionsausdruck des jeweiligen Farbplatzes im Kreislauf kennzeichnen:

Liest man statt der Farbfolge die Funktionsbegriffe im Farben-Kreislauf ab, — Abb. 19 — wird deutlich, daß für ihren Bedeutungszusammenhang die Kreislaufform als Bild eines phasenhaften Verlaufs — in den Verhältnissen zwischen Oben, Unten und Mitte, also zwischen den Pol- und Zentralfarben — geeignet ist. Es zeigt sich eine sinnvolle Entsprechung: Die Lichtausweitung z. B. verlangt im Gegensatz zum Lichtgrund den oberen, positiven Polbereich, Lichtgrundkraft und Lichtung andererseits sind zentrale Begriffe, die also einen zentralen Platz beanspruchen.

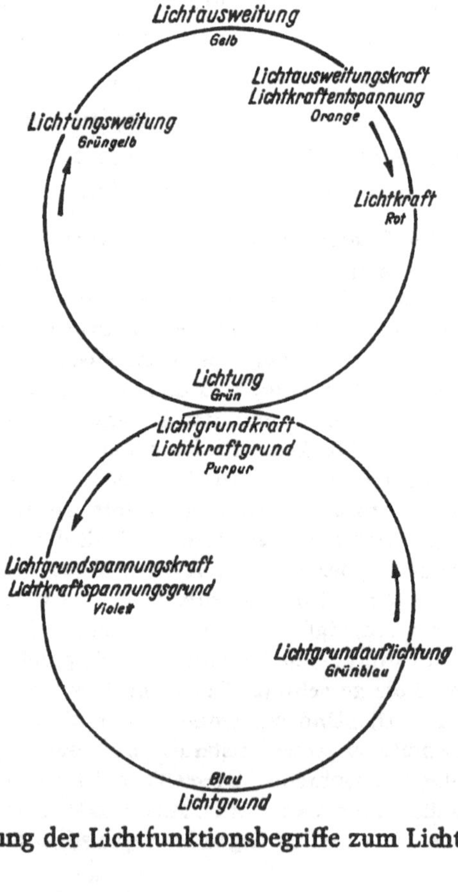

Abb. 19. Zuordnung der Lichtfunktionsbegriffe zum Licht-Farben-Kreislauf

Zwar scheint es nicht mehr als selbstverständlich zu sein, daß die vom Wahrnehmungseindruck her aufgebaute Farbenordnung in einem polar-zentralen Kreislaufbild der emotionalen Funktionsordnung, die nach dem gleichen Prinzip polar-zentraler Gliederung entwickelt ist, entsprechen muß. Da die Ableitung des Licht-Farbenkreislaufes und die des funktionalen Begriffssystems der Grundgefühle unabhängig voneinander und zu ganz verschiedenen Zeiten geschah, kann diese offensichtliche Übereinstimmung als gegenseitige Bestätigung verstanden werden.

Durch die Zuordnung der Funktionsbegriffe ist es möglich, die auf S. 152 gestellte Frage aufzunehmen, ob nicht eine Vollfigur des Kreislaufes als Schwingungsfeld denkbar ist, in der keine Wiederholung der Rechtsläufigkeit auf der linken Seite stattfindet, sondern eine wirkliche Korrespondenz zwischen Rechts- und Linksläufigkeit als wechselseitiger, komplementärer Vorgang zwischen einem *Grün-Purpur- und Purpur-Grün-Kreislauf*. Es war schon davon die Rede, daß dann auf beiden Seiten ein verschiedener Bezug waltet, sofern nur in der Rechtslage Grün als ‚Entwicklungszentrum' fungiert. Durch die Funktionsbegriffe scheint es nun möglich, auch eine andere Deutung zu demonstrieren, die den Kreislauf von Purpur als Ausgangsfarbe aus verständlich werden läßt (zumal dann, wenn wir auch die Gleichschaltung der Lichtfunktionsbegriffe mit Lebensfunktionsbegriffen berücksichtigen).

2. Der Grün- und Purpur-Kreislauf in wechselseitiger Entsprechung zum Gesamtkreis (Tafel 8)

Wir sind bisher stets von *Grün*, von der Lichtung, die auch als Lebenswesensfarbe erklärt wurde, ausgegangen, um den Bewegungsverlauf zu beschreiben. Der *Rhythmus* beschließt sich dann zwischen *Ausschwung und Einschwung* – Grün-Gelb-Rot und Violett-Blau-Grün – über Purpur in Grün. Es ist also ein Verlauf von der Lichtung zur Grundkraft und von dort aus wieder zurück zur Lichtung.

Könnten wir nun nicht ebenso von *Purpur* ausgehen und damit zu einem Verlauf von der Grundkraft her zur Lichtung und von dort wieder zur Grundkraft gelangen? Wenn wir die Beziehung des Lichts zum Leben berücksichtigen, wäre dann nicht sogar ein Verlauf, der von Purpur als Grundkraftfarbe (um nicht zu sagen ‚Urkraftfarbe') ausgeht, primär, gleichsam ursprünglicher? Denn der Kraftgrund oder die Grundkraft, wäre sie nicht als Voraussetzung für den von der Lichtung, vom Lebenswesen aus sich ereignenden Kreislauf zu begreifen? (Wenn hier von einem bestimmten Beginn die Rede ist, dann meine ich damit nicht etwa eine chronologische Folge, sondern allein den zentralen Ansatz des Kreislaufes, insofern vom Zentrum her, aus bipolarer Einheit, der rhythmische Verlauf gesteuert sein muß.) Denn hier findet ja auch der eigentliche *Umschwung* statt.

Wenn man sich mit dem Funktionieren eines polar-zentral rhythmisierten Kreislaufes befaßt, muß man sich über den Ansatz Gedanken machen.

Es handelt sich um kein Entweder-Oder sondern um ein Sowohl-Als-Auch. Wenn wir einsehen, daß eine Festlegung auf Grün als bipolarem Zentrum nur den einen

Schwerpunkt der Kreislaufbewegung aufzeigt und der von Purpur her gesteuerte Verlauf den anderen, dann werden wir auch einsehen, daß es sich hier um eine *wechselseitige, synchron geschaltete Gegenseitigkeit* handelt. Sowohl Grün als auch Purpur kommen für beide ‚Achsen', die polare wie die äquatoriale in Betracht.

Wir hätten es demnach mit zwei Betrachtungsweisen desselben Vorgangs zu tun, wenn wir einmal von Grün ausgehend zu Gelbgrün, Gelb und Rot den Kreislauf nach außen als Licht-Ausschwung begonnen denken, im anderen Fall von Purpur ausgehend nach innen, zu Violett, Blau-Blaugrün, als Lichteinschwung.

Da die sich gegenseitig ausschließende und sich dadurch bedingende Verlaufsfolge ohnehin Maßstab für die rhythmische Abfolge der Verlaufsordnung ist, andererseits das Ein dem Aus vorausgehen muß – so wie das Einatmen dem Ausatmen – wäre im einzelnen der Verlauf im Purpur-Kreislauf folgendermaßen zu beschreiben:

Sukzessiv-phasenhaft im *Ein*schwung der Grundkraft zum Grund, der sich dann in der Lichtung auflichtet, ‚ans Licht kommt'. Es findet der *Um*schwung zum *Aus*schwung statt – von innen nach außen – zur Lichtausweitungshelle und Ausweitungskraft bis zur Lichtkraft. Dann folgt wieder der Umschwung der Kraft zum Grund im Kraftgrund.

Während der *Grün*-Kreislauf in die Polarität *Gelb/Blau* gespannt ist, ist der *Purpur*-Kreislauf auf die Polarität *Rot/Blau* bezogen. Er hat die spannungsstärkere Rhythmik!

Um das Verhältnis zwischen beiden Arten zu veranschaulichen, genügt es, die normative Kreislauffigur – Abb. 10 – jeweils nach rechts oder links zu drehen. Beide Orientierungen zeigen das komplementäre Verhältnis zwischen dem *Einschwung der Kraft zum Grund* und dem *Ausschwung der Lichtung zur Kraft* – Rot über Purpur zu Blau und Grün über Gelb zu Rot.

Beide Betrachtungsweisen bedeuten die miteinander korrespondierenden Bezüge zum Zentrum, zu den beiden Zentralfarben des Lichts. Es ist eine Frage des Aspekts, ob wir den farbigen, in sich selbst beschlossenen Lichtkreislauf in seiner rhythmischen Gliederung – die der Rhythmik des organischen, atmenden Lebens schlechthin gemäß ist, ja diese im Licht und durch das Licht anschaulich repräsentiert – ob wir diesen Kreislauf auf die Lichtung, als Entwicklungszentrum des Wesens hin beziehen und Purpur damit als Vollendungszentrum zu gelten hat oder auf die Grundkraft als Ausgangszentrum.

Ich möchte meinen, daß hier eine entscheidende Relation besteht, da *Grün* tatsächlich die erste Lebensfarbe und erste stabile Wesensfarbe der lebendigen Natur ist, *Purpur* die letzte, die Kulminationsfarbe des Lebens. Ist diese Auffassung nun nicht notwendig die eigentlich ‚subjektive', weil sie ihren Maßstab am Wesenhaften, am bereits gewordenen anlegt, d. h. am Subjekt des Lebens? *Wesen*, wenn wir es als Lebewesen ganz allgemein meinen, lebt vom Grunde her und zur Kraft hin oder von der Kraft her und zum Grunde hin. Als Wesensfarbe begriffen, lebt Grün vom Grunde her, indem es aus dem Blauen kommt und zum Gelben und Roten hinstrebt. Aber es lebt auch notwendig von der Kraft her als elementarster Voraussetzung, so wie der Licht- oder Lebensgrund in der Licht- oder Lebenskraft beschlossen sein muß: Die elementaren Voraussetzungen für die Lichtung – für das ‚entwickelte Licht', das aus dem dunklen Grund zur hellen Ausweitung strebt – sind Kraft und Grund zugleich, ist also die Grundkraft oder der Kraftgrund. Die nicht umkehrbare Folgerung heißt dann, daß die *Grundkraft die Lichtung bedingt*, daß die Grundkraft die Grundbedingung für das Wesenhafte, für die in der Spannungsrhythmik pulsierende Entwicklung und den Spannungsaustausch ist. In diesem Sinne gefaßt, kann die Grundkraft als die eigentlich ‚objektive' Kraft des Lebendigen gelten. Die Beziehung zwischen Grün als ‚Wesensfarbe' und Purpur als ‚Lebensfarbe' meint schließlich nichts anderes, als daß das Leben auf das Wesen und das Wesen auf das Leben angewiesen ist. In subjektiv-wesenhafter Betrachtung repräsentiert Purpur Erfüllung, Vollendung und Ausgleich, – in ‚objektiver' Hinsicht aber, nach den Perspektiven organischer Funktionen, Beginn, Ausgangseinheit und Vollendung des Lichts im Lebendigen oder des Lebendigen im Licht. Beide Aspekte bedingen sich: Der Verlauf von der Grundkraft zum Wesen bedingt den Verlauf vom Wesen zur Grundkraft. Es sind die *komplementären Komponenten des organisch-organisierten Licht-Lebens-Kreislaufes*!

Wir haben es mit drei verschiedenen Positionen des Kreislaufes zu tun:

1. Die Position des *Grün-Kreislaufes* im Ryhthmus der Lichtung, – des Lichtwesens, – des Lebewesens: Tafel 6.
2. Die Position des *Purpur-Kreislaufes* im Rhythmus der Grundkraft des Lichts – oder auch der Lichtmacht –, der Lebensgrundkraft oder Lebensmacht: Tafel 8 (Teilfigur).
3. Die Position des *Gesamtkreislaufes* im geeinten Rhythmus von Grundkraft und Lichtung, – von Lebensgrundkraft und Lebenswesen: Tafel 8.

Die 3. Position läßt sich, gemessen an den beiden anderen Stellungen, als die ‚absolute' bezeichnen und hätte als die *Vollfigur* des Kreislaufes zu gelten an Stelle der zunächst abgeleiteten – Abb. 11 – in der auf beiden Seiten der Grün-Kreislauf angegeben ist.

Die Gesamtposition zeigt den Rhythmus im wechselseitigen *Austausch* zwischen Grundkraft- und Lichtungsrhythmus in der Komplementarität organisch-dialektischer Gegenläufigkeit. Die Sinnfälligkeit dieser Strukturform wird offenbar, wenn wir uns der Integration von Lebenskraft und Lebenswesen im Lebendigsein des Lebewesens bewußt sind. Im Rhythmus der Wechselseitigkeit besteht der dauernde Takt des Austauschs, d. h. das komponentale Zusammenwirken gegensätzlich gespannter und sich ausgleichender und wieder gespannter Kräfte.

Es ergeben sich die ‚Licht-Ausgleichs-Schaltungen' jeweils vertikal und horizontal in den Grün-Purpur-Schwingungsachsen (Zentraler Lichtausgleich) und in den Kreuzungspunkten der Überschneidung (komplementärer Lichtausgleich der Gegenschwingung: in der äquatorialen Ausgleichsebene – zwischen Grüngelb und Violett – als Lichtungsaufhellung und Lichtgrundspannungskraft, – Wesensausweitung und Lebensspannung und zwischen Rot (Z) und Grünblau als Lichttriebkraft und Lichtgrundlichtung, – Lebenstriebkraft und Wesensgrund.

In den Diagonalen liegen sich jeweils Blau und Orange gegenüber. Im Unterschied zur äquatorialen Ausgleichsebene zeigen sich in der Polaritätsebene aus den Kreuzungspunkten der Gegenschwingungen *Gelb und Blau:* Oben aus Rot und Grüngelb Gelb (bzw. Braungelb) und unten aus Violett und Grünblau Blau. Als elementare Polarität (1. Polarität) erscheint daher im rhythmischen Kontaktverhältnis zwischen dem Lichtzentrum und den Polen Gelb/Blau in der Polaritätsachse des Kreislaufes.

Man kann auch *Weiß* und *Schwarz* noch einbeziehen, oberhalb von Gelb und unterhalb von Blau, so daß sich das gesamte Koordinatenverhältnis ebenso auf Weiß, Grau, Schwarz wie auf Gelb, Blau und Grau beziehen läßt wie auf den allgemeinen Lichtausgleich.

Fragen wir nach den kritischen Verlaufspunkten des Kreislaufes, so sind es die Übergangsstellen zwischen Lichtung und Ausweitung und zwischen Grundkraft und Grund im äquatorialen Gebiet: *Grüngelb und Violett,* die ‚Kreuzungsfarben' der *linken* Seite des Zentrums. Grüngelb zeigt im Unterschied zum Gelbgrün die Spannung zwischen Loslösung und Auflösung der Lichtung (als der grundgebundenen Zentrumsfarbe) zugunsten der Lichtausweitung, der Lebensverströmung, und Violett ist die eigentliche Konfliktfarbe. Nur hier, an dieser ‚Kreuzung' besteht ein solcher kritischer Knotenpunkt. Die drei anderen Kreuzungsstellen (Grüngelb–Rot, Rot–Grünblau und Violett–Grünblau) haben keine dissonante, kritische Spannung. Die gegenläufigen Kreuzungsfarben der linken Seite sind so unbestimmt-ungerichtet wie die der rechten Seite bestimmt-gerichtet: *Rot und Grünblau.* Dieser Gegensatz ist kein zufälliges Ergebnis. Er entspricht der Differenz von Rechts und Links.

Es ist in diesem Zusammenhang sinnvoll, wenn Violett im unteren Kreuzungspunkt durch Blaugrün (Lichtungsgrund, Wesensgrund) und Grüngelb im oberen Kreuzungspunkt durch Rot (Lichtkraft, Lebenskraft) entschieden ‚aufgehoben' werden: 1. Violett durch Blaugrün zu Blau, d. h. die Auflösung des Lichtzwiespalts, des Konflikts durch den Lichtungsgrund zum Lichtgrund oder Lebensgrund – *Regression,* und 2. Grüngelb als kritische Spannungsfarbe zwischen Lichtungsweitung und -ausweitung durch die Lichtkraft zur freien Licht- oder Lebensausweitung in Gelb – *Progression.*

3. Ausblick auf die zum Licht-Farbenkreislauf bezogene Funktionsordnung als Gleichnis der Lebensordnung

Die organisch-rhythmische Gesamtposition des durch die Grundgefühlsbegriffe als Lichtfunktionen gedeuteten Licht-Farbenkreislaufes erscheint als Sinnbild geeinter Lebensordnung. Die Stabilität dieser Ordnung zeigt sich in der harmonischen Gesamtstruktur und ihren miteinander korrespondierenden Teilen. Die komplementäre Gegenseitigkeit beherrscht das ganze begriffliche und optische Gefüge. So wie sich die polare und zentrale Orientierung gegenseitig beschließen, so bedingen sich die polaren und zentralen Begriffsfunktionen unter sich und zueinander:

Lichtgrund–Lebensgrund / Lichtausweitung–Lebensausweitung
Lichtung–Lebenswesen / Lichtgrundkraft oder Lichtmacht
Lebensgrundkraft oder Lebensmacht.

Bezogen auf unsere Lebensspannungen kann man dann sagen: Einerseits existieren wir in der polaren Spannung zwischen Lebensgrund und Lebensausweitung (bis zu Orange hin gesehen: Lebenslust). Andererseits sind wir gehalten in der zentralen Spannung zwischen der Wesensbindung und der Lebensgrundkraft. Beide Spannungen sind zugleich maßgebend. Die Verwandtschaft zwischen den Begriffen Lebensgrund und Lebenswesen auf der einen Seite, zwischen Lebenskraft und Lebensgrundkraft oder Lebensmacht auf der anderen, erklären, daß *Kraft und Wesen im Grunde verankert* sein müssen, um stabil, um lebensfähig zu bleiben – so wie Grün im Blau gründet und Rot ins Purpur mündet oder aus ihm hervorgeht.

Es sei mir erlaubt im Blick auf die sinnbildhafte Bedeutung der Gesamtposition des Kreislaufes an die erwähnten organischen Bezüge anzuknüpfen (vgl. S. 153 ff.).

Durch die Funktionsbegriffe sind wir in der Lage, das Zusammenwirken des Grün- und Purpur-Kreislaufes in einen aufschlußreichen Vergleich zu bringen: Ist es nicht schließlich der Herzschlag des Lebens im Wesen selbst, der in der farbigen Lichtordnung offenbar wird – die lebendig pulsierende Bewegung von Systole und Diastole, wie sie Goethe sah? Im Takt unseres Herzschlages läßt sich die Lebendigkeit des rhythmischen Verlaufs einsichtiger verstehen.

Das Herz, ist es nicht das *Umschlags- und Umschwungszentrum*, das ‚purpurne Grundkraftzentrum', welches den Blutkreislauf steuert, zwischen positiver Aktion (hellrotes, aterielles Blut) und negativer Passion (dunkelrotes, ‚blaues', venöses Blut)? Erfahren wir nicht in der Natur die *Zweistufigkeit* des Blutkreislaufes im Verhältnis zwischen pflanzlichem und tierischem Organismus, wie zwischen Entwicklung und Erfüllung?: Im *grünen* Blutkreislauf der Pflanzenwesen beschließen sich Sonne und Erde im Wesen der Pflanze. Es ist der gebundene, nicht selbsttätige *Lebenskreislauf der Lichtung*, der auf Verwurzelung des Wesens im direkten Kontakt angewiesen ist, zum Erdgrund wie zum Lichtgrund. Im organischen Um- und Austausch wird im tierischen und menschlichen Organismus das pflanzliche Wesen zur Lebenskraft umgesetzt. Der *rote* Blutkreislauf ist der selbsttätige, frei bewegte. Das elementare Wesen des im Stoffwechsel ausgetauschten Pflanzenorganismus und die Dynamik der im roten Blutkreislauf erzeugten Kraft wirken zusammen im höheren, differenzierteren Wesen des stufenweise entwickelten tierischen und menschlichen Lebens zu eigener Selbständigkeit.

Phänomenale und genetische Funktionen treffen hier zusammen, bedeuten dasselbe, wenn man die eine Beobachtung durch die andere ergänzt oder übersetzt. Es handelt sich daher nicht darum, die phänomenalen Funktionen der Farben von ihrer Genese naturalistisch abzuleiten, sondern die gegenseitigen Entsprechungen aufzufinden! Denn auch hier waltet ein komplementäres, sich zugleich ausschließendes und bedingendes Verhältnis.

Der moderne Mensch ist grundsätzlich in seinem Lebensbewußtsein frei geworden vom Rhythmus des regulierten Naturkreislaufes, ist entlassen aus der instinktiven Bindung an das Kreislaufgesetz von Sonne und Erde. Physiologisch aber leben wir nach wie vor durch und in dieser Kreislaufordnung. Psychologisch und existentiell sind wir im Durchbruch des geistigen Selbstbewußtseins ständig mehr und entschiedener aus der organisch determinierten Natur ausgebrochen und haben alle alten Sicherungen verloren und alle natürlichen Grenzen soweit überschritten, daß kein wirkliches Grenzbewußtsein mehr vorwaltet. Die Nabelschnur, die zentrale Rückbindung scheint gänzlich zerrissen: und nur durch diese stufenweise Befreiung aus den Banden der ‚klassischen Natur' sind wir so frei im eigenen Lebensbewußtsein geworden und fragen nun, wieviel Freiheit der Mensch erträgt, um als Geschöpf und Wesen der Natur auch ihr Einwohner zu bleiben.

Nicht die naturalistische Rückbeziehung auf den erdhaften Naturkreislauf, auf die Bindung an die organische Tatsächlichkeit kann uns den Weg weisen, sondern vielmehr die Verdolmetschung und Erhellung dieses Kreislaufes als geistiger Besitz für unser Wesensbewußtsein. Nur in diesem Sinne der freien Verfügbarkeit habe ich von der Farbenordnung als optischer Leitbildordnung gesprochen, indem sich in solcher gegenstandslos optischen Ordnung der geistige Lichtsinn zu enthüllen scheint.

Halten wir uns deshalb nicht so sehr an die Farben als anschauliche Sinnesfakten, sondern *als symbolische Daten*, als Chiffre des Lichts, so offenbart sich ihre Gemeinschaft und jede Farbqualität in einer transzendierenden Funktion, durch die der Lichtsinn immanent begriffen werden kann. Der Bezug des Lichts zum Leben wird dann in diesem Sinne konkret.

Die Farbwelt, wie sie uns in der Lichtordnung erscheint, verweist auf unser eigenes Lebens-Dasein schlechthin. Das, was sich damit gleichnishaft ausdrückt, sei hier umschrieben:

Gleichwie sich die Lichtfarben des Spektrums nicht völlig ausgleichen zum Gesamtkreis, sondern die Spannung zwischen dem spektralen *Rot* und dem *Violett* offen bleibt, aber zusammengeschlossen werden *kann*, indem sich dann *Purpur* als vollendetes Zentrum bildet, so leben wir selbst in einem offenen, aufgebrochenen, nicht zentral stabilisierten, harmonisch ausgeglichenen Dasein. Der Mensch als organisches Naturwesen ist mobil, indem er im Spannungskonflikt ex-sistiert: zwischen dem eigenen Wesensbewußtsein und dem allgemeinen Lebensbewußtsein. Von hier aus müßte man fragen, wie weit eine solche Feststellung geschichtlich bedingt und gerade in ihrer Geschichtlichkeit sinnvoll ist, und zwar gerade auch im Hinblick auf Purpur als Farbe von zentraler Macht, die den Spannungszwiespalt aufhebt, im Altertum und im frühen Mittelalter des Abendlandes maßgebende Kultfarbe gewesen ist, während Purpur in der Neuzeit Rot subsumiert wurde. In der Wandlung der Farbendominanz im Verlauf der Bewußtseinsgeschichte zeigt sich das Verhältnis zwischen polar aufgebrochener Spannung (Rot–Blau) und dem zentral beschlossenen, heilen Lichtkreis und Lebenskreis. Ich kann das hier nur andeuten und auch unter diesem Gesichtspunkt auf Goethe hinweisen, der in seiner Hochschätzung des Purpurs als der Farbe des eigentlichen Rot die große Ausnahmestellung im vorigen Jahrhundert einnimmt. Deutlich wird wohl doch, daß die Frage nach der Purpurfunktion zuletzt auch die Frage nach dem (letzten oder ersten) zentralen Beschluß, nach dem heilen Zentrum herausfordert. In philosophischer Übersetzung könnte man vielleicht sagen: *Blau ist die Farbe der Insistenz – Rot die der Existenz* und *Purpur die der Konsistenz!*

Unsere Lebensfreiheit resultiert aus dem Aufbruch der Harmonie, so wie in der Offenheit des im Zentrum aufgesprungenen Licht-Farbenkreislaufes (vgl. Abb. 12 und Tafel 7). Faßt man diese Kreislaufordnung als lebendig-verweisendes Symbol, so bedeutet die zentral unbeschlossene und also konflikthafte Lebensspannung in der ‚Naturfreiheit', daß der Mensch in der Aufforderung und also in der *Möglichkeit* steht, sich dieser Freiheit spezifisch bewußt zu werden und sich frei-willig im existentiellen Bezug zur Zentralität in die Ganzheit harmonisch stabilisierter – aber gemäß der Farbenvielheit föderativ differenzierter – Lebensordnung zu beschließen. Purpur als zentrale Beschlußfarbe vertritt dann im anschaulichen Bereich die Transzendenz der unanschaulichen geistigen Macht, kann ontologisch als Sinnzeichen der Anwesenheit zentraler Macht im *Logos des Lichts* gelten.

Es scheint mir sehr bemerkenswert, daß man den organischen Urbildern und Strukturformen das unorganische des elektromagnetischen Kraftfeldes als *zentrumsfreies* gegenüberstellen kann, so wie es ein eigentlich *wesensfreies*, weil notwendig nur allgemeines, allein im polaren Stromkreis beschlossenes Feld ist. Wenn Goethe im Magneten das Urphänomen erblickte, dann würde ich meinen, daß es als Urphänomen so sehr die Ordnung allgemeiner, physikalischer, für das Lebewesen, wie für den Menschen nicht verbindlicher Natur bedeutet, wie das zentrierte Kraftfeld – wie die organische Blütenform – wesensverbindlich ist. Man könnte demnach den Begriff Kraftfeld so differenzieren, daß man sagt: das anorganische, elektromagnetische Kraftfeld ist ausschließlich ein Kraftfeld, das organische ein zentriertes Wesens-Kraftfeld. Die Blütenformen – denken war an die hohe Symbolbedeutung der Rose – zeigt nur ein zentrales Wesensfeld. Die polar-zentrale Orientierung (oder polar-äquatoriale) wie sie für das menschliche Lebens- und Wesensbewußtsein gilt, und wie sie die Strukturform des Farbenkreislaufbildes als Schwingungsfeld zeigt, bildet als Wesens-Kraftfeld ein *ideales* Bild, welches die Grundzüge harmonischer Stabilität aufweist: In ihm besteht kein Spannungskonflikt. In der symmetrischen Ausgewogenheit kann es uns als ein Ornament der Schönheit erscheinen, in dem volle Einigung und Einheit in der Mannigfaltigkeit herrscht.

SECHSTER TEIL

GRUNDLAGEN FÜR EINE PSYCHOPHYSIKALISCHE LICHT–FARBEN–FUNKTIONSORDNUNG

A. DIE LICHTFARBEN ALS PSYCHOPHYSISCHE ENERGIEWERTE

Als Anschauungsmodell für diese Betrachtung halten wir uns an die im Sonnenspektrum sichtbare Farbfolge. Als psychophysische, empfindungsgemäße Energiewerte sind gemeint:

Belichtungsenergie – Hellichtenergie
Kraft- und Wärmeenergie
Verdichtungsenergie.

Die Beziehung zwischen Belichtungsenergie (im Sinne von Lichtungs- und Leuchtenergie) und Verdichtungsenergie als psychophysischen (nicht physikalischen!) Energiewerten ist zu verstehen als Verhältnis zwischen *aktueller* Lichtenergie – Auflichtung und Auslichtung als nach außen verwirklichte Belichtung – und *potentieller* Lichtenergie, welche dann eine zur Auslichtung fähige, nicht zur Lichthelle aufgeschlossene Energiekonzentration bedeutet. Insofern kann diese verdichtete Energie auch als ‚Grundenergie' begriffen werden.

Es handelt sich um eine quantitative Messung. Dabei können aber gemäß ihres kontinuierlichen Zusammenhangs die Funktionsbegriffe als Maßstäbe für diese Energiewerte dienen, soweit sie dasselbe bedeuten. Wir hätten dann die Grundgefühle in dieser Betrachtung als psychosomatische Gefühlsenergien zu verstehen.

Die Übersicht läßt sich in zweifacher Richtung vollziehen: einmal von Rot ausgehend zu Violett oder aber umgekehrt, von Violett zu Rot.

1. Von Rot zu Violett

Im *Rot* (Rot Z) tritt das Licht als *leuchtende Triebkraft* in warmer, nach außen, d. h. auf uns zu gerichteter Strahlung auf.

Im *Orange* hat sich das Leuchten zur helleren, *scheinenden* Kraft verwandelt – Kraftentspannung. Dagegen ist die aktivierende Kraft des extravertierten Rot geringer geworden. Das Verhältnis zwischen zugenommener Helle und abgenommener Kraft ist proportional.

In *Gelb* ist aus dem heller gewordenen Leuchten *heller Schein* geworden – Lichtausweitung. Diese gesteigerte Lichtintensität wird auf Kosten der warmen, aktivierenden Kraftspannung erreicht, die in Gelb nahezu gänzlich verschwunden ist.

In *Grün*, der Lichtung des Lichts, ist die Lichthelle bedeutend geringer geworden (etwa wie bei Rot). Die Energie hat sich spürbar *verdichtet*. Die Lichtaktivität, die in

Gelb noch in der ,schwebenden' und nach Ausweitung drängenden Helle wahrnehmbar ist, ist in Grün aufgehoben. Mit der zunehmenden Verdichtung und Verdunkelung – Grün – Blaugrün – zeigt sich eine mehr einströmende, inaktiv gesammelte Energie. Der Spannungszustand scheint sich in Grün umzukehren, umzupolarisieren. Die Energie ist in ihrer sich zusammenschließenden Verdichtung grundgerichtet und wird zur Grundlichtung.

In *Blau* ist die in Grün noch wirksame Hellichtenergie so gering geworden, daß auch kein inaktives Lichtelement mehr erscheint. In Blau hat sich das Licht ,in sich' zusammengezogen und strebt von uns fort. Diese introvertierende, verdunkelnde Lichtverdichtung – das *kühle Leuchten* – erscheint als konzentrische Grundenergie: nach innen offen, nach außen wie verschlossen, passiv.

In *Violett* ist die Verdunkelung und Verdichtung noch größer geworden. Die eindeutige Grundspannungsenergie erscheint zweideutig, da die ,Innenkraft' ein aktivierendes Moment zeigt, das der warmen Leuchtkraft von Rot verwandt ist. Diese Energiephase ist aber so grundgebunden, so verdichtet – ähnlich wie im Grün die Helle grundgebunden ist, daß sich Grundenergie und Kraftenergie im *Spannungszwiespalt* der Grundspannungskraft die Waage halten, ohne sich auszugleichen. Violett wird zur eigentlich antinomischen Lichtenergie. Die aus der kühlen Passivität von Blau gleichsam herausströmende Lichtkraftenergie ,kann' sich nicht nach außen hin entladen, sondern bleibt in potentieller Energiespannung.

Ergebnis:

Von *Rot zu Gelb* bemerken wir eine kontinuierliche Energieentwicklung von leuchtender (sich ausleuchtender) aktiv-wärmender Kraftenergie zur Hellichtenergie. Von *Grün zu Violett* stellen wir bei zunehmender Verdunkelung (,Lichteinkehrung') eine kühle, sich verdichtende Innenströmung fest. Wie sich von *Gelb zu Grün* die Energierichtung umzukehren scheint, so wiederum von *Blau zu Violett*, hier von der Verdichtungsenergie zur Kraftenergie, dort von der Lichtungsenergie zur Verdichtungsenergie. Ist im Grün die Umkehrung wirklich erreicht, so wird sie im anderen Fall nicht im Violett vollzogen, sondern sie vollendet sich erst im *Purpur*. In Purpur wird die Innen-Außen-Spannung (Blau–Rot) zwischen Verdichtungs- und Kraftenergie stabilisiert und geeint – Grundkraft- bzw. Kraftgrundenergie, so wie in Grün die Hellichtenergie und Verdichtungsenergie (Gelb–Blau) in der Lichtung. So bezeichnet die Lichtung die stabile Phase der Lichtungsenergie.

2. Von Violett zu Rot

Aufdämmernd aus dem ,Dunkellicht'[1] offenbart sich in *Violett* eine bipolar-antithetische, zweifach gerichtete Energiespannung, die also sowohl nach außen als auch nach

[1] Mit ,Dunkellicht' meine ich das unsichtbare, hier das ultraviolette Licht. Ich behelfe mich mit diesem Ausdruck, um anzudeuten, daß Violett nicht als Farbe der Aufdämmerung aus der ,Finsternis' verstanden sein soll. Wäre Purpur im Spektrum vorhanden, so würde

innen tendiert, aber von innen her zu kommen scheint. So ist Violett eine Energieerscheinung, die zwischen Licht und Dunkel, Kühle und Wärme vibriert, zwischen Verdichtungsenergie und Kraftenergie.

In *Blau* hat sich die Energie aus ihrer zweifachen Spannung gelöst und sich ‚eröffnet'. Sie zeigt sich als Lichtgrund, der lichter ist als Violett.

In *Grün* hat die Auflichtung so weit zugenommen, daß Grün als eigentliche Lichtungsenergie erscheint. Dieses Hellwerden des Lichts aus seiner Verdichtung verwandelt die passiv-mediale Zurückgezogenheit des Blau in eine inaktive und sich nach außen hin weiter öffnende, aktualisierende Lichtungsenergie: Das Licht ist aus anfänglicher Ferne in die Nähe gerückt und wird im Gelbgrün zur Hellichtenergie der Lichtungsausweitung aktiviert.

In *Gelb* hat sich die Auflichtung zur extensiven Helle gesteigert. Die Energie scheint *frei* geworden und strömt aus.

In *Orange* ist die Kulminationsstufe der Lichterhellung überschritten, und bei zunehmender ‚Lichtverdämmerung' hat sich die Energie zu intensiver Kraft aktiviert, in warmer Ausströmung. Im Verhältnis zur in Gelb erreichten extremen Lichtausweitung bedeutet das wieder eine Lichtverdichtung.

In *Rot* hat die Helle weiter abgenommen (Ablichtung) bei zugenommener Kraftenergie. Rot erscheint als aktive Triebkraft, die sich im eigentlichen, vollen Rot mit abnehmender Extraversion so in sich konzentriert hat, daß sie als reine Kraftenergie wirkt. Die Verdichtung nimmt bis zu *Purpur* immer mehr zu und wird dadurch kühler, dunkler und zwischen Innen- und Außenspannung zentriert. Die im spektralen Rot erreichte, unmittelbare, aufdringliche Lichtkraftnähe rückt von uns ab, verwandelt sich zur Verdichtungsenergie über *Violett ins Blau*. So schließt sich der ‚Energiekreis' des sichtbaren Lichts im Purpur (und nur, wenn wir von Purpur absehen, erscheint das Licht bei dieser Betrachtung nach der spektralen Folge aus dunkler Unsichtbarkeit im Violett).

Ergebnis:

Von *Violett zu Grün* bemerken wir eine zunehmende Auflichtung, eine Lichteröffnung aus der Verdichtungsenergie zur Lichtungsenergie bis zur Lichtung und Ausweitung in Gelb. Von *Gelb bis Rot* erscheint eine sich nach außen hin steigernde, weitende Energie-Entwicklung, die sich als Kraft- und Wärmeenergie entlädt und dann von *Rot bis Purpur* wieder nach innen tendiert, sich zu kühler werdender Verdichtungsenergie sammelt.

3. Schlußbemerkung

Beide Betrachtungsweisen bedingen sich so, daß man den Verlauf der energetischen Umsetzung in kontinuierlicher Stufung unmittelbar ablesen kann. Jedoch scheint der

---

Violett von dort her zu begreifen sein, und dieses Problem ist das eigentlich interessante. Da wir die Purpurerfahrung haben und auch wissen, daß es sich aus violettem und rotem Licht herstellen läßt, steht das ‚Dunkellicht' eigentlich an Stelle von Purpur!

Weg von Rot zu Violett *gegen* den Strom zu gehen; nur der Weg von *Violett zu Rot* erscheint als eigentlich kontinuierlicher Energieverlauf, gemäß einer Innen-Außen-Entwicklung der Lichtenergie.

Der Energieaustausch erfolgt entsprechend dem Eindruck der Farbübergänge allmählich. Aber jede Energieart ist einmal rein und maximal vertreten: in *Gün* die Lichtungsenergie, die sich in *Gelb* zur Hellichtenergie ausweitet — in *Rot* die Kraftenergie und in *Blau* die Verdichtungsenergie. Dieser Sachverhalt scheint mir der Ursprung für die Bevorzugung dieser vier Farben zu sein, die man als die *Farbenvierheit der Energietypen* begreifen kann.

B. PHYSIKALISCHE BEDINGUNGEN UND BEZIEHUNGEN DES LICHTS ZUR FARBENWAHRNEHMUNG

1. Physikalische Eigenschaften und Begriffe der Lichtstrahlung

Licht ist sichtbare Energie, d. h. diejenige Energieart, die sich in der optischen Wahrnehmung des Lichts abbildet und in den Farben seine verschiedenen energetischen Zustände. Lichtstrahlungen sind Energiequanten, die unter zwei, einander komplementären — sich gegenseitig ausschließenden — Aspekten erscheinen und beschrieben werden: als Welle — im Beugungseffekt, wenn das Licht durch ein Beugungsgitter nach seinen Wellenlängen gemessen wird — und als Teilchen (Korpuskel) —, im photochemischen oder im lichtelektrischen Effekt.

Das Licht ist ein Gebiet der elektromagnetischen Energie, d. h. es unterscheidet sich von anderen elektromagnetischen Strahlungen — wie Röntgenstrahlen oder Radiowellen — physikalisch nur durch andere Werte der Energiequanten der Strahlung. Verwenden wir den Wellenaspekt, so messen wir die energetischen Unterschiede der elektromagnetischen Strahlung durch Wellenlängen bzw. Frequenzen, der Schwingungszahl je sec. Insofern können wir auch von Energieschwingungen sprechen, und der „Unterschied der Farben ist die Art und Weise, in welcher das, was wir physikalisch als Unterschied der Wellenlängen verschiedener Schwingungen beschreiben, uns unmittelbar zum sinnlichen Erlebnis wird."[2]

Im Vakuum haben alle Lichtstrahlungen, gleich welcher Frequenz, eine konstante Fortpflanzungsgeschwindigkeit, also die Lichtgeschwindigkeit von 300 000 km/sec. Für die Messung der Energie pro Teilchen, pro Lichtquant ist wesentlich, daß das Verhältnis zwischen Frequenz und Wellenlänge umgekehrt proportional ist, d. h. je größer die Frequenz, desto kleiner ist die ihr entsprechende Wellenlänge. Dadurch ist zugleich die Größe der jeweiligen Energie ausgesprochen, da mit kleiner werdender Wellen-

---

[2] C. F. v. Weizsäcker/J. Juilfs, „Physik der Gegenwart", 2. durchgesehene Aufl. 1958, S. 43, unter „Elektrizität, Magnetismus, Licht", 1. Das elektromagnetische Feld, a) das Problem des Lichts.

länge, also höherer Frequenz die Energie pro Energiequant zunimmt und also mit größer werdender Wellenlänge abnimmt.

Seitdem Max Planck 1900 sein optisches Strahlungsgesetz aufstellte und das „elementare Wirkungsquantum" (h) einführte – eine universelle Konstante mit dem Wert $6{,}5 \cdot 10^{-27}$ Erg/sec – berechnet man die Energie auf Grund seiner „Quantenhypothese" nach der Planckschen Formel, die den Zusammenhang zwischen der Energie (E) einer Strahlung und ihrer Frequenz (v) erklärt:

$$E = h \cdot v$$

Da die Frequenz einer Lichtstrahlung sich aus der Teilung der Lichtgeschwindigkeit (c) durch die Wellenlänge (λ) ergibt:

$$v = \frac{c}{\lambda}$$

ist die Energie pro Energiequant (Teilchen) (E_t) gleich dem Produkt aus der Lichtgeschwindigkeit und dem Planckschen Wirkungsquantum, dividiert durch die Wellenlänge:

$$E = \frac{h \cdot c}{\lambda}$$

Mit den realen Werten der Energien wollen wir uns hier nicht befassen. Wesentlich ist für unsere Fragestellung nur das *Verhältnis*. So ist die Energie der roten Lichtquanten halb so groß wie die der violetten. In beiden Fällen handelt es sich um sehr kleine Beträge. Es wird gesagt, daß „die Energie von $2 \cdot 10^{18}$ roten Lichtquanten oder die von 10^{18} violetten Lichtquanten derjenigen Energie entspricht, um einen kg-Gewichtstein fünf cm zu heben".[3]

a) Die Wellenlängenbereiche der Spektralfarben

Die unserem Auge sichtbaren Lichtstrahlungen liegen zwischen den Wellenlängen von 0,0073–0,0039 mm.

Im Sonnenspektrum (prismatisches Dispersionsspektrum oder Beugungsspektrum durch Gitter) sehen wir das Licht dieser Wellenlängen als kontinuierliches Band (Bandspektrum), das grundsätzlich dem des Regenbogens entspricht. Man unterscheidet rund 160 verschiedene Farbtöne. Die Ausdehnung der einzelnen farbigen Gruppen ist sehr verschieden. Es besteht kein regelmäßiges Verhältnis zwischen den Wellenlängengruppen desselben Farbtons. Andererseits gibt uns das prismatische Spektrum ein verzerrtes Bild wieder, weil die auf die Fläche übertragene Ausdehnung des Spektrums nicht dem gleichmäßigen Abstand der Wellenlängen gemäß ist.

Da alle Farbtöne direkt ineinander übergehen, gibt es keine klaren Grenzen zwischen ihnen. Hinzu kommt, daß die individuellen Unterschiede bei der Beobachtung der

[3] E. Boller, „Physik der Farbe", a.a.O. S. 34.

einzelnen Farbgruppen verhältnismäßig groß sind. Man kann daher nur Annäherungswerte ermitteln, die den durchschnittlichen Erfahrungen entsprechen, zum Vergleich aber auch die Messungen der Spektrallinien der Elemente (Spektralanalyse) heranziehen. Nachstehend gebe ich eine Übersicht der ermittelten Durchschnittswerte:[4]

Rot (Z)	0,00072–0,00063 mm /	0,00065 63 mm	rote Spektrallinie des Wasserstoffs
Orange	0,00063–0,00060 mm /	0,00061 bis 0,00063 mm	orange S. L. des Neons
Gelb	0,00060–0,00058 mm /	0,00058 96 mm	gelbe S. L. des
		0,00058 90 mm	Natriums
		0,00058 76 mm	gelbe S. L. des Heliums
Grün	0,00058–0,00050 mm /	0,00051 bis 0,00054 mm	grüne S. L. des Neons
Blau	0,00050–0,00045 mm /	0,00048 62 mm	blaue S. L. des Wasserstoffs
Ind. Blau	0,00045–0,00043 mm		
Violett	0,00043–0,00039 mm /	0,00043 40 mm	violette S. L.
		0,00041 02 mm	des Wasserstoffs

Die Durchschnittswerte für jede Hauptfarbe sind:[5]

Rot (Z)	0,000 70 mm	Grün	0,000 52 mm
Orange	0,000 63 mm	Blau	0,000 47 mm
Gelb	0,000 59 mm	Violett	0,000 41 mm

Physiologisch „besteht bei normalen Sehbedingungen eine eindeutige Zuordnung von *Farbreiz* und Wellenlänge" bei monochromatischem Licht.[6]

---

[4] Nach Manfred Richter, „Grundriß der Farbenlehre der Gegenwart", 1940. – H. Helmholtz, „Handbuch der physiol. Optik", 1911. – E. Ruchardt, „Sichtbares und unsichtbares Licht", 1952. – Die von mir angegebenen Werte sind als wahrscheinliche Durchschnittszahlen aufzufassen aus dem Vergleich der Angaben der oben zitierten Autoren.

Die Werte der Spektrallinien sind in einzelnen verschiedenen Publikationen entnommen, u. a. den farbigen Abbildungen in „Einführung in die Farbenlehre", 1947, T. IV und V, Text, S. 24 und in Grimsehls Lehrbuch der Physik, R. Tomaschek, II. Bd. „Elektromagnet, Feld/Optik", 9. Aufl. 1940. – Farbtafel. Anhaltspunkte sind auch die „Frauenhoferschen Linien", die sich nach H. Helmholtz auf folgende Farben beziehen, a.a.O. S. 63:

A 760,40 Äußerstes Rot
B 686,853 Rot
C 656,314 Grenze des Rot und Orange
D 589,625 Goldgelb
E 526,990 Grün
F 486,164 Cyanblau
G 430,825 Grenze des Indigo und Violett
H 496,879 Grenze des Violett

[5] Bei Manfred Richter, a.a.O. S. 31.

[6] Ebenda, S. 32.

b) Das Verhältnis der sichtbaren zur unsichtbaren Strahlung

Es ist wichtig, daß wir uns des Zusammenhangs zwischen der sichtbaren und unsichtbaren Strahlung bewußt sind, die wir insgesamt als Lichtstrahlung bezeichnen, obwohl es niemandem einfallen wird z. B. die Radiowellen auch Radiolicht zu nennen. Verglichen mit akustischen Intervallen, umfaßt die gesamte Lichtstrahlung ca. 80 Oktaven, von denen wir nur eine sehen können.

An das *rote* Ende des Spektrums, also an die langwelligen Energieschwingungen schließen an:

	Ungefähre Grenzen:
die infraroten Strahlen (Wärmewellen)	– bis 0,4 mm und
die elektrischen Wellen	
‚Mikrowellen', Radarwellen u. a.	– bis 1 m
Ultrakurzwellen	– bis 10 m
Kurzwellen	– bis 100 m
Mittel- und Langwellen	– mehrere km

An diese Energien schließen sich die Niederfrequenzen an, die elektrischen Schwingungen des technischen Wechselstroms oder des Telefons, mit Wellenlängen bis zu fast 10 000 km.[7] Da proportional der Wellenlängen die Energie der Strahlung abnimmt, sind die Wellenlängen desto größer, als sich die Energie dem Nullwert nähert.

An das *violette* Ende des Spektrums schließen sich an:

die ultravioletten Strahlen	– bis 10 mμ (1 mμ = 1/1 000 000 mm)
die Röntgenstrahlen	– bis 100 mμμ
die Gammastrahlen	– bis 1 mμμ

und schließlich die Höhen- oder Ultrastrahlen, die auch Kosmische Strahlen genannt werden.

Erst wenn man die Vielfalt dieser Energiearten und den ungeheuren Umfang der gesamten Strahlung bedenkt, läßt sich die Bedeutung des sichtbaren Lichts, das wir nur zu leicht isoliert betrachten, ganz ermessen. Denn so klein, so quantitativ unbedeutend auch dieser Ausschnitt im Vergleich zur gesamten Strahlung ist, dieser Teil ist uns sichtbar aufgeschlossen. Er ist uns als Lichtbereich zugewiesen, der die Naturstelle unseres Lebensfeldes und damit sein Verhältnis zur Universalität des gesamten Energiefeldes bestimmt. Das sichtbare Lichtgebiet nimmt zwischen der kurz- und langwelligen Strahlung eine eigentümliche mittlere Lage ein, die zu vergleichen ist mit der größenmäßigen Stellung des Menschen:

---

[7] Bei Angaben der der Wellenlängen sollte man sich stets die dazugehörigen Frequenzen klarmachen. So erzeugen beispielsweise 1 m lange Wellen 300 Millionen Schwingungen pro Sekunde. (Schwingungszahl – Frequenz in Hertz – mal Wellenlänge = Lichtgeschwindigkeit.

„Es ist vielleicht charakteristisch, daß, lediglich vom Standpunkt der Größenordnungen aus, der Mensch genau in der Mitte zwischen Makrokosmos und Mikrokosmos steht. Das würde etwa besagen, daß ein roter Überriese, der größte uns bekannte Himmelskörper, den Menschen an Größe genau so übertrifft, wie dieser seinerseits das Elektron, das winzigste Objekt der physikalischen Welt."[8]

Für das Verhältnis des sichtbaren Lichtgebietes zur gesamten, bisher erschlossenen Strahlung kann nur von einer relativen, mittleren Lage gesprochen werden. Es kommt mir hier nur darauf an, diese mittlere Stellung in der beiderseitigen Offenheit, Zuordnung und Verklammerung mit dem Mikro- und Makrokosmos zu verstehen.

Es stellen sich hier eine ganze Reihe von Fragen nach dem äußeren und inneren Bezug des Menschen zum Licht. Es scheint mir, als bedürften wir zunächst einer tieferen Erfahrung der Sprache des Lichts durch die Farben, weil durch diese ‚Energiebilder' die einzigartige Möglichkeit eröffnet ist, nach der Beziehung zu fragen zwischen der Lichtstrahlung als allgemeiner Lebensenergie und der phänomenalen Bedeutung der Farben als physischer und psychischer Lichtfunktionen. Die Farben fragen uns, ob wir ihren beiderseitigen Charakter als Ausdruck von Energiequanten und als psychophysische Qualitäten — zu übersetzen und zu begreifen wissen: *als unmittelbare Sinnbilder der Gemeinsamkeit von physikalischer und psychophysischer Welt.*

In den folgenden Abschnitten möchte ich nach diesen psychophysikalischen Beziehungen fragen.

C. QUANTITATIV-QUALITATIVE SINNBEZIEHUNGEN DER LICHTSTRAHLUNG

Daß wir von der Farbe aus auf den Frequenzbereich schließen können und bei ausreichender Strahlungsintensität die Farbe der Lichtquanten uns auch die Größe der Energie pro Teilchen unmittelbar kundgibt, bedeutet, daß die Farben anschauliche Kontaktzeichen sind — als farbige Energiebilder des Lichts die Spannungen des Lebens aufschlüsseln. Erfahren wir sie einerseits als physikalische Symbole, durch die wir uns — wie in der Spektralanalyse — Einblick in den elementaren Aufbau der Materie verschafft haben, so andererseits als Symbole immanenter und transzendenter Lebenswirklichkeit. Bedenken wir, was es heißt, daß wir seit Frauenhofer, Bunsen und Kirchhoff durch die „negativen Linienspektren"[9] den Einblick in die Elemente der Sonnen-

[8] Bei Lincoln Barnett, „The Universe and Dr. Einstein", 1948, zit. nach der deutschen Übers. 1952, Fischer-Bücherei, Bd. 21, S. 21.

[9] D. h. insofern jedes Element im Zustand des glühenden Gases — wie z. B. in der Sonne — ein ganz spezifisches, für jedes Element verschiedenes Spektrum aussendet. Von ‚negativen' Linienspektren spricht man im Sinne der Absorption, insofern — wie Frauenhofer 1814 im Sonnenspektrum eine große Anzahl feiner schwarzer Linien fand — ein Element die Wellenlängen ‚ausstrahlt', emitiiert, die es absorbiert.

und Sternenergie gewannen und die Berechnung des ausgesandten Lichts glühender Gase wiederum zur Aufhellung grundsätzlicher Energiezustände der Atome geführt hat. (So entsprechen, wie Bohr nachgewiesen hat, „die Frequenzen der Spektrallinien des vom atomaren Wasserstoff ausgesandten Lichts gerade den berechneten Energiedifferenzen der stationären Zustände".)[10] Zahlreiche andere Beispiele ließen sich für die Bedeutung der Farben als Chiffre des Lichts anführen. Bleiben wir bei den alltäglichen Erfahrungen, so verrät uns z. B. der Wechsel von der Rotglut zur Gelb- und Weißglut eines Metalls, daß die Energiestrahlung – die ja in einem durch die Strahlungsgesetze exakt definierten Verhältnis zur Temperatur steht – zugenommen hat.[11]

Was bedeutet das alles, wenn wir nach dem Aussageverhältnis zwischen der Farbe als Energiewert und als Sinneswahrnehmung fragen?

Um mich verständlich zu machen, verwende ich einen Vergleich zwischen der klassischen Vorstellung der Lichtstrahlung als Wellenerscheinung und einem entsprechenden mechanischen Bild: Denken wir nur an die Wellenlängen als Ausdruck der Energiestufe, so könnte man das Beziehungsverhältnis vielleicht so ausdrücken, daß man den Unterschied zwischen der kurzwelligen, energiereichen Strahlung und langwelligen, energieschwachen mit dem Unterschied zwischen einer spannungskonzentrierten und einer entspannten, ausgedehnten Spiralfeder vergleicht. Sachlich ist ein solcher Vergleich natürlich ganz unmöglich, aber er scheint mir nicht sinnlos zu sein, wenn er als symbolische Illustration für die energetische Beziehung zwischen dem Licht verschiedener Wellenlängen verstanden wird.

In diesem Sinne scheint doch nun die Kontinuität der Lichtfarben in ihrer spektralen Folge etwas von den energetischen Zuständen – oder, wie es wohl zutreffender heißen müßte, von den „Freiheitsgraden" der Lichtstrahlung[12] zu verraten:

Gehen wir nämlich von den beiden Endfarben des Spektrums aus und berücksichtigen neben den Frequenzen auch die realen, vorhin genannten Funktionen der verschiedenen Strahlungen, so zeigt sich das folgende Verhältnis:

---

[10] Weizsäcker/Juilfs, a.a.O. S. 82, unter „Entwicklung der Atomphysik". Dazu die folgenden dort stehenden Erklärungen:

Um die Stabilität der Atome zu erklären, führte Bohr „zwei Postulate" ein: 1. Die Atome existieren nur in scharf definierten „stationären Zuständen", deren Energieinhalte um bestimmte Beträge voneinander unterschieden sind; Zwischenzustände existieren nicht. 2. Im stationären Zustand strahlt das Atom überhaupt keine Energie aus. Strahlung geschieht durch den Übergang zwischen zwei stationären Zuständen. Dabei erhält das ausgesandte Licht ein Energiequant, das gleich der Energiedifferenz der beiden stationären Zustände ist. Die Frequenz des ausgesandten Lichtes ergibt sich aus dieser Energie nach der Planck-Einsteinschein Gleichung zu $E = h \cdot v$.

[11] Zu berücksichtigen sind u. a. das Stefan-Boltzmannsche Gesetz, das sogenannte Wiensche Verschiebungsgesetz (mit zunehmender Temperatur verschiebt sich das Maximum der der Strahlung zu den kürzeren Wellenlängen hin) und vor allem das Plancksche Strahlungsgesetz, aus dem sich wiederum die beiden anderen herleiten lassen.

[12] „Jede Schwingung bestimmter Frequenz und Wellenlänge kann man als einen ‚Freiheitsgrad' des Strahlungsfeldes auffassen." Zit. nach v. Weizsäcker/Juilfs, a.a.O. S. 80.

Je weiter wir vom blauvioletten Ende des Spektrums zu den ultravioletten Strahlen und Röntgenstrahlen bis zu den Gammastrahlen gelangen, desto energiereicher, verdichteter, durchdringender und härter sind die Strahlen, kurzwelliger, in sich konzentrierter.

Betrachten wir das Verhältnis vom roten Ende des Spektrums aus zu den infraroten Wärmewellen, den Radar-, Fernseh- und Radiowellen, so wird die Strahlung in zunehmendem Maße energieschwächer, ‚gelöster', ausgebreiteter und weicher, langwelliger, in sich schwächer konzentriert.

Diese Beschreibung bewegt sich in der Terminologie der Wellentheorie und betrachtet die Strahlungen als kontinuierliche Energiestufung.[13] Nun ist aber das kontinuierliche „Wellenbild" nur eines der beiden Erscheinungsformen der Lichtstrahlung bzw. der Elementarteilchen. Das andere – komplementär dazu – ist das diskontinuierliche „Teilchenbild". Wir beobachten wechselseitig beides: Licht als Schwingung und als Lichtquant, als Photon, und wir können die Teilchen wiederum auch als verdichtete Energie auffassen – als ‚körnige Energie' –, nachdem wir wissen, daß Energie und Materie äquivalent sind. Wir sprechen von „Materiewellen" und wissen, daß auch Elektronen sich wie Röntgenstrahlen verhalten, sich (durch Kristallgitter) ‚beugen' lassen und die Eigenschaften der wellenmäßigen Lichtstrahlung zeigen. Dann ist auch ein Elektron nichts anderes als ein stark konzentriertes ‚Energiepaket', so wie wir auch ein Energiequant als ‚Wellenpaket' beschreiben können. Ob es sich also um Lichtquanten oder um Elektronen handelt, stets sind wir auf zwei, sich gegenseitig ausschließende Definitionen angewiesen, müssen also auch bei unseren Vergleichen beide berücksichtigen. Dabei dürfen wir nicht übersehen, daß die beiden Aspekte, Welle und Teilchen durch unsere Meßverfahren bedingt sind (photoelektrischer Effekt – Beugungseffekt), also nicht davon losgelöst „an sich" physisch wahrgenommen werden können.

Wie ließe sich zunächst nach der Wellentheorie das Verhältnis zwischen dem sichtbaren Lichtgebiet zur gesamten Strahlung deuten, wenn wir dabei den physiologischen Effekt der Farben berücksichtigen?

Wenn uns die Wellenlängen-Skala klarmacht, daß bei gleichbleibender Lichtgeschwindigkeit die Strahlungsenergie proportional der kleiner werdenden Wellenlänge und höheren Schwingungszahl zunimmt, wäre es nicht erlaubt, die verschiedenen energetischen Zustände der Lichtstrahlung als die verschiedenen Stufen *einer Lichtwelle* aufzufassen? Diese Vorstellung von einer homogenen Energiewelle entspräche formal dem Unterschied zwischen einer maximalen Energie, die sich stufenweise ver-

[13] In dieser Weise ließen sich auch noch andere Verhältnisgleichungen durchführen, so wie wir etwa das elektromagnetische Kraftlinienfeld als Anschauungsmodell für die energetischen Verhältnisse betrachten könnten. Ähnlich wie beim Vergleich mit der Spirale als rein mechanischer Figur ließe sich das dynamische Formbild eines magnetischen oder elektrischen Kraftfeldes im bezug zu den Linien als ‚Bildern' des Kraftflusses mit den Wellenlängen vergleichen, und auch hier käme man zu einer geometrischen Äquivalenz.

wandelt, also von der vollen *Ladung* zur *Entladung* ihrer Energie gelangt, von der kernhaft verschlossenen Verdichtung zur extensiven, geöffneten Verausgabung, im Sinne einer Ent-wicklung aktualisiert, zur Ausbreitung gelangt, von hoher *Spannung* zu niederer *Entspannung* (vgl. Hochfrequenz – Niederfrequenz).

Dasselbe Verhältnis ergibt sich für den Grad der *Durchdringungskraft*. Auch Radiowellen durchdringen Körper (doch keine Metalle) aber ohne mit den Atomen in eine *Wechselwirkung* zu treten, d. h. sie sind ihren Frequenzen und Wellenlängen gemäß grobe elektromagnetische Schwingungen, welche nur das Molekulargefüge treffen. Sie passieren Körper also, ohne den inneren Aufbau zu stören. Anders ist es schon bei der sichtbaren Lichtstrahlung, wenn wir beispielsweise an biologische Funktionen (Photosynthese, Wachstum) denken oder beim ultravioletten Licht, das noch tiefer in den elementaren Aufbau dringt und chemische Umsetzungen (Hautbräunung z. B.) hervorruft. Je mehr wir zu den kurzwelligeren, zu den Röntgenstrahlen gelangen, desto mehr nimmt die mikrophysische Wechselwirkung zu, womit ich die Eindringungsfähigkeit in den innersten Bau der Materie meine. So wie wir die Röntgenstrahlen zur Durchleuchtung benutzen, indem die Absorptionsdifferenzen durch die verschieden schweren Materien (Atomstrukturen, Atomgewichte) sichtbar werden. Je kurzwelliger, verdichteter die Strahlung (Gammastrahlen) also wird, desto mehr greift sie in die ‚intimsten' elementaren Regionen ein. Das geschieht schließlich aus keinem anderen Grunde, weil sie selbst unmittelbarer Ausdruck der Elementarteilchen und ihrer Energien sind.

Wenn überhaupt, dann könnte eine gemeinsame Ebene nur dadurch gefunden werden, daß für beide Bereiche ein Begriff gelten müßte, der unanschaulich und so allgemein ist, daß er sowohl als Grundbegriff für die Physik wie für die physische und psychische Erfahrungswelt selbst den Bezug bildet. Sagen wir Licht und meinen damit Licht als Begriff für alles das, was im einzelnen Licht ist und wie es erscheint, dann müßte es doch wohl eben dieser Begriff sein, auf den wir uns zu beziehen hätten. Fragen wir aber, was Licht denn *sei*, dann reicht nicht das ‚Licht' als allgemeiner Begriff aus, wohl aber die Energie. Ist Licht Energie, so braucht es uns nicht darauf anzukommen, was denn Energie sei. Es kann uns genügen, daß Lichtfunktionen Energiefunktionen sind.

Wir hatten schon früher gesehen, daß sich die Funktionsbegriffe als Begriffe für psychophysische Energiefunktionen verstehen lassen. Wir haben nun nicht zu fragen, was diese Art der Energiefunktionen mit der physikalischen Definition der Energie zu tun hat, sondern ob die quantitative Stufung der Farben als Energiebilder und ihre Übersetzung in die quantitative Stufung der Funktionsbegriffe mit den Stufen physikalischer Energie pro Photon, pro Lichtquant etwas zu tun hat.

Ich beziehe damit den Teilchenaspekt in unsere Frage ein.

Ein rotglühender Draht beispielsweise oder eine farblose, weißlichtige Lichtquelle sendet Photonen aus. Die Farbe sagt uns, mit welchem Energiewert pro Quant wir es zu tun haben. Sehen wir z. B. die blauen elektrischen Funkenentladungen an der Oberleitung von Straßenbahnen, dann bedeuten sie durch elektronische Umsetzungen frei werdende Energie, deren Wert pro Teilchen größer ist als bei gelben oder roten Funken. Wir wissen, daß der blaue Flammenteil einer brennenden Kerze heißer ist als die gelbe Flammenspitze.

Sind die Farbdistanzen Ausdruck von Energiedifferenzen, so wie die Spektrallinien glühender Gase Ausdruck der Energiedifferenz zwischen den stationären Zuständen des Atoms sind[14], so ist der diskontinuierliche Quantenaspekt nur ein anderer, der Frequenz adäquater Ausdruck des Energiewertes der Lichtstrahlung. Prinzipiell existiert für jede mögliche Energiestufe ein Energie- oder Lichtquant, d. h. ein *Energiequant* ist selbst Ausdruck bestimmter Energiequantität pro Teilchen. Ein Teilchen wiederum ist ein materiell nachweisbares „Energieteilchen" verschiedener Art. Die Elementarteilchen bzw. -quanten können sich in dieser Weise gegenseitig verwandeln, etwa ein „Gammaquant" in ein Elektron und ein Positron, oder umgekehrt können aus einem Elektron und einem Positron ein oder zwei Gammaquanten entstehen. Für unsere Überlegungen ist die Äquivalenz zwischen Materie und Energie deshalb besonders wesentlich, weil sie deutlich macht, daß ein Teilchen, wie ein Elektron, selbst nur ein anderer Ausdruck, eine andere Gestalt für die ihm gemäße Energie als Energieschwingung ist, d. h. unter dem Energieaspekt sind Teilchen- und Wellenaspekt einander identisch als verschiedene Zustände eines Energiewertes. Die Austauschbarkeit zwischen Teilchen und Welle im Sinne zweier Erscheinungsformen eines Elektrons beispielsweise bedeutet also auch die Austauschbarkeit der beiden Aspekte als Erscheinungsbilder.

Können wir uns hinsichtlich der Bezugsebene für psychophysikalische Vergleiche dann nicht auch von beiden Aspekten befreien zugunsten des reinen Energieaspekts? Es kann uns insofern dann gleichgültig sein, in welcher Form die Lichtstrahlung sich manifestiert, und wir gelangen dann wieder zur unmittelbaren Beziehung zwischen Farbe und Energie: die für uns verbindlichen Anschauungsbilder der sichtbaren Lichtstrahlung sind in den Farben als Energiebilder so greifbar wie das Teilchen- und Wellenbild die Anschauungsbilder für die Greifbarkeit der unsichtbaren Lichtstrahlung sind. Das bedeutet nicht, daß die Farben als Sinnesdaten die physikalische Beschaffenheit selbst ausdrücken, aber wohl daß sich in den Farben die energetische Zuständlichkeit der Lichtstrahlung in diesem Gebiet anschaulich kundgibt.

D. PSYCHOPHYSIKALISCHE VERGLEICHE ZWISCHEN DEN FARBEN, IHREN FUNKTIONSBEGRIFFEN UND LICHTENERGIEN

Fragen wir, ob und wie sich das allgemeine Verhältnis zwischen Energie, Wellenlänge und Frequenz, wie wir es vom sichtbaren Lichtgebiet aus für die gesamte Strahlung beschrieben haben, innerhalb des farbigen Lichtbereichs zeigt und ob eine quan-

[14] s. Anm. 10.

titativ-qualitative Äquivalenz zwischen Farbaussage und lichtenergetischem Zusammenhang besteht.

Ich knüpfe zunächst an die eingangs dieses Teils beschriebenen „psychophysischen Energiewerte" an.

Tafel 9 zeigt die Hauptfarben des Lichts in der Form einer Kreisstaffelung, durch die das allgemeine Verhältnis zwischen kurz- und langwelligen Spektralfarben demonstriert sein soll. Verfolgen wir diese Farbenkreise von innen nach außen oder umgekehrt, von außen nach innen, so können wir den direkten Zusammenhang zwischen der Zu- oder Abnahme der Wellenlängen und der Veränderung der Farbqualität als ein proportionales Verhältnis ablesen. Es drückt sich ebenso in den Farben-Funktionsbegriffen aus:

1. Das Verhältnis zwischen kurzen und langen Wellen der sichtbaren Lichsttrahlung gleicht dem Verhältnis zwischen der verdunkelnden „Verdichtungsenergie" (Blau-Violett) und der erhellenden Ausweitung der ‚geöffneten' Lichtungs- und Kraftenergie. (Grün – Gelb – Rot.)
2. Mit größer werdender Wellenlänge empfindet der Mensch Farben, die sein Gefühl von innerer Grundspannung zur Aufhellung und Ausweitung erregen und bis zur Kraftveräußerung – ‚austretende Lichtkraft' – steigern. Diese Kontinuitätsbeziehung spiegelt sich, wie mir scheint, im Vergleich zwischen den einzelnen Lichtfarben und ihren Funktionsbegriffen wider.

Läßt sich, so möchte ich fragen, in diesen Beziehungen nicht eine einheitliche Ordnung erkennen, die sowohl psychophysisch wie physikalisch interpretierbar ist? Ist nicht auf Grund dieser Beziehung der klassische Gegensatz zwischen subjektiver und objektiver Bestimmung der Lichtstrahlung als Unterschied zwischen genetischer und phänomenaler Relation ausgeglichen? Trifft dies zu, so möchte ich vorschlagen, den sich hier erweisenden Zusammenhang als

PSYCHOPHYSIKALISCHE ÄQUIVALENZ DER LICHTSTRAHLUNG

zu bezeichnen. Sie würde bedeuten: *Das Verhältnis der Lichtenergie zur Farbe ist gleich dem Verhältnis der Farbe zum emotionalen Funktionsbegriff.*

(Danach entspricht etwa die verdichtete Energiequantität, die *Blau* hervorruft, dem Blau als Lichtgrund in seiner Innenbeziehung – oder die im Vergleich dazu entspanntere, ‚ausgedehntere' Lichtwelle, die *Rot* hervorruft, dem Rot als Lichtkraft in seiner Extraversion. *Grün* vertritt dann den ‚mittleren' Bereich, so wie es zwischen Gelb und Blau vermittelnd in seiner Funktion als Lichtung zwischen Innen- und Außenspannung ausgleicht. (Purpur ist in diesem Vergleich zunächst nicht einbegriffen. S. unter G.)

Um die Äquivalenz in den Grundzügen zu veranschaulichen, kann man die Figur einer Spirale wählen, ausgehend von dem Gedanken, daß die Spirale in ihren kontinuierlich sich verändernden Windungen ein analoges Bild für die Kontinuität der Lichtschwingungen sein kann, sofern man von der Vorstellung einer in sich zusammenhängenden Wellenformation ausgeht, wie wir es zuvor getan hatten. Diese Figur darf nicht als Anschauungsmodell verstanden werden, sondern soll nur die *Verhältnisbeziehung* symbolisieren. Begreifen wir einmal die verschieden großen Wellenlängen so wie die Farben als Erscheinungsbilder der verschiedenen energetischen Zustände, so können die verschiedenen Spiralwindungen diesen Zusammenhang etwa ausdrücken.

Man könnte meinen, daß nicht die Reihenfolge der Farben und ihr Verhältnis zum Windungsverlauf maßgebend sei, sondern allein die Form der Spirale optisch suggestiv ist. Um diesen möglichen Einwand zu entkräften, kann man die Farben in der umgekehrten Folge eintragen. Man wird feststellen, daß sich dann Farben- und Formverlauf teils widersprechen, teils überhaupt kein klares Verhältnis haben.

In der gemeinten Äquivalenz haben wir bisher nur die Beziehung zwischen der kontinuierlichen Innen-Außen-Spannung des psychophysischen Energieverlaufs und der physikalischen Energiestufung berücksichtigt. Trifft die Gleichung auch dann zu, wenn wir die reale Energiezunahme oder -abnahme meinen und dabei auch den quantenenergetischen Aspekt des Teilchenbildes einbeziehen? Nimmt die psychophysische Energie mit der physikalischen Energie der Teilchen zu? Offensichtlich ist das doch *nicht* der Fall. Ist *Rot* (Lichtkraft) nicht gerade eine energiestarke Farbe gegenüber Gelb und Grün, und die physikalisch energiereiche blaue Strahlung nicht psychophysisch schwach?

Für die psychophysikalische Beurteilung ist maßgebend, welches quantitative Verhältnis Lichtwahrnehmung und Lichtenergie zueinander haben. Dabei zeigt sich, daß sich physikalische und psychophysische Energie gerade umgekehrt proportional zueinander verhalten.

Nimmt die physikalische, elektrische Energie *zu*, so nimmt die psychophysische Energie *ab*: Das physikalisch energieschwache Rot ist psychophysisch stark, oder anders ausgedrückt: Nimmt die physikalische Energie pro Teilchen zu — Gelb — Grün — Blau — so nimmt die psychophysische ab.

Diese durchgehende, umgekehrte Proportionalität gilt aber nun nicht im vollen Umfang, sondern bezieht sich auf den Frequenzbereich zwischen Rot und Blau. Sie gilt nicht für *Violett*. Es muß auffallen, daß Violett psychophysisch durchaus energiestärker ist als Blau. Violett bildet psychophysisch einen Wendepunkt der energetischen Funktion. Endet hier das Spektrum, so führt Violett direkt zu den stärksten Farben *Purpur* und *Rot* (Mittelrot), die beide nicht im Spektrum vorhanden sind, aber als psychophysische Energiewerte aus der Verbindung zwischen den physikalisch energieschwächsten und energiestärksten Farben hervorgehen: Rot und Violett.

Wir haben noch zu fragen, welcher physikalischen Energie denn das Purpur entspricht, dessen Wert ja zwischen dem spektralen Rot und dem Violett anzunehmen sein muß. Mir kommt es in diesem Zusammenhang darauf an, klarzumachen, daß die psychophysikalische Äquivalenz in der umgekehrten Proportionalität zwischen physikalischer und psychophysischer Energie einerseits nur die *Rot-Blau*-Spannung umfaßt, daß andererseits aber in *Violett* eine energiereiche Farbe erscheint, welche zu-

Ausgleich eben dieser Rot-Blau-Spannung in Purpur führt, das den psychophysischen Spannungsausgleich vollzieht. In den beiden nachstehenden Diagrammen habe ich das allgemeine Verhältnis zwischen der den Frequenzen gemäßen physikalischen Energiestufung des sichtbaren Lichts und der psychophysischen zu skizzieren versucht und damit den psychophysikalischen Zusammenhang.

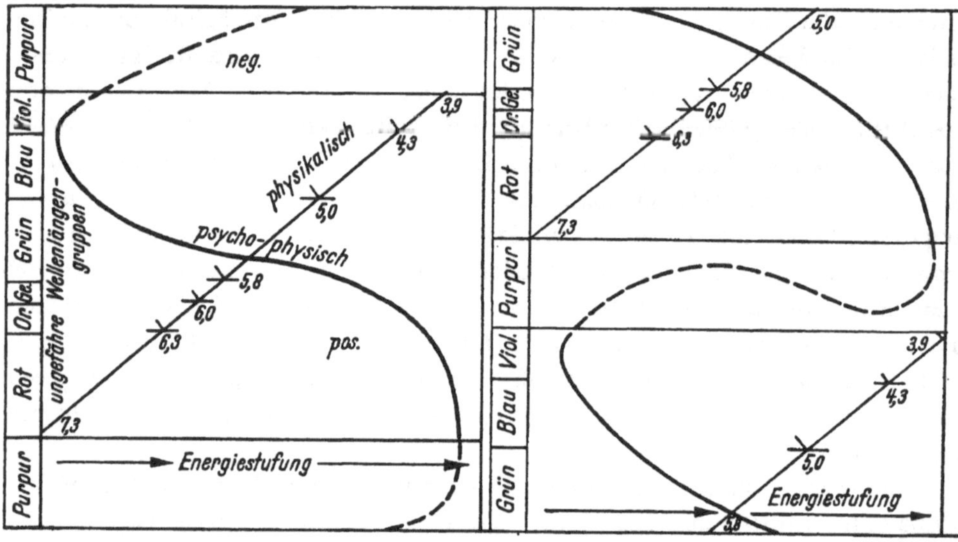

Abb. 20. Diagramm des physikalischen und psychophysischen Energieverlaufs

Wir müssen also die psychophysikalische Äquivalenz differenzieren:

1. Es besteht ein proportionales Verhältnis zwischen verdichteter und gelöster physikalischer Energie gemäß den Wellenlängen und Frequenzen zu innerer und äußerer psychophysischer Farbenenergie, wie auf S. 256 besprochen.
2. Es besteht ein umgekehrt proportionales Verhältnis zwischen zu- und abnehmender physikalischer zur psychophysischen Energie.

Was besagt dieser Unterschied? Er macht uns klar, daß wir immer darauf angewiesen sind, uns nach der einen oder nach der anderen Richtung zu orientieren, nämlich nach der potentiellen oder nach der kinetischen Energie, nach der latent vorhandenen oder nach der aktuell ausbrechenden Energie oder, um einen prinzipiell ähnlichen Vergleich zu ziehen: nach der im Winter sich sammelnden speichernden Lebenskraft (Same–Knospe) oder der im Sommer austretenden, sich nach außen hin verwirklichenden Kraft (Wachsen, Blühen, Frucht). Tatsächlich handelt es sich doch wohl um nichts anderes. Ich erinnere an dieselben Überlegungen hinsichtlich der Deutung der Begriffe Lichtgrund und Lichtkraft im Verhältnis zu Grundkraft und Kraftgrund. Was sich darin ausspricht, zeigt sich für die Wahrnehmung im Verhältnis zwischen Blau und Rot zu Purpur bzw. Blau und Gelb zu Grün, wenn wir an die Beziehung von Lichtgrund und Lichtausweitung zur Lichtung denken. Schließlich können wir es noch konkreter ausdrücken: Blau ist kühl und fern, Rot ist warm und nah! Kühle bedeutet Zusammenziehung, Rot Ausdehnung, Blau ist Sammlung und Vertiefung, Gelb und Rot bedeuten Veräußerung und Weitung.

Wenn wir das berücksichtigen, so haben wir zwei Weisen, das psychophysikalische Energieverhältnis zu beschreiben. 1. In der Weise der umgekehrten Proportionalität, 2. nach der relativen Bewertung der eben besprochenen Energieformen. In diesem Falle zeigt sich nämlich das Verhältnis wieder in der Proportion, insofern die nach innen konzentriertere Farbenenergie (Grün-Blau-Blauviolett) die potentiell stärkere ist, in keinem anderen Sinne wie wir zu Blau hin die seelische Kraft und Vertiefung fühlen (Grundvertiefung) zur anderen Seite hin (Grün-Gelb-Orange-Rot) die sinnlich-körperhafte Ausbreitung, ja in gewissem Grade Verflachung. An beiden Seiten bestehen psychophysische Wendepunkte: das Violett, das sich ins Rote zu Purpur hin aufschließt, und das spektrale Rot, daß sich über Karmin zu Purpur hin verschließt. Daß Karmin und Purpur nicht im Spektrum enthalten sind, bedeutet, daß die direkte psychophysikalische Äquivalenz hier ihre Grenze findet und wohl deshalb finden muß, weil eben an die sichtbare Lichtstrahlung die unsichtbare nach den gleichen energetischen Verhältnissen anschließt. Der Mensch aber erfährt durch das Purpurlicht eine im Kreis sich beschließende Einigung innerhalb seines Lichtgebiets. Wir werden auf die energetischen Bedingungen des Purpurlichts noch eingehen. Jetzt wollen wir den zweiten Schritt vollziehen und prüfen, ob sich die besprochene Äquivalenz im Gebiet des sichtbaren Lichts für die gesamte Strahlung so verallgemeinern läßt, daß sie als sinnbildlich-symbolische Verweisung dafür betrachtet werden kann.

E. VERWEISUNG DER PSYCHOPHYSIKALISCHEN ÄQUIVALENZ IM SICHTBAREN LICHTGEBIET AUF DIE GESAMTE STRAHLUNG

Um festzustellen, ob das der Fall ist, brauchen wir nur an die bereits besprochenen Funktionen der unsichtbaren Strahlung anzuknüpfen. An das rote Licht schließen die infraroten Wärmewellen an, an das violette das für chemische Reaktionen wesentliche ultraviolette Licht (Hautbräunung u. a.). Es scheint mir berechtigt, zu sagen, daß sich im unanschaulichen Lichtgebiet im direkten Anschluß an die psychophysische Farbwahrnehmung die psychophysikalische Äquivalenz auch im ganzen darstellt.

Vom blau-violetten Ende zum kurzwelligen Energiebereich führt der ‚Weg' nach innen, in die mikrophysische Elementarwelt, vom roten Ende aus nach außen, in die makrophysische Welt. Wie sich zwischen Blau und Rot die Spannung zwischen innerer und äußerer Durchdringung abbildet, so im ganzen die Spannung zwischen mikrophysischer, die Makrowelt durchleuchtender und verwandelnder Strahlung und den makrophysischen, zur Licht-, Wärme-, Ton-, Funk- und Bildübertragung geeigneten Lichtwellen. Sprechen wir genetisch vom ‚Energieweg' des Lichts, so führt er notwendig von innen nach außen, von Blau zu Rot, wie von der Kernenergie zur makrophysischen Strahlung. Denn die Energierichtung ist nicht umkehrbar. (Zweiter thermodynamischer Hauptsatz.) Der innerste Aufbau der Welt entspricht der stärksten, atomaren Energie und Materie. (Hier waltet auch das Zeitmoment!) Die Kraft also kommt von der hochenergetischen Strahlung *her*.

Den Gesamtzusammenhang soll das nachstehende Schema andeuten:

Sichtbares Licht

Außenkraft ←*Rot-Orange-Gelb/Grün/Blau-Violett* → Innenkraft

Außenkraft	Innenkraft
Breite—Fläche warme, nahe Ausbreitung erregend	Tiefe—Grund kühle, ferne Weite beruhigend
↓	↓
Makrophysisches Licht	Mikrophysisches Licht
‚Entladene', leichte Energie gelöst, ent-wickelt Lange Wellen, niedere Schwingungszahl Weite, – äußere Durchdringung	‚Geladene', schwere Energie verdichtet, kernhaft Kurze Wellen, hohe Schwingungszahl Tiefe, – innere Durchdringung

Wie verhält es sich nun mit dem *Purpurlicht?* Um den Kreis zu schließen, müssen wir wissen, welcher Energiestufe es entspricht. Wir müssen es schon deshalb wissen, weil sich *Grün* ohne Purpur nicht einigen, nicht im Licht beschließen kann. Aber wir meinen auch den Beschluß, der durch Purpur aus der Verbindung der beiden Endfarben des Spektrums hervorgeht und im Ausdruck dieser Farbe der Synthese Einheit und Einigung ist. Sagt es nicht schon die Sprache eigentümlich genug: *Pur-Pur* als das Einfache, Ganze, Pure?

F. ENERGETISCHE ERKLÄRUNG DER ZENTRALITÄT VON GRÜN UND PURPUR DURCH WELLENLÄNGENBERECHNUNG

1. Über die Energiebeträge des Purpurlichts und des aus Farbenkomplementen hervorgehenden reinen Lichts

Um die reale Energie einer Strahlung zu messen, müßten wir uns der Formel $E = \frac{c \cdot h}{\gamma}$ bedienen – vgl. S. 248. Wollen wir aber nur die Energie*verhältnisse* feststellen, so können wir uns mit den Größen der Frequenzen begnügen, da die Lichtgeschwindigkeit und das Wirkungsquantum ja konstante Werte sind. Wenn ich nachstehend von ‚Energiegrößen' spreche, dann verstehe ich darunter die durch Frequenzen bzw. Wellenlängen ausdrückbaren Energiewerte.

Da jede Farbe im Spektrum gemäß ihres Wellenlängenbereichs bestimmte Energiequantitäten vertritt und das sichtbare Licht etwa zwischen den Wellenlängen 720–390 mμ liegt. (Das auch noch als Rot geltende Licht von 720–800 mμ ist praktisch kaum sichtbar), muß auch die Energie des farblosen, reinen Lichts innerhalb dieses Bereichs anzugeben sein. Von diesem ‚Gesamtlicht' wollen wir aber hier absehen und uns auf das aus der komplementären Lichtmischung hervorgehende Licht konzentrieren. Weiterhin stelle ich die Frage nach dem Purpurlicht. Seine Energie muß größer als die Rotstrahlung, aber kleiner als die violette sein.

Wenn man die Wellenlängen als Energiegrößen auffaßt und mit den Zahlenwerten dann so operiert wie mit realen Energiewerten, beispielsweise wie mit Temperaturgraden, so kann man sich die zu suchenden Energiebeträge etwa errechnen, d. h. nach wahrscheinlich zutreffenden Größen, da wir nur mit den Schnittwerten rechnen können, die sich aus den verschiedenen Beobachtungen und Messungen der Spektralfarben ergeben haben.

2. Purpurlicht und Grünlicht

Um den Energiebetrag des Purpurlichts zu bestimmen, müßten wir die Schwingungszahlen der Frequenzen, als Energiegrößen, vom roten und violetten Licht zunächst addieren und die entstehende Summe dann halbieren. Denn aus der Summe zweier verschiedener Energien – sofern ihre Mengen gleich groß sind – ergibt sich der Halbwert des addierten Energiebetrags. (Z. B. 1 Liter Wasser von 100° Temperatur + 1 l von 50° ergeben 2 l von 75°.) Da die Farbenbereiche stets in Wellenlängen angegeben werden, rechne ich mit diesen, habe aber zur Kontrolle auch nach Frequenzen gemittelt.

Halten wir uns an die geltenden Meßzahlen, dann zeigen sich folgende Ergebnisse:

Äußerstes	schwächstes Rot	730 mμ	
+ Äußerstes	stärkstes Violett	390 mμ	
		1120 mμ:	2 = 560 mμ
Innerstes	stärkstes Rot (Orangegrenze)	630 mμ	
+ Innerstes	schwächstes Violett	430 mμ	
		1060 mμ:	2 = 530 mμ
Äußerstes	schwächstes Rot	730 mμ	
+ Innerstes	schwächstes Violett	430 mμ	
		1160 mμ:	2 = 580 mμ
Innerstes	stärkstes Rot	630 mμ	
+ Äußerstes	stärkstes Violett	390 mμ	
		1020 mμ:	2 = 510 mμ

Das aus der Mischung von Rot und Violett hervorgehende Purpurlicht hätte demnach einen Wellenlängenbereich zwischen 510–560 mμ. (Will man auch noch die Mischung zwischen dem äußersten Rot und innersten Violett, also die energieschwächste Strahlung berücksichtigen, so reicht das Purpurlicht bis ca. 580 mμ.) Dieser Bereich ist aber nun das mittlere Gebiet des grünen Spektralbereichs, der von ca. 500–580 mμ reicht. Das würde bedeuten: *Grün und Purpur sind sich an Energiewert gleich!*

Der Durchschnittswert ist 545 mμ. Das entspricht einem Mittel der Wellenlängen der Zentralgebiete beider Farben: 680 und 410 mμ. Mittelt man die Frequenzen und rechnet das Ergebnis wieder in Wellenlängen um, so verschieben sich die Zahlen zum kurzwelligen Grünbereich, und es ergibt sich 510 mμ als Durchschnittswert.

Da Grün und Purpur Komplementärfarben sind, muß das durch ihre Mischung entstehende farblose Licht ebenfalls denselben Energiebetrag haben, denn zwei addierte gleiche Strahlungsenergien ergeben eine wiederum gleichwertige Energiemenge.

Trifft das zu, dann haben wir es beim Farbenkomplement Grün/Purpur auch mit einer gegenseitigen Stellvertretung für das Licht zu tun: Entweder vertritt *Grün* das Licht oder aber *Purpur*. Es liegt dann nahe, weiter so zu folgern: Wenn das aus Rot und Violett entstehende Purpurlicht von gleichem Wert ist wie das Grünlicht, dann sollte auch das aus Gelb und Blau hervorgehende Licht dem Grünlicht entsprechen. Damit würde sich vielleicht präziser erklären, warum sich Gelb und Blau sowohl zum Licht als auch zum Grün mischen lassen: d. h. inwiefern nämlich dieses dasselbe wäre!

Prüfen wir das nach, so haben wir wieder die entsprechenden Rechnungen durchzuführen:

Äußerstes	schwächstes Gelb (Orangegrenze)	600 mμ	
+ Äußerstes	stärkstes Ind. Blau (Violettgrenze)	430 mμ	
		1030 mμ:	2 = 515 mμ
Innerstes	stärkstes Gelb (Grüngrenze)	580 mμ	
+ Innerstes	schwächstes Ind. Blau	450 mμ	
		1030 mμ:	2 = 515 mμ
Äußerstes	schwächstes Gelb	600 mμ	
+ Innerstes	schwächstes Ind.Blau	450 mμ	
		1050 mμ:	2 = 525 mμ
Innerstes	stärkstes Gelb	580 mμ	
+ Äußerstes	stärkstes Ind. Blau	430 mμ	
		1010 mμ:	2 = 505 mμ

Der sich aus Gelb und Ind.Blau ergebende Lichtbereich wäre damit dem des Grünlichts von 505–525 mμ äquivalent. Ist demnach der mittlere Wellenlängenwert 515 mμ, so ergeben sich nach der Frequenzmittelung 505 mμ.

3. Energiewerte anderer Farbenkomplemente

Haben wir auch für die Lichtmischung aus Gelb und Blau einen im grünen Spektralbereich liegendes Wellenlängengebiet gefunden, so fragt es sich, wie es sich bei anderen Farbkomplementen verhält. Errechnet man sich nach der oben benutzten Methode die Wellenlängenbereiche des aus *Orange und Blau* entstehenden Lichts, so ergeben sich in der bisher angegebenen Folge diese Werte:
540 mμ – 550 mμ – 565 mμ – 525 mμ
Auch hier entsprechen die Meßwerte dem Grünlicht.

Ich möchte auch noch die Messungen von H. v. Helmholtz berücksichtigen (in mμ):

Rot + Grünblau	656,2
	492,1
	1148,3: 2 = 574,15
Orange + Blau	607,7
	489,7
	1097,4: 2 = 548,7
Goldgelb + Blau	585,3
	485,4
	1070,7: 2 = 535,35
Gelb + Ind. Blau (Grüngelb)	567,1
	464,5
	1031,6: 2 = 515,8
Grüngelb + Ind. Blau	564,6
	461,8
	1026,4: 2 = 513,2
Grüngelb + Violett	563,6
	433
	996,6: 2 = 498,3

Wir sehen, daß alle errechneten Größen, die aus Farbenkomplementen hervorgehen, in den *grünen* Bereich des Lichts fallen.[15] Nun scheint dieser Nachweis vielleicht nichts weiter als selbstverständlich zu sein, da der Grünbereich die mittleren Energien des sichtbaren Lichts umfaßt. Jedoch die Tatsache, daß dies so ist, Grün als zentrale Ausgleichsfarbe des Lichts erscheint, ist ein entscheidendes Phänomen. Die zahlenmäßige Nachrechnung erlaubt uns, eine Entsprechung zwischen dem farblosen, aus komplementärer Mischung hervorgehendem Licht und dem Grünlicht festzustellen.

[15] Man kann natürlich auch die Mittelwerte der verschiedenen Farbgebiete verwenden (Zahlen der einzelnen Qualitäten nach M. Richter). Aus Rot + Blaugrün (700 + 490 mμ) ergibt sich dann 595 mμ als Wert für das Komplementlicht, aus Orange + Blau (620 + 470 mμ) 545 mμ, aus Gelb + Blau (590 + 450 mμ) 520 mμ, aus Grüngelb + Violett (570 + 410 mμ) 490 mμ.

Nun muß allerdings noch berücksichtigt werden, daß wir unter Grün auch *Gelbgrün* und *Blaugrün* einbezogen haben. Da die Farbübergänge ohnehin fließend sind, bedarf es noch einer Differenzierung, indem wir das Kerngebiet des Grünlichts vom gelbgrünen und blaugrünen Licht etwas absetzen.

Der Grünbereich war von 500—580 mμ angegeben worden. Das eigentliche Grün, soweit man davon angesichts der feinen Übergänge zu Gelb- und Blaugrün klar genug sprechen kann, wäre etwa das Gebiet zwischen 550—510 mμ. Darüber hinaus könnte man dann bis 560 mμ bzw. bis 500 ein leicht gelbliches bzw. bläuliches Grün absetzen und zwischen 560 und 580 mμ von Gelbgrün — Grüngelb sprechen und bei 500—490 mμ von Blaugrün — Grünblau.

Was ergibt sich, wenn wir die errechneten Wellenlängen vergleichen?

4. Ergebnis der Aufrechnungen

a) Unter den für das Purpurlicht errechneten Beträgen fällt nur das sich aus dem schwächsten Rot und dem schwächsten Violett bildende Licht aus dem engeren Grüngebiet heraus: 580 mμ wäre Gelbgrün. Die mittleren Werte sind 510 und 545 mμ.

b) Die Gelb-Blau-Mischungen ergeben Wellenlängenwerte, die alle ins Kerngebiet des grünen Spektralbereichs fallen.

c) Bei den Orange-Blau-Komplementen ergibt sich dasselbe. Nur das Ergebnis von 565 mμ fällt ins gelbliche Grün.

d) Nach den von v. Helmholtz aufgeführten Messungen zeigen sich Größen, die außer bei Rot + Grünblau (574 mμ wäre Gelbgrün), Grüngelb + Violett (498 mμ wäre Grünblau) alle dem engeren grünen Energiebereich entsprechen.

e) Bei angenommenen mittleren Werten der komplementären Mischungen zeigen sich ziemlich dieselben Resultate. Nur die Mischung zwischen dem langwelligen Rot, ab 700 mμ, und dem Blaugrün ergibt Wellenlängen, die nicht mehr dem Grünbereich, sondern dem Gelblicht entsprächen.

Nun bedürfen diese Aufrechnungen sicher der experimentellen Nachprüfung. Das gilt vornehmlich für die sich auf Grenzwerte stützenden Mischungen. Da diese Grenzwerte zumeist für je zwei Farben angenommen wurden, um den Übergängen gerecht zu werden, würde sich aber vermutlich zeigen, daß die Wellenlängen, welche sich komplementär zum reinen Licht mischen, eher noch mehr zu einem dem Grünlicht gemäßen Ergebnis führen als etwa umgekehrt. (Z. B. gilt das Ind. Blau von 430 mμ auch als Violett. Nimmt man statt 430 mμ 440 mμ an, also eine dem Ind. Blau gemäßere Wellenlänge, so würde sich bei einer Mischung mit Gelb von 600 mμ 520 mμ ergeben (statt 515mμ) und bei einem Gelb von 580 mμ 510 mμ (statt 505 mμ), also eine Verschiebung ins Kerngebiet des Grünen. Ähnlich wäre es bei der Orange-Blau-Mischung.) Um einen Anhaltspunkt zu haben, kann man sich nach den Linienspektren ausrichten (vgl. S. 249). Soweit ich mich orientieren konnte, stimmen die Angaben damit ziemlich überein.

Bedenkt man die normative Bedeutung des Grün in der Natur – Photosynthese – und das Empfindlichkeitsmaximum des farbigen Lichts für den Menschen bei 555 mμ (Tagsehen) bzw. 510 mμ (Dunkelsehen), so ist das Ergebnis, daß die Energie des Purpurlichts wie die des aus den Farbenkomplementen hervorgehenden reinen Lichts dem Grünlicht entspricht, für die psychophysikalischen Beziehungen sehr wesentlich.

Der ganz unabhängig von den Messungen der Wellenlängen ermittelte Funktionsbegriff *Lichtung* für *Grün* bestätigt es als zentrale Farbe und zugleich den ‚Lichtsinn' des *Purpur* als *Grundkraft*. Beide Zentralfarben sind Ausgang für zwei einander komplementäre Betrachtungsweisen: von Grün aus zu Gelb und Blau, von Purpur aus zu Rot und Blau. Orange und Violett sind dann die ‚Drehpunkte' der Betrachtungsrichtungen, und wir erinnern uns, daß die psychoanalytischen Untersuchungen nach dem Farbpyramiden-Test diese beiden Farben in derselben Weise bezeichneten.

G. DER ZUSAMMENHANG ZWISCHEN PSYCHOPHYSISCHEN, PHYSIOLOGISCHEN UND BIOLOGISCHEN WIRKUNGEN DES FARBIGEN LICHTS

Experimentelle Ergebnisse

Die bisher vorliegenden Ergebnisse experimenteller Untersuchungen über biologische, physiologische und psychotherapeutische Funktionen der Farben, insbesondere des buntfarbigen Lichts sind noch fragmentarisch und gestatten daher noch keine generellen Vergleiche mit den aufgewiesenen psychophysischen und psychophysikalischen Funktionen, die wir aus phänomenologischen Analysen gewannen. Immerhin zeigen die Resultate, soweit ich sie aus zusammenfassenden Forschungsberichten kennenlernen konnte, vielfache gegenseitige Entsprechungen. Bei den folgenden Angaben beziehe ich mich vorwiegend auf R. van der Veen und G. Meijer „Licht und Pflanzen", 1958 und auf F. Birren „Color Psychology and Color Therapy".

1. Biologische Funktionen

Der Einfluß des Lichts auf Pflanzen ist außerordentlich kompliziert, und die Wirkungen der einzelnen Lichtfarben bilden davon nur einen speziellen Ausschnitt. Seit dem Ende des vorigen Jahrhunderts hat man sie, vor allem in den USA, untersucht. Dabei sind die technischen Schwierigkeiten für eine präzise Lichtfilterung erheblich. Es hat sich gezeigt, daß die zunächst ziemlich einheitlich scheinenden Ergebnisse nicht so widerspruchslos sind, wie man annahm. Immer wieder aber hat sich die gegensätzliche Wirkung von *blauem und rotem Licht* erwiesen.

Das für die Pflanzen maßgebende Licht liegt zwischen den Wellenlängenbereichen von 800–3000 Å[16], reicht also bis ins ultraviolette und infrarote Licht und gleicht damit dem Licht des auch für den Menschen maßgebenden Sonnenspektrums. *Rotes* und *infrarotes* (7000–8000 Å) Licht bewirkt eine „spezifisch *dehnende, streckende Wirkung*" des Wuchses, vor allem der Stengel. Zwischen 7000–6100 Å findet auch „die stärkste Chlorophyllabsorption und die größte photosynthetische Aktivität" statt, abgesehen von weiteren spezifischen Funktionen, die seine dominante Wirkung beweisen. So wird durch rotes und infrarotes Licht von 7000–8000 Å auch die Saatkeimung wesentlich gefördert, maximal zwischen 6000–6800Å. Kurzwelliges *violettes* und *ultraviolettes Licht* dagegen (4000–3150 Å) hat „formative Auswirkungen" gegensätzlicher Art. Die Blätter werden unter seinem Einfluß kürzer und dicker.[17]

Während sich innerhalb des roten und infraroten Bereichs eine gegenseitig umkehrbare Wirkung zeigt, besteht ein solcher Antagonismus nicht zwischen blauem und rotem Licht. Die Wirkung von langwelligem Rotlicht und Infrarot (maximal bei 7300 Å) hebt die des kurzwelligen Rot auf, d. h. verhindert die Streckung. An der Rotlichtgrenze (Veen bezeichnet das noch sichtbare Licht von 700–7300 Å bereits als Infrarotlicht) findet ein „Aktionswechsel" statt, den man auf eine „gegenseitige Pigmentverwandlung" zurückführt. Das langwelligere Rotlicht wirkt also als Sperre. Es ist wie das „Umstellen einer Weiche", eine biochemische Lichtsteuerung des Pflanzenwuchses. Beide Wirkungen sind gegenseitig austauschbar. Die durch kurzwelliges Rot erreichte Streckung kann durch langwelliges aufgehoben werden und umgekehrt, aber nur dann, wenn die Lichtarten direkt hintereinander gegeben werden. Die Pflanzen haben also eine bestimmte Reaktionsgrenze, die nicht linear mit der Wellenlängenzunahme eine bestimmte farblichteigentümliche Wirkung einfach steigert. Andererseits spielen auch die Intensitäten eine erhebliche Rolle. So bewirkt stärkeres, intensives Rot-Infrarotlicht, gleichzeitig mit kurzwelligerem Rotlicht gegeben, auch eine Streckung, nicht dagegen, wenn es in schwacher Intensität beigegeben wird. Dann hemmt es die vom kurzwelligen Rot erzielte Streckung. Es herrscht jedenfalls Einstimmigkeit darin, daß Rotlicht und kurzwelliges Infrarotlicht besonders zum Streckenwachstum anregt.

Die meisten Untersuchungen haben erwiesen, daß *blaues* Licht gerade zu besonders *kurzem* Wuchs führt, also der Streckung durch Rotlicht entgegensteht. Es gibt aber auch Beispiele (wie die Petunia hybrida) die die umgekehrte Wirkung zeigen. Sie bilden aber eher die Ausnahmen. Die meisten Pflanzen sollen sich ähnlich wie die Tomate verhalten, bei der die Wirkung zwischen beiden Extremen ziemlich in der Mitte liegt. Die durch Blaulicht erreichte Wirkung kann *nicht* durch anschließend empfangenes Rotlicht wieder aufgehoben werden. Im Gegenteil, schon die Einwirkung von 1 Stunde Blaulicht gegenüber 15 Stunden Rotlicht genügt, um das Strecken-

---

[16] A = Angström (schwed. Physiker), 1 A = 10^{-8} cm, also 8000 A = 0,00008 cm oder 800 mμ.

[17] Diese und die folgenden Angaben nach van der Veen, a.a.O. S. 4–6 u. 95–120.

wachstum sehr zu hemmen. Werden z. B. Tomaten innerhalb eines 16-Stundentags nur 3 Stunden mit Blaulicht bestrahlt, so werden sie so kurz, als wenn sie volle 16 Stunden Blaulicht erhalten hätten. Blau und Rot stehen in einem schroffen Wirkungsgegensatz zueinander. Wohl aber bewirkt rot-infrarotes Licht, das mit Blau zusammen gestrahlt wird, ebenfalls eine große Streckung. Rot setzt sich demnach mehr durch. Wird vor einer solchen Bestrahlung kurzwelliges Rotlicht gegeben, so ist die Wirkung noch größer. Blau-violettes Licht verzögert in den weitaus meisten Fällen also das Wachstum, hält es übermäßig zurück. (Zahlreiche Angaben auch bei F. Birren.)

Bei Tierversuchen haben sich ganz ähnliche Ergebnisse herausgestellt. Hier haben in den vierziger Jahren vor allem japanische Forscher ermittelt, daß sich der Blau-Rot-Gegensatz sehr bemerkbar macht. Wuchsen Meerschweinchen bei Rotbestrahlung rapide, so zeigten sie bei Bestrahlung mit blauem Licht Zeichen von Unterernährung. Die gleichen Kontraste bestehen auch bei der Milchsekretion, beim Blutdruck und bei hormonalen Prozessen.[18]

Wir können zusammenfassend folgern, daß sich in biologischen Lebensvorgängen das Rot als Farbe der Lichtkraft erwiesen hat, während Blau als sein ‚Gegenlicht' gelten kann, ganz gemäß unserem Wahrnehmungseindruck und dem psychophysikalischen Verhältnis.

2. Psychophysische Funktionen

Aus den umfangreichen Forschungen im psychophysischen Grenzbereich sei hier ein besonders auffälliges Phänomen erwähnt: die Wirkung der Farben auf die Körperhaltung und auf Bewegungszustände.

Versuchspersonen, die zunächst mit geschlossenen Augen vor einer farbigen Wand saßen und mit ihren beiden Händen die Wand berührten, wurden durch eine *gelbrotfarbige* Wand dazu geführt, Arme und Hände auseinanderzubreiten, umgekehrt aber vor *blau-grünem* Hintergrund sie zusammenzuführen.[19] Man hat sehr eingehend mit farbiger Lichtstrahlung experimentiert und immer wieder dasselbe Ergebnis festgestellt. Die gleiche Wirkung zeigt sich erstaunlicherweise auch dann, wenn die Versuchsperson die Augen geschlossen hat und mit farbigem Licht bestrahlt wird.[19a]

---

[18] Nach F. Birren, a.a.O. S. 127 f.

[19] Ebenda, S. 130 f. „Reactions through the Eye", Chapter 10: „The Effects of Visible Light", dazu Abb. S. 102/3 nach Kurt Goldstein: „Some Experimental Observations Concerning the Influence of Color one the Function of the Organism, Occupational Therapy and Rehabilitation, June 1942. – S. a. Friedrich Ellinger, „The Biologic Fundamentals of Radiatio Therapy", N. Y. 1941. – Felix Deutsch, „Psycho-Physical Reactions of the Vascular System to Influence of Light and to Impression Gained through Light, Folia Clinica Orientalia, Vol. I, Fasc. 3 and 4, 1937.

[19a] Ebenda. Das ergaben Versuche, die u. a. von F. Deutsch (1937), F. Ellinger (1941), Kurt Goldstein (1942) und H. Ehrenwald (?) unternommen wurden. (Birren gibt keine Quellen

Über die allgemeine Wirkung des farbigen Lichts auf den menschlichen Organismus schreibt Birren:

„Unquestionable color does have a physical effect upon the human organism. Brightness and warmth of color stimulate the autonomic nervous system. Blood pressure and pulse rate actually do increase. Whether a person likes the idea or not, the flesh will become warmer and the temperature will rise. Conversely, dimness and coolness of color release the stimulation of the autonomic nervous system. Blood pressure and pulse decrease and the flesh become relatively coolor."[20]

Kurt Goldstein (1942) weist auf den Zusammenhang zwischen den äußeren und inneren Wirkungen hin:

„The stronger deviation of the arms in red stimulation correponds to the experience of being disrupted, thrown out, abnormally attracted to the outerworld. It is only annother expression of the patient's feeling of obstrusion, aggression, exitation, by red. The dimution of the deviation (to green stimulation) correspondens to the withdrawal from the outerworld and retreat to his own quietness, his center. The inner experience represent the psychological aspect of the reaction of the organism. We are faced in the observable phenomena with the physical aspect."[21]

Zu den psychophysischen Wirkungen der Farben gehören auch die vielschichtigen, heute zunehmend in industriellen Betrieben und in der Milieugestaltung praktisch angewandten Beeinflussungen des Klimas der Arbeitsleistungen. Darüber hat H. Frieling in seinem jüngst erschienenen Buch „Mensch, Raum und Farbe" ausführlich berichtet. Ich begnüge mich daher mit diesem Hinweis.

---

dazu an.) „Ehrenwald", so schreibt Birren, „demonstrated that when the face and neck are illuminated from the side, the outstreched arms will deviate toward the light if red and awayfrom if it blue. ‚This reaction takes place quite independently of the visual apparatus. It occurs also when the eyes are tightly sealed to exclude light and is said so have been observed in blind individuals.' The same phenomenon has beend dealt with vy Kurt Goldstein" (vgl. Anm. 431).

[20] Ebenda, S. 133, Chapter 10: „The Human Organism".
Übersetzung: „Fraglos hat die Farbe eine physische Wirkung auf den menschlichen Organismus. Helle und warme Farben regen das autonome Nervensystem an. Blutdruck und Pulsschlag werden tatsächlich erhöht. Ob man diesen Gedanken nun mag oder nicht, das Fleisch wird wärmer und die Temperatur steigt. Andererseits verringern matte und kühle Farbe den Reiz auf das autonome Nervensystem. Blutdruck und Pulsschslag gehen zurück, und das Fleisch wird verhältnismäßig kühler."

[21] Ebenda. S. 145 f. unter „The Work of Kurt Goldschein", Chapter 11: „Emotional Reactions', s. bei K. Goldstein, „The Organism", American Book Company, N. Y. 1939.
Übersetzung: „Die größere Ausbreitung der Arme bei roter Bestrahlung stimmt überein mit dem Gefühl des Gestörtseins, des Hinausgeworfenseins, eine abnorme Anziehung zur Außenwelt. Es ist nur ein anderer Ausdruck für das Gefühl des Patienten für Aufdringlichkeit, Aggression, Aufregung durch Rot. Die Verringerung der Ausbreitung (bei grünem Reiz) stimmt überein mit der Abkehr von der Umwelt und der Zuflucht zur eigenen Stille, zu seinem Zentrum. Die innere Erfahrung zeigt den psychologischen Aspekt der Reaktion des Organismus. Wir stehen beim bemerkbaren (observable, im Sinne von beobachtbarem?) Phänomen dem physikalischen Aspekt gegenüber."

3. Zusammenfassung der Farbenfunktionen nach amerikanischen Untersuchungen[22]

Birren stellt im letzten Kapitel seines Buches, „The prescription of Color" für die Hauptfarben die charakteristischen Funktionen zusammen. Ich möchte sie als abschließende Ergänzungen meiner Untersuchungen auszugsweise wiedergeben.

The Significance of Red

„Red is perhaps the most dominant and dynamic of colors. Its energy has a strong influence of the growth of plants. It has been found to accelerate the development of certain lower animals, to increase hormonal and sexual activity, and to heal wounds.

---

[22] Ebenda, S. 258 ff. Chapter 20.

Übersetzung: Die Bedeutung von Rot: „Rot ist vielleicht die herrschendste und dynamischte aller Farben. Seine Energie hat einen starken Einfluß auf das Wachstum der Pflanzen. Es ist nachgewiesen worden, daß es die Entwicklung gewisser niederer Tiere beschleunigt, die hormonale und sexuelle Tätigkeit erhöht und Wunden heilt.

In seiner Wirkung auf den menschlichen Organismus, tendiert Rot dahin, das Gleichgewicht des Körpers zu stören. Es ist" (als Rotlicht) „verschrieben worden, um Sonnenbrand, Entzündungen und Rheumatismus zu behandeln. Es erhöht Blutdruck und Pulsschlag, doch kann nach einiger Zeit das Gegenteil dieser Wirkung eintreten.

Psychologisch gesehen, ist Rot aufregend und erhöht Ruhelosigkeit und Nervosität. Es zeigt einen Reiz zur Stimulanz und bietet eine ausgezeichnete Umgebung (Atmosphäre) für die Entstehung (aber nicht Ausführung) von Ideen. Unter dem Einfluß von Rot wird die Zeit überschätzt und Gewichte scheinen schwerer zu sein. ..."

Gelb: „Von Gelb wird gesagt, daß es eine günstige Wirkung auf den menschlichen Stoffwechsel habe. Doch hat man bei vielen Versuchen mit der biologischen Wirkung des Lichts gewöhnlich herausgefunden, daß es neutral ist (zusammen mit Gelbgrün).

Grüne Farben im allgemeinen: „Vom biologischen Standpunkt aus ist Gelb-Grün gewöhnlich neutral. Grüne und blau-grüne Farben indessen sind beruhigend und neigen dazu, nervöse und körperliche Spannungen zu mindern. Psychologisch gesehen, drückt Grün eine Zurückhaltung vom Antrieb aus. Es ist eine ideale Umgebung für in sitzender Haltung zu leistende Aufgaben, für die Konzentration und Meditation. Dem bläulichen Grün fehlt eine primitive Qualität und es ist beides, freundlich und ‚erträglich'. Dieselben Vorzüge werden auch der Pfirsichfarbe zugeschrieben, und tatsächlich ergänzen sich die beiden Farbtöne sehr schön. Da Blaugrün dem Farbton fast jeder menschlichen Gesichtsfarbe komplementär ist (?), ergibt es einen sehr vorteilhaften Hintergrund."

Die Bedeutung von Blau: „Blau hat Qualitäten, die dem Roten entgegengesetzt sind. Es scheint den Pflanzenwuchs zu verzögern, die hormonale Tätigkeit zu vermindern und das Heilen von Wunden zu hemmen. In seiner Wirkung auf den menschlichen Organismus verlangsamt es den Blutdruck und Pulsschlag, obwohl diese Wirkung später ins Gegenteil umschlagen kann.

Unter dem Einfluß von Blau wird die Zeit unterschätzt, und Gewichte werden für leichter gehalten. ... Trotzdem wird Blau mit mattem Licht assoziiert, es ist erholsam und ruhig und genießt den ausgesprochenen Vorzug überall in der Welt."

In its action upon the human organism, red tends to distract the equilibrium of the body. It has been pescribed to treat sunburn, inflammation, rheumatism. It will act to raise blood pressure and pulse rate but may be followed by a reversal of these effects after a period of time.

Psychologically, red is exiting and increases restlessness and nervous tension. It represents an attraction to stimulus and as such provides an exellent environment for the creation (but not execution) of ideas. Under the influence of red, time is overestimated and weights seem heavier ..."

Yellow

„Yellow has been said to have a favorable effect upon human metabolism. In many studies of the biological action of light, however, it is generally found neutral (together with yellow-green) ..."

Greens in General

„Yellow-green is generally neutral from the biological standpoint. Greens and blues-greens, however, are pacific and tend to reduce nervous and muscular tension. Psychologically, green represents a withdrawal from stimulus. It provides an ideal environment for sedent ry tasks, concentration, and meditation.

Bluish greens lack a primitive quality and are both pleasing and ‚livable'. The same virtues have been expressed for peach, and indeed the two hues beautifully enhance each other. Because blue-green is complementary to the tint of average human complexion, it provides a very flattering background."

The Significance of Blue

„Blue has qualities that are antithetical to red. It seems to retard the growth of plants, to decrease hormonal activity, and to inhibit the healing of wounds. In its action upon the human organism it lowers blood pressure and pulse rate, though this effect may later be reserved.

Under the influence of blue, time is underestimated and weights are judged as being lighter ... Yet blue is associated with dim light, is restful and sedate, and is an outstanding favorite throughout the world."

H. SCHLUSSBEMERKUNG: ANSCHAUUNG UND ABSTRAKTION

Wir haben die Farben als anschauliche Daten von Energiezuständen betrachtet. Darin wird, wie ich vermute, ein komplementäres Verhältnis der physikalischen zur psychologischen Beurteilung des Lichts offenbar, komplementär in bezug zum Bewußtsein und der Wahrheitserkenntnis des Menschen vom Licht. Wir sind auf zwei sich gegenseitig ausschließende – verdrängende – Fragestellungen angewiesen. Die Antworten bedingen sich gegenseitig im „Ganzen" unserer Naturerfahrung.

Die präzise Beschreibung und Berechnung der Lichtstrahlung als physkalischer Vorgang ist nur durch mathematische Operationen möglich. Das Licht hat jede Dinglichkeit eingebüßt und wird durch „die abstrakte Mathematik der Ψ Funktion"[23] beschrieben. In einem sehr viel radikaleren Sinne als in der klassischen Physik, die mit Modellen operierte, um die ‚Außenwelt' mechanisch beschreiben zu können, wird in der heutigen Physik „der Glaube an die unmittelbare Wahrheit der sinnlichen Anschauung geopfert für die Hoffnung auf ein einheitliches Weltbild".[24] Daran gemessen, ist jede notwendig anschauungsgebundene phänomenale Analyse des Lichts und der Farben eine konkret-dingliche Erfahrung. Jedoch sollten wir bedenken, daß wir auch hier eine weitreichende Abstraktion betrieben haben und – nur in anderer Weise – ebenfalls „den Glauben an die unmittelbare Wahrheit der sinnlichen Anschauung" opferten, nämlich dadurch, daß wir sie begrifflich übersetzt, durch die Reflexion über die Farben als Wahrnehmungsinhalte zu denkbaren Inhalten übersetzt haben. Selbstverständlich hat diese Abstraktion den Zusammenhang mit den Farben als Sinnesdaten nicht aufgegeben, besitzt nicht die radikale Konsequenz wie in der Physik. Denn wir fragen ja nicht nach der universell-allgemeinen Weltwahrheit, sondern nach derjenigen, die den Menschen als Lebewesen ‚angeht', ihn betrifft und die er existentiell als seinen Zugang braucht. Aber wenn der Physiker von den Meßapparaten dadurch abstrahieren kann, daß er sich zuvor ihrer Bedingungen vergewissert hat, so können wir durch die Vermittlung der psychologischen Funktionsbegriffe von den organischen Bedingungen des Farbensehens abstrahieren, indem wir zuvor den physischen Zusammhang zwischen Licht, Farben, Auge und Gehirn erkannt haben. haben. So führte die Abstraktion zum psychophysikalischen Energievergleich. Wir haben also die Anschaulichkeit in mehreren Stufen transformiert. Würden wir mehr wissen von den chemischen Bedingungen der Farben in den Atomen – Spektrallinien der Elemente – so würden wir vielleicht erst die volle Einsicht in die psychophysikalische Gemeinsamkeit des Lebens gewinnen. Denn das farbige Spektrum des chemischen Elements ist gleichsam sein in die Anschauung tretendes ‚Gesicht'. Vielleicht kann uns der hier gemachte Versuch, erste Grundlagen für eine gemeinsame Erfahrung physikalischer und psychophysischer Elementarbedingungen aufzuzeigen, dazu verhelfen, die farbigen Bilder der chemischen Elemente zu lernen. Aber das ist gewiß noch ein weiter Weg, der nur im Zusammenhang mit physiologischen Analysen beschritten werden kann.

Herausstellen möchte ich aber die bereits gewonnene Ebene elementarer Erkenntnisse über die Farben des Lichts. Sie sind in ihrer Abstraktheit genauso konkret wie

---

[23] C. F. v. Weizsäcker, „Die Atomlehre der modernen Physik", in „Zum Weltbild der Physik', 7. Aufl. 1958, S. 49.

[24] Ebenda, S. 48.

wir in der abstrakten, modernen Malerei seit Kandinsky die Farben für sich selbst zum autonomen Sprechen gebracht haben. Hier wie in der Physik und Psychophysik transformieren wir die gegenständliche Welt zu Zeichen, Strukturen und Symbolen der elementaren Wirklichkeit der Welt.

ABBILDUNGSVERZEICHNIS

LITERATURVERZEICHNIS UND AUTOREN-REGISTER

Das Literaturverzeichnis ist zugleich als Autoren-Register angelegt. Es soll dem Leser ermöglichen, die zitierten Textstellen der angegebenen Publikationen und sich darauf beziehende Erwähnungen der Autoren und Bemerkungen des Verfassers nachzuschlagen. Die Zahlen geben die Buchseiten an. Handelt es sich um Anmerkungen, so ist ein A vorgesetzt. Die zugehörige Seite ist eingeklammert, sofern sich die Anmerkung nicht auf derselben Seite befindet, die vor ihr genannt ist. Bloße Namenserwähnungen sind nicht aufgeführt. Textstellen über Autoren, die sich nicht auf ihre Literatur beziehen, sind in eckige Klammern gesetzt.

Allesch, G. Johannes von: Die ästhetische Erscheinungsweise der Farben. Berlin 1925. Auch ersch. in Psychol. Forschung, Bd. 6, 1925, S. 1–91, 215–281. / 57, 165, A. 5 (166), 167, 176–185.

Arens, Hans: Farbenmetrik, Scientia Photographica, Bd. 1. Berlin 1951. / 3.

Aristoteles: Über die Seele. Übers. von Adolf Lasson, Jena 1924. / 44 f.

Kleine naturwissenschaftliche Schriften. Übers. von Eugen Rolfes, Philos. Bibl. Bd. 6, Leipzig 1924.

Kleine Schriften zur Seelenkunde. Herausg. unter „Lehrschriften" u. übers. von Paul Gohlke. Paderborn 1947. / 42, 44.

Barnett, Lincoln: Einstein und das Universum (The Universe and Dr. Einstein) übers. aus der „Amerik. Rundschau", ersch. in der Fischer-Bücherei, Bd. 21, 1952. / 251.

Belaiew-Exemplarsky, S.: Über die sogenannten hervortretenden Farben. Ztschr. f. Psychol. 96. Bd. 1915, S. 400–429. / A. 1 (221).

Bezold, Wilhelm von: Die Farbenlehre im Hinblick auf Kunst und Kunstgewerbe. 1. Aufl. 1874, 2. Aufl. neu bearb. von W. Seitz, Braunschweig 1921. / 52, A. 30 (63), 75.

Bernays, Adolphe: Versuch einer neuen Farbenordnung. Vierteljahrsschrift der Naturforschenden Gesellschaft in Zürich. Jg. 82, 1937. / 55, 60, 63 u. A. 32, 79, 86, 87, 92, 95 f., 128, 129.

Bernstein, Max: Die Schönheit der Farbe in der Kunst und im täglichen Leben. München 1925. / 199, 204, 211, 212.

Birren, Faber: Color Psychology and Color Therapy; A factual study of the Influence of Color on Human Life. New York 1950. / 77, 78, 218 f., 234 f., 267–270.

Boller, Ernst: Physik der Farbe. Einführung in die Farbenlehre. Slg. Dalp, Bd. 10, 1947. S. 5–40. / 2, 62, 100, 248.

Brinkmann, Donald: Psychologie der Farbe. Einführung in die Farbenlehre, Slg. Dalp, Bd. 10, 1947, S. 91–126; und D. Brinkmann und E. J. Walter: Aus der Geschichte der Farbenlehre, desgl. S. 71–89 / 127 f. u. A. 7, 165.

Buchwald, Eberhard: Fünf Kapitel Farbenlehre. Mosbach 1955.

Buddenbrock, W. von: Vergleichende Physiologie, Bd. I, Sinnesphysiologie, Lehrbücher und Monographien aus dem Gebiete der Exakten Wissenschaften, Reihe der Experimentellen Biologie, Bd. IV, 3. Aufl. Basel 1952. / 53.

Vom Farbensinn der Tiere. Kosmos-Bändchen, Stuttgart 1952.

Bühler, H. A.: Das innere Gesetz der Farbe. Berlin 1930.

Bühler, Karl: Die Erscheinungsweisen der Farben. Handbuch der Psychologie, I. Teil: Struktur der Wahrnehmungen. Jena 1922.

Cohn, Jonas: Exper. Untersuchungen über die Gefühlsbetonung der Farben, Helligkeiten u. ihrer Konbinationen. Philos. Studien, X, 1894. S. 562–603. / 173.

Gefühlston u. Sättigung der Farben. Philos. Studien, XV, 1900, S. 279–286.

Christian, P., und R. Haas: Über ein Farbenphänomen. Sitz.-Ber. der Heidelberger Ak. d. Wiss. Mathem.-nat. Kl. 1948, I. / 38 u. A. 41 a.

Donath, Friedrich: Die funktionale Abhängigkeit zwischen Reiz und Empfindung bei der Farbensättigung. Neue Psychol. Stud. II. Bd. 1926 (Licht und Farbe) S. 139–206. / 91 u. A. 70.

Dreher, Edgar: Methodische Untersuchung der Farbtonveränderung homogener Lichter bei zunehmender indirekter Helle und veränderter Intensität. Ztschr. f. Sinnesphysiol. 46. Bd. 1912. S. 1–82.

Ebbinghaus, Hermann: Psychologie, I. Grundzüge der Psychologie. Leipzig 1902. / 54 u. A. 6 (55).
Eckermann, J. P.: Gespräche mit Goethe; ausgewählt von H. Steger, München 1949. / 24, 28, 41.
Ehrenstein, Walter: Beiträge zur ganzheitspsychologischen Wahrnehmungslehre. Leipzig 1942. / A. 2 (52), 48.
Einstein und L. Infeld: Die Evolution in der Physik. Von Newton bis zur Quantentheorie. Übers. von W. Preusser, „rowohlts deutsche enzyklopädie", Bd. 12, 1956.
Eysenck, H. J.: A critical and experimental study of color preference. Americ. Journal of Psychol. July, 1941. / 78.

Fiedler, Kurt: Das Schwarz-Weiß-Problem. Neue Psychol. Studien II, München 1926. S. 343–409. / 61 u. A. 28.
Fleischer, Kurt: Die vierdimensionale Mannigfaltigkeit der Farbtöne. Ztschr. f. Psychol. 150. Bd. 1941. S. 268–319.
Frieling, Heinrich: Die Sprache der Farben; Vom Wesen des Lichts und der Farben in Natur und Kunst. München u. Berlin 1939. / 55, 63, 67, 134.
Frieling u. *X. Auer:* Mensch, Raum und Farbe. 2. Aufl. Mü. 1956. / 54, 66, 79, 134 f., 190, 211, 213, 214, 216 f., 268.
Psychologie der Farben. Studium Generale. 7, 1960, S. 435–446. / A. 34 a (216 f.).

Goethe, Johann Wolfgang von: Farbenlehre. Vollständige Ausgabe der theoretischen Schriften. Herausg. von der Wiss. Buchgemeinschaft. Tübingen 1953. / 6, 14, 18, 22–37, 39–41, 42, 44 f., 49, 59, 70, 71, 80, 81 u. A. 57 a, 82, 88, 113, 117, 122 f., 128, 129, 131, 164, 171, 196, 200, 204, 205, 206, 211, 212, 241, 242 [1, 3, 4, 11].
Materialien zur Geschichte der Farbenlehre. Leipziger Ausg. d. Werke G., herausg. v. S. Kalischer (o. J.) 36. Teil. / 45.
Weimarer Ausgabe der Werke G. 1893, II. Bd. „Allgemeine Naturlehre". / 23.
Schriften über die Natur. Geordn. u. ausgew. v. G. Ipsen, Kröner-Bd. 62, Leipzig (o. J.) / 17, 27, 28.
Graetz, Leo: Das Licht und die Farben. 6 Vorlesungen. Natur und Geisteswelt, Bd. 17, 1900.
Groot, Johann J. M. de: Universismus. Die Grundlagen der Religion und Ethik, des Staatswesen und der Wissenschaften Chinas. Berlin 1918.

Handel, Paul v.: Physik und Metaphysik. Erkenntnistheoretische Wandlungen im Weltbild der Naturwiss. Bergen II/Obb. 1947.
Hannibal, Otto: Die Farbtonveränderung bei objektivem Schwarz- und Weißzusatz; ein experimenteller Beitrag zum Aufbau des Farbkörpers. Ztschr. f. Psychol. 155. Bd. 1943, S. 243–254. / 65 u. A. 35, 96.
Haupt, Gottfried: Die Farbensymbolik in der sakralen Kunst des abendländischen Mittelalters; ein Beitrag zur mittelalterl. Form- und Geistesgeschichte. Dissert. Leipzig 1940.
Heiss, Robert, u. Hildegard Hiltmann: Der Farbpyramiden-Test, nach Max Pfister. Eine Gemeinschaftsarbeit aus dem Institut für Psychologie und Charakterologie an der Univ. Freiburg i. Br., Bern 1951. / 57, 76, 191–194, 210, 211, 212, 214, 265.
Heiss, Robert: Über psychische Farbwirkungen. Studium Generale 13. Jg., 7, 1960. S. 379–391.
Heisenberg, Werner: Wandlungen in den Grundlagen der Naturwissenschaft. Sechs Vorträge, 4. Aufl. 1943. Darin „Die Goethesche und die naturwissenschaftliche Farbenlehre im Licht der modernen Physik". 1932. / 4.
Das Naturbild der heutigen Physik. rowohlts deutsche enzyklopädie, Bd. 8. Hamburg 1955. / 6, 7.
Hellpach, Willy: Sinne und Seele. 12 Gänge in ihrem Grenzdickicht. Stuttgart 1946.

Helmhöltz, Hermann von: Handbuch der physiologischen Optik (1855–1866), 2. Bd. 3. Aufl. 1911. Berlin-Leipzig. / 52, 58, 65, 82, 90, A. 76 (94), 102, 104, A. 96 (105), 125, 249, 263.

Hering, Ewald: Grundzüge zur Lehre vom Lichtsinn. Berlin 1920 (zuerst ersch. im Handbuch der ges. Augenheilkunde, 1905 u. 1907). / 3, 49, 50, 52, 53, 54, 58 f., A. 32 (64), 65, 71, 72, A. 56 (79), 91, A. 75 (93), 95, 163, 178, 182.

Hess, Walter: Das Problem der Farbe in den Selbstzeugnissen moderner Maler. München 1953.

Hillebrand, Franz: Lehre von den Gesichtsempfindungen. Auf Grund hinterlassener Aufzeichnungen herausg. von Franziska Hillebrand. Wien 1929. / 60, 91, 92.
Über die spezifische Helligkeit der Farben. Wiener Sitz.-Ber. Mathem.-Naturw. Cl. Bd. XCVIII, Abtlg. III, 1889. / 86.

Hickethier, A.: Über den praktischen Farbenkörper. 12. Heft Archiv. f. Buchgewerbe und Gebrauchsgraphik. 1940. / 55 u. A. 7.

Höfler, Alois: Zwei Modelle schematischer Farbenkörper und die vermutliche Gestalt des psychol. Farbenkörpers. Ztschr. f. Psychol. 58. Bd. 1911. S. 356–371. / 55.

Jacobsohn, Minna: Die Farben in der mittelhochdeutschen Dichtung der Blütezeit. Teutonia, Arbeiten zur germanischen Philologie, herausg. v. Wilhelm Uhl. 22. H. Leipzig 1915. X

Jordan, Pascual: Die Physik des 20. Jahrhunderts. Einführung in den Gedankeninhalt der modernen Physik (1936). Die Wissenschaft, Bd. 88. 5. Aufl. 1943. / 8.

Jünger, Ernst: Das abenteuerliche Herz. Hamburg 1938. Darin: „Die rote Farbe" und „Die blaue Farbe". / 207 f.

Kandinsky, Wassily: Über das Geistige in der Kunst (1911/12). 4. Aufl. Bern-Bümpliz 1952. / 164, 186, 196 passim. (–207), 210 passim. (–213).
Punkt und Linie zu Fläche. Beitrag zur Analyse der malerischen Elemente. München 1926 (Bauhausbücher, 9). / 169.

Katz, David: Der Aufbau der Farbwelt. (1911) 2. völlig umgearbeitete Aufl. von „Die Erscheinungsweisen der Farben und ihre Beeinflussung durch die individuelle Erfahrung." Ztschr. f. Psychol. Ergänzungsbd. 7. Leipzig 1930. / 3, 57, 62, 167, 168.
1. und 2. Sammelreferat aus dem Gebiet der Farbenwahrnehmung. Psychol. Forschung, 11, 1928. S. 133–156 und 12, 1929, S. 260–278. / 61 u. A. 28.
Die Wahrnehmungswelt als Gegenstand der Psychologie. Handbuch der Psychol. herausg. von D. Katz, Basel 1951. / 164.
Die wichtigsten Richtungen in der modernen Psychol. Handbuch (s. o.). / 58.

Kees, Hermann: Farbensymbolik in ägyptischen religiösen Texten. Nachrichten d. Akad. d. Wiss. Phil.-Histor. Kl. Göttingen. Jg. 1943, 11.

Kiesow, F.: Über die Entstehung der Braunempfindung. Neue Psychol. Studien. Bd. 6 (Psychol. Optik) S. 119–130. München 1930. / 96.

Kirschmann, August: Farbenterminologie. Neue Psychol. Studien. Herausg. von Felix Krueger und A. Kirschmann. Bd. 2 (Licht und Farbe). München 1926. S. 127–137. / 60.
Das umgekehrte Spektrum und seine Farben, sowie seine Bedeutung für die optische Wissenschaft. Neue Psychol. Stud. (s. o.) S. 413–442. / 61.

Koch, Walter: Psychologische Farbenlehre. Die sinnlich-sittliche Wirkung der Farben. Halle 1931. / A. 23 (186).

Koestlin, Karl: Ästhetik. Berlin 1869. / 196, 206, 211, 212.

Kranz, W.: Die ältesten Farbenlehren der Griechen. Hermes, Ztschr. f. klass. Philologie, XLVII. Bd. 1912. S. 126–140.

Lauffer, Otto: Farbensymbolik im deutschen Volksbrauch. Hamburg 1948. / 197, 198, 201 f.

Luckiesh, M.: A Note on color preference. Americ. Journal of Psychol. Bd. XXVII, 1916. S. 251–255.

Lüscher, Max: Die Farbe als psychologisches Untersuchungsmittel. Diss. Basel 1949. / 66, 185–191.

Magnus, Hugo: Über ethnologische Untersuchungen des Farbensinns. Slg. gemeinverst. wiss. Vorträge. Serie 18. H. 420. Berlin 1883. / 183.

Martin, Anna: Die Gefühlsbetonung von Farben und Farbenkombinationen bei Kindern. Pädagog. Magazin, Heft 831. Philos. u. psychol. Arbeiten. H. 2. Langensalza 1921. / 77.

Martius, Conrad Hedwig: Farben. Ein Kapitel aus der Realontologie. Festschr. Edm. Husserl. Erg.-Bd. zum Jahrbuch f. Philos. u. phänom. Forschung. 1929. S. 339–370. / 88 u. A. 62, A. 3 (224).

Matthaei, Rupprecht: Zur Morphologie des Goetheschen Farbenkreises. Die Gestalt, Heft 29. Köln, Graz 1958. / A. 40 (32).

Metzger, Wolfgang: Gesetze des Sehens. Die Lehre vom Sehen der Formen und Dinge des Raumes und der Bewegung (1936). 2. erw. Auflage, Frankfurt 1953.

Müller, Georg Elias: Zur Psychophysik der Gesichtsempfindungen. Ztschr. f. Psychol. u. Physiol. der Sinnesorgane. Herausg. von H. Ebbinghaus u. A. König. 10. Bd. Leipzig 1896. S. 1–82 u. 321–413. / 3.

Über die Farbenempfindungen. Psychophysische Untersuchungen. Ztschr. f. Psychol. Ergänzungsbd. 17 u. 18. Leipzig 1930. / 3, 72, 73.

Müller-Freienfels, Richard: Zur Theorie der Gefühlstöne der Farbenempfindungen. Ztschr. f. Psychol. 46. Bd. S. 241–274. Leipzig 1908.

Newton, Isaak Sir: Optik oder Abhandlung über Spiegelungen, Brechungen, Beugungen und Farben des Lichts. 2. Teil. 1704. Deutsche Übers. in Ostwalds Klassiker der exakt. Wiss. Nr. 96, 1898. / 3, 19–21, 23, 24, 28, 29, 35 f., 41.

Oesterreich, T. K.: Das zweite Grün. Ztschr. f. Sinnesphysiol. II. Abtlg. 59. Bd. Leipzig 1928. / 96.

Ostwald, Wilhelm: Die Farbenlehre, II (Physikalische Farbenlehre) 1919, 2. Aufl. Leipzig 1923. / 3, 54, 101.

Die Farbenfibel. Leipzig 1917. / 60, 96.

Einführung in die Farbenlehre. Leipzig 1919.

Goethe, Schopenhauer und die Farbenlehre. Leipzig 1917. / 48 f.

Planck, Max: Einführung in die Theoretische Physik. 4. Bd. Theoretische Optik. Leipzig 1927.

Vorträge und Erinnerungen. 5. Aufl. der „Wege zur physikalischen Erkenntnis" (1933). Stuttgart 1949. / 5, 15.

Podesta, Hans: Beiträge zur Systematik der Farbenempfindungen. Neue Psychol. Studien. 6. Bd. (Psychol. Optik). 1930. / 60, 96.

Pressey, S. D.: The Influence of Color upon Mental and motor Efficiency. The Americ. Journ. of Psychol. XXXII, 1921.

Renner, Paul: Ordnung und Harmonie der Farben. Ravensburg 1947.

Révész, Géza: Über die Abhängigkeit der Farbenschwellen von der achromatischen Erregung; über die vom Weiß ausgehende Schwächung der Wirksamkeit farbiger Lichtreize. Ztschr. f. Sinnesphysiol. 41. Bd. 1907. 1–36, 102–118.

Richter, Manfred: Grundriß der Farbenlehre der Gegenwart. Dresden, Leipzig 1940. / 3, 66, A. 4 (249), A 15 (263).

Internationale Bibliographie der Farbenlehre und ihrer Grenzgebiete. Folge I, herausg. v. M. Richter (1940–49). Göttingen 1952.

Ruechard, Eduard: Sichtbares und unsichtbares Licht. 2. verb. Auflage. Berlin, Göttingen, Heidelberg. 1952. / 154.

Runge, Philipp Otto: Farbenkugel oder Construktion des Verhältnisses aller Mischungen der Farben zueinander ... Hamburg 1810. / 55.

Ph. O. Runges Briefwechsel mit Goethe. Herausg. v. Frhr. v. Maltzahn. 51. Bd. der Schriften der Goethe-Gesellschaft. 1940. (Abdruck des Briefes über seine Farbenlehre an Goethe auch in Goethes Farbenlehre.) / 71, 111, 118.

Schöne, Wolfgang: Über das Licht in der Malerei. Anhang: Über die Erscheinungsweise der Farben und des Lichts. Die Ergebnisse der experimentellen Psychologie und ihre Bedeutung

für die kunstgeschichtliche Untersuchung des Lichts in der Malerei. S. 221–241; § 2–7. Berlin 1954. / A. 12 (56), 67, 68, 96, A. 2 (116), A. 6 (167), 168, 177 [A. 58 (84), A. 4 (226)].
Schopenhauer, Arthur: Über das Sehn und die Farben. Schriften zur Erkenntnislehre, II (verfaßt 1815, 1. Aufl. 1816, in der 2. Aufl. 1854 überarbeitet und erweitert). Schopenhauers sämtl. Werke. Bd. 1. Herausg. v. J. Frauenstädt. 2. Aufl. 1919, S. 1–93. / 8, 46–49, 123.
Schultze, Werner: Farbenlehre und Farbmessung. Eine kurze Einführung, mit 55 Abb. in 68 Einzeldarstellungen. Berlin, Göttingen, Heidelberg 1957. / 51, 57.
Seckel, Dietrich: Buddhistische Kunst Ostasiens. Stuttgart 1957.
Sedlmayr, Hans: G. J. v. Allesch: Die ästh. Erscheinungsweise der Farbe. Kritische Berichte. zur kunstg. Literatur. Jg. 1931/32. S. 214–224. / 177, 178.
Seuffert, Georg: Farbnamenlexikon von A–Z. Göttingen 1955. / 98.
Sommerfeld, Arnold: Atombau und Spektrallinien. 2. Aufl. Braunschweig 1921.
Staples, R.: The responses to color. Journ. exper. Psychol. 15, 1932. S. 119–141.
Stefanescu-Goanga, F.: Experimentelle Untersuchungen zur Gefühlsbetonung der Farben. Psychol. Studien. Herausg. v. Wilhelm Wundt. VII. Bd. 1912. S. 284–335. / 164, 173–176, 177, 210, 211, 212, 213.
Steinfels, Wilhelm: Farbe und Dasein. Grundzüge zu einem symbolischen Weltbild. Jena 1926.
Sterzinger, Othmar: Die Gemäldeoptik des inneren Auges. Ztschr. f. Ästhetik und allg. Kunstwiss. XXIV, 1930. S. 310–317. / A. 10 (168).
Studnitz, G. von: Zur Physiologie des Farbensehens. „Die Naturwissenschaften." 1941, S. 377–389. / 52 u. A. 2.
Stumpf, Carl: Die Attribute der Gesichtsempfindungen. Abhandl. der Kgl. Preuß. Akad. d. Wiss. Phil.-Histor. Kl. 1917. S. 1–88. / 72, 92, 98.

Trendelenburg, Wilhelm: Über den Licht- und Farbensinn. Vorträge und Schriften der Preuß. Akad. d. Wiss. H. 16. Berlin 1943.

Utitz, Emil: Grundzüge der ästhetischen Farbenlehre. Stuttgart 1908.

Veen, R. van der, u. G. Meijer: Licht und Pflanzen, übers. v. W. K. Schneider. Eindhoven, 1958. / 265-267.

Wackernagel, Wilhelm: Farben- und Blumensprache des Mittelalters. Kleine Schriften. Bd. 1. Leipzig 1872.
Weißenborn, Fritz: A. Kirschmanns schiefer Doppelkegel, verglichen mit einigen vorher und nachher entstandenen Farbensystemen. Neue Psychol. Studien. Bd. 6, 1930. S. 104 bis 118. / A. 6 (55).
Weizsäcker, Frhr. Carl Friedrich von: Die Geschichte der Natur. Zwölf Vorlesungen (1946). 2. durchges. Aufl. Göttingen 1954. / 10.
Die Atomlehre der modernen Physik (1942). „Zum Weltbild der Physik." Leipzig 1943. 7. erw. Aufl. 1958. S. 33–50. / 6, 271.
Das Verhältnis der Quantenmechanik zur Philosophie Kants (1941). „Zum Weltbild der Physik." (s. o.) S. 80–117. / 8 f.
Komplementarität und Logik. (1955) s. o. S. 281–331. / 10 u. A. 15.
Über einige Begriffe aus der Naturwissenschaft Goethes. In: Robert Boehringer; eine Freundesgabe. Tübingen 1957 (auch ersch. als Nachwort des 13. Bd. der Hamburger Goethe-Ausgabe, „Naturwissenschaftl. Schriften"). / 22, 40 f.
Weizsäcker, C. F. v., u. J. Juilfs: Physik der Gegenwart. 2. Aufl. Göttingen 1958. / 247, 252 u. A. 10, 12.
Weizsäcker, Frhr. Viktor von: Anonyma. Slg. Überlieferung und Auftrag. Bd. 4. Bern 1946. / 4, 11.
Wessely, Karl: Goethes und Schopenhauers Stellung in der Geschichte der Lehre von den Gesichtsempfindungen. Würzburger Rektoratsrede. Berlin 1922.
Westphal, H.: Unmittelbare Bestimmung der ‚Urfarben'. Ztschr. f. Sinnesphysiol. 44. Bd. 1910. S. 182–230. / A. 56 (79), A. 90 (102).

Werthmüller, H.: Der Weltprozeß und die Farben. Bawel 1950. / A. 34 a (216).

Wilson, Robert F.: Farbe, Licht und Arbeit (Color and Ligth at work. 1953) Dt. Übers. v. H. Krappatsch. Göttingen 1954.

Wunderlich, Eva: Die Bedeutung der roten Farbe im Kultus der Griechen und Römer. Gießen 1925. / A. 28 (196).

Wundt, Wilhelm: Vorlesungen über die Menschen- und Tierseele. (1863/64) 7. u. 8. Aufl. Leipzig 1922. / 59, 72, 73, 164.
Grundzüge der physiologischen Psychologie, II (1874). 6. Aufl. Leipzig 1910. / 90.

Zindler, Konrad: Über räumliche Abbildungen des Continuums der Farbenempfindungen und seine mathematische Behandlung. Ztschr. f. Psychol. 20. Bd. 1899. S. 225–293.

SACH- UND BEGRIFFSREGISTER

Die Farbnamen und einige besonders maßgebende Sachen und Begriffe sind durch Kursivschrift hervorgehoben. Die in Klammern gesetzten Hinweise sollen ein schnelles Auffinden des Sachzusammenhangs erleichtern.

ZUR BEACHTUNG

Das für die Tafeln und farbigen Textabbildungen verwandte Vierfarben-Druckverfahren erfordert für die Wiedergabe sehr differenzierter Farbtonskalen bestimmte Beschränkungen. Ich mußte daher darauf verzichten, daß überall eine vollständige Übereinstimmung der Vorlagen mit den gedruckten Farbtafeln erreicht werden konnte. Jedoch sind die Differenzen so gering, daß der Leser durch die folgenden Hinweise den durch die Tafeln vermittelten Eindruck nach den Angaben im Text hinreichend präzisieren kann.

Tafel 1 gibt die gesamte bunte Farbskala am besten wieder und kann für die Beurteilung der Farben der anderen Tafeln zum Vergleich dienen. Das gilt besonders für die Tafeln 6 und 8.

Auf Tafel 4 ist das Violett rötlicher (wie in Tafel 9) vorzustellen.

Im linken oberen Teil der Tafel 5 sind die Übergänge vom Zinnoberrot zum Mittelrot und Karmin bis zum Purpur in der Spitze zu ergänzen, unten links soll auf Gelb- und Rotbraun reines Braun folgen.

Der Grundton für Purpur ist etwas dunkler als in der Abb. 3, S. 82 anzunehmen. Zutreffend ist der Farbton in Tafel 1 (Anfangsfarbe) und 2.

Für die herzustellenden Farbenmischungen aus vier ‚Grundfarben' konnte kein ganz reines Blau verwandt werden. In allen Tafeln ist das Blau dunkler, wie Ultramarin vorzustellen.

Die Farbtafeln geben nur dann den richtigen Eindruck wieder, wenn sie bei nicht zu hellem Tageslicht (kein Lampenlicht!) betrachtet werden.

Der Verfasser

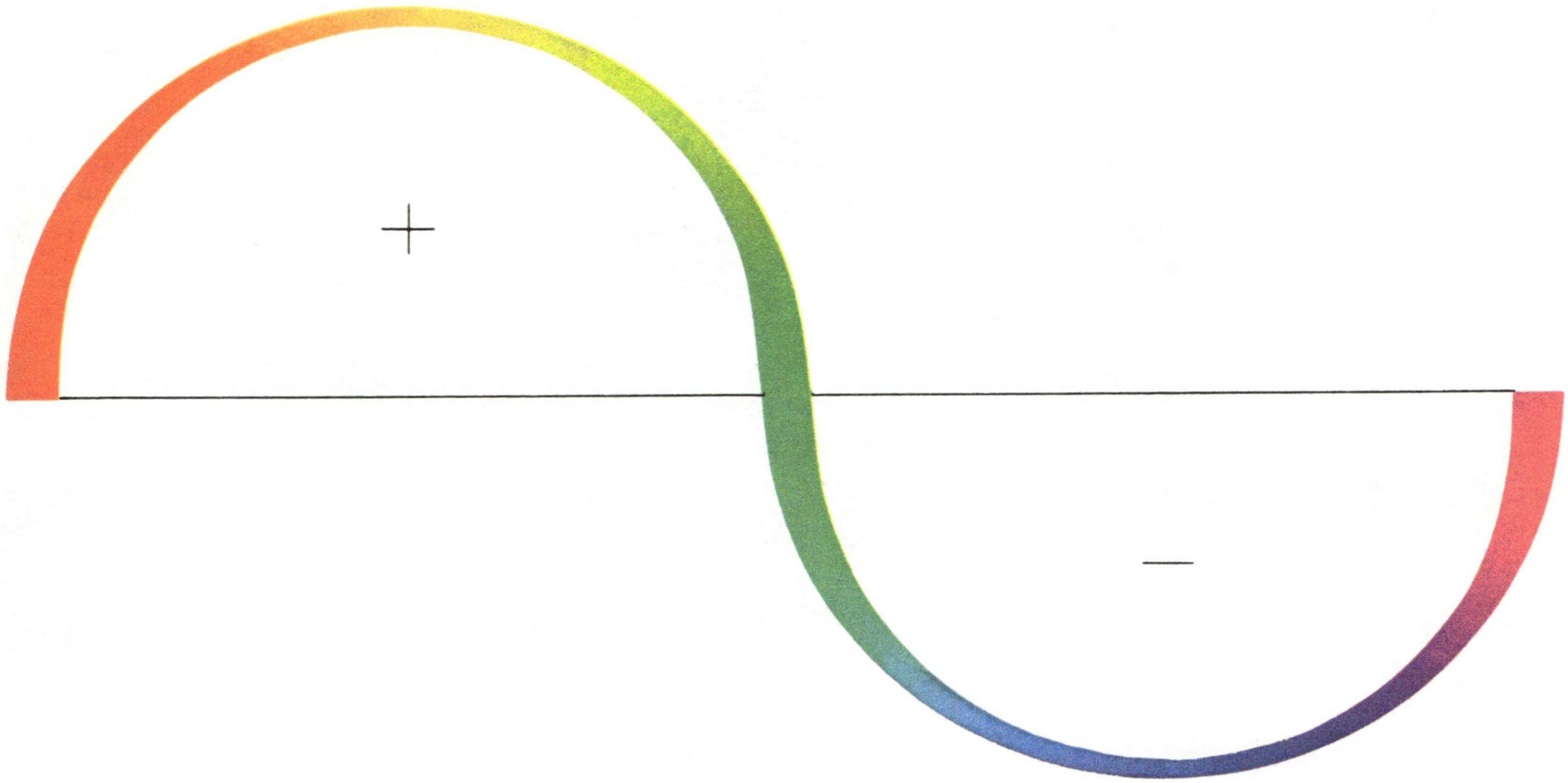

TAFEL I
Farbhellenkurve (zu S. 89)

TAFEL 2
Die Zentralfarben als Farbengrundtriade Grau/Grün/Purpur (zu S. 133)

TAFEL 3
Die drei Polaritäten (zu S. 135)

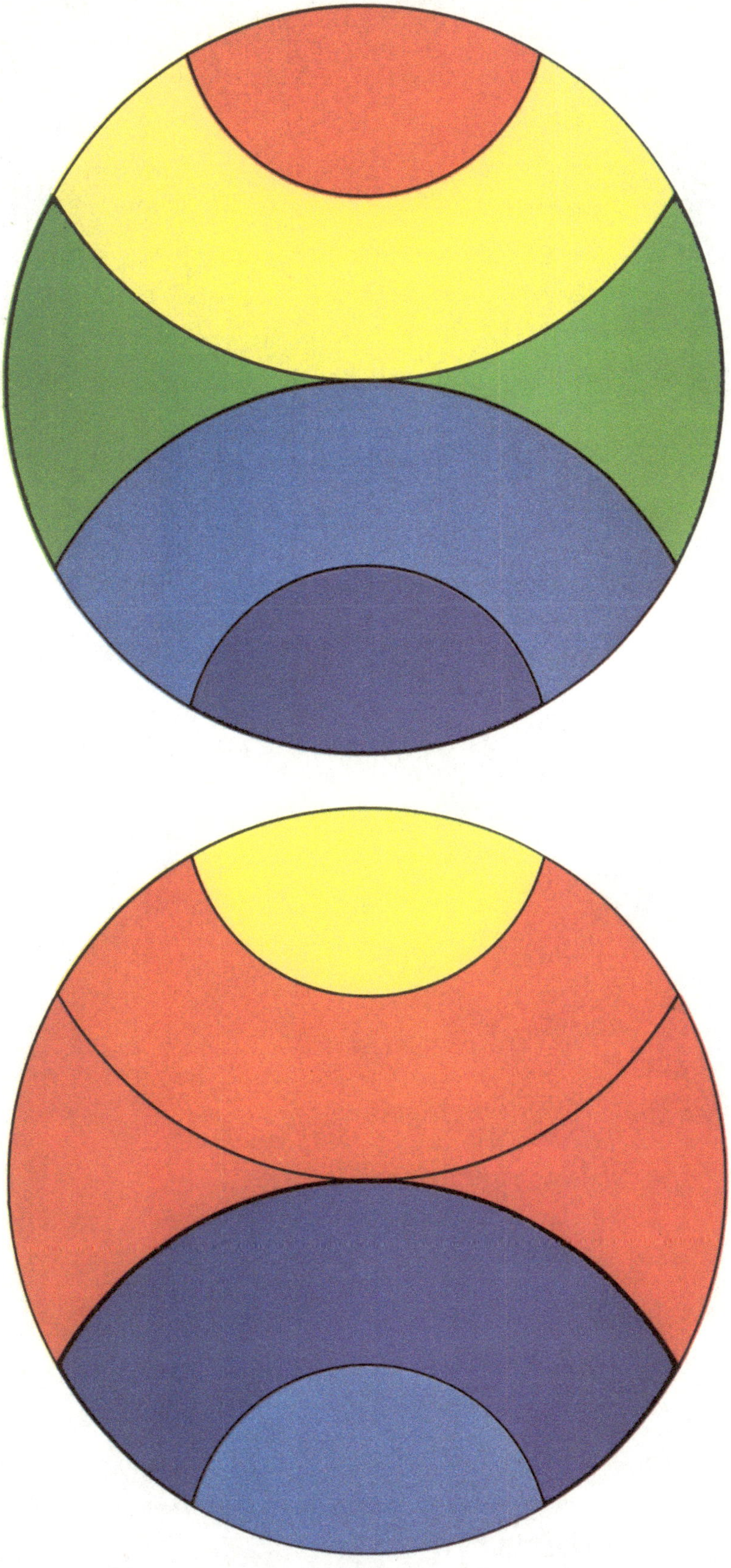

TAFEL 4
Zentral-Polare Aufgliederung von Grün und Purpur aus (zu S. 135)

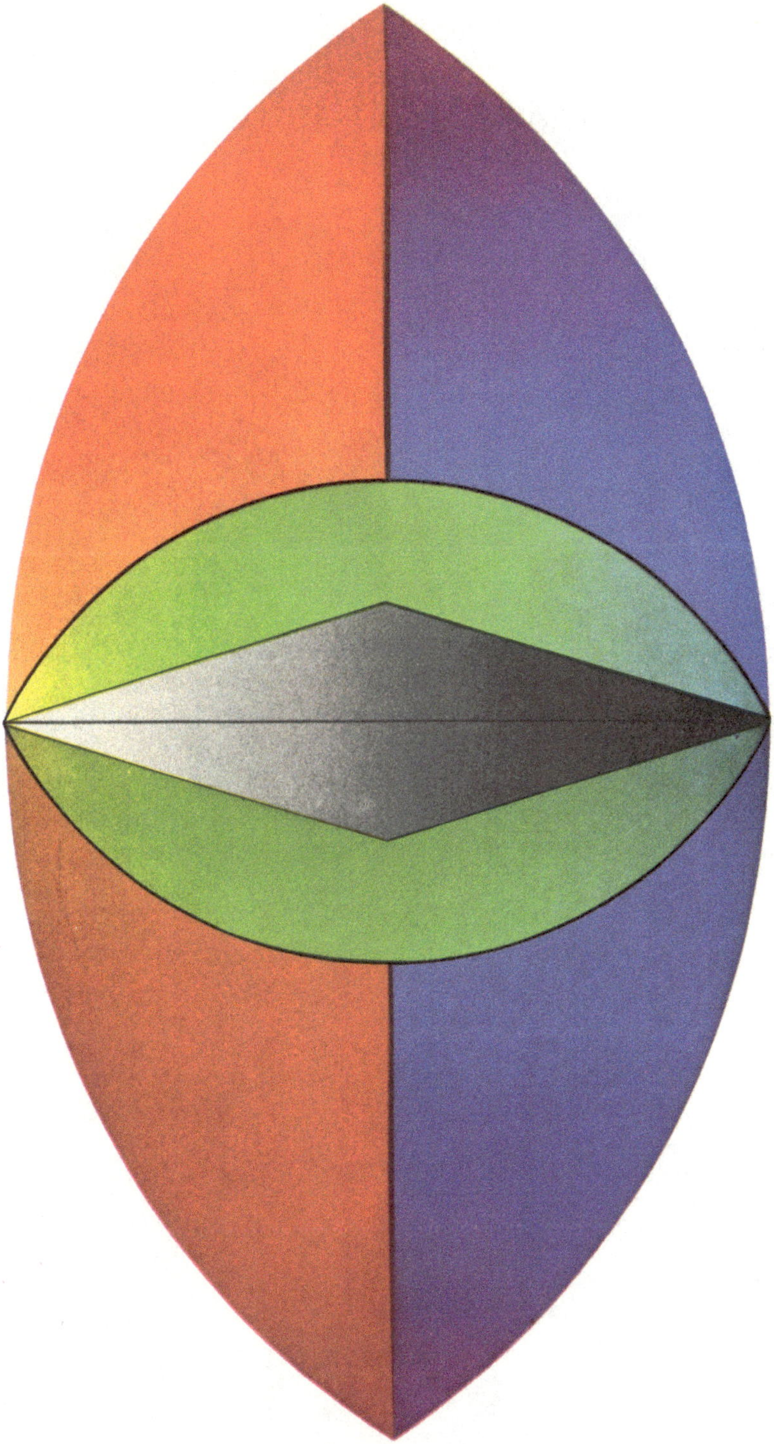

TAFEL 5
Farbenrhomboid (zu S. 142, 144)

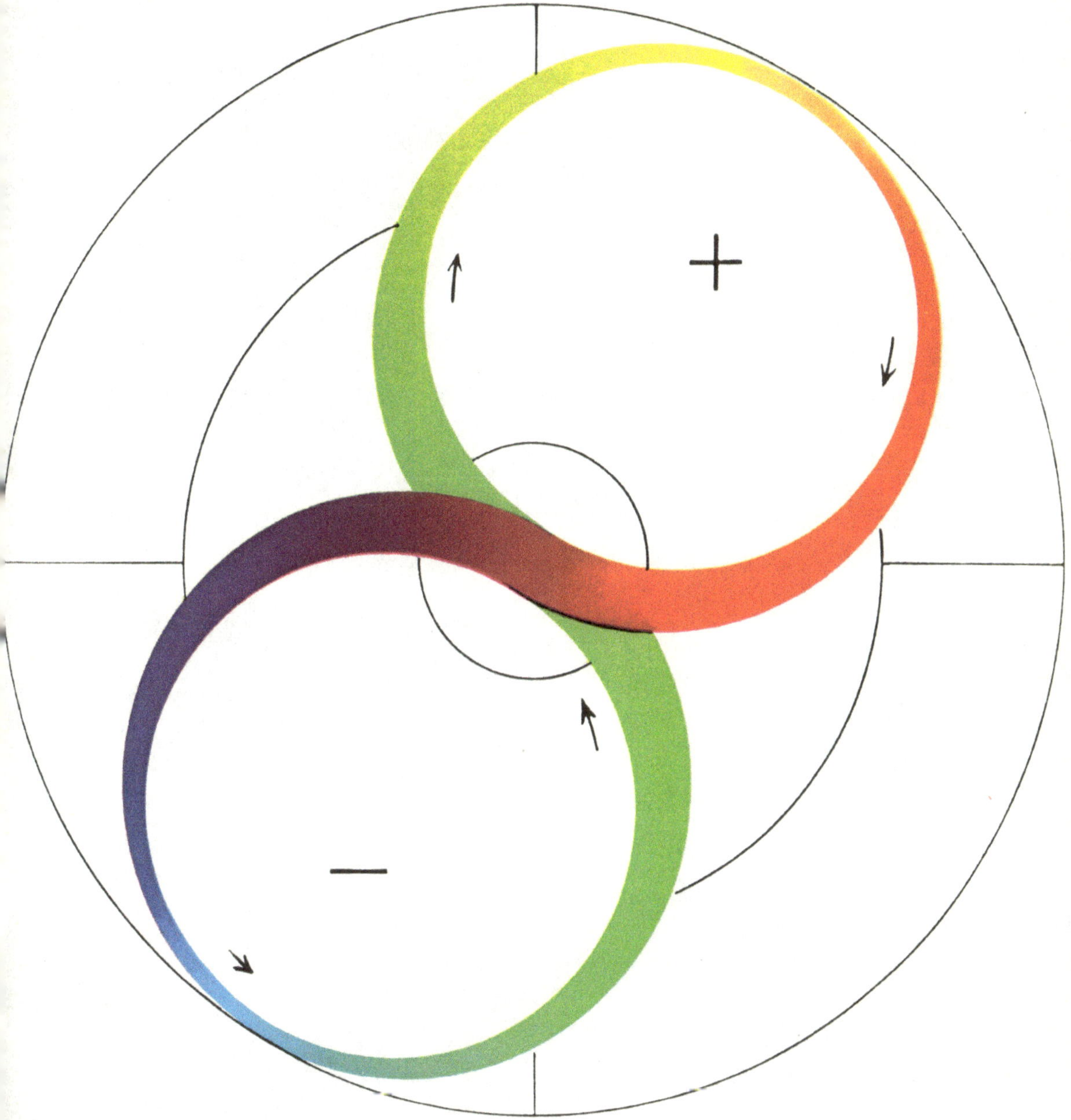

TAFEL 6
Axial orientierter Licht-Farben-Kreislauf (zu S. 149 f.)

TAFEL 7
Gegenläufige Farbenspiralen mit Grün und Purpur als Zentrum (zu S. 148, 152)

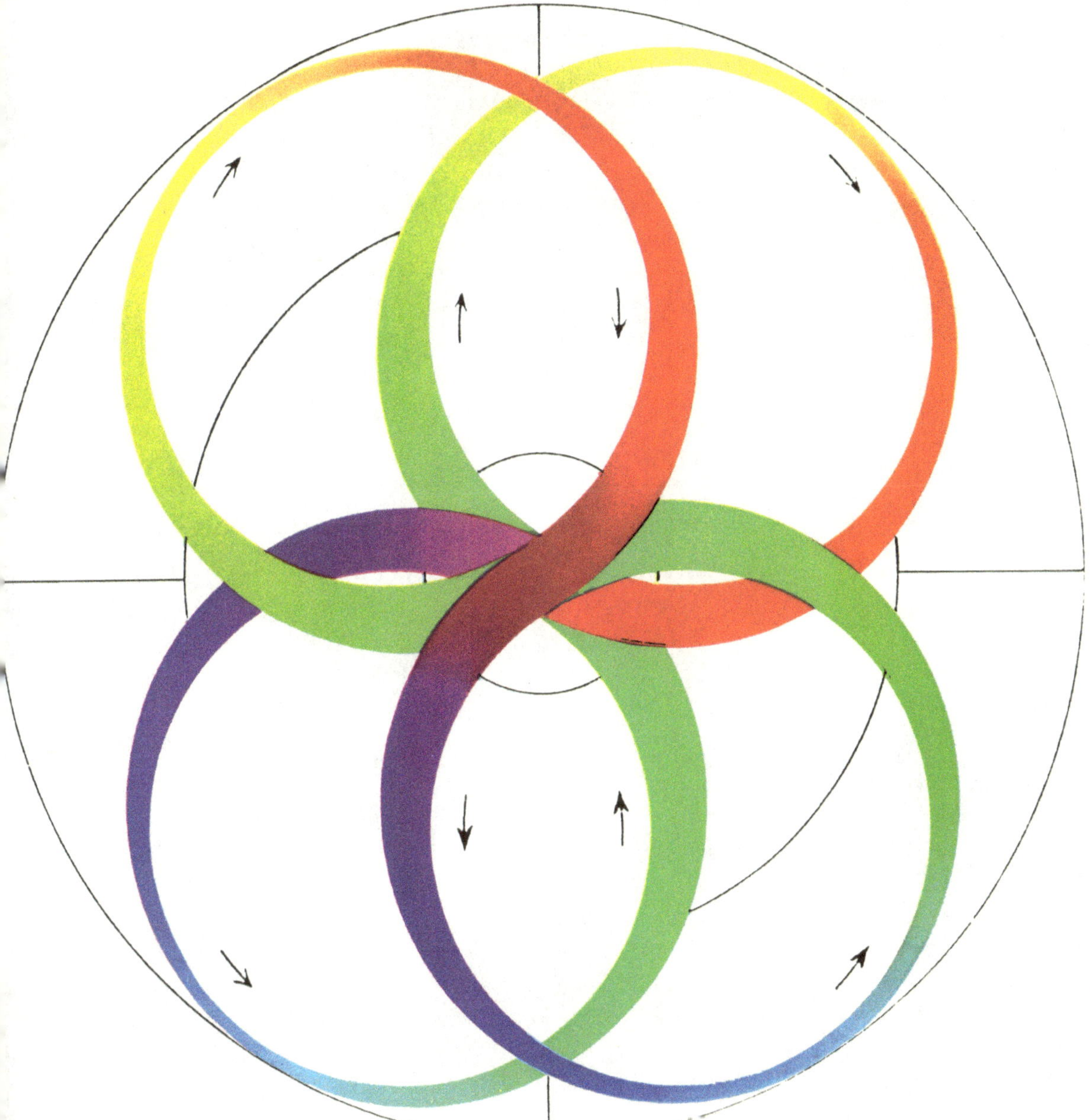

TAFEL 8
Gesamtposition des Licht-Farben-Kreislaufes (zu S. 237 ff.)

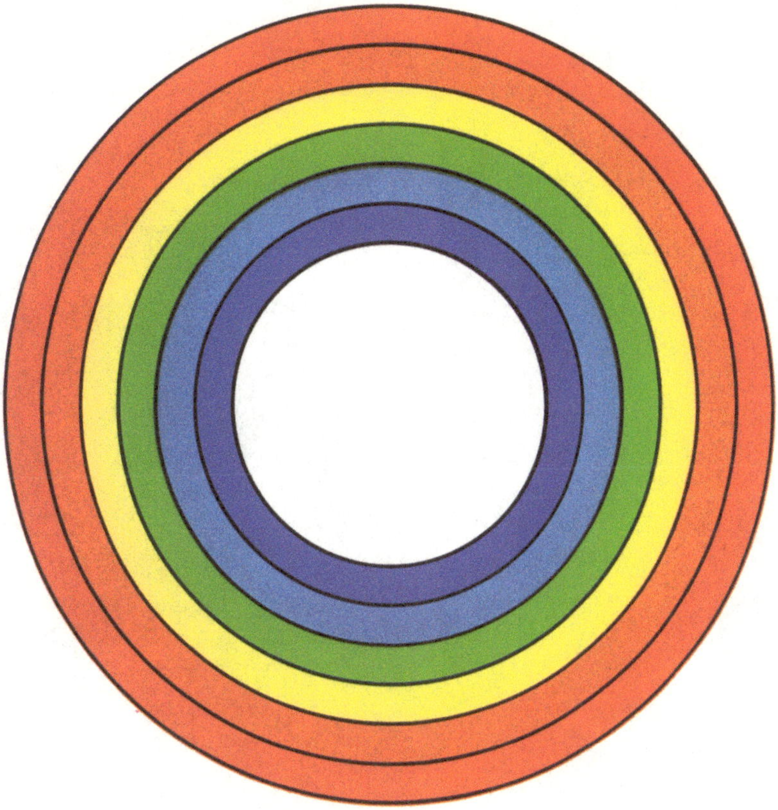

TAFEL 9
Kreisstaffelung der spektralen Hauptfarben (zu S. 256)

Kolibri 360 GmbH
Ferdinand-Jühlke-Straße 7
99095 Erfurt, Deutschland
produktsicherheit@kolibri360.de